高等学校机械类专业系列教材

结构非线性理论与方法

徐亚兰　郭空明　马娟　编著

西安电子科技大学出版社

内容简介

本书对工程结构中常见非线性问题的基本理论、有限元建模和数值方法进行了较为系统的论述。书中首先回顾了线弹性理论与方法，然后介绍了材料非线性、几何非线性(小应变的几何非线性和有限变形的几何非线性)以及接触非线性，最后介绍了非线性静力学和非线性动力学问题的数值解法。

本书可作为工科院校机械类专业少学时情况下研究生学习结构非线性课程的入门教材，也可供相关专业工程设计和研究人员学习参考。

图书在版编目（CIP）数据

结构非线性理论与方法 / 徐亚兰，郭空明，马娟编著. -- 西安 ：
西安电子科技大学出版社，2025. 4. -- ISBN 978-7-5606-7516-9

Ⅰ. TU311

中国国家版本馆 CIP 数据核字第 2025K1Z740 号

JIEGOU FEIXIANXING LILUN YU FANGFA

策　　划　刘小莉
责任编辑　刘小莉
出版发行　西安电子科技大学出版社（西安市太白南路 2 号）
电　　话　(029) 88202421　88201467　　邮　　编　710071
网　　址　www. xduph. com　　电子邮箱　xdupfxb001@163. com
经　　销　新华书店
印刷单位　咸阳华盛印务有限责任公司
版　　次　2025 年 4 月第 1 版　　2025 年 4 月第 1 次印刷
开　　本　787 毫米×1092 毫米　1/16　　印张　12
字　　数　278 千字
定　　价　37. 00 元

ISBN 978-7-5606-7516-9

XDUP 7817001-1

前　言
PREFACE

结构工程中涉及的大部分固体力学问题都是非线性的，对实际问题进行分析处理时通常会基于一些合理的假设进行线性化描述，具体表现为线性的应力-应变关系(即本构方程)、线性的应变-位移关系(即几何方程)、基于变形前状态建立的线性平衡方程、线性的边值条件等。但是，当某种线性假设的条件不满足时就会产生非线性现象，因此必须进一步引入非线性的处理方法。随着高科技的飞速发展，特别是航天器、石油平台、大跨度空间结构以及新材料的发展，结构在大载荷、高速、高温和高压条件下呈现出一系列复杂的非线性现象，对各种工程结构的非线性分析就显得日益迫切和重要。对此类问题进行研究需要相关的理论和方法，考虑到结构非线性理论与方法涉及的内容比较繁杂，为了便于研究生在少学时情形下深入浅出地学习非线性理论和方法，我们编写了本书。

本书重点放在结构中常见的弹塑性材料非线性、有限变形的几何非线性以及接触非线性问题的理论分析、有限元建模与数值求解上。全书共分为六章：第 1 章回顾了结构线性理论与方法；第 2 章介绍了材料非线性理论与有限元建模，主要针对的是常见的弹塑性材料非线性问题；第 3 章介绍了几何非线性理论与有限元建模，包括小变形的几何非线性与有限变形的几何非线性；第 4 章介绍了接触非线性理论与有限元建模；第 5 章介绍了非线性静力学问题的数值解法；第 6 章介绍了非线性动力学问题的数值解法。

本书力求循序渐进地将晦涩难懂的非线性理论与方法以简洁明了的语言进行讲述，可作为结构非线性问题研究者的入门参考书。

本书由徐亚兰、郭空明和马娟编著。

感谢西安电子科技大学研究生精品教材建设项目的资助。在本书的编写过程中，我们参考了许多文献资料，在此一并向其作者表示感谢。在本书编写期间，西安电子科技大学出版社的编辑给予了大力支持，正是他们的辛苦付出，才使得本书顺利与读者见面。

由于时间仓促及作者水平有限，书中难免存在欠妥之处，敬请广大读者批评指正。

作　者

2024 年 12 月

目 录
CONTENTS

第1章

绪　论

1.1　工程结构中的非线性问题

从本质来说，结构工程中的所有力学问题都是非线性的。对于许多工程实际问题，通常都会基于某些假定(如线弹性假设、小变形假设、边界条件不变假设等)对实际问题进行简化处理，近似地用线性理论来处理，这样可以在满足工程精度要求的前提下使计算与分析简单、有效。但是对于工程中的许多问题，当某种线性假设的条件不满足时就会产生非线性现象，如柔性结构大变形、超弹性材料不可压缩、薄壁结构失稳、装配体过盈接触等。此类问题在计算与分析时往往不能进行线性假设，必须将其进一步考虑为非线性问题。当前，随着近代高科技的发展，特别是航天器、石油平台、大跨度空间结构以及新材料的发展，结构在大载荷、高速、高温和高压条件下呈现出一系列复杂的非线性现象，对各种工程结构的非线性分析就显得日益迫切和重要。

一般结构工程中的力学问题涉及以下三类非线性：

(1) 材料非线性，也就是物理非线性。这类非线性主要是由应力-应变的非线性关系引起的，如不依赖于时间的弹塑性问题(即材料受载后，材料的变形不随时间变化)、依赖于时间的蠕变和松弛问题(即受载后，变形随时间发生变化或者在变形不变的情况下应力发生衰减)。许多因素可以影响材料的应力-应变关系，包括加载历史、温度、加载时间总量等。实际上，广义地讲，材料的本构关系为应力、应变、应变率、载荷作用时间、温度等因素之间的非线性关系。

(2) 几何非线性。如果结构受载后产生较大变形，则小变形假设就不能成立，计算分析时需要考虑几何非线性。比如，求解板、壳等薄壁结构在一定载荷作用下的大挠度大转动问题时，平衡方程和几何方程都为非线性的。几何非线性大致可分为两类：大位移小应变和大位移有限应变。几何非线性中要考虑的关键问题有几何方程中要引入位移高阶项、平衡需要建立在结构变形后的构形上，以及变形构形的描述、应力-应变的度量等。

(3) 接触非线性，也称为状态非线性、边界非线性，其主要由于结构刚度和边界条件的性质随变形体的运动发生变化所引起。例如，金属成形过程中，在与模具接触前后，系统的刚度和边界条件都会发生变化，从而产生接触非线性。

就固体力学而言，无论是线性理论还是非线性理论，无论是静力学问题还是动力学问题，都需要描述四类力学量(即外载、应力、应变以及位移)之间的关系，其相关理论是建立在本构方程(或叫物理方程，即应力-应变关系)、几何方程(应变与位移之间的关系)以及平衡方程(外载与应力之间的关系)三大基本方程基础上的，由此导出的控制方程的解就是问题的正确解，反映了结构受载后的应力场、应变场以及位移场。非线性问题的求解通常采用分段线性化的思想，使其成为一系列线性问题，所以非线性理论与方法可以看成线性理论与方法的发展。与线性问题的分析思路类似，非线性问题的分析也涉及两大关键点，即基本方程的建立及求解。所以，线性理论与方法虽然不是本书的重点，但在介绍结构非线性理论与方法之前，有必要首先回顾一下线弹性理论与求解方法。

1.2 线弹性理论

一般来说，结构工程中涉及的固体力学问题可归结为：在变形体受外载作用下，已知变形体的形状、大小、材料特性、边界约束条件等，求解应力、应变、位移分布。这就往往需建立三个方面的关系：① 静力学关系，即应力与体力、面力间的平衡关系；② 几何学关系，即形变与位移间的几何关系；③ 物理学关系，即形变与应力间的本构关系。问题的解必须满足以上三大关系以及边界约束条件。我们下面从弹性体中任意点 P 附近取一微元体(如图 1-1 所示)来建立该点的应力、应变、位移与外载(体力和面力)之间的关系。

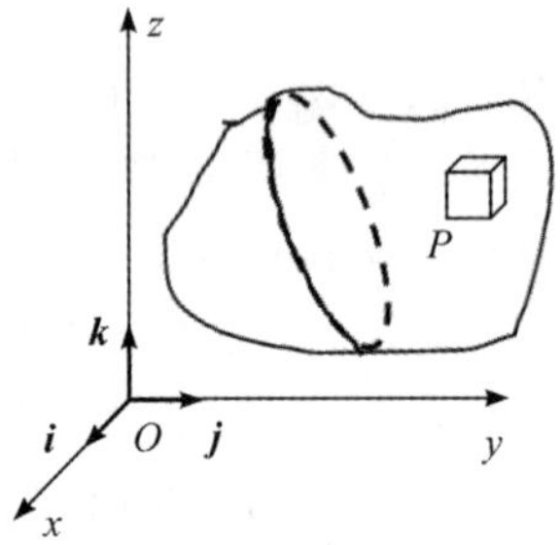

图 1-1 从弹性体中任意取一个微元体

1.2.1 平衡方程

线弹性理论要求变形体的任意一点均满足平衡条件，如图 1-2 所示，取微元体 $PABC$，

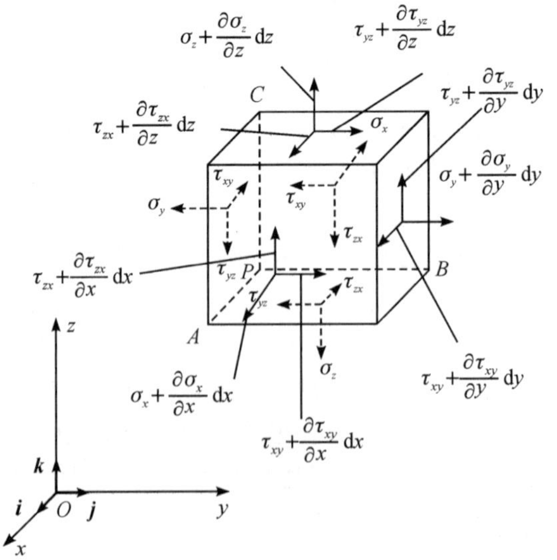

图 1-2 微元体的应力状态

$PA = dx$，$PB = dy$，$PC = dz$，给定 P 点的应力状态 $\boldsymbol{\sigma}$ 为

$$\boldsymbol{\sigma} = \begin{bmatrix} \sigma_x & \tau_{xy} & \tau_{zx} \\ \tau_{xy} & \sigma_y & \tau_{yz} \\ \tau_{zx} & \tau_{yz} & \sigma_z \end{bmatrix} \tag{1-1}$$

假设作用在 P 点的体力分量为 X，Y，Z，在小变形假定下，以变形前的尺寸代替变形后的尺寸，由微元体 $PABC$ 的平衡条件可以建立 P 点的平衡微分方程：

$$\frac{\partial \sigma_x}{\partial x} + \frac{\partial \tau_{xy}}{\partial y} + \frac{\partial \tau_{zx}}{\partial z} + X = 0 \tag{1-2a}$$

$$\frac{\partial \tau_{xy}}{\partial x} + \frac{\partial \sigma_y}{\partial y} + \frac{\partial \tau_{yz}}{\partial z} + Y = 0 \tag{1-2b}$$

$$\frac{\partial \tau_{zx}}{\partial x} + \frac{\partial \tau_{yz}}{\partial y} + \frac{\partial \sigma_z}{\partial z} + Z = 0 \tag{1-2c}$$

不难发现，式(1-2)中有三个平衡微分方程、六个未知量，这是个超静定问题，不可能仅根据应力与外力之间的平衡关系进行求解，需要补充其他方程。平衡方程中不含材料特性参数，故方程与材料性质无关，而且微元体也是任意选取的，所以平衡方程对整个弹性体内都满足(包括边界)。

用张量可表示为

$$\boldsymbol{\sigma}_{ij,i} + \boldsymbol{X}_j = \boldsymbol{0} \ (i,\ j = 1,\ 2,\ 3) \tag{1-3}$$

式中，$\boldsymbol{\sigma}_{ij,i}$ 表示一阶偏导；$\boldsymbol{X}_1 = X$，$\boldsymbol{X}_2 = Y$，$\boldsymbol{X}_3 = Z$ 为体力分量。

1.2.2 物理方程

物理方程也称材料的本构关系，用来描述材料性能及力学行为，影响结构材料性能的因素有应力、应变、变形率、温度、湿度、时间等。利用线性理论建立本构关系时仅需考虑应力、应变这两个物理参数，并建立材料的应力-应变关系。材料的应力-应变关系一般由实验得到，最早的实验是虎克(Hooke)的金属丝拉伸实验。一般情况下，材料的应力与应变呈某一函数关系，可表示为

$$\sigma_x = f_1(\varepsilon_x, \varepsilon_y, \varepsilon_z, \gamma_{yz}, \gamma_{zx}, \gamma_{xy}) \tag{1-4a}$$

$$\sigma_y = f_2(\varepsilon_x, \varepsilon_y, \varepsilon_z, \gamma_{yz}, \gamma_{zx}, \gamma_{xy}) \tag{1-4b}$$

$$\sigma_z = f_3(\varepsilon_x, \varepsilon_y, \varepsilon_z, \gamma_{yz}, \gamma_{zx}, \gamma_{xy}) \tag{1-4c}$$

$$\tau_{yz} = f_4(\varepsilon_x, \varepsilon_y, \varepsilon_z, \gamma_{yz}, \gamma_{zx}, \gamma_{xy}) \tag{1-4d}$$

$$\tau_{zx} = f_5(\varepsilon_x, \varepsilon_y, \varepsilon_z, \gamma_{yz}, \gamma_{zx}, \gamma_{xy}) \tag{1-4e}$$

$$\tau_{xy} = f_6(\varepsilon_x, \varepsilon_y, \varepsilon_z, \gamma_{yz}, \gamma_{zx}, \gamma_{xy}) \tag{1-4f}$$

当式(1-4)中的自变量 ε_x，ε_y，ε_z，γ_{xy}，γ_{zx}，γ_{yz} 非常小(即小变形)时，可对其按 Taylor 级数展开，并略去二阶以上小量，则式(1-4)可表示为

$$\sigma_x = c_{11}\varepsilon_x + c_{12}\varepsilon_y + c_{13}\varepsilon_z + c_{14}\gamma_{yz} + c_{15}\gamma_{zx} + c_{16}\gamma_{xy} \tag{1-5a}$$

$$\sigma_y = c_{21}\varepsilon_x + c_{22}\varepsilon_y + c_{23}\varepsilon_z + c_{24}\gamma_{yz} + c_{25}\gamma_{zx} + c_{26}\gamma_{xy} \tag{1-5b}$$

$$\sigma_z = c_{31}\varepsilon_x + c_{32}\varepsilon_y + c_{33}\varepsilon_z + c_{34}\gamma_{yz} + c_{35}\gamma_{zx} + c_{36}\gamma_{xy} \tag{1-5c}$$

$$\tau_{yz}=c_{41}\varepsilon_x+c_{42}\varepsilon_y+c_{43}\varepsilon_z+c_{44}\gamma_{yz}+c_{45}\gamma_{zx}+c_{46}\gamma_{xy} \tag{1-5d}$$

$$\tau_{zx}=c_{51}\varepsilon_x+c_{52}\varepsilon_y+c_{53}\varepsilon_z+c_{54}\gamma_{yz}+c_{55}\gamma_{zx}+c_{56}\gamma_{xy} \tag{1-5e}$$

$$\tau_{xy}=c_{61}\varepsilon_x+c_{62}\varepsilon_y+c_{63}\varepsilon_z+c_{64}\gamma_{yz}+c_{65}\gamma_{zx}+c_{66}\gamma_{xy} \tag{1-5f}$$

写成矩阵形式

$$\begin{Bmatrix}\sigma_x\\\sigma_y\\\sigma_z\\\tau_{xy}\\\tau_{yz}\\\tau_{zx}\end{Bmatrix}=\begin{bmatrix}c_{11}&c_{12}&c_{13}&c_{14}&c_{15}&c_{16}\\&c_{22}&c_{23}&c_{24}&c_{25}&c_{26}\\&&c_{33}&c_{34}&c_{35}&c_{36}\\&\text{对}&&c_{44}&c_{45}&c_{46}\\&&\text{称}&&c_{55}&c_{56}\\&&&&&c_{66}\end{bmatrix}\begin{Bmatrix}\varepsilon_x\\\varepsilon_y\\\varepsilon_z\\\gamma_{yz}\\\gamma_{zx}\\\gamma_{xy}\end{Bmatrix} \tag{1-6}$$

对于各向同性弹性体，其物理方程可表示为

$$\begin{Bmatrix}\sigma_x\\\sigma_y\\\sigma_z\\\tau_{xy}\\\tau_{yz}\\\tau_{zx}\end{Bmatrix}=\begin{bmatrix}c_{11}&c_{12}&c_{12}&0&0&0\\&c_{11}&c_{12}&0&0&0\\&&c_{11}&0&0&0\\&\text{对}&&\frac{c_{11}-c_{12}}{2}&0&0\\&&\text{称}&&\frac{c_{11}-c_{12}}{2}&0\\&&&&&\frac{c_{11}-c_{12}}{2}\end{bmatrix}\begin{Bmatrix}\varepsilon_x\\\varepsilon_y\\\varepsilon_z\\\gamma_{yz}\\\gamma_{zx}\\\gamma_{xy}\end{Bmatrix} \tag{1-7}$$

可见，各向同性弹性体的弹性常数仅为 2 个。这 2 个常数可用弹性模量 E 和泊松比 μ 表示，这样各向同性弹性体的广义虎克定律的基本形式为

$$\varepsilon_x=\frac{1}{E}[\sigma_x-\mu(\sigma_y+\sigma_z)] \tag{1-8a}$$

$$\varepsilon_y=\frac{1}{E}[\sigma_y-\mu(\sigma_z+\sigma_x)] \tag{1-8b}$$

$$\varepsilon_z=\frac{1}{E}[\sigma_z-\mu(\sigma_x+\sigma_y)] \tag{1-8c}$$

$$\gamma_{yz}=\frac{2(1+\mu)}{E}\tau_{yz} \tag{1-8d}$$

$$\gamma_{zx}=\frac{2(1+\mu)}{E}\tau_{zx} \tag{1-8e}$$

$$\gamma_{xy}=\frac{2(1+\mu)}{E}\tau_{xy} \tag{1-8f}$$

物理方程基本形式的张量表示为

$$\boldsymbol{\varepsilon}_{ij}=\frac{1}{E}[(1+\mu)\boldsymbol{\sigma}_{ij}-\mu\boldsymbol{\sigma}_{kk}\boldsymbol{\delta}_{ij}]\quad(i,\ j,\ k=1,\ 2,\ 3) \tag{1-9}$$

物理方程的应变表示形式：

$$\sigma_x=\frac{E}{1+\mu}\left(\frac{\mu}{1-2\mu}e+\varepsilon_x\right) \tag{1-10a}$$

$$\sigma_y = \frac{E}{1+\mu}\left(\frac{\mu}{1-2\mu}e + \varepsilon_y\right) \tag{1-10b}$$

$$\sigma_z = \frac{E}{1+\mu}\left(\frac{\mu}{1-2\mu}e + \varepsilon_z\right) \tag{1-10c}$$

$$\tau_{yz} = \frac{E}{2(1+\mu)}\gamma_{yz} \tag{1-10d}$$

$$\tau_{zx} = \frac{E}{2(1+\mu)}\gamma_{zx} \tag{1-10e}$$

$$\tau_{xy} = \frac{E}{2(1+\mu)}\gamma_{xy} \tag{1-10f}$$

进一步引入拉梅(Lame)系数：

$$\lambda = \frac{E\mu}{(1+\mu)(1-2\mu)}, \quad 2G = \frac{E}{1+\mu} \tag{1-11}$$

物理方程的应变表示形式可写为

$$\sigma_x = \lambda e + 2G\varepsilon_x \tag{1-12a}$$

$$\sigma_y = \lambda e + 2G\varepsilon_y \tag{1-12b}$$

$$\sigma_z = \lambda e + 2G\varepsilon_z \tag{1-12c}$$

$$\tau_{yz} = G\gamma_{yz} \tag{1-12d}$$

$$\tau_{zx} = G\gamma_{zx} \tag{1-12e}$$

$$\tau_{xy} = G\gamma_{xy} \tag{1-12f}$$

1.2.3 几何方程

几何方程是用来建立弹性体应变与位移之间关系的。设弹性体内任一点 P 的位移为 u、v、w，考察 P 点邻近线段 dx、dy、dz 的伸缩变形及两个线段的夹角的改变，如图 1-3 所示，可得应变与位移之间的几何关系为

$$\varepsilon_x = \frac{\partial u}{\partial x} \tag{1-13a}$$

$$\varepsilon_y = \frac{\partial v}{\partial y} \tag{1-13b}$$

$$\varepsilon_z = \frac{\partial w}{\partial z} \tag{1-13c}$$

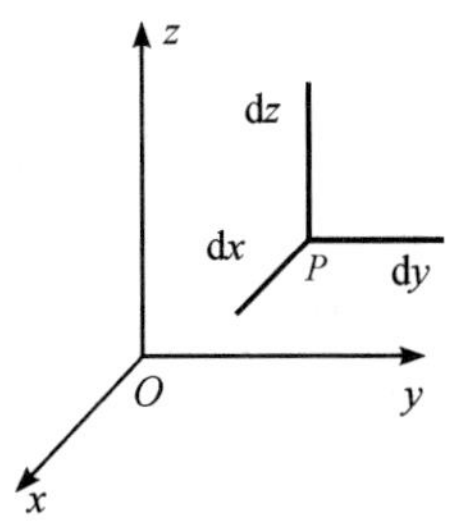

图 1-3　弹性体中取与坐标轴平行的三个微线段

$$\gamma_{yz}=\frac{\partial w}{\partial y}+\frac{\partial v}{\partial z} \tag{1-13d}$$

$$\gamma_{zx}=\frac{\partial u}{\partial z}+\frac{\partial w}{\partial x} \tag{1-13e}$$

$$\gamma_{xy}=\frac{\partial v}{\partial x}+\frac{\partial u}{\partial y} \tag{1-13f}$$

若用张量，则可表示为

$$\boldsymbol{\varepsilon}_{ij}=\frac{1}{2}(\boldsymbol{u}_{i,j}+\boldsymbol{u}_{j,i}) \quad (i, j=1, 2, 3) \tag{1-14}$$

1.2.4 边界条件

边界条件(见图 1-4)是建立边界上的物理量与内部物理量之间关系的，它是力学计算模型建立的重要环节。边界分为位移边界(S_u)、应力边界(S_σ)和混合边界。

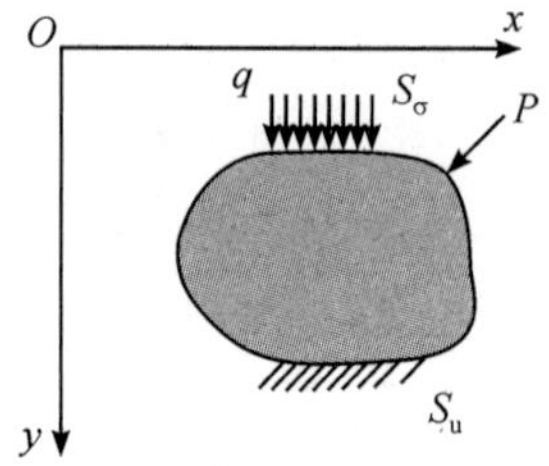

图 1-4 边界条件

1. 位移边界

位移边界是指位移分量已知的边界。假设用 u_s, v_s, w_s 表示边界上的位移分量，用 $\bar{u}$, $\bar{v}$, $\bar{w}$ 表示边界上位移分量的已知函数，则位移边界条件可表达为

$$u_s=\bar{u} \tag{1-15a}$$

$$v_s=\bar{v} \tag{1-15b}$$

$$w_s=\bar{w} \tag{1-15c}$$

张量形式可表示为

$$\boldsymbol{u}_i=\bar{\boldsymbol{u}}_i \quad (i=1, 2, 3) \tag{1-16}$$

当 $\bar{u}=\bar{v}=0$ 时为固定位移边界。

2. 应力边界

应力边界是指给定面力分量 $\bar{X}$, $\bar{Y}$, $\bar{Z}$ 的边界，它可以通过考察物体边界处的微元体(即从边界处取出的微元体(如图 1-5 所示，一般是四面体))的平衡条件来确定。由于该微元体有一个面是物体的边界，因此，该面上的面力 $\bar{\boldsymbol{X}}$, $\bar{\boldsymbol{Y}}$, $\bar{\boldsymbol{Z}}$ 应计入平衡条件中。斜截面 ABC 的外法线方向为 $\boldsymbol{N}$，其方向余弦分别为

$$l=\cos(\boldsymbol{N}, x) \tag{1-17a}$$

$$m=\cos(\boldsymbol{N}, y) \tag{1-17b}$$

$$n=\cos(\boldsymbol{N}, z) \tag{1-17c}$$

假设 P 点的应力为 σ_x, σ_y, σ_z, τ_{yz}, τ_{zx}, τ_{xy}，这样得出的边界条件称为应力边界条

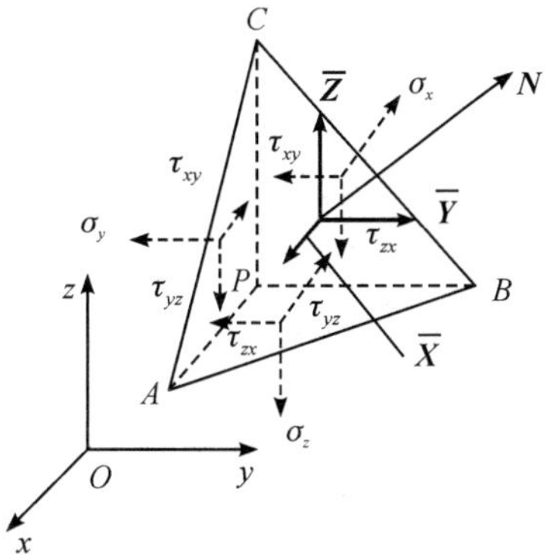

图 1-5　应力边界

件，可表示为

$$l(\sigma_x)_s + m(\tau_{xy})_s + n(\tau_{zx})_s = \overline{X} \tag{1-18a}$$

$$(\tau_{xy})_s + m(\sigma_y)_s + n(\tau_{yz})_s = \overline{Y} \tag{1-18b}$$

$$l(\tau_{zx})_s + m(\tau_{yz})_s + n(\sigma_z)_s = \overline{Z} \tag{1-18c}$$

张量形式可表示为

$$\boldsymbol{\sigma}_{ij}\boldsymbol{n}_i = \overline{\boldsymbol{X}}_j \quad (i, j, k = 1, 2, 3) \tag{1-19}$$

弹性力学的解就是满足三大基本方程以及边界条件的解。当然，对于多联通问题，还需要满足位移单值条件、应力有限条件。

1.3 有限元方法

一般来说，很难找到满足基本方程以及边界条件的解析解。有限元方法(包括线性的和非线性的，特别是位移有限元)作为一种数值方法，目前已经成为工程结构设计和分析中应用最广泛、最有效的方法之一，大至桁架结构、航天器、飞机、石油开采平台、高层建筑等，小至机器零部件、运动和医疗器件，甚至在研究微纳米量级问题时都需要使用有限元分析这一成熟而有效的方法。

1.3.1 位移变分法

直接由平衡方程导出适合各类边界条件的有限元控制方程是困难的，但是采用位移变分法可得到广泛使用的有限元控制方程。

1. 位移变分方程

位移变分方程可建立弹性体的形变势能与位移之间的变分关系。假设弹性体在外力作用下处于平衡状态，其边界为 $S=S_\sigma+S_u$(前者为应力边界，后者为位移边界)。我们知道弹性体的解为位移场 $u=u(x, y, z)$，$v=v(x, y, z)$，$w=w(x, y, z)$，应力场 $\sigma_x=\sigma_x(x, y, z)$，$\sigma_y=\sigma_y(x, y, z)\cdots$，应变场 $\varepsilon_x=\varepsilon_x(x, y, z)$，$\varepsilon_y=\varepsilon_y(x, y, z)$，…，满足平衡方程、几何方程、物理方程、边界条件。任给弹性体一微小的位移变化 δu，δv，δw，该

位移微小变化应满足两个条件：① 不破坏平衡状态；② 不破坏约束条件，即为约束所允许。变化后的位移可表示为

$$u' = u + \delta u \tag{1-20a}$$

$$v' = v + \delta v \tag{1-20b}$$

$$w' = w + \delta w \tag{1-20c}$$

其中，δu，δv，δw 称为位移的变分，或虚位移。

由能量守恒原理可知，在没有温度改变、动能改变的情况下，弹性体形变势能的增加，等于外力势能的减少。设 δU 表示弹性形变势能的增量；δW 表示外力在虚位移上所做的功，它在数值上等于外力势能的减少，则有

$$\delta U = \delta W \tag{1-21}$$

假设体力为 X，Y，Z，面力为 $\bar{X}$，$\bar{Y}$，$\bar{Z}$，则外力在虚位移上所做的虚功为

$$\begin{aligned}\delta W = &\int (X\mathrm{d}x\mathrm{d}y\mathrm{d}z \cdot \delta u + Y\mathrm{d}x\mathrm{d}y\mathrm{d}z \cdot \delta v + Z\mathrm{d}x\mathrm{d}y\mathrm{d}z \cdot \delta w) + \\ &\int (\bar{X}\mathrm{d}S \cdot \delta u + \bar{Y}\mathrm{d}S \cdot \delta v + \bar{Z}\mathrm{d}S \cdot \delta w)\end{aligned} \tag{1-22}$$

故有

$$\delta W = \int (X\delta u + Y\delta v + Z\delta w)\mathrm{d}x\mathrm{d}y\mathrm{d}z + \int (\bar{X}\delta u + \bar{Y}\delta v + \bar{Z}\delta w)\mathrm{d}S \tag{1-23}$$

代入式(1-21)得到位移变分方程

$$\delta U = \int (X\delta u + Y\delta v + Z\delta w)\mathrm{d}x\mathrm{d}y\mathrm{d}z + \int (\bar{X}\delta u + \bar{Y}\delta v + \bar{Z}\delta w)\mathrm{d}S \tag{1-24}$$

式(1-24)表明物体形变势能与位移之间的变分关系，即物体形变势能的变分，等于外力在虚位移上所做的虚功。

2. 虚功方程

在位移有限元方法中，通常会使用位移变分方程的另一种形式，即虚功方程。假设一点的应力状态为 σ_x，σ_y，σ_z，τ_{xy}，τ_{yz}，τ_{zx}，由能量守恒原理可知，形变势能的值与弹性体受力的次序无关，而只取决于最终的状态。假定所有应力分量与应变分量全部按同样的比例增加，此时，单元体的形变比能为

$$U_1 = \frac{1}{2}(\sigma_x\varepsilon_x + \sigma_y\varepsilon_y + \sigma_z\varepsilon_z + \tau_{yz}\gamma_{yz} + \tau_{zx}\gamma_{zx} + \tau_{xy}\gamma_{xy}) \tag{1-25}$$

则整个弹性体的形变势能可表示为

$$U = \int u_1 \mathrm{d}x\mathrm{d}y\mathrm{d}z \tag{1-26}$$

将形变比能 U_1 视为应变分量的函数，对了式(1-26)两边求变分

$$\begin{aligned}\delta U &= \delta\int U_1\mathrm{d}x\mathrm{d}y\mathrm{d}z \\ &= \int \delta U_1\mathrm{d}x\mathrm{d}y\mathrm{d}z \\ &= \int \left[\frac{\partial U_1}{\partial \varepsilon_x}\delta\varepsilon_x + \frac{\partial U_1}{\partial \varepsilon_y}\delta\varepsilon_y + \frac{\partial U_1}{\partial \varepsilon_z}\delta\varepsilon_z + \frac{\partial U_1}{\partial \gamma_{xy}}\delta\gamma_{xy} + \frac{\partial U_1}{\partial \gamma_{yz}}\delta\gamma_{yz} + \frac{\partial U_1}{\partial \gamma_{zx}}\delta\gamma_{zx}\right]\mathrm{d}x\mathrm{d}y\mathrm{d}z\end{aligned} \tag{1-27}$$

由格林公式可知：

$$\frac{\partial v_1}{\partial \varepsilon_x}=\sigma_x,\ \frac{\partial v_1}{\partial \varepsilon_y}=\sigma_y,\ \frac{\partial v_1}{\partial \varepsilon_z}=\sigma_z$$

$$\frac{\partial v_1}{\partial \gamma_{yz}}=\tau_{yz},\ \frac{\partial v_1}{\partial \gamma_{zx}}=\tau_{zx},\ \frac{\partial v_1}{\partial \gamma_{xy}}=\tau_{xy} \tag{1-28}$$

可得到用虚应变表示的弹性势能变分：

$$\delta U=\int[\sigma_x\delta\varepsilon_x+\sigma_y\delta\varepsilon_y+\sigma_z\delta\varepsilon_z+\tau_{yz}\delta\gamma_{yz}+\tau_{zx}\delta\gamma_{zx}+\tau_{xy}\delta\gamma_{xy}]\mathrm{d}x\mathrm{d}y\mathrm{d}z \tag{1-29}$$

从式(1-29)中可以看出，弹性势能的变分可以理解为实际应力在虚应变上所做的虚功。

将式(1-29)代入位移变分方程(1-24)，得到虚功原理，可表示为

$$\begin{aligned}&\int[\sigma_x\delta\varepsilon_x+\sigma_y\delta\varepsilon_y+\sigma_z\delta\varepsilon_z+\tau_{yz}\delta\gamma_{yz}+\tau_{zx}\delta\gamma_{zx}+\tau_{xy}\delta\gamma_{xy}]\mathrm{d}x\mathrm{d}y\mathrm{d}z\\&=\int(\bar{X}\delta u+\bar{Y}\delta v+\bar{Z}\delta w)\mathrm{d}x\mathrm{d}y\mathrm{d}z+\int(\bar{X}\delta u+\bar{Y}\delta v+\bar{Z}\delta w)\mathrm{d}S\end{aligned} \tag{1-30}$$

虚功原理表明，如果在虚位移发生前弹性体处于平衡状态，则在虚位移发生过程中，外力在虚位移上所做的虚功就等于应力在虚应变上所做的虚功。

3. 最小势能原理

有限元方法中常常使用的另一种位移变分形式是最小势能原理。由于虚位移是微小的，为约束所允许，所以可认为在虚位移发生过程中，外力的大小和方向都不变，只是作用点的位置有微小变化。于是，根据位移变分方程，有

$$\delta U=\delta\left[\int(Xu+Yv+Zw)\mathrm{d}x\mathrm{d}y\mathrm{d}z+\int(\bar{X}u+\bar{Y}v+\bar{Z}w)\mathrm{d}S\right] \tag{1-31}$$

假设外力在可能位移上所做的功为 W，即

$$W=\int(Xu+Yv+Zw)\mathrm{d}x\mathrm{d}y\mathrm{d}z+\int(\bar{X}u+\bar{Y}v+\bar{Z}w)\mathrm{d}S \tag{1-32}$$

以 $u=v=w=0$ 为零势能状态，并用 V 表示任意状态的外力势能，则

$$V=-W=-\int(Xu+Yv+Zw)\mathrm{d}x\mathrm{d}y\mathrm{d}z+\int(\bar{X}u+\bar{Y}v+\bar{Z}w)\mathrm{d}S \tag{1-33}$$

代入式(1-21)，则有

$$\delta U=\delta W=\delta(-V) \tag{1-34}$$

故有

$$\delta(U+V)=0 \tag{1-35}$$

其中，$U+V$ 为形变势能与外力势能的总和，称为系统的总势能。式(1-35)表明：在给定的外力作用下，实际存在的位移应使系统的总势能的变分为零，即总势能($U+V$)取驻值。如图1-6所示，当弹性体处于稳定平衡状态时，$\delta^2(U+V)>0$，势能取极小值；而当弹性体处于不稳定平衡状态时，$\delta^2(U+V)<0$。势能取极大值；当弹性体处于中性平衡状态时，$\delta^2(U+V)=0$。由此不难得出，在给定的外力作用下，满足位移边界条件的各组位移中，实际存在的位移应使系统的总势能取极小值(通常也为最小值)。

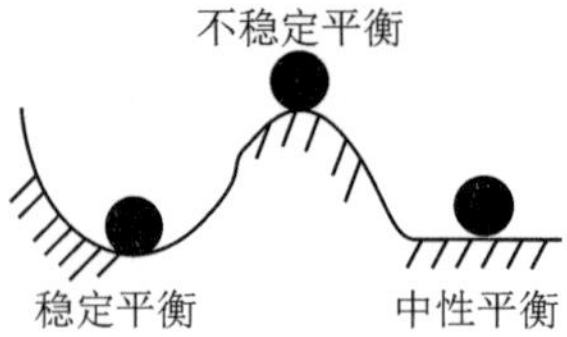

图 1-6 平衡状态

4. 瑞利-利兹(Rayleigh-Ritz)位移变分法

瑞利-利兹位移变分法的求解思路是：通过设定位移的表达形式，使其满足位移边界条件；位移表达式中含有若干待定常数，这些待定常数可利用位移变分方程来确定，最终获得位移解。

取位移的表达式如下：

$$u=u_0+\sum_m A_m u_m \tag{1-36a}$$

$$v=v_0+\sum_m B_m v_m \tag{1-36b}$$

$$w=w_0+\sum_m C_m w_m \tag{1-36c}$$

其中，A_m，B_m，C_m 为互不相关的 $3m$ 个系数；u_0，v_0，w_0 为设定的函数，在边界上有

$$u_0\big|_s=\bar{u},\ v_0\big|_s=\bar{v},\ w_0\big|_s=\bar{w} \tag{1-37}$$

$u_m=u_m(x,y,z)$，$v_m=v_m(x,y,z)$，$w_m=w_m(x,y,z)$ 为边界上为零的设定函数，显然，式(1-36)给出的位移函数满足边界条件。此时，位移的变分 δu，δv，δw 只能由系数 A_m，B_m，C_m 的变分来实现，u_0，v_0，w_0 与变分无关。位移的变分为

$$\delta u=\sum_m u_m \delta A_m \tag{1-38a}$$

$$\delta v=\sum_m v_m \delta B_m \tag{1-38b}$$

$$\delta w=\sum_m w_m \delta C_m \tag{1-38c}$$

由式(1-26)可知，整个弹性体的形变势能为

$$U=\frac{1}{2}\int[\sigma_x\varepsilon_x+\sigma_y\varepsilon_y+\sigma_z\varepsilon_z+\tau_{yz}\gamma_{yz}+\tau_{zx}\gamma_{zx}+\tau_{xy}\gamma_{xy}]\,\mathrm{d}x\,\mathrm{d}y\,\mathrm{d}z \tag{1-39}$$

利用物理方程及几何方程，可得到形变势能的位移分量表达式为

$$U=\frac{E}{2(1+\mu)}\int\left[\frac{\mu}{1-2\mu}\left(\frac{\partial u}{\partial x}+\frac{\partial v}{\partial y}+\frac{\partial w}{\partial z}\right)^2+\left(\frac{\partial u}{\partial x}\right)^2+\left(\frac{\partial v}{\partial y}\right)^2+\left(\frac{\partial w}{\partial z}\right)^2+\right.$$
$$\left.\frac{1}{2}\left(\frac{\partial w}{\partial y}+\frac{\partial v}{\partial z}\right)^2+\left(\frac{\partial u}{\partial z}+\frac{\partial w}{\partial x}\right)^2+\left(\frac{\partial v}{\partial x}+\frac{\partial u}{\partial y}\right)^2\right]\mathrm{d}x\,\mathrm{d}y\,\mathrm{d}z \tag{1-40}$$

根据式(1-36)可知，形变势能为 A_m，B_m，C_m 的函数

$$U=U(A_m,B_m,C_m) \tag{1-41}$$

则由形变势能的变分为

$$\delta U=\sum_{m}\frac{\partial U}{\partial A_{m}}\delta A_{m}+\sum_{m}\frac{\partial U}{\partial B_{m}}\delta B_{m}+\sum_{m}\frac{\partial U}{\partial C_{m}}\delta C_{m}$$
$$=\sum\nolimits_{m}\left[\frac{\partial U}{\partial A_{m}}\delta A_{m}+\frac{\partial U}{\partial B_{m}}\delta B_{m}+\frac{\partial U}{\partial C_{m}}\delta C_{m}\right] \tag{1-42}$$

将式(1-38)、式(1-42)代入位移变分方程，有

$$\sum_{m}\frac{\partial U}{\partial A_{m}}\delta A_{m}+\frac{\partial U}{\partial B_{m}}\delta B_{m}+\frac{\partial U}{\partial C_{m}}\delta C_{m}$$
$$=\sum_{m}\int(Xu_{m}\delta A_{m}+Yv_{m}\delta B_{m}+Zw_{m}\delta C_{m})\,\mathrm{d}x\mathrm{d}y\mathrm{d}z+$$
$$\sum_{m}\int(\bar{x}u_{m}\delta A_{m}+\bar{Y}v_{m}\delta B_{m}+\bar{Z}w_{m}\delta C_{m})\,\mathrm{d}S \tag{1-43}$$

将式(1-43)整理，把 δA_m，δB_m，δC_m 合并可得

$$\sum_{m}\left[\frac{\partial U}{\partial A_{m}}-\int Xu_{m}\mathrm{d}x\mathrm{d}y\mathrm{d}z-\int\bar{X}u_{m}\mathrm{d}S\right]\delta A_{m}+$$
$$\sum_{m}\left[\frac{\partial U}{\partial B_{m}}-\int Yv_{m}\mathrm{d}x\mathrm{d}y\mathrm{d}z-\int\bar{Y}v_{m}\mathrm{d}S\right]\delta B_{m}+$$
$$\sum_{m}\left[\frac{\partial U}{\partial C_{m}}-\int Zw_{m}\mathrm{d}x\mathrm{d}y\mathrm{d}z-\int\bar{Z}w_{m}\mathrm{d}S\right]\delta C_{m}=0 \tag{1-44}$$

考虑到 δA_m，δB_m，δC_m 完全任意，且互相独立，要使式(1-44)成立，则必须有

$$\frac{\partial U}{\partial A_{m}}-\int Xu_{m}\mathrm{d}x\mathrm{d}y\mathrm{d}z-\int\bar{X}u_{m}\mathrm{d}S=0 \tag{1-45a}$$
$$\frac{\partial U}{\partial B_{m}}-\int Yv_{m}\mathrm{d}x\mathrm{d}y\mathrm{d}z-\int\bar{Y}v_{m}\mathrm{d}S=0 \tag{1-45b}$$
$$\frac{\partial U}{\partial C_{m}}-\int Zw_{m}\mathrm{d}x\mathrm{d}y\mathrm{d}z-\int\bar{Z}w_{m}\mathrm{d}S=0 \tag{1-45c}$$

可得瑞利-利兹位移变分法方程

$$\frac{\partial U}{\partial A_{m}}=\int Xu_{m}\mathrm{d}x\mathrm{d}y\mathrm{d}z+\int\bar{X}u_{m}\mathrm{d}S \tag{1-46a}$$
$$\frac{\partial U}{\partial B_{m}}=\int Yv_{m}\mathrm{d}x\mathrm{d}y\mathrm{d}z+\int\bar{Y}v_{m}\mathrm{d}S \tag{1-46b}$$
$$\frac{\partial U}{\partial C_{m}}=\int Zw_{m}\mathrm{d}x\mathrm{d}y\mathrm{d}z+\int\bar{Z}w_{m}\mathrm{d}S \tag{1-46c}$$

从式(1-41)中不难看出，U 是系数 A_m，B_m，C_m 的二次函数，因而方程(1-46)为各系数的线性方程组，可获得系数 A_m，B_m，C_m，进而就可求得其他量，如位移、应力等，这样就把线性弹性力学的高阶偏微分方程的求解问题转化成线性方程组的求解问题了。需要注意的是，在假定式(1-36)时，必须保证其满足全部位移边界条件。

下面以如图1-7所示的中点处承受有集中力 P 作用的简支梁为例，通过设定不同的位移试函数，利用瑞利-利兹位移变分法求解梁的挠曲线方程。

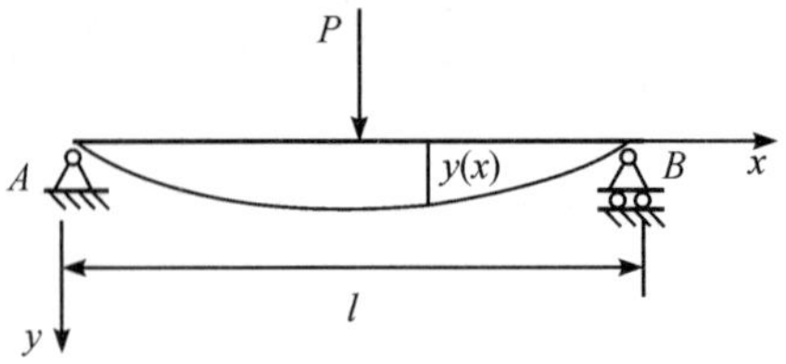

图 1-7　受集中力作用下的简支梁弯曲

首先，假设满足位移边界条件 $w(0)=0$，$w(l)=0$ 的位移试函数为

$$w=a\sin\frac{\pi}{l}x\quad(0\leqslant x\leqslant l)\tag{1-47}$$

式中，a 为待定常数。

计算弹性势能为

$$U=\frac{EI}{2}\int_0^l\left(\frac{\mathrm{d}^2w}{\mathrm{d}x^2}\right)^2\mathrm{d}x=\frac{\pi^4EI}{4l^3}a^2\tag{1-48}$$

计算得到

$$\frac{\partial U}{\partial a}=\frac{\pi^4EI}{2l^3}a\tag{1-49}$$

$$\int Xu_m\,\mathrm{d}x\,\mathrm{d}y\,\mathrm{d}z+\int\overline{X}u_m\,\mathrm{d}S=P\sin\frac{\pi}{l}\,\frac{l}{2}=P\tag{1-50}$$

由瑞利-利兹位移变分法方程

$$\frac{\partial U}{\partial A_m}=\int Xu_m\,\mathrm{d}x\,\mathrm{d}y\,\mathrm{d}z+\int\overline{X}u_m\,\mathrm{d}S\tag{1-51}$$

得到

$$\frac{\partial U}{\partial a}=P\tag{1-52}$$

即

$$\frac{\pi^4EI}{2l^3}a=P\tag{1-53}$$

计算得到

$$a=\frac{2l^3P}{\pi^4EI}\tag{1-54}$$

这样获得梁的挠曲线：

$$w=\frac{2l^3P}{\pi^4EI}\sin\frac{\pi}{l}x\tag{1-55}$$

可以计算出中点的挠度：

$$w\Big|_{x=\frac{l}{2}}=\frac{2l^3P}{\pi^4EI}\tag{1-56}$$

而材料力学的结果：

$$w^*\Big|_{x=\frac{l}{2}}=\frac{Pl^3}{48EI}\tag{1-57}$$

两者比较，式(1-56)的结果偏小，偏差约为 1.5%。

下面再设定不同的位移试函数。假设满足端点的位移边界条件 $w(0)=0$，$w(l)=0$ 的位移试函数为

$$w=\frac{x}{l}\left(1-\frac{x}{l}\right)\left[A_1+A_2\frac{x}{l}\left(1-\frac{x}{l}\right)\right] \tag{1-58}$$

所以

$$w_0=0,\ w_1=\frac{x}{l}\left(1-\frac{x}{l}\right),\ w_2=\frac{x^2}{l^2}\left(1-\frac{x}{l}\right)^2 \tag{1-59}$$

式中，A_1，A_2 为待定常数。

梁的形变势能为

$$U=\frac{EI}{2}\int_0^l\left(\frac{\mathrm{d}^2w}{\mathrm{d}x^2}\right)^2\mathrm{d}x=\frac{2EI}{5l^3}(5A_1^2+A_2^2) \tag{1-60}$$

计算

$$\frac{\partial U}{\partial A_1}=\frac{4EI}{l^3}A_1,\ \frac{\partial U}{\partial A_2}=\frac{4EI}{5l^3}A_2 \tag{1-61}$$

$$\int Xu_m\mathrm{d}x\mathrm{d}y\mathrm{d}z+\int\overline{X}u_m\mathrm{d}S=\int_0^l q(x)w_1\mathrm{d}x=Pw_1\Big|_{x=\frac{l}{2}}=\frac{P}{4} \tag{1-62a}$$

$$\int Yv_m\mathrm{d}x\mathrm{d}y\mathrm{d}z+\int\overline{X}v_m\mathrm{d}S=\int_0^l q(x)w_2\mathrm{d}x=Pw_2\Big|_{x=\frac{l}{2}}=\frac{P}{16} \tag{1-62b}$$

代入瑞利-利兹位移变分法方程

$$\frac{\partial U}{\partial A_m}=\int Xu_m\mathrm{d}x\mathrm{d}y\mathrm{d}z+\int\overline{X}u_m\mathrm{d}S \tag{1-63a}$$

$$\frac{\partial U}{\partial B_m}=\int Yv_m\mathrm{d}x\mathrm{d}y\mathrm{d}z+\int\overline{Y}v_m\mathrm{d}S \tag{1-63b}$$

有

$$\frac{\partial U}{\partial A_1}=\int_0^l q(x)w_1\mathrm{d}x,\ \frac{\partial U}{\partial A_2}=\int_0^l q(x)w_2\mathrm{d}x \tag{1-64}$$

则计算获得

$$\frac{4EI}{l^3}A_1=\frac{P}{4},\ \frac{4EI}{5l^3}A_2=\frac{P}{16} \tag{1-65}$$

$$A_1=\frac{pl^3}{16EI},\ a_2=\frac{5Pl^3}{64EI} \tag{1-66}$$

所求挠曲线方程为

$$w=\frac{pl^3}{64EI}\frac{x}{l}\left(1-\frac{x}{l}\right)\left[4+5\frac{x}{l}\left(1-\frac{x}{l}\right)\right] \tag{1-67}$$

中点挠度为

$$w\Big|_{x=\frac{l}{2}}=\frac{21Pl^3}{1024EI} \tag{1-68}$$

式(1－68)与式(1－56)比较得到

$$\frac{w^*\Big|_{x=\frac{l}{2}}-w\Big|_{x=\frac{l}{2}}}{w^*\Big|_{x=\frac{l}{2}}}=1.5625\% \tag{1-69}$$

1.3.2 有限元法

1. 离散化

有限元法与瑞利-利兹(Rayleigh-Ritz)位移变分法的一个重要区别是有限元法不寻求在整个结构域上的连续位移函数，而是寻找各个子域(即单元)上满足域内及域边界上连续的位移函数。有限元把分析对象进行离散化处理，将变形体分成若干个互不重叠的单元(如杆梁单元、三角单元、矩形单元、板壳单元等)，单元之间在节点处连接，用离散结构(单元组合体)近似代替原来的连续体。如果合理地求出各个单元的力学特性，就可以求出单元组合体(离散结构)的力学特性，从而在给定的载荷和约束条件下求出各节点的位移，进而求出各单元的应力，故有限元方法也可称为离散的瑞利-利兹(Rayleigh-Ritz)法。由于单元可以有不同的大小、形状和类型，因此可以求解复杂的工程和科学问题。在有限元分析过程中，对每个单元，设节点位移 q 为未知待求向量，则求解问题最终均转化为节点位移的求解问题。

下面以由杆梁单元构成的结构为例来介绍有限元方法。在工程上许多由杆或梁所组成的杆系桁架或钢架结构中，杆系结构本身是由真实杆件连接而成的，故其离散化比较直观简单。首先将杆件或者杆件的一段(一根杆又分为几个单元)作为一个单元；其次根据结构本身的特点进行离散，杆件的转折点、汇交点、自由端、集中载荷作用点、支承点以及沿杆长截面突变处等均可设置成节点，两个节点间的等截面杆可以设置为一个单元。如果杆件为变截面杆件，则可分段处理成多个单元，取各段中点处的截面近似作为该单元的截面，所得各单元仍按等截面杆进行计算。弹性体所受外力包括体力、面力以及集中力，它们分别作用在弹性体内部、物体表面上或一个点上。在有限元法计算中，载荷作用到节点上。当结构有非节点载荷作用时，应该按照静力等效的原则变换为作用在节点上的等效节点载荷。比如，如图 1-8 所示的钢架结构就可离散为三个单元构成的结构。

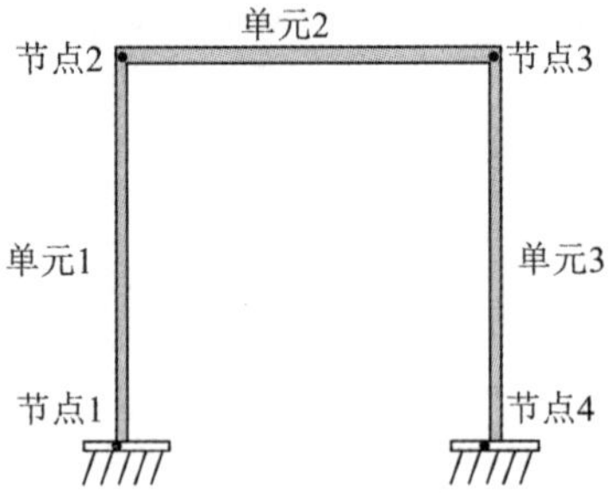

图 1-8　三杆钢架结构

2. 单元分析

有限单元法的求解过程是从局部到整体的过程。在结构离散化之后，首先从单元分析入手，最后组合成求解整个弹性体的方程，进而得到整个问题的数值解，所以单元分析是有限元方法的关键一步。

1) 单元的几何及节点描述

图 1-9 所示为一局部坐标系中的第 $e(e=1, 2, 3)$ 个梁单元，其长度为 l_e，弹性模量为

E，横截面的惯性矩为 I。第 e 个单元两个节点的位移向量为

$$\{\boldsymbol{q}_i\}=[u_i \quad v_i \quad \theta_i]^{\mathrm{T}},\{\boldsymbol{q}_j\}=[u_j \quad v_j \quad \theta_j]^{\mathrm{T}} \tag{1-70}$$

其中，u_i、v_i、θ_i，u_j、v_j、θ_j 分别为第 i、j 个节点的轴向位移、挠度和转角。

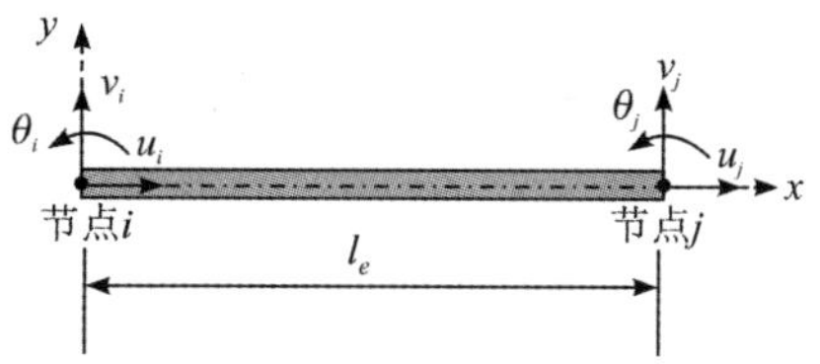

图 1-9　梁单元

单元 e 的节点位移向量为

$$\{\boldsymbol{q}\}^e=\begin{Bmatrix}\boldsymbol{q}_i\\ \boldsymbol{q}_j\end{Bmatrix}=[u_i \quad v_i \quad \theta_i \quad u_j \quad v_j \quad \theta_j]^{\mathrm{T}} \tag{1-71}$$

这表明该单元的节点位移有 6 个自由度。

若该单元承受有分布外载，可以将其等效到节点上，则节点 i、j 的力向量为

$$\{\boldsymbol{F}_i\}=[U_i \quad V_i \quad M_i]^{\mathrm{T}},\ \{\boldsymbol{F}_j\}=[U_j \quad V_j \quad M_j]^{\mathrm{T}} \tag{1-72}$$

故单元的节点力列向量可表示为

$$\{\boldsymbol{F}\}^e=\begin{Bmatrix}\boldsymbol{F}_i^e\\ \boldsymbol{F}_j^e\end{Bmatrix}=[X_i \quad Y_i \quad M_i \quad X_j \quad f_j \quad M_j]^{\mathrm{T}} \tag{1-73}$$

2）单元位移场

在有限单元法分析中，虽然对不同结构可能会采取不同的单元类型，并且采用的单元位移模式也可能会不同，但是其所构建的位移函数的数学模型的性能以及反映真实结构的位移分布规律等，将会直接影响计算结果的正确性、计算精度及解的收敛性。为了保证解的收敛性，选用的位移函数应当满足下列要求：① 单元位移函数的项数至少应等于单元的自由度数；② 位移函数的阶数至少应包含常数项和一次项，而高次项要选取多少项则应视单元的类型而定；③ 单元的刚体位移状态和应变状态应当全部包含在位移函数中；④ 单元的位移函数应保证在单元内连续且相邻单元之间的位移具有协调性。由于梁单元有 6 个位移节点条件，可假设与轴向位移相关的位移场 $u(x)$ 为具有 2 个待定系数的函数模式，挠度 $v(x)$ 为具有四个待定系数的函数模式(这就等价于瑞利-利兹位移变分法的设定函数)，即

$$u(x)=\alpha_1+\alpha_2 x \tag{1-74a}$$

$$v(x)=\beta_1+\beta_2 x+\beta_3 x^2+\beta_4 x^3 \tag{1-74b}$$

其中，α_1，α_2，β_1，β_2，β_3，β_4 为待定系数。

待定系数项 α_1，α_2 可由以下单元节点条件：

$$u(x)\big|_{x=0}=u_i \tag{1-75a}$$

$$u(x)\big|_{x=l_e}=u_j \tag{1-75b}$$

来确定，即

$$\alpha_1=u_i,\ \alpha_2=\frac{u_j-u_i}{l_e} \tag{1-76}$$

代入式(1-74a)，有

$$u(x)=u_i+\frac{u_j-u_i}{l_e}x=\left(1-\frac{x}{l_e}\right)u_i+\frac{x}{l_e}u_j=[N_{iu}(x)\quad N_{ju}(x)]\begin{Bmatrix}u_i\\u_j\end{Bmatrix}\tag{1-77}$$

其中，N_{iu}、N_{ju} 分别表示当 $u_i=1$，$u_j=0$ 以及 $u_i=0$，$u_j=1$ 时的单元内的轴向位移状态，故称为轴向位移形函数。

由与挠度相关的 4 个节点位移分量 v_i，θ_i，v_j，θ_j，以及挠度与转角之间的关系 $\theta=\frac{\partial v}{\partial x}$，可得到单元节点位移条件

$$v(x)\big|_{x=0}=v_i,\quad \left.\frac{\partial v(x)}{\partial x}\right|_{x=0}=\theta_i\tag{1-78a}$$

$$v(x)\big|_{x=l_e}=v_j,\quad \left.\frac{\partial v(x)}{\partial x}\right|_{x=l_e}=\theta_j\tag{1-78b}$$

可求出式(1-74b)中的 4 个待定系数，即

$$\begin{cases}\beta_1=v_i\\ \beta_2=\theta_i\\ \beta_3=\dfrac{3}{l^2}(-v_i+v_j)-\dfrac{1}{l}(2\theta_i+\theta_j)\\ \beta_4=\dfrac{2}{l^3}(v_i-v_j)-\dfrac{1}{l^2}(\theta_i+\theta_j)\end{cases}\tag{1-79}$$

将式(1-79)代入式(1-74b)中，重写位移函数，有

$$v(x)=\left(1-\frac{3}{l^2}x^2+\frac{2}{l^3}x^3\right)v_i+\left(x-\frac{2}{l}x^2+\frac{1}{l^2}x^3\right)\theta_i+\left(\frac{3}{l^2}x^2-\frac{2}{l^3}x^3\right)v_j+$$

$$\left(-\frac{1}{l}x^2+\frac{1}{l^2}x^3\right)\theta_j=[N_{iv}\quad N_{i\theta}\quad N_{jv}\quad N_{j\theta}]\begin{Bmatrix}v_i\\\theta_i\\v_j\\v_j\end{Bmatrix}\tag{1-80}$$

其中，N_{iv}，$N_{i\theta}$，N_{jv}，$N_{j\theta}$ 为与单元挠度相关的形函数，可表示为

$$\begin{cases}N_{iv}=1-\dfrac{3}{l^2}x^2+\dfrac{2}{l^3}x^3\\ N_{i\theta}=x-\dfrac{2}{l}x^2+\dfrac{1}{l^2}x^3\\ N_{jv}=\dfrac{3}{l^2}x^2-\dfrac{2}{l^3}x^3\\ N_{j\theta}=-\dfrac{1}{l}x^2+\dfrac{1}{l^2}x^3\end{cases}\tag{1-81}$$

这样单元位移场可表示为

$$\begin{Bmatrix}u\\v\end{Bmatrix}=\begin{bmatrix}N_{iu}&0&0&N_{ju}&0&0\\0&N_{iv}&N_{i\theta}&0&N_{jv}&N_{j\theta}\end{bmatrix}\{\boldsymbol{q}\}^e\tag{1-82}$$

记为

$$\{\boldsymbol{u}\}=[\boldsymbol{N}]\{\boldsymbol{q}\}^e\tag{1-83}$$

其中，$[\boldsymbol{N}]$称为形函数矩阵。

3）单元应变场

在弹性范围内，若不考虑剪力的影响，平面钢架单元内任一点的轴向线应变由两部分组成，即轴向应变 $\varepsilon_x^{\mathrm{l}}$ 与弯曲应变 $\varepsilon_x^{\mathrm{b}}$ 之和，可表示为

$$\varepsilon_x(x,\ y)=\varepsilon_x^{\mathrm{l}}+\varepsilon_x^{\mathrm{b}}=\frac{\partial u}{\partial x}-y\,\frac{\partial^2 v}{\partial x^2} \tag{1-84}$$

其中，y 为梁单元任意截面上任意点至中性轴（x 轴）的距离，如图 1-10 所示。

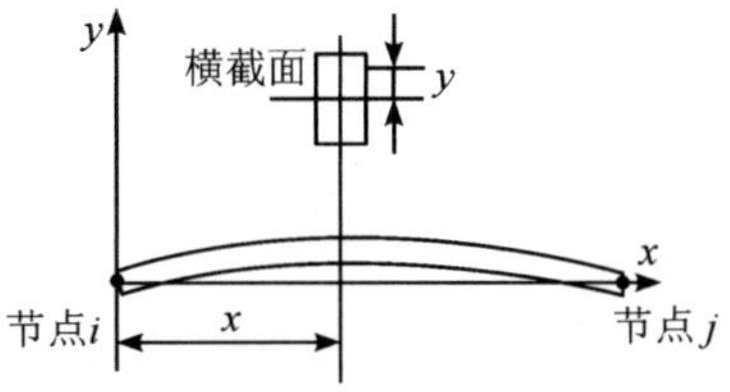

图 1-10　梁单元的变形

因此

$$\varepsilon_x(x,\ \hat{y})=\left[-\frac{1}{l}\quad -y\left(\frac{-6}{l^2}+\frac{12}{l^3}x\right)\quad -y\left(\frac{-4}{l}+\frac{6}{l^2}x\right)\quad +\frac{1}{l}\quad -y\left(\frac{6}{l^2}-\frac{12}{l^3}x\right)\quad -y\left(\frac{-2}{l}+\frac{6}{l^2}x\right)\right]\{\boldsymbol{q}\}^e \tag{1-85}$$

记为

$$\varepsilon_x=[\boldsymbol{B}]\{\boldsymbol{q}\}^e \tag{1-86a}$$

其中，$[\boldsymbol{B}]$ 为平面钢架梁单元的应变矩阵，表示为

$$[\boldsymbol{B}(x,\ \hat{y})]=\left[-\frac{1}{l}\quad -y\left(\frac{-6}{l^2}+\frac{12}{l^3}x\right)\quad -y\left(\frac{-4}{l}+\frac{6}{l^2}x\right)\quad +\frac{1}{l}\quad -y\left(\frac{6}{l^2}-\frac{12}{l^3}x\right)\quad -y\left(\frac{-2}{l}+\frac{6}{l^2}x\right)\right] \tag{1-86b}$$

4）单元应力场

由梁的物理方程可得

$$\sigma_x=E\varepsilon_x=E[\boldsymbol{B}]\{\boldsymbol{q}\}^e=[\boldsymbol{S}(x,\ \hat{y})]\{\boldsymbol{q}\}^e \tag{1-87}$$

5）单元的刚度矩阵

梁单元的 i、j 节点发生的虚位移为

$$\{\delta\boldsymbol{q}\}^e=[\delta u_i\quad \delta v_i\quad \delta\theta_i\quad \delta u_j\quad \delta v_j\quad \delta\theta_j]^{\mathrm{T}} \tag{1-88}$$

则单元内相应的虚应变为

$$\delta\varepsilon_x=[\boldsymbol{B}]\{\delta\boldsymbol{q}^*\}^e \tag{1-89}$$

由虚功原理有

$$(\{\delta\boldsymbol{q}\}^e)^{\mathrm{T}}\{F\}^e=\iiint_{\Omega}\delta\varepsilon_x^{\mathrm{T}}\sigma_x\,\mathrm{d}x\,\mathrm{d}y\,\mathrm{d}z=(\{\delta\boldsymbol{q}\}^e)^{\mathrm{T}}\iiint_{\Omega}\{\boldsymbol{B}\}^{\mathrm{T}}E\{\boldsymbol{B}\}\,\mathrm{d}x\,\mathrm{d}y\,\mathrm{d}z\,\{\boldsymbol{q}\}^e \tag{1-90}$$

由于节点虚位移 $\{\delta\boldsymbol{q}\}^e$ 具有任意性，因此式（1-90）可写成

$$\{\boldsymbol{F}\}^e=\iiint_{\Omega}\{\boldsymbol{B}\}^{\mathrm{T}}E\{\boldsymbol{B}\}\,\mathrm{d}x\,\mathrm{d}y\,\mathrm{d}z\,\{\boldsymbol{q}\}^e \tag{1-91}$$

则局部坐标下的平面钢架单元的刚度方程为

$$[\boldsymbol{K}]^e\{\boldsymbol{q}\}^e=\{\boldsymbol{F}\}^e \tag{1-92}$$

其中，$[\boldsymbol{K}]^e$ 为局部坐标下平面钢架单元的刚度矩阵，即

$$[\boldsymbol{K}]^e=\iiint_\Omega\{\boldsymbol{B}\}^{\mathrm{T}}E\{\boldsymbol{B}\}\,\mathrm{d}x\,\mathrm{d}y\,\mathrm{d}z \tag{1-93}$$

将式(1-86a)代入式(1-93)中，则局部坐标系下平面钢架梁单元的单元刚度矩阵为

$$[\boldsymbol{K}]^e=\begin{bmatrix}\boldsymbol{k}_{ii}^e & \boldsymbol{k}_{ij}^e\\ \boldsymbol{k}_{ji}^e & \boldsymbol{k}_{jj}^e\end{bmatrix}=\begin{bmatrix}\frac{EA}{l} & 0 & 0 & \frac{-EA}{l} & 0 & 0\\ 0 & \frac{12EI}{l^3} & \frac{6EI}{l^2} & 0 & \frac{-12EI}{l^3} & \frac{6EI}{l^2}\\ 0 & \frac{6EI}{l^2} & \frac{4EI}{l} & 0 & \frac{-6EI}{l^2} & \frac{2EI}{l}\\ \frac{-EA}{l} & 0 & 0 & \frac{EA}{l} & 0 & 0\\ 0 & \frac{-12EI}{l^3} & \frac{-6EI}{l^2} & 0 & \frac{12EI}{l^3} & \frac{-6EI}{l^2}\\ 0 & \frac{6EI}{l^2} & \frac{2EI}{l} & 0 & \frac{-6EI}{l^2} & \frac{4EI}{l}\end{bmatrix} \tag{1-94}$$

其中，A 为单元的横截面积，I 为惯性矩，l 为单元长度，E 为材料弹性模量。

3. 坐标转换

为了建立结构的平衡条件而对结构进行整体分析时，往往需要建立一个对每个单元都适用的统一坐标系，即整体坐标系(或称为总体坐标系)。例如，在工程实际中，杆系结构的杆单元可能处于整体坐标系中的任意一个位置，如图 1-11 所示，这就需要将局部坐标系中的单元表达等价地变换到整体坐标系中，这样在不同位置上的单元才会有公共的坐标基准，进而对各个单元进行集成(即组装)。

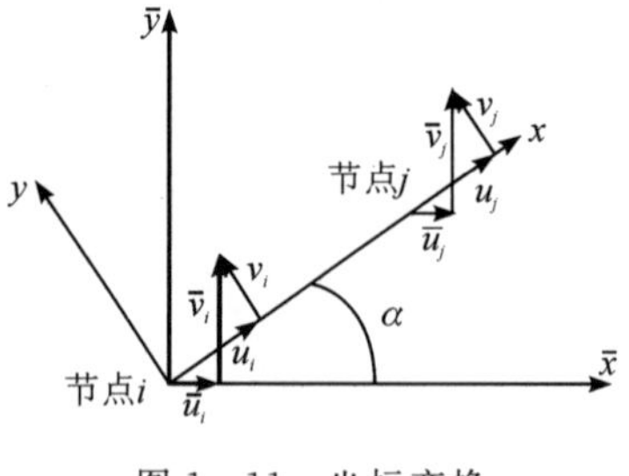

图 1-11 坐标变换

图 1-11 中的整体坐标系为($\bar{x}O\bar{y}$)，杆单元的局部坐标系为(xOy)，在整体坐标系中单元节点位移列向量和节点力向量可分别表示成

$$\{\bar{\boldsymbol{q}}\}^e=\begin{Bmatrix}\bar{\boldsymbol{q}}_i^e\\ \bar{\boldsymbol{q}}_j^e\end{Bmatrix}=[\bar{u}_i \quad \bar{v}_i \quad \bar{\theta}_i \quad \bar{u}_j \quad \bar{v}_j \quad \bar{\theta}_j]^{\mathrm{T}} \tag{1-95}$$

$$\{\bar{\boldsymbol{F}}\}^e=\begin{Bmatrix}\bar{\boldsymbol{F}}_i\\ \bar{\boldsymbol{F}}_j\end{Bmatrix}=[\bar{X}_i \quad \bar{Y}_i \quad \bar{M}_i \quad \bar{X}_j \quad \bar{Y}_j \quad \bar{M}_j]^{\mathrm{T}} \tag{1-96}$$

而局部坐标系中的节点位移和节点力为

$$\{\boldsymbol{q}\}^e=\begin{Bmatrix}\boldsymbol{q}_i\\ \boldsymbol{q}_j\end{Bmatrix}=[u_i\quad v_i\quad \theta_i\quad u_j\quad v_j\quad \theta_j]^{\mathrm{T}} \tag{1-97}$$

$$\{\boldsymbol{F}\}^e=\begin{Bmatrix}\boldsymbol{F}_i^e\\ \boldsymbol{F}_j^e\end{Bmatrix}=[U_i\quad V_i\quad M_i\quad U_j\quad V_j\quad M_j]^{\mathrm{T}} \tag{1-98}$$

对节点 i，整体坐标系下的节点位移 $\bar{u}_i$，$\bar{v}_i$，$\bar{\theta}_i$ 和局部坐标系下的节点位移 u_i，v_i，θ_i 存在以下等价变换关系：

$$\bar{u}_i=u_i\cos\alpha-v_i\sin\alpha \tag{1-99a}$$

$$\bar{v}_i=u_i\sin\alpha+v_i\cos\alpha \tag{1-99b}$$

$$\bar{\theta}_i=\theta_i \tag{1-99c}$$

写成矩阵形式为

$$\begin{Bmatrix}\bar{u}_i\\ \bar{v}_i\\ \bar{\theta}_i\end{Bmatrix}=\begin{bmatrix}\cos\alpha & -\sin\alpha & 0\\ \sin\alpha & \cos\alpha & 0\\ 0 & 0 & 1\end{bmatrix}\begin{bmatrix}u_i\\ v_i\\ \theta_i\end{bmatrix} \tag{1-100}$$

对于梁单元，则有

$$\begin{Bmatrix}\bar{u}_i\\ \bar{v}_i\\ \bar{\theta}_i\\ \bar{u}_j\\ \bar{v}_j\\ \bar{\theta}_j\end{Bmatrix}=\begin{bmatrix}\cos\alpha & -\sin\alpha & 0 & 0 & 0 & 0\\ \sin\alpha & \cos\alpha & 0 & 0 & 0 & 0\\ 0 & 0 & 1 & 0 & 0 & 0\\ 0 & 0 & 0 & \cos\alpha & -\sin\alpha & 0\\ 0 & 0 & 0 & \sin\alpha & \cos\alpha & 0\\ 0 & 0 & 0 & 0 & 0 & 1\end{bmatrix}\begin{bmatrix}u_i\\ v_i\\ \theta_i\\ u_j\\ v_j\\ \theta_j\end{bmatrix} \tag{1-101}$$

可简写为

$$\{\bar{\boldsymbol{q}}\}^e=[\boldsymbol{T}]^e\{\boldsymbol{q}\}^e \tag{1-102}$$

式中，$[\boldsymbol{T}]^e$ 为平面钢架梁单元从局部坐标系向整体坐标系的转换矩阵，可表示为

$$[\boldsymbol{T}]^e=\begin{bmatrix}\cos\alpha & -\sin\alpha & 0 & 0 & 0 & 0\\ \sin\alpha & \cos\alpha & 0 & 0 & 0 & 0\\ 0 & 0 & 1 & 0 & 0 & 0\\ 0 & 0 & 0 & \cos\alpha & -\sin\alpha & 0\\ 0 & 0 & 0 & \sin\alpha & \cos\alpha & 0\\ 0 & 0 & 0 & 0 & 0 & 1\end{bmatrix} \tag{1-103}$$

整体坐标系下的单元刚度矩阵和节点力列阵可表示为

$$[\bar{\boldsymbol{K}}]^e=([\boldsymbol{T}]^e)^{\mathrm{T}}[\boldsymbol{K}]^e[\boldsymbol{T}]^e \tag{1-104}$$

$$\{\bar{\boldsymbol{F}}\}^e=([\boldsymbol{T}]^e)^{\mathrm{T}}\{\boldsymbol{F}\}^e \tag{1-105}$$

整体坐标系中的单元刚度方程为

$$[\bar{\boldsymbol{K}}]^e\{\bar{\boldsymbol{q}}\}^e=\{\bar{\boldsymbol{F}}\}^e \tag{1-106}$$

4. 整体刚度矩阵的组集

将所得各个单元的刚度矩阵按节点编号进行组集，可以形成整体刚度矩阵，同时将所

有节点载荷也进行组集。整体刚度矩阵的求解是建立在结构平衡条件的基础之上的，因此研究对象将以整体坐标系为参考。如图 1－12 所示的钢架结构，其节点载荷列向量分别为

$$\{\overline{\boldsymbol{P}_1}\} = [\bar{P}_{1x} \quad \bar{P}_{1y} \quad \overline{M}_1]^{\mathrm{T}} \tag{1-107a}$$

$$\{\overline{\boldsymbol{P}_2}\} = [\bar{P}_{2x} \quad \bar{P}_{2y} \quad \overline{M}_2]^{\mathrm{T}} \tag{1-107b}$$

$$\{\overline{\boldsymbol{P}_3}\} = [\bar{P}_{3x} \quad \bar{P}_{3y} \quad \overline{M}_3]^{\mathrm{T}} \tag{1-107c}$$

$$\{\overline{\boldsymbol{P}_4}\} = [\bar{P}_{4x} \quad \bar{P}_{4y} \quad \overline{M}_4]^{\mathrm{T}} \tag{1-107d}$$

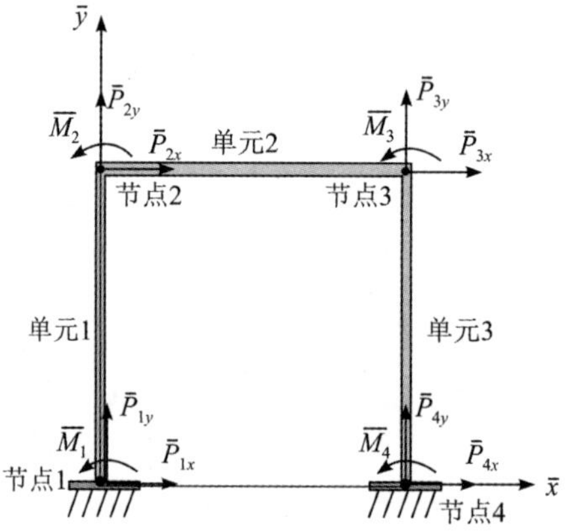

图 1－12　节点载荷分布

故节点载荷列向量为

$$\begin{aligned}\{\bar{\boldsymbol{P}}\} &= [\bar{\boldsymbol{P}}_1 \quad \bar{\boldsymbol{P}}_2 \quad \bar{\boldsymbol{P}}_3 \quad \bar{\boldsymbol{P}}_4]^{\mathrm{T}} \\ &= [\bar{P}_{1x} \quad \bar{P}_{1y} \quad \overline{M}_1 \quad \bar{P}_{2x} \quad \bar{P}_{2y} \quad \overline{M}_2 \quad \bar{P}_{3x} \quad \bar{P}_{3y} \quad \overline{M}_3 \quad \bar{P}_{4x} \quad \bar{P}_{4y} \quad \overline{M}_4]^{\mathrm{T}}\end{aligned} \tag{1-108}$$

而节点位移列向量为

$$\{\bar{\boldsymbol{q}}\} = [\bar{\boldsymbol{q}}_1 \quad \bar{\boldsymbol{q}}_2 \quad \bar{\boldsymbol{q}}_3 \quad \bar{\boldsymbol{q}}_4]^{\mathrm{T}} = [\bar{u}_1 \quad \bar{v}_1 \quad \bar{\theta}_1 \quad \bar{u}_2 \quad \bar{v}_2 \quad \bar{\theta}_2 \quad \bar{u}_3 \quad \bar{v}_3 \quad \bar{\theta}_3 \quad \bar{u}_4 \quad \bar{v}_4 \quad \bar{\theta}_4]^{\mathrm{T}} \tag{1-109}$$

我们可以建立各节点平衡条件如下：

对于节点 1，有

$$\begin{Bmatrix} \bar{X}_1^1 \\ \bar{Y}_1^1 \\ \overline{M}_1^1 \end{Bmatrix} = \begin{Bmatrix} \bar{P}_{1x} \\ \bar{P}_{1y} \\ \overline{M}_1 \end{Bmatrix} \tag{1-110}$$

用向量表示为

$$\{\bar{\boldsymbol{F}}_1^1\} = \{\bar{\boldsymbol{P}}_1\} \tag{1-111}$$

对于节点 2，有

$$\begin{Bmatrix} \bar{X}_2^1 \\ \bar{Y}_2^1 \\ \overline{M}_2^1 \end{Bmatrix} + \begin{Bmatrix} \bar{X}_2^2 \\ \bar{Y}_2^2 \\ \overline{M}_2^2 \end{Bmatrix} = \begin{Bmatrix} \bar{P}_{2x} \\ \bar{P}_{2y} \\ \overline{M}_2 \end{Bmatrix} \tag{1-112}$$

用向量表示为

$$\{\bar{\boldsymbol{F}}_2^1\}+\{\bar{\boldsymbol{F}}_2^2\}=\{\bar{\boldsymbol{P}}_2\} \tag{1-113}$$

对于节点3，有

$$\begin{Bmatrix}\bar{X}_3^2\\ \bar{Y}_3^2\\ \bar{M}_3^2\end{Bmatrix}+\begin{Bmatrix}\bar{X}_3^3\\ \bar{Y}_3^3\\ \bar{M}_3^3\end{Bmatrix}=\begin{Bmatrix}\bar{P}_{3x}\\ \bar{P}_{3y}\\ \bar{M}_3\end{Bmatrix} \tag{1-114}$$

用向量表示为

$$\{\bar{\boldsymbol{F}}_3^2\}+\{\bar{\boldsymbol{F}}_3^3\}=\{\bar{\boldsymbol{P}}_3\} \tag{1-115}$$

对于节点4，有

$$\begin{Bmatrix}\bar{X}_4^3\\ \bar{Y}_4^3\\ \bar{M}_4^3\end{Bmatrix}=\begin{Bmatrix}\bar{P}_{4x}\\ \bar{P}_{4y}\\ \bar{M}_4\end{Bmatrix} \tag{1-116}$$

用向量表示为

$$\{\bar{\boldsymbol{F}}_4^3\}=\{\bar{\boldsymbol{P}}_4\} \tag{1-117}$$

采用分块矩阵的形式，单元节点内力与节点位移的关系可表示如下：

对于单元1，有

$$\begin{Bmatrix}\bar{\boldsymbol{F}}_1^1\\ \bar{\boldsymbol{F}}_2^1\end{Bmatrix}=\begin{bmatrix}\bar{\boldsymbol{k}}_{11}^1 & \bar{\boldsymbol{k}}_{12}^1\\ \bar{\boldsymbol{k}}_{21}^1 & \bar{\boldsymbol{k}}_{22}^1\end{bmatrix}\begin{Bmatrix}\bar{\boldsymbol{q}}_1\\ \bar{\boldsymbol{q}}_2\end{Bmatrix} \tag{1-118}$$

简写为

$$\{\bar{\boldsymbol{F}}\}^1=[\bar{\boldsymbol{k}}]^1\{\bar{\boldsymbol{q}}\}^1 \tag{1-119}$$

对于单元2，有

$$\begin{Bmatrix}\bar{\boldsymbol{F}}_2^2\\ \bar{\boldsymbol{F}}_3^2\end{Bmatrix}=\begin{bmatrix}\bar{\boldsymbol{k}}_{22}^2 & \bar{\boldsymbol{k}}_{23}^2\\ \bar{\boldsymbol{k}}_{32}^2 & \bar{\boldsymbol{k}}_{33}^2\end{bmatrix}\begin{Bmatrix}\bar{\boldsymbol{q}}_2\\ \bar{\boldsymbol{q}}_3\end{Bmatrix} \tag{1-120}$$

简写为

$$\{\bar{\boldsymbol{F}}\}^2=[\bar{\boldsymbol{k}}]^2\{\boldsymbol{q}\}^2 \tag{1-121}$$

对于单元3，有

$$\begin{Bmatrix}\bar{\boldsymbol{F}}_3^3\\ \bar{\boldsymbol{F}}_4^3\end{Bmatrix}=\begin{bmatrix}\bar{\boldsymbol{k}}_{33}^3 & \bar{\boldsymbol{k}}_{34}^3\\ \bar{\boldsymbol{k}}_{43}^3 & \bar{\boldsymbol{k}}_{44}^3\end{bmatrix}\begin{Bmatrix}\bar{\boldsymbol{q}}_3\\ \bar{\boldsymbol{q}}_4\end{Bmatrix} \tag{1-122}$$

简写为

$$\{\bar{\boldsymbol{F}}\}^3=[\bar{\boldsymbol{k}}]^3\{\boldsymbol{q}\}^3 \tag{1-123}$$

单元刚度矩阵是由2×2的子矩阵组成的，而每个子矩阵又是由3×3的方阵组成的。整体刚度矩阵是由在整体坐标系下，矩阵按照节点编号的顺序组成的行和列的原则，将全部单元刚度矩阵扩展成由3×3子矩阵构成的4×4方阵。

对于单元1，有

$$[\bar{\boldsymbol{K}}]^1=\begin{bmatrix}\bar{k}_{11}^1 & \bar{k}_{12}^1 & 0 & 0\\ \bar{k}_{21}^1 & \bar{k}_{22}^1 & 0 & 0\\ 0 & 0 & 0 & 0\\ 0 & 0 & 0 & 0\end{bmatrix}\tag{1-124}$$

对于单元 2，有

$$[\bar{\boldsymbol{K}}]^2=\begin{bmatrix}0 & 0 & 0 & 0\\ 0 & \bar{k}_{22}^2 & \bar{k}_{23}^2 & 0\\ 0 & \bar{k}_{32}^2 & \bar{k}_{33}^2 & 0\\ 0 & 0 & 0 & 0\end{bmatrix}\tag{1-125}$$

对于单元 3，有

$$[\bar{\boldsymbol{K}}]^3=\begin{bmatrix}0 & 0 & 0 & 0\\ 0 & 0 & 0 & 0\\ 0 & 0 & \bar{k}_{33}^3 & \bar{k}_{34}^3\\ 0 & 0 & \bar{k}_{43}^3 & \bar{k}_{44}^3\end{bmatrix}\tag{1-126}$$

将单元节点内力与节点位移的关系式(1－118)～式(1－123)代入节点的平衡条件式(1－111)～式(1－117)中，经整理得节点位移向量与节点载荷向量之间的关系后对号入座叠加，则结构的刚度方程可表示为

$$\begin{bmatrix}\bar{k}_{11}^1 & \bar{k}_{12}^1 & 0 & 0\\ \bar{k}_{21}^1 & \bar{k}_{22}^1+\bar{k}_{22}^2 & \bar{k}_{23}^2 & 0\\ 0 & \bar{k}_{32}^2 & \bar{k}_{33}^2+\bar{k}_{33}^3 & \bar{k}_{34}^3\\ 0 & 0 & \bar{k}_{43}^3 & \bar{k}_{44}^3\end{bmatrix}\begin{Bmatrix}\bar{q}_1\\ \bar{q}_2\\ \bar{q}_3\\ \bar{q}_4\end{Bmatrix}=\begin{Bmatrix}\bar{P}_1\\ \bar{P}_2\\ \bar{P}_3\\ \bar{P}_4\end{Bmatrix}\tag{1-127}$$

记为

$$[\bar{\boldsymbol{K}}]\{\bar{\boldsymbol{q}}\}=\{\bar{\boldsymbol{P}}\}\tag{1-128}$$

其中，$[\bar{\boldsymbol{K}}]$为整体刚度矩阵，可表示为

$$[\bar{\boldsymbol{K}}]=\begin{bmatrix}\bar{k}_{11}^1 & \bar{k}_{12}^1 & 0 & 0\\ \bar{k}_{21}^1 & \bar{k}_{22}^1+\bar{k}_{22}^2 & \bar{k}_{23}^2 & 0\\ 0 & \bar{k}_{32}^2 & \bar{k}_{33}^2+\bar{k}_{33}^3 & \bar{k}_{34}^3\\ 0 & 0 & \bar{k}_{43}^3 & \bar{k}_{44}^3\end{bmatrix}\tag{1-129}$$

5. 约束处理的必要性

式(1－128)未考虑支承条件(即约束条件)，这意味着将原始结构处理成一个自由悬空的、存在刚体位移的结构时，整体刚度矩阵将是一个奇异矩阵且不能求逆，因此无法求解，故需要结合实际工程结构引入约束条件，即必须对结构的原始刚度方程作约束处理才能正确求出节点位移，进而求出结构的应力场。

约束处理的常用方法有填 0 置 1 法和乘大数法。采用这两种方法不会破坏整体刚度矩阵的对称性、稀疏性及带状分布等特性。若结构约束(即支座)位移全部为零，则进行约束处理时采用填 0 置 1 法比较适宜。若结构约束(即支座)位移为给定值，则进行约束处理时

采用乘大数法最为适宜。

6. 连续体结构分析的有限元方法

杆梁结构由于有自然的连接关系，所以可以凭直觉将其进行自然的离散，而连续体则不同，它的内部没有自然的连接节点，必须完全通过人工的方法进行离散，但其单元分析思路与杆梁结构类似。以如图 1-13 所示的空间问题——4 节点四面体单元为例，该单元为 4 节点组成的四面体单元，每个节点有 3 个位移(即 3 个自由度)，则单元的节点位移列阵和节点力列阵分别为

$$\{\boldsymbol{q}\}^e=[u_1 \quad v_1 \quad w_1 \quad u_2 \quad v_2 \quad w_2 \quad u_3 \quad v_3 \quad w_3 \quad u_4 \quad v_4 \quad w_4]^{\mathrm{T}} \tag{1-130}$$

$$\{\boldsymbol{P}\}^e=[P_{x1} \quad P_{y1} \quad P_{z1} \quad P_{x2} \quad P_{y2} \quad P_{z2} \quad P_{x3} \quad P_{y3} \quad P_{z3} \quad P_{x4} \quad P_{y4} \quad P_{z4}]^{\mathrm{T}} \tag{1-131}$$

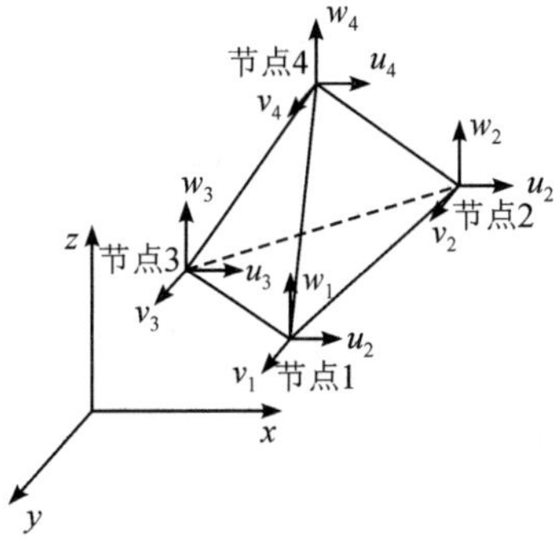

图 1-13　4 节点四面体单元

不难看出，单元有 4 个节点，单元的节点位移有 12 个自由度，因此每个方向的位移场可以设定 4 个待定系数，根据节点个数以及确定位移模式的基本原则(从低阶到高阶的完备性、唯一确定性)，选取该单元的位移模式为

$$u(x, y, z)=a_0+a_1x+a_2y+a_3z \tag{1-132a}$$

$$v(x, y, z)=b_0+b_1x+b_2y+b_3z \tag{1-132b}$$

$$w(x, y, z)=c_0+c_1x+c_2y+c_3z \tag{1-132c}$$

式中，待定系数可由节点位移条件得

$$u(x, y, z)\big|_{x=x_i, y=y_i, z=z_i}=u_i \tag{1-133a}$$

$$v(x, y, z)\big|_{x=x_i, y=y_i, z=z_i}=v_i \quad (i=1, 2, 3, 4) \tag{1-133b}$$

$$w(x, y, z)\big|_{x=x_i, y=y_i, z=z_i}=w_i \tag{1-133c}$$

获得待定系数后，可用节点位移将单元任意一点的位移表示为

$$\begin{aligned} u(x, y, z)&=\begin{Bmatrix} u \\ v \\ w \end{Bmatrix} \\ &=\begin{bmatrix} N_1 & 0 & 0 & N_2 & 0 & 0 & N_3 & 0 & 0 & N_4 & 0 & 0 \\ 0 & N_1 & 0 & 0 & N_2 & 0 & 0 & N_3 & 0 & 0 & N_4 & 0 \\ 0 & 0 & N_1 & 0 & 0 & N_2 & 0 & 0 & N_3 & 0 & 0 & N_4 \end{bmatrix}\{\boldsymbol{q}\}^e \\ &=\boldsymbol{N}\boldsymbol{q}^e \end{aligned} \tag{1-134}$$

其中，N_i 为形函数，可表示为

$$N_1=\frac{1}{6V}(\bar{a}_1+\bar{b}_1x+\bar{c}_1y+\bar{d}_1z) \tag{1-135a}$$

$$N_2=-\frac{1}{6V}(\bar{a}_2+\bar{b}_2x+\bar{c}_2y+\bar{d}_2z) \tag{1-135b}$$

$$N_3=\frac{1}{6V}(\bar{a}_3+\bar{b}_3x+\bar{c}_3y+\bar{d}_3z) \tag{1-135c}$$

$$N_4=\frac{1}{6V}(\bar{a}_4+\bar{b}_4x+\bar{c}_4y+\bar{d}_4z) \tag{1-135d}$$

式中，V 是四面体的体积，$\bar{a}_i$，$\bar{b}_i$，$\bar{c}_i$，$\bar{d}_i$ 为与节点几何位置相关的系数。按如下公式计算可得

$$V=\begin{vmatrix}1 & x_1 & y_1 & z_1\\ 1 & x_2 & y_2 & z_2\\ 1 & x_3 & y_3 & z_3\\ 1 & x_4 & y_4 & z_4\end{vmatrix} \tag{1-136}$$

$$\bar{a}_i=\begin{vmatrix}x_j & y_j & z_j\\ x_m & y_m & z_m\\ x_l & y_l & z_l\end{vmatrix},\ \bar{b}_i=\begin{vmatrix}1 & y_j & z_j\\ 1 & y_m & z_m\\ 1 & y_l & z_l\end{vmatrix},\ \bar{c}_i=\begin{vmatrix}1 & x_j & z_j\\ 1 & x_m & z_m\\ 1 & x_l & z_l\end{vmatrix},\ \bar{d}_i=\begin{vmatrix}1 & x_j & y_j\\ 1 & x_m & y_m\\ 1 & x_l & y_l\end{vmatrix}$$

$$(i,\ j,\ m,\ l=1,\ 2,\ 3,\ 4) \tag{1-137}$$

由弹性力学空间问题的几何方程，并将单元位移场的表达式(1-134)代入式(1-13)中，单元应变场可表示为

$$\{\boldsymbol{\varepsilon}(x,\ y,\ z)\}=\begin{Bmatrix}\varepsilon_{xx}\\ \varepsilon_{yy}\\ \varepsilon_{zz}\\ \gamma_{xy}\\ \gamma_{yz}\\ \gamma_{zx}\end{Bmatrix}=\begin{bmatrix}\frac{\partial}{\partial x} & 0 & 0\\ 0 & \frac{\partial}{\partial y} & 0\\ 0 & 0 & \frac{\partial}{\partial z}\\ \frac{\partial}{\partial y} & \frac{\partial}{\partial x} & \\ & \frac{\partial}{\partial z} & \frac{\partial}{\partial y}\\ \frac{\partial}{\partial z} & & \frac{\partial}{\partial x}\end{bmatrix}\begin{Bmatrix}u\\ v\\ w\end{Bmatrix}$$

$$=[\boldsymbol{\partial}]\{\boldsymbol{u}\}=[\boldsymbol{\partial}][\boldsymbol{N}]\{\boldsymbol{q}\}^e=[\boldsymbol{B}]\{\boldsymbol{q}\}^e \tag{1-138}$$

由物理方程(1-10)可得到应力场的表达式：

$$\{\boldsymbol{\sigma}\}=[\boldsymbol{D}]\{\boldsymbol{\varepsilon}\}=[\boldsymbol{D}][\boldsymbol{B}]\{\boldsymbol{q}\}^e=[\boldsymbol{S}]\{\boldsymbol{q}\}^e \tag{1-139}$$

其中，$[\boldsymbol{D}]$为空间问题的弹性系数矩阵。

利用虚功原理，可得单元的刚度方程为

$$[\boldsymbol{K}]^e\{\boldsymbol{q}\}^e=\{\boldsymbol{P}\}^e \tag{1-140}$$

其中，单元刚度矩阵为

$$[\boldsymbol{K}]^e = \iiint_{\Omega} [\boldsymbol{B}]^{\mathrm{T}} [\boldsymbol{D}] [\boldsymbol{B}] \mathrm{d}\Omega \tag{1-141}$$

这里，由于该单元的节点位移是以整体坐标系中的 x 方向位移 u、y 方向位移 v、z 方向位移 w 来定义的，所以没有坐标变换问题。

要说明的是，由于在实际工程中，问题通常具有复杂性，所以在用有限元分析时往往需要构造一些几何形状不太规整的单元来逼近几何形状复杂或带有复杂边界的原问题。又因为直接研究不规整单元比较困难，所以在有限元中最普遍采用的构造单元方法是等参变换，就是利用几何规整单元(如三角形单元、矩形单元、四面体单元，正六面体单元等常规单元)的结果来推导对应的几何不规整单元(即等参单元)，这将会涉及坐标系之间的函数映射、偏导数映射、面积(体积)映射等问题，由于篇幅限制，这里不再赘述。

第2章

材料非线性

2.1 概　述

所谓材料非线性，简单地说，就是指材料的本构方程是非线性的，即材料的应力与应变关系呈非线性。造成材料非线性的影响因素很多，如加载历史、加载时间、环境温度等。

在线性弹性系统中，材料的本构关系可表示为

$$\{\boldsymbol{\sigma}\}=[\boldsymbol{D}^e]\{\boldsymbol{\varepsilon}\} \tag{2-1}$$

式中，$\{\boldsymbol{\sigma}\}$为应力分量构成的向量，其表示材料一点的应力状态；$\{\boldsymbol{\varepsilon}\}$为应变分量构成的向量，其表示材料一点的应变状态；$[\boldsymbol{D}^e]$是弹性系数矩阵。由于应力和应变之间的关系是线性的，故$[\boldsymbol{D}^e]$是常数矩阵。也就是说，如果应变加倍，应力也会加倍。式(2-1)适用于描述小变形弹性材料的力学性能。

但是，对于实际工程结构而言，由于加载历史、环境状况或加载时间总量等因素的影响，导致结构处于高应力水平、结构内的应力集中区、结构在高温/变载环境下工作等，往往会造成材料的应力与应变不符合线性关系，从而表现出与变形、温度、时间的相关性。

材料非线性有许多类型，在进行分析时需要根据不同的材料性态，区分不同的力学范畴，提出不同的本构理论，建立不同的本构方程。从建立本构关系的角度来看，材料非线性大体可分为两大类型，一类在建立本构关系时仅需考虑应力、应变两个物理量，如：非线性弹性问题，弹塑性问题；另一类则表现出与时间的相关性，在建立本构关系时要考虑时间或应变率，如蠕变、黏弹性、黏塑性等。由于材料非线性范畴庞杂，这里我们将主要详细讲述弹塑性问题。

弹塑性是指变形物体在外力解除时只有一部分变形立即消失，其余部分变形在外力解除后却永远不会自行消失的性能。弹塑性是工程结构中一种常见且极其重要的材料非线性。多数金属材料呈现出这种非线性，其表现为材料应力水平超过屈服极限或弹性变形达到一定程度后，在移除施加的载荷后材料仍会保持永久变形，即塑性变形。材料塑性变形的原因可解释为由于剪切应力引起原子平面间的滑移，而这种滑移的实质则是金属晶体结构中的原子重新排列，从而导致不可恢复的塑性应变。

虽然非线性弹性与弹塑性材料的应力与应变都是非线性的，但它们却有着本质的区别。其主要表现为：非线性弹性问题是可逆的，即只要材料的应力水平σ不超过其屈服极限σ_s，且

卸载过程的应力-应变曲线与加载过程的曲线完全吻合，则卸载后的结构应变将会恢复到加载前的水平；而弹塑性材料是部分不可逆的，即塑性是不可逆的。在涉及卸载的情况下，材料的应力与应变关系不再是一一对应关系，即在不断的加载-卸载过程中，应力与应变关系不再唯一，这也意味着弹塑性问题本构关系建立时要考虑加载历史(如图 2-1 所示)。

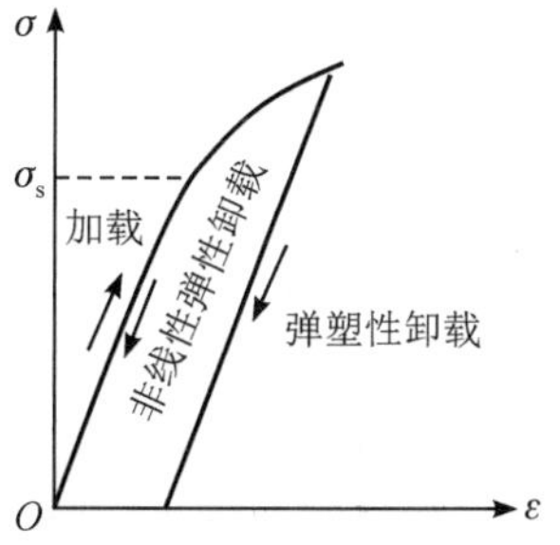

图 2-1　非线性弹性与弹塑性的加卸载过程

2.2　简单应力状态下的弹塑性问题

当一种材料同时产生弹性和塑性变形时，就称其处于弹塑性状态。为了更好地理解复杂应力状态下的弹塑性理论与分析方法，本节将首先介绍以实验数据为背景的简单应力状态(单轴试验)下的应力-应变关系和相关弹塑性问题，然后再将其推广到复杂应力状态下。本书的弹塑性分析方法是基于小变形假设的，将忽略几何非线性效应。

2.2.1　单轴实验中材料的弹塑性性态

在单轴实验中，一旦材料变形超过弹性极限，材料就会显示出复杂的应力-应变关系。下面就单轴实验中材料性态变化的历程来加以介绍。

1. 弹性阶段

材料单向拉伸加载时最初表现出线性弹性性态，直到应力水平 σ 达到比例极限 σ_p(如图 2-2 所示中的 OA 段)。

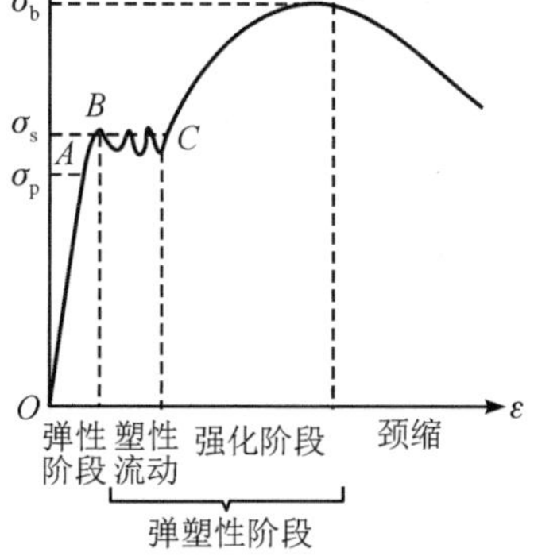

图 2-2　有明显塑性流动平台材料的加载过程

所以，在弹性阶段

$$\sigma < \sigma_p \tag{2-2}$$

当继续加载直至弹性极限(或屈服应力)σ_s(如图 2-2 所示中的 AB 段)时，材料显示出了非线性弹性性态。所以，在非弹性阶段

$$\sigma_p < \sigma < \sigma_s \tag{2-3}$$

如果在应力小于弹性极限 σ_s 之前卸载，曲线将沿原加载曲线返回原点而无残余应变。

2. 塑性流动、强化与颈缩

当加载达到弹性极限 σ_s(也称为屈服极限，因为弹性极限与屈服极限比较接近)后，材料开始塑性变形，我们通常把 σ_s 称为初始屈服点，因为这是材料首次在加载过程中从弹性进入塑性，材料进入塑性流动阶段。有的材料有明显的塑性流动平台(即在没有应力增加的情况下，材料仍然产生变形)(如图 2-2 所示中的 BC 段)，在塑性流动阶段

$$\sigma = \sigma_s \tag{2-4}$$

随后，材料进入强化阶段(如图 2-2 所示中的 CD 段)，材料可承受更大的应力，同时材料的继续变形也需要应力的增加。在强化阶段

$$\sigma > \sigma_s \tag{2-5}$$

在塑性变形的第一阶段，应力进一步增加，应变也相应增加，但斜率要小些(此阶段称为应变硬化)，一直加载应力直至可承受的最大极限应力达到极限强度 $\sigma = \sigma_b$ 时，应力开始逐渐减小(此阶段称为应变软化)，材料会出现颈缩而破坏。有的材料没有明显的塑性流动平台，整个加载过程如图 2-3 所示。

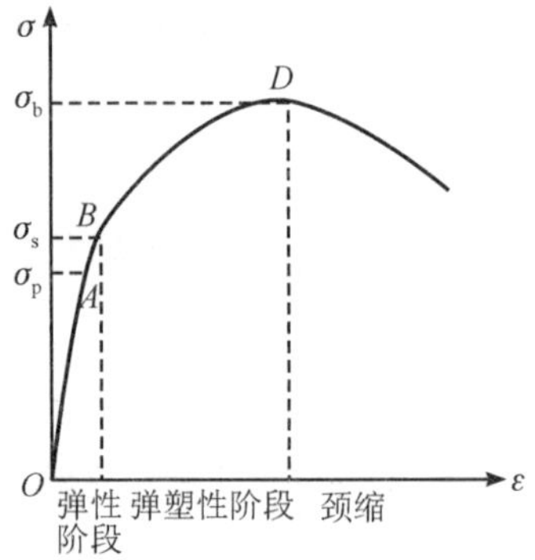

图 2-3 无明显塑性流动平台材料的加载过程

3. 卸载

如果在应力小于弹性极限 σ_s 之前卸载，应力-应变曲线将沿原加载曲线返回原点而无残余应变(如图 2-1 所示)。

如果在应力超过弹性极限 σ_s 之后卸载，材料状态将不再沿原加载曲线返回原点，且应力-应变曲线将接近直线(如图 2-4 所示)，与初始加载曲线几乎平行，其斜率等于弹性加载斜率，即处于弹性状态卸载，此时应力增量 $d\sigma$ 与应变增量 $d\varepsilon$ 应满足

$$d\sigma = E\,d\varepsilon \tag{2-6}$$

其中，E 为材料拉伸弹性模量。当完全卸去应力后，即 $\sigma = 0$，卸载曲线到达 H 点。应力虽然卸去了，但却有残余变形 OH 段，也就是说塑性应变是永久存在的，而材料中保留的塑

性应变数值取决于卸载前的应力水平。可见材料应力超过弹性极限后卸载会有残余应变，即弹性变形 $\varepsilon_e=0$，而塑性变形 $\varepsilon_p\neq 0$。

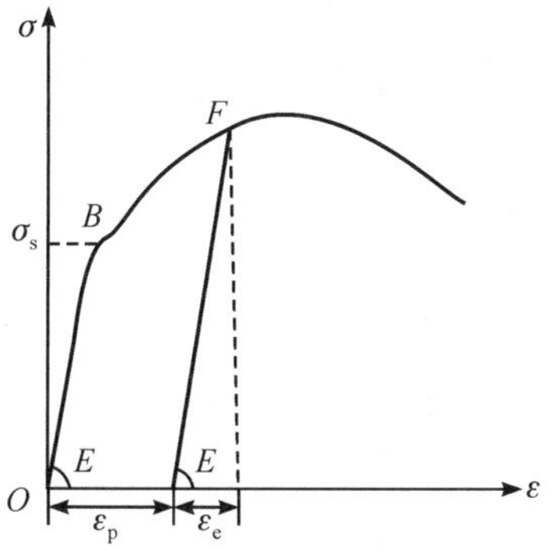

图 2-4　材料弹塑性阶段的卸载过程

不难看出，材料一旦进入塑性后，弹塑性材料的特性将与变形历程相关，呈现出明显的历史相关性和路径相关性。此时加载和卸载材料服从不同的规律，并导致材料应力-应变关系表达式较为复杂，且材料应力与应变关系不再一一对应，而是需要描述应力增量 $d\sigma$ 与应变增量 $d\varepsilon$ 之间的关系，这关系取决于加载历程与应力值，将它们的微分关系在整个加载历程中进行积分，才能得到该历程时的应力与应变关系。

4. 反向加载

如果进行反向加载，一开始时，材料呈线弹性状态。若继续加载可出现两种状态(如图 2-5 所示)：① 到达图中 F''点，在 HF''与 HF 等长反向处材料屈服，这种现象被称为等向强化，但很少有材料出现此现象；② 到达图中 F'点，即 $HF+HF'=OB+OB'$时材料屈服，这种拉伸(加载)时屈服应力的绝对值增加量等于压缩(反向加载)时屈服应力的绝对值减少量(或反之也真)的现象，称为包辛格(Bauschinger)效应。对于大多数多晶体材料而言，均有包辛格效应，并称之为随动强化。

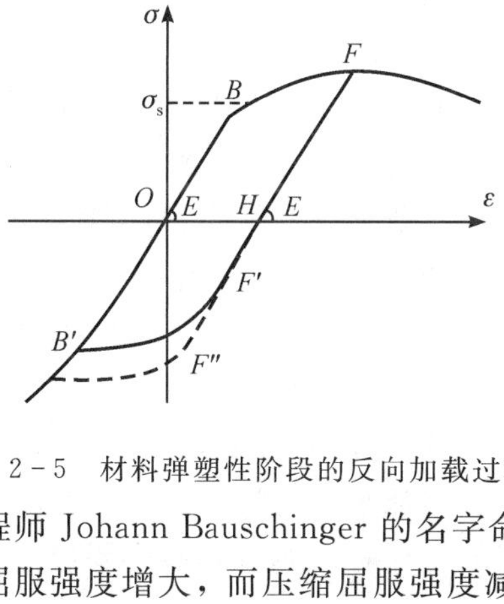

图 2-5　材料弹塑性阶段的反向加载过程

包辛格效应是以德国工程师 Johann Bauschinger 的名字命名的。包辛格效应是指金属材料的塑性变形将使其拉伸屈服强度增大，而压缩屈服强度减小，即在金属塑性加工过程中正向加载引起的塑性应变强化导致金属材料在随后的反向加载过程中呈现塑性应变软化(屈服极限降低)的现象，这种现象是包辛格于 1881 年在金属材料的力学性能实验中发现的。当将金属材料先拉伸到塑性变形阶段后卸载至零，再反向加载，即进行压缩变形时，材料的压缩屈服极限比原始态(即未经预先拉伸塑性变形而直接进行压缩)的屈服极限明显要低。若先进行压缩使材料发生塑性变形，卸载至零后再拉伸时，材料的拉伸屈服极限同样是降低的。

如图 2-6 所示，具有强化性质的材料受到拉伸且拉伸应力超过屈服极限(B 点)后，材料进入强化阶段(BD 段)。若在 F 点卸载，则再受拉伸时，拉伸屈服极限将由没有塑性变形时的 B 点值提高到 F 点值。若在卸载后反向加载，则压缩屈服极限的绝对值将由没有塑性变形时的 B'点值降低到 F'点值。图中 BGG'线是另一条对应的加载、卸载以及反向加载的历程曲线，其中与 G 和 G'点对应的值分别为新的拉伸屈服极限和压缩屈服极限。可见，如果材料塑性后施加的载荷减小(卸载)，则不会遵循之前的应力-应变曲线，材料会立即变得更有弹性。如果施加循环荷载，则材料力学行为会变得越来越复杂。

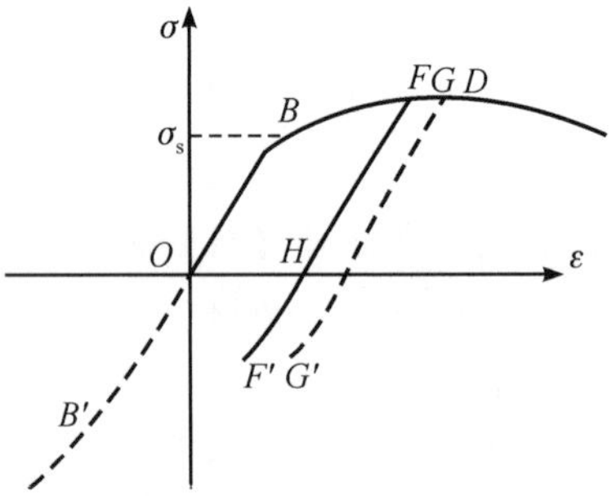

图 2-6 包辛格效应

若朝一个方向上屈服极限提高的值和相反方向上降低的值相等，则称为理想包辛格效应。将压缩屈服强度与拉伸屈服强度之比称为包辛格效应系数。当材料不存在预拉伸屈服史的情况下包辛格效应系数应等于 1；当预拉伸屈服应变值不断增大时包辛格效应系数随之下降，但当预拉伸屈服应变值达到或超过一定值时包辛格效应系数将不再降低而是趋向为一常数。

一般认为包辛格效应是由多晶体材料晶界间的残余应力引起的，对多晶体金属材料这是一种很常见的现象，但在金属单晶体材料中却不会出现包辛格效应。包辛格效应使材料具有明显的各向异性，使金属材料塑性加工过程的力学分析复杂化，所以为使问题简单，易于进行力学分析，在塑性加工的力学分析中，通常对包辛格效应不予考虑。但对于具有往复加载卸载再加载的变形过程，则应给予考虑。特别提醒的是，由于包辛格效应的存在，要注意交变载荷作用下材料的性态。在交变载荷作用下，一般材料的应力-应变曲线，均会不同于一次拉伸与压缩所构成的曲线，这就是材料的循环相关特性。材料的循环相关特性给结构分析带来一定麻烦。但与此同时材料也呈现出另一特性，即在一定循环次数后，材料的应力-应变曲线会稳定下来，这可作为结构分析的基本材料曲线。不过稳定的应力-应变曲线需要经过大量的实验，实验从小应变幅值开始，随后幅值以小的增量递增，在每个应变水平上，为得到一个稳定的循环应力-应变曲线都要进行足够的次数的循环。

2.2.2 后继屈服条件及加载、卸载准则

在单向拉伸的情况下，当材料进入塑性状态后卸载(如图 2-7 所示，从 F 点开始卸

载)，此后再重新加载时，拉伸应力和应变的变化仍服从弹性关系，直至应力到达卸载前曾经达到的最高应力点($\sigma=\sigma_F$)时，材料才会再次进入塑性状态，并产生新的塑性变形。这个应力点($\sigma=\sigma_F$)就是材料在经历了塑性变形后的新的屈服点。不难看出，材料经过加载卸载后再重新加载，当 $\sigma=\sigma_F$ 时重新开始屈服，由于材料的强化特性，σ_F 比初始屈服点 σ_s 还高，即材料的屈服极限提高了，这种现象称为材料强化现象。为了和初始屈服点相区别，将 $\sigma=\sigma_F$ 称为后继屈服点 σ_s^*，而 $\sigma=\sigma_s$ 称为初始屈服点。

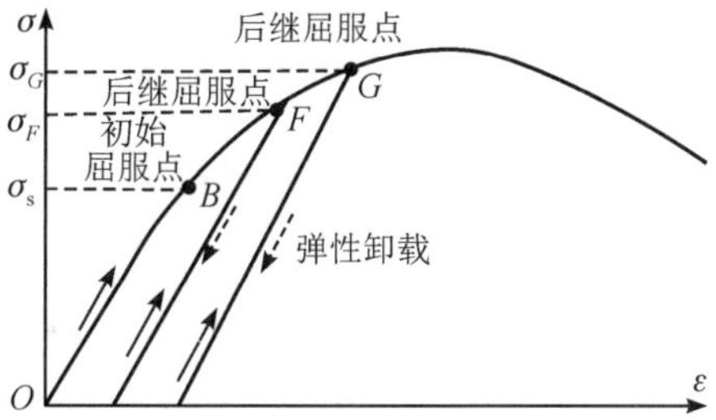

图 2-7　后继屈服点与弹性卸载

和初始屈服点 σ_s 不同，后继屈服点 σ_s^* 在应力-应变曲线上的位置不是固定的(如后继屈服点 σ_F、σ_G)，而是依赖于塑性变形的过程，即塑性变形的大小和历程。这些后继屈服点是材料在经历一定塑性变形后再次加载时材料弹性状态与塑性屈服的区分点，亦即后继弹性状态的界限点。

因为材料塑性状态下的应力-应变关系在加载和卸载时不同，所以，在进行应力-应变关系描述之前需要进行加载、卸载的判断。在单向应力状态，虽然屈服以后，加载和卸载时变形规律是不同的，但由于只有一个应力分量不等于零，由这个分量值的增减就可以判断是加载还是卸载。所以，简单应力状态(单轴实验)下材料弹塑性阶段加载卸载判断准则为：当 $\sigma d\sigma \geqslant 0$ 时，即 σ 与 $d\sigma$ 同方向，材料处于加载状态；而当 $\sigma d\sigma \leqslant 0$ 时，即 σ 与 $d\sigma$ 反方向，材料处于卸载状态。

2.2.3　材料的应力增量-应变增量关系

在单向拉伸试验中，一旦材料变形超过弹性极限或屈服应力 σ_s，其本构关系即应力-应变关系将变得复杂。需要注意的是，如何简化材料的本构关系取决于研究分析的目的。当我们的目标是研究材料在小变形下的力学响应时，可以通过仅考虑弹性和应变强化部分来简化材料行为。但是材料在施加循环荷载下，其性能会变得越来越复杂，应力-应变关系可能也会变得更加复杂。如果我们的目标是研究材料在断裂前的力学行为、预测材料的断裂，就有必要对应力-应变响应的所有阶段进行本构关系的描述。

下面我们利用单轴拉伸(加载)/压缩(反向加载)试验下线性强化材料的弹塑性应力-应变行为来介绍如何进行其应力-应变关系的描述。如图 2-8 所示，大多数金属材料在弹性阶段时其应力与应变成线性正比增加(OB 段)，弹性模量用斜率 E 来表示。当达到弹性极限，也就是超过屈服点(A 点)后，材料开始塑性变形，材料就不再是弹性阶段了，进入塑性阶段，应力进一步增大(BF 段)，其应力-应变曲线斜率为 E_t，称为切线模量。在塑性变形阶段，应变由弹性部分和塑性部分组成；在这个简化模型中，假定应变强化规律近似为线性的，即应力与应变成比例增加，直至达到其极限强度但斜率 E_t 要比弹性阶段斜率 E 较小(应变强化)。而在材料弹塑性阶段，如果卸载则材料再次变为弹性，应力按斜率 E 线性减小，完全卸载达到 H 点后，H 点的应变成为永久塑性应变。虽然在这个卸载加载过程中材料呈弹性状态，但不再遵循之前的应力-应变曲线，此时我们一般描述应力增量与应变增量之间的关系为 $\Delta\sigma = E\Delta\varepsilon$。再次加载时，材料为弹性状态，直到新的屈服应力 F 点后，材料进入塑性阶段，应力的增加遵循与切线模量 E_t 相同的斜率(FG 段)。在弹塑性材料中，屈服应力由于应变强化效应而发生变化。另一方面，如果在无应力状态的 H 点反向加载(压缩)，材料呈弹性状态，直到屈服点 F'。如果加载是成比例的，即加载是单调增加的，则应变强化可以简单地用切线模量 E_t 来描述。然而，当对于循环加载卸载的情形时，可以根据实际情形利用不同的强化模型来进行描述。

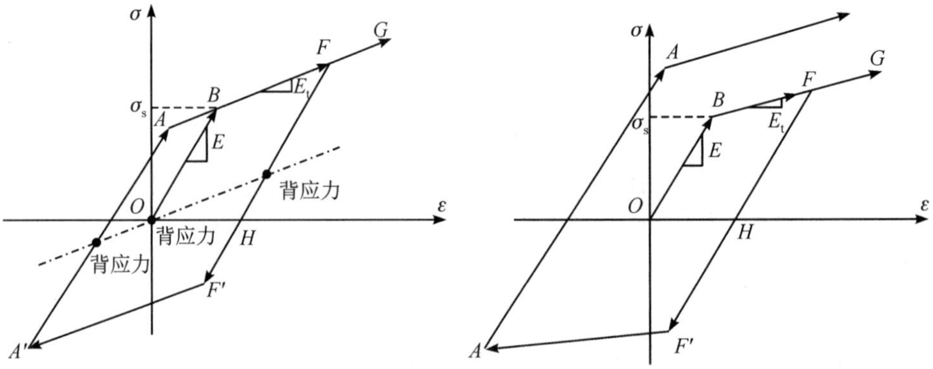

图 2-8 单轴实验的理想弹塑性应力-应变关系

图 2-8 给出了两种最常用的强化模型，即随动强化模型(见图 2-8(a))和等向强化模型(见图 2-8(b))。随动强化模型假定弹性范围(两倍于初始屈服应力 σ_s)保持不变，弹性区域的中心沿着虚线穿过原点，平行于应变强化曲线。因此，线段 FF' 和 AA' 都相等，长度是 OB 的两倍。不难看出，对于随动强化模型，材料拉伸和压缩的弹性范围不变；而在等向强化模型中，反向加载时的屈服应力大小与之前加载时的屈服应力大小相等，也就是说，F 点和 F' 点的应力数的绝对值相同，因此，该模型的弹性范围增大，拉伸和压缩时的屈服极限也相等。

在弹塑性关系分析中，通常需要描述应力增量和应变增量之间的关系，即从给定的应变增量中求出应力增量。要达到这个目的，关键在于如何确定在给定的应变增量中有多少是弹性的增量，有多少是塑性的增量；因为一旦弹性应变和塑性应变部分分解完成，应力增量就可以用弹性应变增量来计算了(如图 2-9 所示)，即

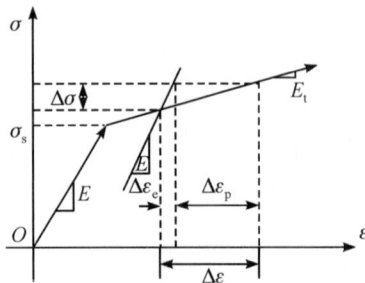

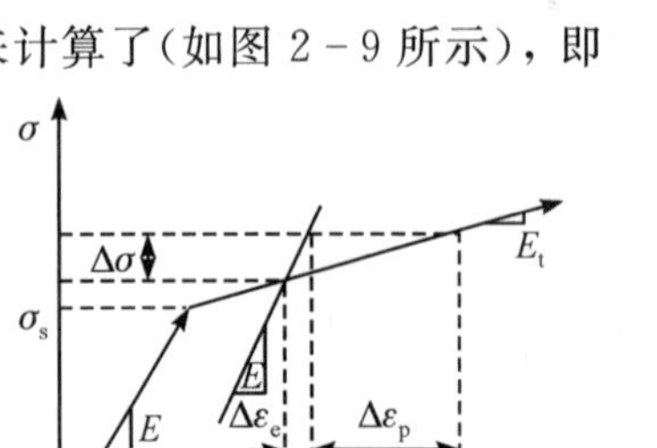

图 2-9 单轴实验下线性硬化材料的弹塑性

$$\Delta\sigma = E\Delta\varepsilon_e \tag{2-7}$$

需要注意的是，塑性应变不会导致应力的增加。当材料处于弹性状态时，无论是处于初始弹性阶段，还是由于卸载而变为弹性阶段，其应变增量均为纯弹性，不存在塑性应变增量。将应变增量与弹性模量相乘即可得到应力增量。

假设材料经过比例加载处于塑性阶段，继续加载，应变增量 $\Delta\varepsilon$ 可以分解为弹性应变和塑性应变，也就是说：

$$\Delta\varepsilon = \Delta\varepsilon_e + \Delta\varepsilon_p \tag{2-8}$$

式中，下标 e 和 p 分别表示弹性和塑性。需要注意的是材料卸载时，应变的弹性部分会被去除，而应变的塑性部分则会被保留；而材料每次加载(无论是正向加载还是反向加载)进入屈服后，应变的塑性部分又会增加。所以在整个过程中，塑性应变也只会增加，它永远不会减少，因为它是塑性变形的积累。在小变形假设下，可得到

$$\varepsilon = \varepsilon_e + \varepsilon_p \tag{2-9}$$

其中，ε_e 和 ε_p 分别为之前所有载荷增量下的弹性应变增量和塑性应变增量的累积。式(2-9)给出了非线性弹性材料和弹塑性材料的本质不同：对非线性弹性材料，应力是由给定的总应变(这里实际上就是总弹性应变)唯一确定的；但对于弹塑性材料而言，对于给定的总应变，由于不同加载历程会产生不同的塑性应变，就可能得出不同的弹性应变值，因此，在弹塑性中，应力不能由给定的总应变唯一确定。由于塑性应变是在材料每次屈服时累积的，因此需要跟踪每次载荷增量来计算塑性应变，所以弹塑性分析时需要考虑加载历程或路径。为了确定应力，必须考虑载荷的完整历程；加载过程由累积塑性应变 ε_p 来表示，而且材料的后继屈服应力也由塑性应变的大小决定。

从图 2-9 中不难看出，我们只要能将弹性应变增量与塑性应变增量分开，也就是说，从总的应变增量中求出塑性应变部分就可以求出弹性应变增量，也就可以利用式(2-7)计算出应力增量。

这里，除弹性模量 E 和切线模量 E_t 外，我们定义塑性模量 H，即去除弹性应变分量后应力-应变曲线的应变硬化部分的斜率，即

$$H = \frac{\Delta\sigma}{\Delta\varepsilon_p} \tag{2-10}$$

所以，即使图 2-9 中的应力-应变曲线是用 E 和 E_t 表示的，但材料的性质通常也可以用弹性模量 E 和塑性模量 H 来表示。由于比例加载下等向强化模型和随动强化模型的应力-应变曲线相同，因此两种强化模型的塑性模量也相同。当然，这三种模量(弹性模量、塑性模量和切线模量)是相互联系的，塑性阶段的应力增量可以用任意一种模量表示为

$$\Delta\sigma = E\Delta\varepsilon_e = H\Delta\varepsilon_p = E_t\Delta\varepsilon \tag{2-11}$$

式中给出的应力增量与塑性应变增量的关系(即 $\Delta\sigma = H\Delta\varepsilon_p$)可能使人误以为塑性应变会增加应力，但实际上这是因为材料的强化效应产生的。将式(2-11)中的关系代入式(2-8)中的应变增量，得到

$$\frac{\Delta\sigma}{E_t} = \frac{\Delta\sigma}{E} + \frac{\Delta\sigma}{H} \tag{2-12}$$

故有

$$\frac{1}{E_t} = \frac{1}{E} + \frac{1}{H} \tag{2-13}$$

因此，对于给定的 E 和 E_t，可求出塑性模量 H 如下：

$$H=\frac{EE_t}{E-E_t} \tag{2-14}$$

当材料处于弹塑性应变(沿图 2-8 中的 BF 段)时，对于给定的总应变增量，利用塑性模量可得到

$$\Delta\varepsilon=\Delta\varepsilon_e+\Delta\varepsilon_p=\frac{\Delta\sigma}{E}+\Delta\varepsilon_p=\frac{H\Delta\varepsilon_p}{E}+\Delta\varepsilon_p \tag{2-15}$$

这样，可以求出塑性应变增量部分

$$\Delta\varepsilon_p=\frac{\Delta\varepsilon}{1+\dfrac{H}{E}} \tag{2-16}$$

因此，对于给定的应变增量 $\Delta\varepsilon$，可以用塑性模量 H 和弹性模量 E 之比计算塑性应变增量 $\Delta\varepsilon_p$。当材料不存在应变强化，即塑性变形过程中应力保持在恒定屈服应力时，应变增量变为纯塑性。要特别注意的是，当材料最初处于弹性状态时，式(2-16)不适用，因为整个分析过程是基于材料从一个屈服状态加载至另一个屈服状态的。

2.2.4 应力状态的确定

前面我们已经讨论了如何在一个载荷增量内利用应变增量 $\Delta\varepsilon$ 来获得应力增量 $\Delta\sigma$。下面我们进一步讨论如何确定材料的应力 σ。对于弹塑性材料，当前应力状态(如图 2-10 中的 Q 点)取决于先前应力状态(如图 2-10 中 N 点的应力值)、当前材料是处于弹性状态还是塑性状态、累积塑性变量(N 点)以及本次载荷增量下所产生的应变增量 $\Delta\varepsilon$，因此

$$\sigma=\sigma(\sigma_N,\ \varepsilon_{pN},\ \Delta\varepsilon) \tag{2-17}$$

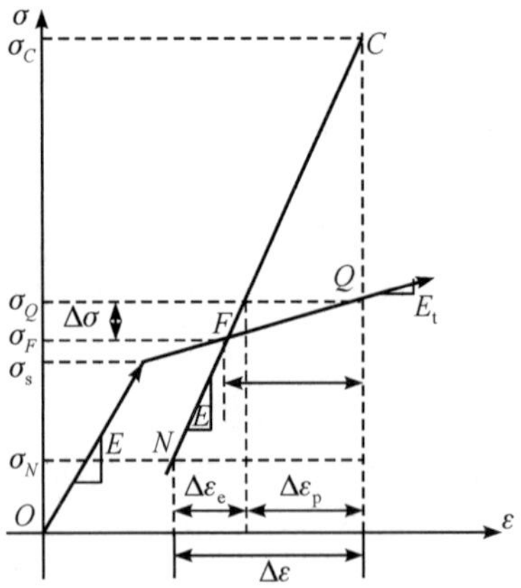

图 2-10 单轴实验下线性硬化材料的应力状态

在当前计算应力或描述材料的本构关系时，必须考虑当前时刻材料是在曲线的弹性部分还是应变强化部分，处于加载还是卸载状态，然后根据所采用的强化规则确定后继屈服应力。

1. 等向强化模型

假设材料从 N 点开始加载。显然，为了判断材料在加载过程中是弹性状态还是进入塑

性阶段，需要确定后继屈服应力 σ_F，这取决于在 N 点的累积塑性应变 ε_{pN} 和塑性模量 H，即

$$\sigma_F = \sigma_s + H\varepsilon_{pN} \tag{2-18}$$

式中，σ_s 为初始屈服应力。由于应变强化，因此屈服应力随塑性应变增大而增大。注意，对于等向强化模型，拉伸和压缩的屈服应力是相同的，它随着塑性应变的增加而增加。

因为当前载荷增量是假设材料从 N 点开始加载的，显然 N 点处于材料的弹性状态，所以材料从弹性状态开始，随着载荷增加，超过后继屈服应力 σ_F 后进入塑性阶段。我们在计算时先假设当前材料处于弹性状态，这样可计算应力增量 $\Delta\sigma$ 和应力值 σ。设已知总的应变增量为 $\Delta\varepsilon$，则

$$\Delta\sigma = E\Delta\varepsilon \tag{2-19a}$$

$$\sigma = \sigma_N + \Delta\sigma \tag{2-19b}$$

考虑到根据材料的屈服准则，如果材料确实像我们假设的那样处于弹性状态，则应力 σ 必须低于后继屈服应力 σ_F；否则，从图 2-10 可以看出，对应应变增量 $\Delta\varepsilon$ 计算出来的应力 σ 对应的就是 C 点的应力，而不是 $\Delta\varepsilon$ 对应的 Q 点应力。所以，根据弹性假设计算出应力后需要进行屈服校核，判断材料是处于弹性状态还是塑性状态。为此，定义了以下屈服校核函数

$$f_\sigma = |\sigma| - \sigma_F = |\sigma_N + E\Delta\varepsilon| - \sigma_F \tag{2-20}$$

如果 $f_\sigma \leqslant 0$，则材料为弹性状态，如图 2-10 所示，材料要么处于屈服应力以下的初始加载曲线上，要么处于卸载再加载曲线上。无论哪种情况，基于弹性假设计算出来的应力都是正确的。

如果 $f_\sigma > 0$，需要对应力计算公式进行修正。如果应变增量 $\Delta\varepsilon$ 如图 2-10 所示，则按式(2-19b)计算出的应力为点 C 的应力。但我们知道，此时材料处于屈服状态，应力状态不可能高于应力-应变曲线。因此，在这一加载过程中材料发生了从弹性到塑性状态的转变，材料实际上处于塑性状态（Q 点）。考虑到塑性应变增量对应力增量没有贡献，对应应变增量 $\Delta\varepsilon$ 所计算出来的应力(即 Q 点的应力)应按如下公式计算：

$$\sigma = \sigma_C - \mathrm{sgn}(\sigma_C)E\Delta\varepsilon_p = (\sigma_N + E\Delta\varepsilon) - \mathrm{sgn}(\sigma_N + E\Delta\varepsilon)E\Delta\varepsilon_p \tag{2-21}$$

其中，sgn( )是一个符号函数，当它的参数为正时取 1，为负时取－1。在式(2-21)中引入这个函数，是考虑到材料反向加载(即压缩)时的屈服问题。

不难看出，对材料处于塑性状态时要计算出当前应力状态，则需要计算塑性应变增量 $\Delta\varepsilon_p$。我们知道材料进入塑性状态后，其应力处于图 2-10 所示的应力-应变曲线上(当前材料应力状态 σ 应位于后继屈服点 σ_Q)，即需要满足以下屈服条件

$$|\sigma| - \sigma_Q = 0 \tag{2-22}$$

利用式(2-21)和后继屈服应力计算公式(2-18)有

$$|(\sigma_N + E\Delta\varepsilon) - \mathrm{sgn}(\sigma_N + E\Delta\varepsilon)E\Delta\varepsilon_p| = \sigma_F + H\Delta\varepsilon_p \tag{2-23}$$

可得塑性应变增量

$$\Delta\varepsilon_p = \frac{|\sigma_N + E\Delta\varepsilon| - \sigma_F}{E + H} = \frac{f_\sigma}{E + H} \tag{2-24}$$

代入式(2-21)，即可计算出当前实际应力

$$\sigma = (\sigma_N + E\Delta\varepsilon) - \mathrm{sgn}(\sigma_N + E\Delta\varepsilon)E\frac{|\sigma_N + E\Delta\varepsilon| - \sigma_F}{E + H} \tag{2-25}$$

2. 随动强化模型

随动强化模型和等向强化模型的主要区别在于屈服曲线的变化。等向强化时，弹性范围(为屈服应力的两倍)增大，而随动强化时弹性范围保持不变，随着塑性应变的增大，弹性范围的中心与强化曲线平行移动。所以，我们定义主动应力 σ_{sh} 表示应力 σ 距离弹性范围中心位置 σ^B 为

$$\sigma_{sh}=\sigma-\sigma^B \tag{2-26}$$

其中，σ^B 称为背应力(见图 2-8(a))，它代表弹性范围的中心。在随动强化过程中，用移动的背应力 σ^B 代替 σ 来确定材料状态，所以背应力被认为是一个塑性变量，在每个载荷增量发生变化时，载荷的历史信息会存储在背应力中。

在当前载荷增量下，假定载荷增量加载前的应力为 σ_N，产生的应变增量为 $\Delta\varepsilon$、对应的背应力为 σ_N^B，与等向强化模型一样，已知总的应变增量为 $\Delta\varepsilon$，则弹性假设下当前应力增量和应力计算可表示为

$$\Delta\sigma=E\Delta\varepsilon \tag{2-27a}$$

$$\sigma=\sigma_N+\Delta\sigma \tag{2-27b}$$

在弹性假设情形下，因为塑性变量保持不变，即

$$\sigma^B=\sigma_N^B \tag{2-28}$$

则当前应力距离弹性范围中心位置(即背应力)的主动应力为

$$\sigma_{sh}=\sigma-\sigma_N^B=\sigma_N+E\Delta\varepsilon-\sigma_N^B \tag{2-29}$$

同样需要进行屈服校核，判断材料是处于弹性状态还是塑性状态，故可以定义以下屈服校核函数

$$f_{\sigma_{sh}}=|\sigma_{sh}|-\sigma_s=|\sigma_N+E\Delta\varepsilon-\sigma_N^B|-\sigma_s \tag{2-30}$$

注意，在随动强化过程中，弹性范围不变，且初始屈服应力 σ_s 保持不变。

如果 $f_\sigma\leqslant 0$，则材料处于弹性状态。如果 $f_\sigma>0$，则材料发生塑性变形，需要对应力 σ 和背应力 σ^B 进行修正，即

$$\begin{aligned}\sigma&=(\sigma_N+E\Delta\varepsilon)-\operatorname{sgn}(\sigma_{sh})E\Delta\varepsilon_p\\&=(\sigma_N+E\Delta\varepsilon)-\operatorname{sgn}(\sigma_N+E\Delta\varepsilon-\sigma_N^B)E\Delta\varepsilon_p\end{aligned} \tag{2-31}$$

$$\begin{aligned}\sigma^B&=\sigma_N^B+\operatorname{sgn}(\sigma_{sh})H\Delta\varepsilon_p\\&=\sigma_N^B+\operatorname{sgn}(\sigma_N+E\Delta\varepsilon-\sigma_N^B)H\Delta\varepsilon_p\end{aligned} \tag{2-32}$$

需要注意的是，应力因为存在塑性应变增量而减小，而背应力会因为存在塑性应变增量而增大。式(2-32)与等向强化模型情形下的应力计算方法基本相同，只是 sgn( )函数采用了主动应力 σ_{sh}(应力与弹性范围中心 σ^B 的距离)。由于两种强化模型在比例加载下的应力-应变曲线是相同的，因此背应力的修正公式与等向强化模型中的后继屈服应力相似，使用相同的塑性模量 H。即使塑性应变增量总是正的，但背应力也可能是负的，这取决于加载过程；也就是说，如果在拉伸(加载)时发生屈服，则背应力增加，而在压缩(反向加载)时则减少。

同样，对于材料处于塑性状态时要计算获得当前应力状态，需要计算塑性应变增量 $\Delta\varepsilon_p$。材料进入塑性状态后，其应力应处于如图 2-10 所示的应力-应变曲线上，即当前材料应力状态 σ 应位于后继屈服点(Q 点)，即需要满足以下条件

$$|\sigma_{sh}|-\sigma_s=0 \tag{2-33}$$

利用式(2-31)和式(2-32)，有

$$|(\sigma_N+E\Delta\varepsilon)-\mathrm{sgn}(\sigma_N+E\Delta\varepsilon-\sigma_N^{\mathrm{B}})E\Delta\varepsilon_{\mathrm{p}}-\sigma_N^{\mathrm{B}}-\mathrm{sgn}(\sigma_N+E\Delta\varepsilon-\sigma_N^{\mathrm{B}})H\Delta\varepsilon_{\mathrm{p}}|=\sigma_{\mathrm{s}} \tag{2-34}$$

$$|\sigma_N+E\Delta\varepsilon-\sigma_N^{\mathrm{B}}|-\sigma_{\mathrm{s}}-(E+H)\Delta\varepsilon_{\mathrm{p}}=0 \tag{2-35}$$

因此，可获得塑性应变增量为

$$\Delta\varepsilon_{\mathrm{p}}=\frac{|\sigma_N+E\Delta\varepsilon-\sigma_N^{\mathrm{B}}|-\sigma_{\mathrm{s}}}{E+H}=\frac{f_{\sigma_{\mathrm{sh}}}}{E+H} \tag{2-36}$$

注意，塑性应变增量的公式与等向强化对应的计算公式相同。随着塑性应变的增加，应力和背应力按照公式进行更新。在随动强化情况下，不需要保存塑性应变增量，因为载荷历史信息存储在背应力中。

3. 组合强化模型

实际工程中材料表现出等向强化和随动强化的综合效应，尤其是多晶金属。在这种混合强化情况下，我们可以引入了一个新的参数 β，其取值范围为 0 ～ 1。考虑到等向强化改变后继屈服应力，而随动强化改变背应力，所以后继屈服应力和背应力的更新公式可表示为

$$\sigma_{\mathrm{F}}=\sigma_{\mathrm{s}}+(1-\beta)H\varepsilon_{\mathrm{p}N} \tag{2-37}$$

$$\begin{aligned}\sigma^{\mathrm{B}}&=\sigma_N^{\mathrm{B}}+\mathrm{sgn}(\sigma_{\mathrm{sh}})\beta H\Delta\varepsilon_{\mathrm{p}}\\&=\sigma_N^{\mathrm{B}}+\mathrm{sgn}(\sigma_N+E\Delta\varepsilon-\sigma_N^{\mathrm{B}})\beta H\Delta\varepsilon_{\mathrm{p}}\end{aligned} \tag{2-38}$$

当 $\beta=0$ 时，材料表现为等向强化，当 $\beta=1$ 时材料表现为随动强化。在复合强化模型中，塑性应变和背应力都是塑性变量，每次载荷增量下均需要及时更新和保存。

对应的屈服校核函数为

$$f_\sigma=|\sigma_N+E\Delta\varepsilon-\sigma^{\mathrm{B}}|-\sigma_{\mathrm{F}} \tag{2-39}$$

同样，材料进入塑性状态 $f_\sigma>0$ 后，其应力应处于如图 2-10 所示的应力-应变曲线上，即当前材料应力状态 σ 应位于后继屈服点(Q 点)，即需要满足以下一致性条件

$$\begin{aligned}&|(\sigma_N+E\Delta\varepsilon)-\mathrm{sgn}(\sigma_N+E\Delta\varepsilon-\sigma_N^{\mathrm{B}})E\Delta\varepsilon_{\mathrm{p}}-\sigma_N^{\mathrm{B}}-\mathrm{sgn}(\sigma_N+E\Delta\varepsilon-\sigma_N^{\mathrm{B}})\beta H\Delta\varepsilon_{\mathrm{p}}|\\&=\sigma_{\mathrm{F}}+(1-\beta)H\varepsilon_{\mathrm{p}N}\end{aligned} \tag{2-40}$$

从而可求得塑性应变增量为

$$\Delta\varepsilon^{\mathrm{p}}=\frac{|\sigma_N+E\Delta\varepsilon-\sigma_N^{\mathrm{B}}|-[\sigma_{\mathrm{s}}+(1-\beta)H\varepsilon_{\mathrm{p}N}]}{E+(\beta+1)H} \tag{2-41}$$

2.2.5 有限元方法

在结构有限元分析中，所有力学量的求解都转化成单元节点位移的求解，所以未知变量通常是节点位移。下面以基于小变形的杆单元弹塑性分析来介绍简单应力状态下材料非线性的有限元分析过程。为了简化，假设整个结构用一个一维杆单元来建模，杆长为 l，杆单元有两个节点，节点位移表示为 $d=\{u_1\quad u_2\}^{\mathrm{T}}$。

这里我们使用载荷增量法，将施加的载荷分成 N 个载荷增量，用$[t_1, t_2, \cdots, t_n, \cdots, t_{N-1}, t_N]$表示。假定在载荷增量 t_n 时，分析过程已经完成，其对应的节点位移用${}^n\boldsymbol{d}$ 来表示。我们的目的是寻求在载荷增量 t_{n+1} 时的位移解${}^{n+1}\boldsymbol{d}$ 或对应的位移增量 $\Delta\boldsymbol{d}$。假设在第

t_{n+1} 个载荷增量时，k 表示本次载荷增量的第 k 次迭代，$k+1$ 则表示本次迭代，那么我们定义两个本次载荷增量的位移增量

$$\begin{aligned}\Delta \boldsymbol{d}^k &= {}^{n+1}\boldsymbol{d}^k - {}^{n}\boldsymbol{d} \\ \delta \boldsymbol{d}^k &= {}^{n+1}\boldsymbol{d}^{k+1} - {}^{n+1}\boldsymbol{d}^k\end{aligned} \tag{2-42}$$

可见，$\Delta \boldsymbol{d}^k$ 表示从上一次收敛载荷增量到本次载荷增量第 k 次迭代的位移增量；$\delta \boldsymbol{d}^k$ 表示本次载荷增量中上次迭代（第 k 次）到当前迭代的位移增量。因此，可以本次载荷增量开始时将 $\Delta \boldsymbol{d}$ 设为零，那么本次载荷增量最终待求的位移增量 $\Delta \boldsymbol{d}$ 可通过每次迭代得到的 $\delta \boldsymbol{d}$ 积累获得。

利用形函数矩阵 $\boldsymbol{N}$ 对杆单元位移进行插值，建立沿杆轴线的坐标 x，我们可以得到杆单元任意一点从上一次收敛载荷增量到本次载荷增量某次迭代的位移增量和应变增量为

$$\Delta u(x) = \boldsymbol{N}\Delta \boldsymbol{d} \tag{2-43}$$

$$\Delta \varepsilon = \frac{\mathrm{d}(\Delta u)}{\mathrm{d}x} = \boldsymbol{B}(x)\Delta \boldsymbol{d} \tag{2-44}$$

式中，$\boldsymbol{N} = [N_1(x) \quad N_2(x)]$，$\Delta \boldsymbol{d} = \{\Delta u_1 \quad \Delta u_2\}^{\mathrm{T}}$，$\boldsymbol{B}$ 为位移-应变矩阵。同样，使用相同的插值方法，本次载荷增量中两次迭代之间的位移增量与应变增量可表示为

$$\delta u(x) = \boldsymbol{N}\delta \boldsymbol{d} \tag{2-45}$$

$$\delta \varepsilon = \boldsymbol{B}\delta \boldsymbol{d} \tag{2-46}$$

根据虚功原理，我们可以得到

$$\bar{\boldsymbol{d}}^{\mathrm{T}}\int_0^l \boldsymbol{B}^{\mathrm{T}}(x)\,{}^{n+1}\sigma^{k+1}\boldsymbol{A}\,\mathrm{d}x = \bar{\boldsymbol{d}}^{\mathrm{T}}\,{}^{n+1}\boldsymbol{F} \tag{2-47}$$

式中，$\bar{\boldsymbol{d}}^{\mathrm{T}}$ 为节点虚位移，$\boldsymbol{A}$ 为横截面积，${}^{n+1}\boldsymbol{F}$ 为已知的节点作用力。

由于应力和应变之间的材料非线性，上述变分方程式(2－46)为应变或位移的非线性方程，可以采用非线性数值解法（第 5 章介绍）求解。由于只考虑了基于小变形的材料非线性，应力可表示为

$${}^{n+1}\sigma^{k+1} = {}^{n+1}\sigma^k + D_{\mathrm{ep}}\delta\varepsilon^k \tag{2-48}$$

其中，D_{ep} 是弹塑性切线模量。当材料处于弹性状态时，$D_{\mathrm{ep}} = E$；当材料处于塑性状态时，$D_{\mathrm{ep}} = E_{\mathrm{t}}$。将式(2－48)代入式(2－47)，我们得到

$$\bar{\boldsymbol{d}}^{\mathrm{T}}\left[\int_0^l \boldsymbol{B}^{\mathrm{T}}(x)D_{\mathrm{ep}}\boldsymbol{B}(x)A\,\mathrm{d}x\right]\delta \boldsymbol{d}^k = \bar{\boldsymbol{d}}^{\mathrm{T}}\,{}^{n+1}\boldsymbol{F} - \bar{\boldsymbol{d}}^{\mathrm{T}}\int_0^l \boldsymbol{B}^{\mathrm{T}}(x)\,{}^{n+1}\sigma^k A\,\mathrm{d}x \tag{2-49}$$

定义切线刚度矩阵 $\boldsymbol{K}_{\mathrm{T}}$ 和残余作用力 ${}^{n+1}\boldsymbol{R}^k$ 如下：

$$\boldsymbol{K}_{\mathrm{T}} = \int_0^l \boldsymbol{B}^{\mathrm{T}}D_{\mathrm{ep}}\boldsymbol{B}\,\mathrm{d}x \tag{2-50}$$

$${}^{n+1}\boldsymbol{R}^k = {}^{n+1}\boldsymbol{F} - \int_0^l \boldsymbol{B}^{\mathrm{T}n+1}\sigma^k A\,\mathrm{d}x \tag{2-51}$$

为了计算残余作用力 ${}^{n+1}\boldsymbol{R}^k$，需要先计算应力 ${}^{n+1}\sigma^k$。对于弹塑性材料，应力 ${}^{n+1}\sigma^k$ 依赖于先前状态 ${}^{n}\sigma$、塑性变量 ${}^{n}\varepsilon_{\mathrm{p}}$ 和应变增量 $\Delta\varepsilon^k$，需要 2.2.4 节所介绍的方法计算获得。

获得应力 ${}^{n+1}\sigma^k$ 后，求解线性方程

$$\boldsymbol{K}_{\mathrm{T}}\delta \boldsymbol{d}^k = {}^{n+1}\boldsymbol{R}^k \tag{2-52}$$

获得本次载荷增量 t_{n+1} 从上次迭代到当前迭代的位移增量 $\delta \boldsymbol{d}^k$，那么本次载荷增量下位移增量 $\Delta \boldsymbol{d}$ 可以用下式进行更新：

$$\Delta \boldsymbol{d}^{k+1} = \Delta \boldsymbol{d}^{k} + \delta \boldsymbol{d}^{k} \tag{2-53}$$

显然，当${}^{n+1}\boldsymbol{R}^{k}$趋近于零或足够小时，终止迭代。

2.3 复杂应力状态下的弹塑性问题

前面讨论了简单应力状态下的弹塑性问题，材料的屈服准则是根据相应的试验结果建立的。简单应力状态下的弹塑性基本概念可以推广到复杂应力状态下。然而，在简单应力状态下，比较容易通过单轴拉伸试验获得所需的应力-应变关系(即轴向应力和应变关系)。此外，简单应力状态下应变强化模型也相对简单，因为屈服应力的大小要么增加(等向强化)，要么在拉伸屈服应力和压缩屈服应力之间保持相同的范围(随动强化)，这些应变强化规律可以通过单轴拉伸或压缩试验而获得。简单应力状态下弹塑性分析的应用非常有限，如杆和桁架等。

在复杂应力状态下，应力不再是一个标量，而是一个张量，可能会达到六个分量。如果要使用类似于简单应力状态下的弹塑性分析方法，则必须进行不同应力分量组合的材料试验，这实际上是不可能的，因为有无数种可能的应力组合。我们不可能在无数种可能应力组合情形下建立应力与应变的关系。实际上，人们是根据材料在复杂应力状态下弹塑性的一些现象与形式，进行分析，提出假设，再在这些假设的基础上，利用材料在单向应力状态时的试验结果来建立材料在复杂应力状态下的屈服条件，以便进行材料的弹塑性分析。

在复杂应力状态下进行材料弹塑性问题分析时，为了给出一种描述应力增量和应变增量 ($\mathrm{d}\boldsymbol{\sigma}$ 和 $\mathrm{d}\boldsymbol{\varepsilon}$)的数学关系，并能用其表示塑性范围内的材料行为，则我们必须弄清楚三个关键问题：

(1) 屈服准则，即判断材料是否屈服的标准，寻求不同类型材料的屈服函数。

(2) 强化规律，即材料初始屈服后，继续加载时屈服面在应力空间中的移动。

(3) 流动法则，即塑性应变增量与当前应力及应力增量间的关系。

我们需要说明的是，这里的弹塑性分析基于以下材料假设：

① 忽略时间因素的影响(如蠕变、应力松弛等)。

② 对大多数金属材料，可以认为塑性变形不受静水压力的影响，静水压力只会产生弹性的体积变化，不会影响塑性变形的规律。实际上，材料物理学家布里奇曼(Bridgman)对镍、铌的拉伸试验表明，静水压力增大，塑性强化效应增加不明显，但颈缩和破坏时的塑性变形增加了，所以静水压力对屈服极限的影响常可忽略。

③ 在初次加载时，单向拉伸和压缩的应力-应变特性一致。

④ 材料特性符合德鲁克(Drucker)公设(即只考虑稳定材料)。

2.3.1 屈服准则

1. 初始屈服准则

1) 屈服函数与屈服条件

我们知道，单向应力状态下材料的初始屈服条件为

$$f(\sigma)=\sigma-\sigma_s=0 \tag{2-54}$$

其中，$f(\sigma)$ 为屈服函数，σ_s 为初始屈服应力。这个条件是通过单向拉伸实验获得的，这里的应力为试件轴向应力，也就是横截面上的正应力，其为过一点的所有斜面正应力中的最大值，也就是我们通常所称的主应力(所谓主应力，就是当过一点的某一斜面上剪应力为零时，则该斜面上的正应力称为该点的一个主应力；而单向应力状态则为只有一个非零主应力的应力状态)，其物理意义非常明确。但复杂应力状态下我们不可能完全通过实验来确定屈服准则或屈服函数。

我们知道，变形体某一点的应力状态可由六个应力分量 σ_x，σ_y，σ_z，τ_{yz}，τ_{zx}，τ_{xy} 完全确定(如图 2-11 所示)，或用张量表示为

$$\boldsymbol{\sigma}_{ij}=\begin{bmatrix}\sigma_x & \tau_{xy} & \tau_{zx}\\ \tau_{xy} & \sigma_y & \tau_{yz}\\ \tau_{zx} & \tau_{yz} & \sigma_z\end{bmatrix} \tag{2-55}$$

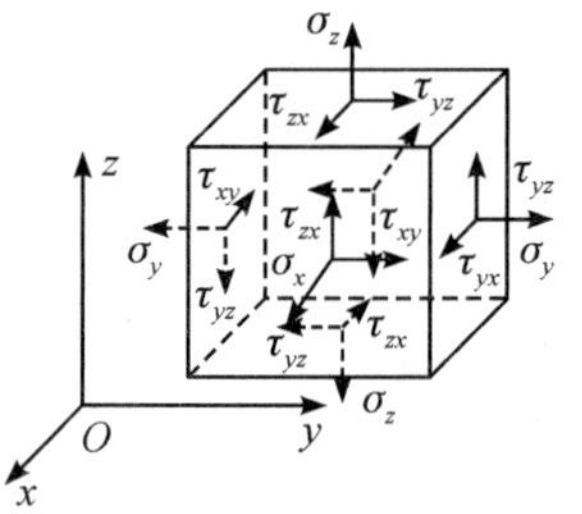

图 2-11 一点的应力状态表示

特别说明的是，本书中指标记法采用常见的爱因斯坦张量求和约定，即在表达式各项中如果某一下标成对出现，则表示遍历其取值范围求和，这种下标称为哑标；如果只出现一次的下标，则表示该表达式在该指标取值范围内都成立，即代表表达式的个数，称为自由标。

显然，应力分量依赖于所选择的坐标，所以复杂应力状态下材料的屈服条件应该是其应力分量 σ_x，σ_y，σ_z，τ_{yz}，τ_{zx}，τ_{xy} 满足某种条件后材料从弹性走向塑性(这实际上就是在实验和理论分析基础上提出的某种学说，比如屈雷斯加(Tresca)就提出当剪应力达到某个极限时材料可以认为进入屈服状态的理论)。我们暂且将复杂应力状态下材料的初始屈服条件表示为

$$f(\sigma_x,\sigma_y,\sigma_z,\tau_{xy},\tau_{yz},\tau_{zx})=0 \tag{2-56}$$

用张量可以表示为

$$f(\boldsymbol{\sigma}_{ij})=0 \tag{2-57}$$

所以可以根据屈服条件表达式(2-56)或式(2-57)来判断材料当前应力状态是弹性还是塑性，即材料处于弹性状态

$$f(\boldsymbol{\sigma}_{ij})<0 \tag{2-58}$$

而材料开始屈服进入塑性状态时

$$f(\boldsymbol{\sigma}_{ij})=0 \tag{2-59}$$

任一点的应力状态也可以用主应力来表示，因为物体内任一点的主应力 σ_1，σ_2，σ_3(一般记为，$\sigma_1>\sigma_2>\sigma_3$)不会随坐标的改变而变化(所谓复杂应力状态，指的就是不止一个非零主应力的情形)。而对任一点的应力状态存在三个应力不变量，即

$$\Theta_1=(\sigma_1+\sigma_2+\sigma_3)=\sigma_x+\sigma_y+\sigma_z \tag{2-60a}$$

$$\Theta_2=\sigma_2\sigma_3+\sigma_3\sigma_1+\sigma_1\sigma_2=\sigma_y\sigma_z+\sigma_z\sigma_x+\sigma_x\sigma_y-\tau_{yz}^2-\tau_{zx}^2-\tau_{xy}^2 \tag{2-60b}$$

$$\Theta_3=\sigma_1\sigma_2\sigma_3=\sigma_x\sigma_y\sigma_z-\sigma_x\tau_{yz}^2-\sigma_y\tau_{zx}^2-\sigma_z\tau_{xy}^2+2\tau_{yz}\tau_{zx}\tau_{xy} \tag{2-60c}$$

这样，可以用主应力或应力不变量来表示作为材料开始屈服进入塑性状态的判断准

则，即

$$f(\sigma_1,\sigma_2,\sigma_3)=0,\ f(\Theta_1,\Theta_2,\Theta_3)=0 \tag{2-61}$$

考虑到对于大部分金属材料，可以认为静水压力部分只产生弹性的体积变化，而不影响塑性变形规律，所以引入应力球张量 $\boldsymbol{\sigma}_{ii}$ 和应力偏张量 $\boldsymbol{s}_{ij}$ 的概念。应力球张量 $\boldsymbol{\sigma}_{ii}$（也就是静水压力部分）会引起体积改变（即弹性变形），而对塑性变形的影响可忽略，可表示为

$$\sigma_{11}=\sigma_{22}=\sigma_{33}=\sigma_{M} \tag{2-62}$$

其中，σ_m 为平均应力

$$\sigma_m=\frac{1}{3}(\sigma_x+\sigma_y+\sigma_z)=\frac{1}{3}(\sigma_1+\sigma_2+\sigma_3) \tag{2-63}$$

而应力偏张量引起形状改变（即塑性变形），偏应力状态的主方向与原应力状态的主方向重合。应力偏量可表示为

$$\boldsymbol{s}_{ij}=\begin{bmatrix}\sigma_x-\sigma_m & \tau_{xy} & \tau_{zx}\\ \tau_{xy} & \sigma_y-\sigma_m & \tau_{yz}\\ \tau_{zx} & \tau_{yz} & \sigma_z-\sigma_m\end{bmatrix} \tag{2-64}$$

而主应力偏量可表示为：

$$s_1=\sigma_1-\sigma_m,\ s_2=\sigma_2-\sigma_m,\ s_3=\sigma_3-\sigma_m \tag{2-65}$$

则对应的应力偏量不变量可表示为

$$\Theta_1'=s_{xx}+s_{yy}+s_{zz}=(s_1+s_2+s_3)=0 \tag{2-66a}$$

$$\begin{aligned}\Theta_2'&=\frac{1}{2}\boldsymbol{s}_{ij}\boldsymbol{s}_{ij}\\&=\frac{1}{6}[(s_{11}-s_{22})^2+(s_{22}-s_{33})^2+(s_{33}-s_{11})^2+6(s_{12}^2+s_{23}^2+s_{13}^2)]\\&=\frac{1}{2}(s_1^2+s_2^2+s_3^2)\\&=\frac{1}{6}[(\sigma_x-\sigma_y)^2+(\sigma_y-\sigma_z)^2+(\sigma_z-\sigma_x)^2+6(\tau_{xy}^2+\tau_{yz}^2+\tau_{zx}^2)]\\&=\frac{1}{6}[(\sigma_1-\sigma_2)^2+(\sigma_2-\sigma_3)^2+(\sigma_3-\sigma_1)^2]\end{aligned} \tag{2-66b}$$

$$\Theta_3'=|\boldsymbol{s}_{ij}|=s_1s_2s_3 \tag{2-66c}$$

所以，屈服条件也可用应力偏量、主应力偏量或主应力偏量不变量表示，即

$$f(\boldsymbol{s}_{ij})=0,\ f(\boldsymbol{s}_1,\ \boldsymbol{s}_2,\ \boldsymbol{s}_3)\boldsymbol{=}0,\ f(\boldsymbol{\Theta}_2',\ \boldsymbol{\Theta}_3'),\ =0(\boldsymbol{\Theta}_1',\ =0) \tag{2-67}$$

2）屈服面

复杂应力状态下满足上述屈服条件表达式(2－57)、式(2－61)或式(2－67)的应力点称为屈服点。在主应力空间(即以主应力 σ_1，σ_2，σ_3 为坐标轴而构成的应力空间)，屈服条件 $f(\cdot)=0$ 可以理解为由各屈服点连接成的一个曲面，即屈服面。下面我们来分析屈服面的形状。

我们介绍过，对金属材料而言，可以认为材料塑性跟应力球张量无关。不难看出，球应力状态（也称为静水应力状态）在主应力空间中的轨迹为经过坐标原点并与 σ_1，σ_2，σ_3 三个坐标轴夹角相同的等倾斜直线（也称为 L 直线或静水应力状态线），如图 2－12 所示。静水应力状态线上的点代表应力球张量，其应力偏量为零，即

$$s_1=0,\ s_2=0,\ s_3=0$$

$$\sigma_1=\sigma_2=\sigma_3=\sigma_m \tag{2-68}$$

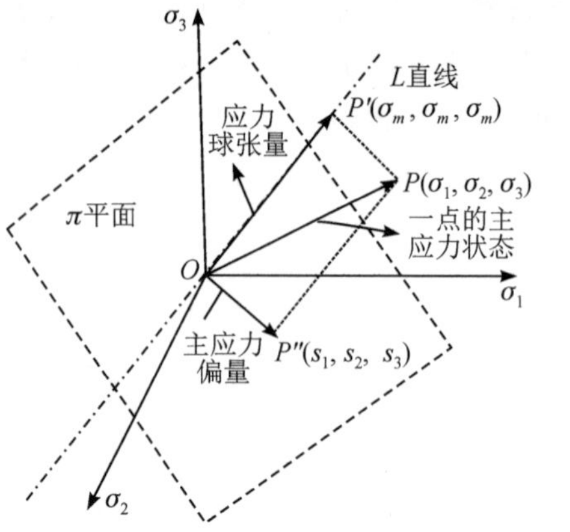

图 2-12　L 直线与 π 平面

而过坐标原点并与静水应力状态线垂直的平面称为 π 平面，可表示为

$$\sigma_1+\sigma_2+\sigma_3=0 \tag{2-69}$$

式(2-69)表示在 π 平面上各点的平均应力(即应力球张量)为零($\sigma_m=0$)。

这样，任一点 P 的应力状态在主应力空间中就可以分解为应力球张量(沿 L 直线，与三个主轴的夹角相等，为八面体斜面的正应力)和应力偏张量(总在 π 平面上)，即

$$\begin{aligned}\overrightarrow{OP}&=\sigma_1\boldsymbol{i}+\sigma_2\boldsymbol{j}+\sigma_3\boldsymbol{k}\\&=s_1\boldsymbol{i}+s_2\boldsymbol{j}+s_3\boldsymbol{k}+\sigma_m\boldsymbol{i}+\sigma_m\boldsymbol{j}+\sigma_m\boldsymbol{k}\\&=\overrightarrow{OP''}+\overrightarrow{OP'}\end{aligned} \tag{2-70}$$

如果我们通过 P 点做一条与静水应力状态线平行的直线，那么该直线上的各点应力偏量都相同。如果 P 点为屈服点，那么 P 所在的该条直线就组成了屈服面的一条线，而整个屈服面必定是平行于静水应力状态线柱体表面的，如图 2-13 所示。屈服面在 π 平面上的投影 $f(\Theta_2', \Theta_3')=0(\Theta_1'=0)(f(s_1, s_2, s_3)=0)$为一条封闭曲线，被称为屈服曲线，对应无静水压力部分的情况。注意，它是包含原点的封闭曲线，关于三个坐标轴的正负方向均对称，并且与任一从坐标原点出发的射线相交且只相交一次，为外凸曲线，即屈服面为外凸曲面。

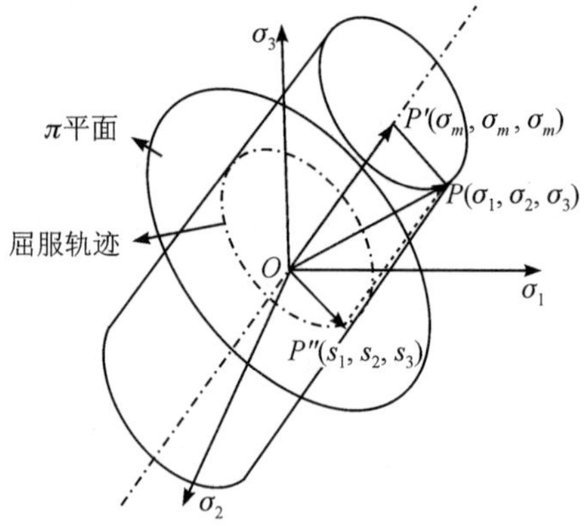

图 2-13　屈服面

3) 等效应力与等效应变

我们知道，复杂应力状态下的应力状态可以有无数种可能的组合，我们不可能对这无数种可能组合一一进行实验。在实际应用中引入类似单轴试验下的应力和应变标量来作为复杂应力状态下的应力-应变测量，这就是等效应力与等效应变。通过等效应力和等效应变，可以将复杂应力状态下的弹塑性分析与单轴拉伸或压缩试验对应起来。

为了有助于理解等效应力与等效应变这两个概念，在主应力空间中，取一特殊的斜面，该斜面的方向余弦

$$|l|=|m|=|n|=\frac{1}{\sqrt{3}} \tag{2-71}$$

符合上述条件的面有八个，这八个面构成一个八面体，如图 2-14 所示。那么，可以求出八面体斜面上的正应力等于平均应力(即应力球张量)σ_m，而八面体上的剪应力为

$$\tau_8=\frac{1}{3}\sqrt{(\sigma_1-\sigma_2)^2+(\sigma_2-\sigma_3)^2+(\sigma_3-\sigma_1)^2} \tag{2-72}$$

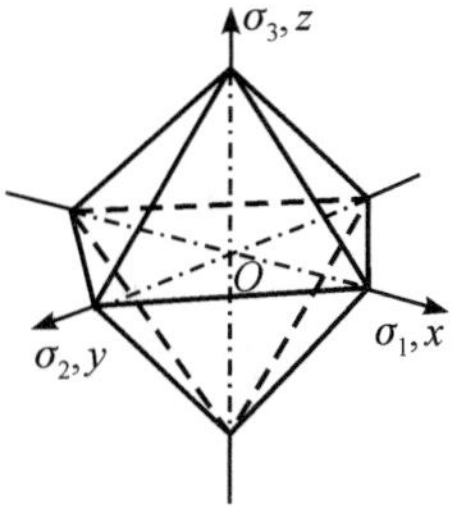

图 2-14　主应力空间的八面体

可以看出八面体上的剪应力 τ_8(见式(2-72))与应力偏张量第二不变量 Θ_2'(见式(2-66b))很类似，即

$$\tau_8=\sqrt{\frac{2}{3}\Theta_2'} \tag{2-73}$$

在弹塑性的分析中，为了使用方便，将 τ_8 乘以系数$\frac{3}{\sqrt{2}}$后，称之为等效应力(或应力强度)，即

$$\bar{\sigma}=\frac{3}{\sqrt{2}}\tau_8=\frac{1}{\sqrt{2}}\sqrt{(\sigma_1-\sigma_2)^2+(\sigma_2-\sigma_3)^2+(\sigma_3-\sigma_1)^2}=\sqrt{3\Theta_2'}=\sqrt{\frac{3}{2}\boldsymbol{s}_{ij}\boldsymbol{s}_{ij}} \tag{2-74}$$

从式(2-74)可以看出，各主应力增加或减少平均应力，等效应力的数值不变，这也说明等效应力与球应力无关，只跟应力偏量有关。

简单拉伸时 $\sigma_1=\sigma$，$\sigma_2=\sigma_3=0$，故 $\bar{\sigma}=\sigma$，可见此时复杂应力状态下的等效应力退化为拉伸时横截面上的正应力。

同样，定义等效剪应力(或剪应力强度)

$$T=\sqrt{\Theta_2'}=\frac{1}{\sqrt{6}}\sqrt{(\sigma_1-\sigma_2)^2+(\sigma_2-\sigma_3)^2+(\sigma_3-\sigma_1)^2}=\sqrt{\frac{1}{2}\boldsymbol{s}_{ij}\boldsymbol{s}_{ij}} \tag{2-75}$$

纯剪时，$\sigma_1=\tau$，$\sigma_2=0$，$\sigma_3=-\tau$，故有 $T=\tau$，可见此时复杂应力状态下的等效剪应力退化为纯扭转时横截面上的剪应力。

定义等效应变(或应变强度)为

$$\bar{\varepsilon}=\sqrt{\frac{2}{9}}\sqrt{(\varepsilon_1-\varepsilon_2)^2+(\varepsilon_2-\varepsilon_3)^2+(\varepsilon_3-\varepsilon_1)^2}=\sqrt{\frac{2}{3}\boldsymbol{e}_{ij}\boldsymbol{e}_{ij}} \tag{2-76}$$

其中，ε_1，ε_2，ε_3 为三个主应变，$\boldsymbol{e}_{ij}$ 为应变偏量，表示为

$$\boldsymbol{e}_{ij}=\begin{bmatrix}\varepsilon_x-\varepsilon_m & \varepsilon_{xy} & \varepsilon_{zx}\\ \varepsilon_{xy} & \varepsilon_y-\varepsilon_m & \varepsilon_{yz}\\ \varepsilon_{zx} & \varepsilon_{yz} & \varepsilon_z-\varepsilon_m\end{bmatrix} \tag{2-77}$$

其中，$\varepsilon_m=\frac{1}{3}(\varepsilon_x+\varepsilon_y+\varepsilon_z)$。不难发现，简单拉伸时 $\varepsilon_1=\varepsilon$，$\varepsilon_2=\varepsilon_3=-\frac{1}{2}\varepsilon$，等效应变 $\bar{\varepsilon}=\varepsilon$ 退化为拉伸方向的正应变。

定义等效剪应变(或剪应变强度)为

$$\Gamma=\sqrt{\frac{2}{3}}\sqrt{(\varepsilon_1-\varepsilon_2)^2+(\varepsilon_2-\varepsilon_3)^2+(\varepsilon_3-\varepsilon_1)^2}=\sqrt{2\boldsymbol{e}_{ij}\boldsymbol{e}_{ij}} \tag{2-78}$$

可见纯剪时 $\varepsilon_1=\varepsilon_3=\frac{1}{2}\gamma$，$\varepsilon_2=0$，等效应力 $\Gamma=\gamma$ 退化为纯扭转时的剪应变。

4) 罗德(Lode)应力参数与莫尔(Mohr)圆

对于大多数金属材料，我们可以认为其应力球张量对塑性变形并没有明显影响，因而在塑性分析时可以把这一因素分离出来，主要去关注应力偏量。这样，我们就可以引进一个排除球形应力张量的影响而描绘应力状态特征的参数，即罗德(Lode)参数。我们可以从罗德应力参数在应力莫尔圆中的几何意义来理解其物理意义。

莫尔圆是表示复杂应力状态(或应变状态)下物体中任一点的各微截面上应力(或应变)分量之间关系的平面图形，表示应力的称为应力莫尔圆，表示应变的称为应变莫尔圆。二向应力状态的莫尔圆上每一点的坐标都对应于过一点单元体上某一截面上的正应力和剪应力，其与横坐标轴的交点为其两个主应力。而三向应力状态的莫尔圆是在已知物体上一点的三个主应力 σ_1，σ_2，σ_3 的前提下得到的。如图 2-15 所示，物体内过一点的任意截面上的正应力和剪应力在 σ-τ 坐标系中对应的点都落在图中的阴影部分。所以应力莫尔圆给出了一点的应力状态。

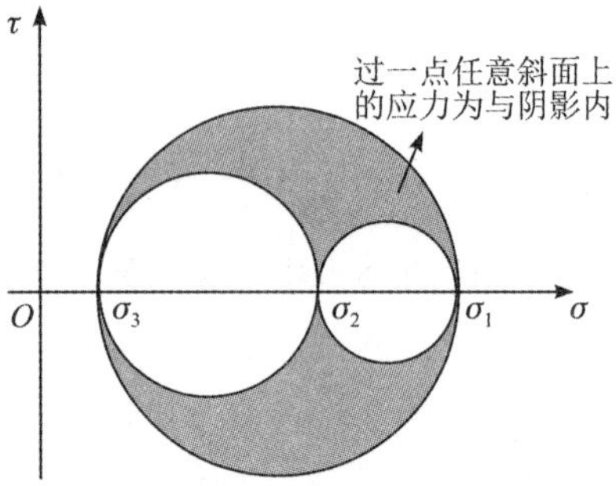

图 2-15 莫尔圆

从莫尔圆可以看出，若在一应力状态上再叠加一个球形应力状态(各向等拉或各向等压)，则应力圆的三个直径并不改变，只是整个图形沿横轴发生平移，所以应力圆在横轴上的整体位置取决于应力球张量；而各圆的大小(或直径)则取决于偏应力张量，与应力球张量无关。不难看出，一点应力状态中的主应力按同一比例缩小或增大(应力分量的大小有改变，但应力状态的形式不变)，而应力圆的三个直径也按同一比例缩小或增大，这意味着应力变化前后的两个应力圆是相似的，这种情况相当于应力偏量的各分量的大小有了改变，但其形式却保持不变。

这样，我们就可以引进罗德参数，它表示为复杂应力状态下莫尔圆两内圆直径之差与外圆直径之比，即

$$\mu_\sigma=\frac{\sigma_2-\dfrac{\sigma_1+\sigma_3}{2}}{\dfrac{\sigma_1-\sigma_3}{2}}=2\frac{\sigma_2-\sigma_3}{\sigma_1-\sigma_3}-1=\frac{(\sigma_2-\sigma_3)-(\sigma_1-\sigma_2)}{\sigma_1-\sigma_3} \tag{2-79}$$

罗德参数表征了 σ_2 在 σ_1 与 σ_3 之间的相对位置，反映了中间主应力 σ_2 对屈服的贡献，可以表征为偏应力张量的形式，而与平均应力(或应力球张量)无关。值得提醒的是，$-1\leqslant\mu_\sigma\leqslant 1$，$-1$ 对应的是单向拉伸，1 对应的是单向压缩，而 0 则对应的是纯剪切。

如果两个应力状态下的罗德参数相等，就说明这两个应力状态对应的应力圆是相似的，即应力偏量的形式相同。同样，应变罗德参数表征了应变偏量的形式；如果两种应变状

态下的应变罗德参数相等，则表明它们所对应的应变莫尔圆是相似的，也就是说，应变偏量的形式相同。

5）屈雷斯加(Tresca)和米塞斯(Mises)屈服条件

大量实验表明材料屈服破坏是由于材料分子在其晶格结构内的相对滑动引起的，类似于剪切变形。发生这种变形后，材料在卸载后不会恢复到原来的形状。显然，晶格的相对滑动不会改变材料体积，材料体积的改变是由于其分子间距离发生了改变。由于分子间距离的变化不会造成材料的永久变形，所以人们普遍认为材料的屈服破坏主要与剪切变形有关。鉴于此，屈雷斯加提出了最大剪切变形的屈服条件，其使用最大剪应力作为等效应力；考虑到屈雷斯加屈服函数的不光滑和忽略中间主应力的缺点，米塞斯提出了最大畸变能的屈服条件。屈雷斯加屈服条件和米塞斯屈服条件是最常用的适用于金属等各相同性塑性材料的两个屈服条件。

(1) 屈雷斯加屈服条件。对于塑性材料来说，最简单的破坏准则之一是由屈雷斯加提出的最大剪应力准则。1864 年，屈雷斯加作了一系列的金属挤压实验来研究屈服条件：金属材料在屈服时，可以看到接近于最大剪应力方向的细痕纹(滑移线)，因此可以认为塑性变形是由于剪应力所引起的晶体网格的滑移而引起的。

屈雷斯加准则以最大剪应力 $\tau_{\max}$ 作为等效应力。从图 2-15 中可以看出，复杂应力状态下最大剪应力是最大莫尔圆的半径。不难看出，因为主应力与所使用的坐标系无关，所以 $\tau_{\max}$ 与所使用的坐标系无关。

该准则认为材料的最大剪应力达到其拉伸实验屈服时的剪应力 τ_f 发生屈服。在拉伸实验中材料屈服时的 $\sigma_1=\sigma_s$，$\sigma_2=\sigma_3=0$，因此从莫尔圆不难发现，τ_f 是 σ_s(材料的屈服应力)的一半。当 $\tau_{\max}$ 小于 τ_f 时，材料具有弹性，而 $\tau_{\max}$ 不可能大于 τ_f。故其对应的屈服条件为

$$f(\boldsymbol{\sigma}_{ij})=\tau_f \tag{2-80}$$

其中，$f(\boldsymbol{\sigma}_{ij})$ 为屈服函数。利用主应力来计算最大剪应力，则有

$$\tau_{\max}=\frac{\sigma_1-\sigma_3}{2} \tag{2-81}$$

所以 τ_f 的屈服条件可表示为

$$f(\boldsymbol{\sigma}_{ij})=\sigma_1-\sigma_3=2\tau_f \tag{2-82}$$

其中，σ_1，σ_3 为一点的最大主应力和最小主应力。τ_f 可由单向拉伸实验决定，利用单向拉伸时的屈服应力 σ_s，则有

$$\tau_f=\frac{\sigma_s}{2} \tag{2-83}$$

虽然上面的方程形式(2-82)很简单，但复杂应力状态下的实际组合可能是复杂的。在不知道主应力的大小顺序的情况下，屈雷斯加屈服条件的一般形式为

$$\bar{\sigma}_T-\sigma_s=0 \tag{2-84}$$

其中，$\bar{\sigma}_T=\max\{|\sigma_1-\sigma_2|, |\sigma_2-\sigma_3|, |\sigma_3-\sigma_1|\}$。

所以，主应力空间内的屈服条件可表示为

$$\sigma_1-\sigma_2=\pm\sigma_s \tag{2-85a}$$

$$\sigma_2-\sigma_3=\pm\sigma_s \tag{2-85b}$$

$$\sigma_3-\sigma_1=\pm\sigma_s \tag{2-85c}$$

在主应力空间中，屈雷斯加屈服条件对应的屈服面是以静水应力状态线为中心、并与之平行的六角柱体表面(如图 2-16 所示)。应力点在六角柱体内部时材料处于弹性状态；当应力点在六角柱表面(屈服面)时，材料处于塑性状态。

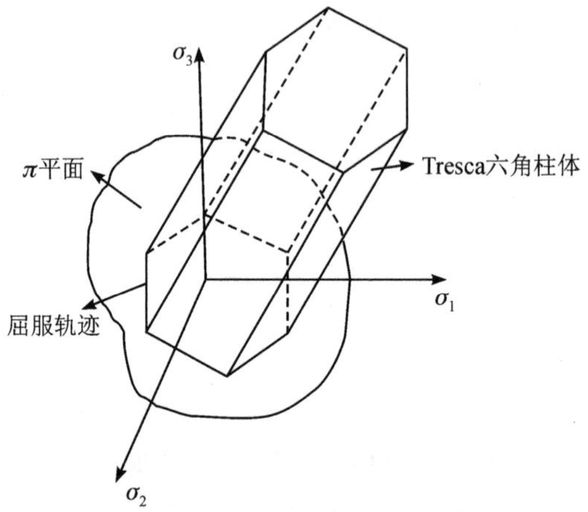

图 2-16 屈雷斯加屈服面

屈雷斯加屈服条件的完整表达式为

$$[(\sigma_1-\sigma_2)^2-\sigma_s^2][(\sigma_2-\sigma_3)^2-\sigma_s^2][(\sigma_1-\sigma_3)^2-\sigma_s^2]=0 \tag{2-86}$$

但特别的平面应力状态下，屈雷斯加屈服条件(即某个主应力为 0，如 $\sigma_3=0$)(如图 2-17 所示)为

$$\sigma_1-\sigma_2=\pm\sigma_s \tag{2-87a}$$

$$\sigma_2=\pm\sigma_s \tag{2-87b}$$

$$\sigma_1=\pm\sigma_s \tag{2-87c}$$

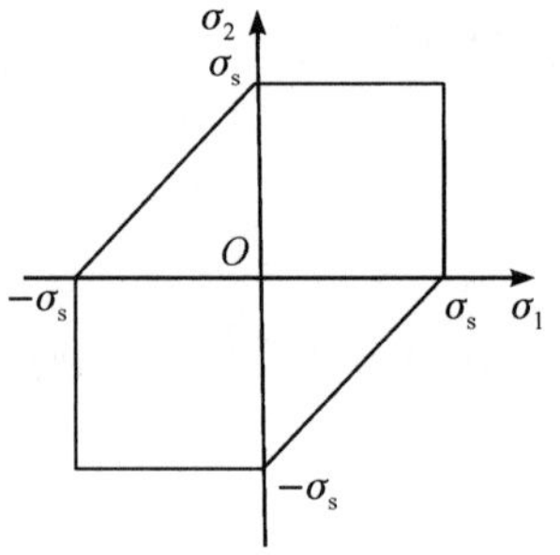

图 2-17 平面应力状态下的屈雷斯加屈服线

常数 τ_f 值的确定除了可以由简单拉伸实验来确定，也可以通过纯剪实验来确定。用 τ_s 表示材料纯剪实验下一点的屈服剪应力，那么对应的主应力为 $\sigma_1=\tau_s$，$\sigma_2=0$，$\sigma_3=-\tau_s$，故 $\tau_f=\tau_s$。这样的话，我们就可以得到材料纯剪实验下屈服剪应力与拉伸实验下屈服正应力之间的关系为 $\tau_s=2\sigma_s$，这对多数材料近似成立。

(2) 米塞斯屈服条件。米塞斯屈服条件是范米塞斯(Von Mises)在 1913 年推出的，它也被称为最大畸变能判据，是基于畸变能提出的。

我们知道，在加载过程中，随着应力-应变的逐渐增大，材料的应变能密度也会随之增大。既然应力与应变能是相关的，那么就可以使用应变能密度作为失效准则。使用应变能密度的优势在于，即使在复杂应力状态下(不止一个非零的主应力)，应变能始终是一个标量。如前所述，由于与体积改变相关(即与静水压力或应力球张量)的变形不会导致材料屈服，因此在将应变能用于屈服准则之前，可以先将这部分变形从应变能密度中去除；去除体积改变的相关变形部分后的应变能密度称为畸变应变能密度。畸变能判据可理解为是将复杂应力状态下的畸变能与拉伸实验屈服时的畸变能进行比较：当复杂应力状态下应力产生的变形能达到拉伸实验在屈服时的变形能时，可以认为材料进入屈服；当变形能小于屈服时拉伸实验的变形能时，认为材料是弹性的。

所以，将材料变形分为两部分：一部分变形与体积改变相关，另一部分变形与形状改变相关。用 ν_v 表示与单元体体积改变相应的那部分应变能密度，称为体积改变能密度；用 ν_d 表示与单元体形状改变相应的那部分应变能密度，称为畸变能密度，那么材料的应变能密度 ν_ε(物体在单位体积内所积蓄的应变能)等于两部分之和，即

$$\nu_\varepsilon = \nu_v + \nu_d \tag{2-88}$$

在复杂应力状态下，材料的应变能密度 ν_ε 可以表示为

$$\begin{aligned}\nu_\varepsilon &= \frac{1}{2}(\sigma_1\varepsilon_1 + \sigma_2\varepsilon_2 + \sigma_3\varepsilon_3) \\ &= \frac{1}{2E}[\sigma_1^2 + \sigma_2^2 + \sigma_3^2 - 2\mu(\sigma_1\sigma_2 + \sigma_2\sigma_3 + \sigma_3\sigma_1)]\end{aligned} \tag{2-89}$$

图 2-18(a)所示单元体的三个主应力不相等，因而在变形后既会发生体积改变也会发生形状改变。图 2-18(b)所示单元体的三个主应力($\sigma_m = \frac{1}{3}(\sigma_1 + \sigma_2 + \sigma_3)$)相等，因而变形后的形状与原来的形状相似，即只发生了体积改变而无形状改变，所以

$$\nu_{\varepsilon a} = \nu_{va} + \nu_{da} \tag{2-90a}$$

$$\nu_{\varepsilon b} = \nu_{vb} \tag{2-90b}$$

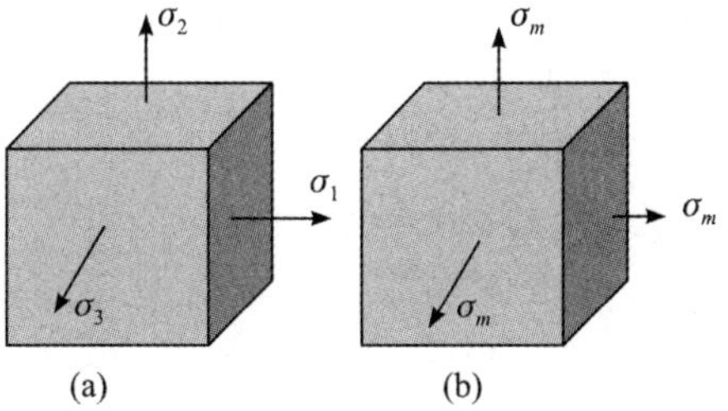

图 2-18　复杂应力状态下的单元体

由于 $\sigma_m = \frac{1}{3}(\sigma_1 + \sigma_2 + \sigma_3)$，所以

$$\nu_{va} = \nu_{vb} = \frac{1-2\mu}{6E}[\sigma_1^2 + \sigma_2^2 + \sigma_3^2] \tag{2-91}$$

故复杂应力状态下单元体的畸变能密度为

$$\nu_{da} = \nu_{\varepsilon a} - \nu_{vb} = \frac{1+\mu}{6E}[(\sigma_1 - \sigma_2)^2 + (\sigma_2 - \sigma_3)^2 + (\sigma_1 - \sigma_3)^2] \tag{2-92}$$

与八面体斜面的剪应力 τ_8 的公式(2-72)以及第二应力偏量不变量 Θ_2' 的公式(2-66)对比后，可以发现这个量的公式 (2-92)与八面体上剪应力与第二应力偏量不变量密切相关，所以米塞斯屈服条件可以理解为当复杂状态下的最大畸变能达到某个极限时或八面体上最大剪应力达到某个极限时，材料发生了屈服。

米塞斯屈服条件表示为

$$f(\boldsymbol{\sigma}_{ij})=\sqrt{\frac{1}{6}[(\sigma_1-\sigma_2)^2+(\sigma_2-\sigma_3)^2+(\sigma_3-\sigma_1)^2]}-\sigma_f=0 \tag{2-93}$$

其中，σ_f 由实验确定。根据简单拉伸实验，在材料屈服 $\sigma_1=\sigma_s$，$\sigma_2=\sigma_3=0$ 时 $\sqrt{\frac{1}{6}[(\sigma_s-0)^2+0+(0-\sigma_s)^2]}=\sigma_f$（$\sigma_s$ 为拉伸屈服应力），所以

$$\sigma_f=\frac{1}{\sqrt{3}}\sigma_s \tag{2-94}$$

定义等效应力 $\bar{\sigma}_M$（参照公式(2-74)）

$$\bar{\sigma}_M=\sqrt{3\Theta_2'}=\sqrt{\frac{1}{2}[(\sigma_1-\sigma_2)^2+(\sigma_2-\sigma_3)^2+(\sigma_1-\sigma_3)^2]}=\sqrt{\frac{3}{2}\boldsymbol{s}_{ij}\boldsymbol{s}_{ij}} \tag{2-95}$$

则米塞斯屈服条件的一般形式为

$$\bar{\sigma}_M-\sigma_s=0 \tag{2-96}$$

可见，米塞斯屈服准则用等效应力来描述的话，可以理解为当复杂应力状态下的等效应力 $\bar{\sigma}_M$ 达到材料单向拉伸实验的屈服应力 σ_s 时则认为材料进入屈服。

在主应力空间中，米塞斯屈服条件对应的屈服面是与静水应力状态线平行的圆柱表面（如图 2-19 所示），该圆柱面外接屈雷斯加六角柱体。当应力点位于圆柱体内部时，材料处于弹性状态；当应力点位于圆柱体表面时，材料处于塑性状态。图 2-20 为米塞斯屈服条件在 π 平面上的投影，即屈服轨迹或称屈服线。

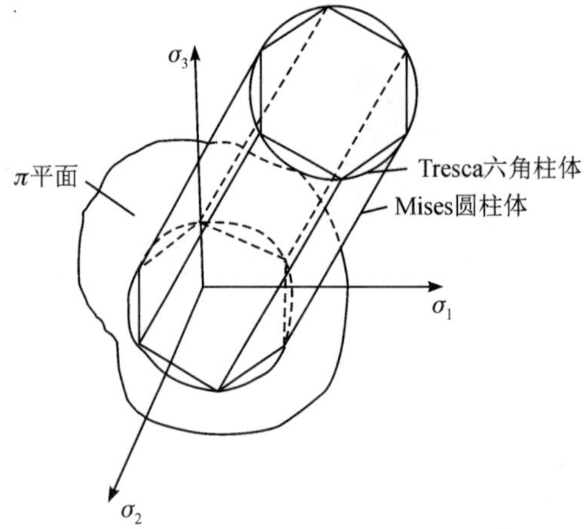

图 2-19 Mises 屈服面

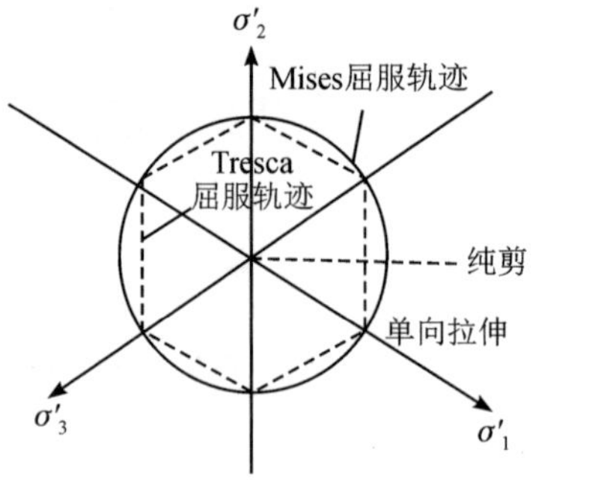

图 2-20 Mises 屈服条件对应的屈服轨迹

同样，材料常数 σ_f 也可以用纯剪实验的屈服剪切应力 τ_s 来确定，因 $\sigma_1=\tau_s$，$\sigma_2=0$，$\sigma_3=-\tau_s$，故 $\sigma_f=\tau_s$。这样的话，我们可以得到关系式 $\sigma_s=\sqrt{3}\tau_s$。实际上实验结果显示这个关系式对于大多数金属材料是成立的，这也说明了米塞斯屈服准则更符合实际情况。

在 $\sigma_3=0$ 的平面应力状态下，可以很容易地看到米塞斯屈服轨迹表示为一个椭圆（即米塞斯屈服函数 $f(\sigma_1,\sigma_2)=\sigma_1^2-\sigma_1\sigma_2+\sigma_2^2-\sigma_s^2$）。如图 2-21 所示，椭圆的内部称为材料的弹性区域，任意一点（$f(\sigma_1,\sigma_2)<0$）表示材料处于弹性应力状态；屈服面上的点（$f(\sigma_1,\sigma_2)=0$）对应于导致材料屈服的应力状态；而在屈服面外不可能存在应力状态。

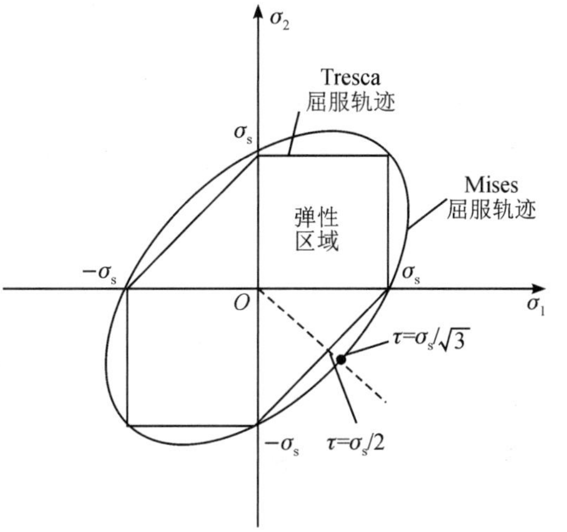

图 2-21　平面应力状态下的米塞斯屈服线

(3) 两个屈服条件的比较。我们知道，屈雷斯加屈服条件的提出是基于某种韧性金属的最大剪应力达到一定值时，材料开始进入塑性状态，也就是说只有最大和最小的主应力对屈服有影响，并忽略掉中间主应力对屈服的影响。米塞斯注意到屈雷斯加六边形的六个顶点可由实验得到，但顶点间的直线是人为假设的，而且并未考虑到中间主应力的影响，且在主应力大小次序不明确的情况下也难以正确选用。出于数学上对于光滑的考虑，米塞斯屈服条件用连接 π 平面上的屈雷斯加六边形的六个顶点的圆来代替原来的六边形；虽然米塞斯在提出该准则时并没有考虑到它所代表的物理意义，但后来的实验结果表明，对于塑性金属材料，这个准则更符合实际。实际上，汉基(Heneky)证明了米塞斯屈服准则关于材料在其单位体积的畸变能达到某个临界值时，材料进入屈服状态。纳戴(Nadai)认为米塞斯屈服准则可解释为材料在其八面体剪应力达到某个极限时开始进入塑性状态。而伊留辛则认为当等效应力达到材料单向拉伸实验的屈服极限时材料进入塑性状态。

从图 2-20 和图 2-21 可以看出，这两个准则在六个顶点上重合，但屈雷斯加屈服准则在米塞斯准则内，这就意味着前者比后者更保守。比如，当材料处于简单应力状态下时，材料各点的应力均位于 σ_1 轴上，两种准则都能预测相同的屈服点在 $\sigma_1=\sigma_s$。而当材料处于纯剪应力状态时，材料各点的应力位于图 2-20 和图 2-21 中的虚线上，那么屈雷斯加屈服准则比米塞斯准则能更早地预测材料的破坏。

不难看出，对于单向拉伸的应力状态 $\sigma_1>0$，$\sigma_2=\sigma_3=0$ 时，按屈雷斯加屈服条件 $\sigma_1=2\tau_f$，可以看出材料屈服时的最大剪应力为 $\tau_{T\text{-}max}=\tau_f$；而对于纯剪切应力状态 $\sigma_1=\tau$，$\sigma_3=-\tau$，$\sigma_2=0$ 时，按屈雷斯加屈服条件 $\tau=\tau_f$，可以计算出材料屈服时的最大剪应力为 $\tau_{T\text{-}max}=\tau_f$。所以，使用屈雷斯加屈服条件时，简单应力状态和纯剪应力状态下材料屈服时的最大剪应力均为同样的数值。

同样，如果采用米塞斯屈服条件的话，可以计算出：对于单向拉伸的简单应力状态 $\sigma_1>0$，$\sigma_2=\sigma_3=0$ 时，根据米塞斯条件 $\sigma_1=\sqrt{3}\sigma_f$，可得 $\tau_{M\text{-}max}=\dfrac{\sqrt{3}\sigma_f}{2}$；而对于纯剪切状态 $\sigma_1=\tau$，$\sigma_3=-\tau$，$\sigma_2=0$ 时，根据米塞斯条件 $\tau=\sigma_f$，可得 $\tau_{M\text{-}max}=\sigma_f$。所以，采用米塞斯屈服

条件时，简单应力状态下和纯剪应力状态下材料屈服时的最大剪应力为不同的数值。

所以，在纯剪切应力状态下，用单向拉伸实验得到的屈服应力 σ_s 来确定两个屈服条件中的常数 τ_f 和 σ_f，可以得到：对于屈雷斯加条件($\sigma_s=2\tau_f$)，可以得到屈服时的最大剪应力 $\tau_{T\text{-}max}=\tau_f=\frac{\sigma_s}{2}$；而对于米塞斯条件($\sigma_s=\sqrt{3}\sigma_f$)，可以得到屈服时的最大剪应力 $\tau_{M\text{-}max}=\sigma_f=\frac{\sigma_s}{\sqrt{3}}$。这样，我们可以得到纯剪切状态下两个屈服条件对应的最大剪应力之比

$$\frac{\tau_{M\text{-}max}}{\tau_{T\text{-}max}}=\frac{\sigma_f}{\tau_0}=\frac{2}{\sqrt{3}}=1.155 \tag{2-97}$$

可见两个屈服条件下的计算结果相差不大。

为了进一步比较这两种屈服条件，我们利用罗德参数

$$\mu_\sigma=\frac{(\sigma_2-\sigma_3)-(\sigma_1-\sigma_2)}{\sigma_1-\sigma_3} \tag{2-98}$$

将中间应力状态 σ_2 表示为

$$\sigma_2=\frac{\sigma_1+\sigma_3}{2}+\mu_\sigma\frac{\sigma_1-\sigma_3}{2} \tag{2-99}$$

代入米塞斯屈服条件的公式(2-96)中，即

$$(\sigma_1-\sigma_2)^2+(\sigma_2-\sigma_3)^2+(\sigma_1-\sigma_3)^2=\sigma_s^2 \tag{2-100}$$

则米塞斯屈服准则可表示为

$$\frac{\sigma_1-\sigma_3}{\sigma_s}=\frac{2}{\sqrt{3+\mu_\sigma^2}} \tag{2-101}$$

而屈雷斯加屈服准则可表示为

$$\frac{\sigma_1-\sigma_3}{\sigma_s}=1 \tag{2-102}$$

如图 2-22 所示，其表示两种屈服条件，从中可以看出：在简单应力状态下，两个屈服条件重合；而在纯剪切应力状态下，两者差别最大。其他应力状态下，两者误差不超过 15%。

下面我们以在拉力 P 和扭转 M 作用下的薄壁圆管(如图 2-23 所示)为例来比较屈雷斯加和米塞斯屈服条件。设圆筒壁厚为 t，平均半径为 r，在柱坐标下任一点的应力状态为

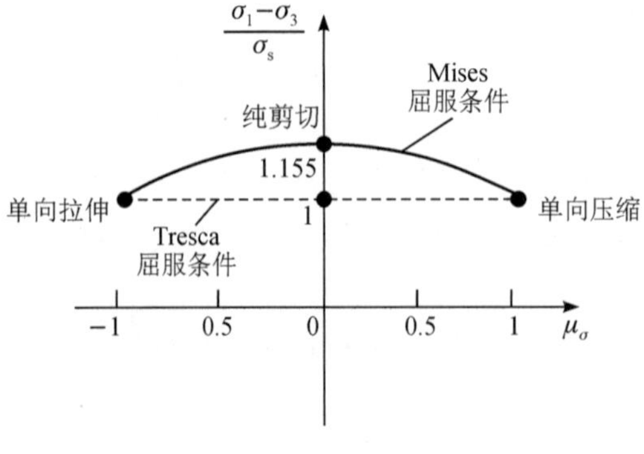

图 2-22 两种屈服条件的罗德参数表示

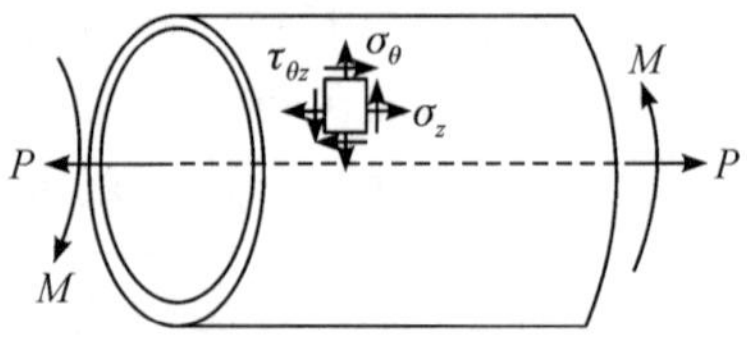

图 2-23 拉力 P 和扭转 M 作用下薄壁圆管

$$\sigma_z = \frac{P}{2\pi rt},\ \tau_{\theta z} = \frac{M}{2\pi r^2 t},\ \sigma_r = \sigma_\theta = 0 \tag{2-103}$$

则主应力为

$$\sigma_{1,3} = \frac{\sigma_z}{2} \pm \sqrt{\left(\frac{\sigma_z}{2}\right)^2 + \tau_{\theta z}^2},\ \sigma_2 = 0 \tag{2-104}$$

代入米塞斯屈服条件公式(2-96)以及屈雷斯加屈服条件公式(2-84)，有

$$\sigma_z^2 + 3\tau_{\theta z}^2 = \sigma_s^2 \tag{2-105a}$$

$$\sigma_z^2 + 4\tau_{\theta z}^2 = \sigma_s^2 \tag{2-105b}$$

为了比较方便，用 σ_s 对其进行归一化后分别为

$$\sigma^2 + 3\tau^2 = 1 \tag{2-106a}$$

$$\sigma^2 + 4\tau^2 = 1 \tag{2-106b}$$

从图 2-24 中不难看出，在纯剪切应力状态下两个屈服条件相差最大，而在单向拉伸应力状态下两个屈服条件重合，这与前面的分析结果是一致的。

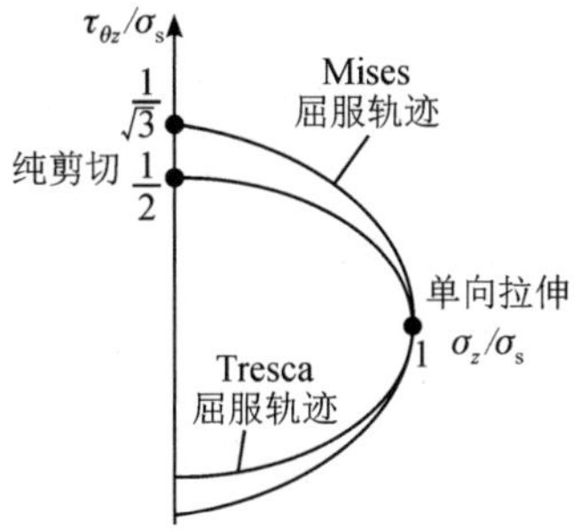

图 2-24　拉力 P 和扭转 M 作用下的薄壁圆管

2. 后继屈服准则

初始屈服准则中介绍的两种屈服准则是根据给定的材料屈服应力 σ_s 来决定材料是否屈服的，而在式(2-84)和式(2-96)中，我们是假定材料的屈服应力 σ_s 保持不变的。然而，正如简单应力状态下弹塑性分析所讨论的，屈服应力本身是随着塑性变形而变化的，这被称为应变强化。一般而言，材料因塑性变形而产生的屈服应力变化有三类：① 屈服应力与塑性变形成正比增加(应变强化)；② 屈服应力保持不变(完全塑性)；③ 屈服应力随塑性变形增加而减小(应变软化)。金属一般是应变强化材料，而岩土材料在一定条件下可能会出现应变软化。通常应变强化材料被认为是稳定的，我们这里不考虑软化材料。

和单向应力状态相似，材料在复杂应力状态下也有初始屈服和后继屈服的问题。在复杂应力状态下，会有各种应力状态的组合能达到初始屈服或后继屈服，在应力空间中这些应力点集合而成的面就称为初始屈服面和后继屈服面。如图 2-25 所示，当材料加载后，代表应力状态的应力点由原点 O 达到初始屈服面上 A 点时，材料开始屈服；当载荷的变化使应力点突破初始屈服面而到达邻近的后继屈服面 1 上的 B 点时，由于加载，材料产生新的塑性变形。如果由 B 点卸载，应力点退回到后继屈服面 1 内而进入后继弹性状态；如果再重新加载，当应力点重新达到卸载开始时曾经达到过的后继屈服面 1 上的 C 点(C 点不一定和 B 点重合，但在同一屈服面上)时，材料重新进入塑性状态。继续加载，应力点又会突

破原来的后继屈服面 1 而到达另一个相邻近的后继屈服面 2 上的某点(比如 D 点)。

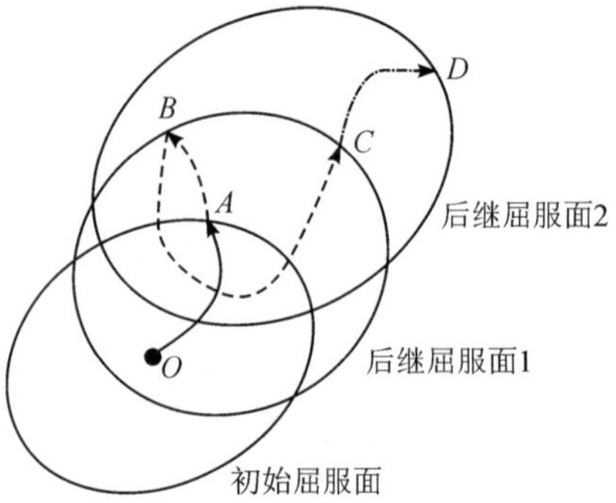

图 2 - 25 初始屈服面和后继屈服面

所以，不难看出，随着塑性变形的不断发展，后继屈服面是不断变化的，所以又将后继屈服面称为加载面，它是后继弹性阶段的界限面。用来确定材料是处于后继弹性状态还是塑性状态的准则就是后继屈服条件，而表示这个条件的函数关系(亦即后继屈服面的方程)就称为后继屈服函数或加载函数。由于后继屈服不仅和该瞬时的应力状态有关，还和塑性变形的大小及其历史(即加载路径)有关，因此后继屈服条件可表示为

$$f(\boldsymbol{\sigma}_{ij},\ \xi^p)=0 \tag{2-107}$$

其中，ξ^p 称为内变量，是用来描述物体塑性变形历史的量。

ξ^p 之所以称为内变量，是因为描述连续介质的变量可以分为外部变量和内部变量，其中外部量是可以从外部直接量测的量，如总应变、总变形、应力、温度等；而内部量则是不能直接量测的，是表征材料内部变化的量，如塑性应变 $\boldsymbol{\varepsilon}_{ij}^p$、塑性功 W^p(即塑性变形消耗的功)，可分别表示为

$$\boldsymbol{\varepsilon}_{ij}^p=\boldsymbol{\varepsilon}_{ij}-\boldsymbol{\varepsilon}_{ij}^e \tag{2-108}$$

$$W^p=W_{总}-W^e=\int\boldsymbol{\sigma}_{ij}\,\mathrm{d}\boldsymbol{\varepsilon}_{ij}-\int\boldsymbol{\sigma}_{ij}\,\mathrm{d}\boldsymbol{\varepsilon}_{ij}^e=\int\boldsymbol{\sigma}_{ij}\,\mathrm{d}\boldsymbol{\varepsilon}_{ij}-\frac{1}{2}\boldsymbol{\sigma}_{ij}\boldsymbol{\varepsilon}_{ij}^e \tag{2-109}$$

内变量是反映物体塑性变形大小及其历史的参数，因此，后继屈服面就是以 ξ^p 为参数的一族曲面；在复杂应力状态下弹塑性分析的主要任务是要确定后继屈服面的形状以及它随塑性变形的发展变化规律。

3. 加载、卸载判断

前面我们提到，材料屈服后加载和卸载时材料遵循不同的应力-应变关系，所以每一次载荷增量或迭代时均需要进行加载和卸载的判断。在单向应力状态下，由于只有一个应力分量不等于零，所以由这个分量大小的增减就可以判断此次是加载还是卸载。但对于复杂应力状态，六个独立的应力分量都可增可减，该如何判断是加载还是卸载，则有必要提出一个准则。

为了后面描述方便，我们使用如下术语。

(1) 加载条件：材料经过初次屈服后，后继的屈服条件将与初始条件不同。这种发生变化了的后继屈服条件称为加载条件。

(2) 加载曲面：应力空间内与加载条件对应的曲面。

我们知道材料进一步发生塑性变形的条件为：对于理想塑性材料，加载面就是初始屈

服面；对于强化材料，正如式(2-107)所示，除了初始屈服面，加载面还依赖于塑性应变的发展变化过程，即它不仅与此刻的应变 $\boldsymbol{\varepsilon}_{ij}$ 状态有关，还依赖于整个塑性应变历史。要了解复杂应力状态下的后继屈服准则和加卸载条件，则还需要了解德鲁克(Drucker)公设。

1) 德鲁克公设

德鲁克公设是 20 世纪 50 年代初德鲁克根据强化材料单向拉伸进入塑性变形状态后，在加载-卸载的应力循环过程中，附加外力恒做正功的性质提出来的弹塑性材料强化假设，如图 2-26 所示。

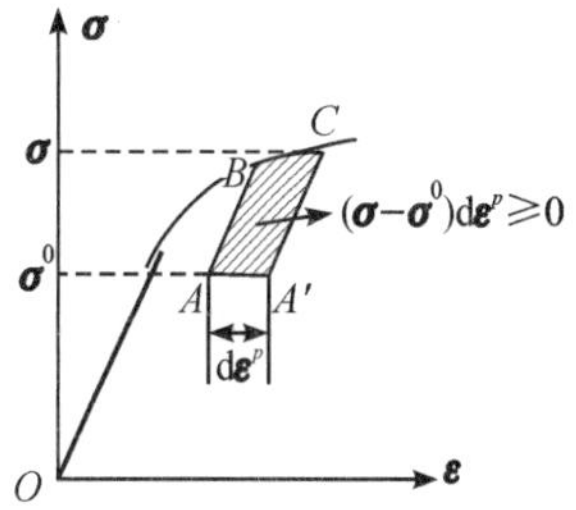

图 2-26　单轴实验的一个应力循环

德鲁克公设是在塑性问题研究中表征材料强化特性的重要假设，也是判断材料稳定性的准则。根据该公设不仅可以导出材料加载曲面(包括屈服曲面)外凸的重要性质，而且可以建立塑性状态下的流动法则。

德鲁克公设认为对于处于某状态的材料质点，借助于外部作用，在原有应力状态基础上，缓慢施加并卸除一组附加应力，在这组附加应力的加载和卸载的循环内，外部作用做功为零。如图 2-27 所示，设一个应力循环为：考虑一个材料单元体处于应力状态 $\boldsymbol{\sigma}_{ij}^0$($A$ 点)，假设这个应力点在屈服面上或面内(即处于弹性状态)；从 A 点出发，一个外力沿着路径 $A \rightarrow B$ 加载，A 点在屈服面内，点 B 刚好在屈服面 $f(\boldsymbol{\sigma}_{ij}, \xi^p)=0$ 上，因为刚好处于加载面上，所以材料开始塑性变形；继续加载，这个应力继续向外移动，引起屈服面扩展，应力为 $\boldsymbol{\sigma}_{ij}+\mathrm{d}\boldsymbol{\sigma}_{ij}$，到达加载面 $f(\boldsymbol{\sigma}_{ij}+\mathrm{d}\boldsymbol{\sigma}_{ij}, \xi^p+\mathrm{d}\xi^p)=0$ 上的 C 点，这期间产生塑性应变 $\mathrm{d}\boldsymbol{\varepsilon}_{ij}^p$；然后撤去外力，应力状态沿着弹性路径 $C \rightarrow D \rightarrow A$ 回到 $\boldsymbol{\sigma}_{ij}^0$。如果以 $\boldsymbol{\sigma}_{ij}$ 表示应力循环过程中任一时刻的瞬时应力状态，那么，$\boldsymbol{\sigma}_{ij}-\boldsymbol{\sigma}_{ij}^0$ 称为附加应力，德鲁克公设认为在这一应力循环中，附加应力所作的功为非负，即

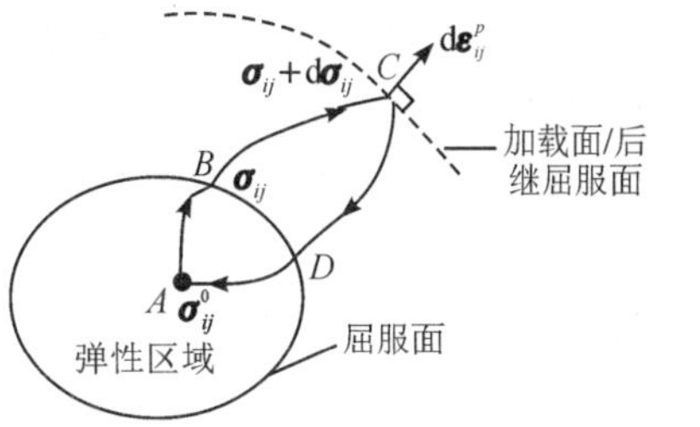

图 2-27　复杂应力状态下的一个应力循环

$$\oint(\boldsymbol{\sigma}_{ij}-\boldsymbol{\sigma}_{ij}^0)\,\mathrm{d}\boldsymbol{\varepsilon}_{ij}=\oint(\boldsymbol{\sigma}_{ij}-\boldsymbol{\sigma}_{ij}^0)\,(\mathrm{d}\boldsymbol{\varepsilon}_{ij}^e+\mathrm{d}\boldsymbol{\varepsilon}_{ij}^p)\geqslant 0 \tag{2-110}$$

因为弹性变形是全部可逆的，与从 $A \rightarrow B \rightarrow C \rightarrow D \rightarrow A$ 的路径无关，所以应力在这个闭合应力循环过程之后，弹性变形作的功为零。在加载循环过程之后只有塑性功作为外力所作的净功保留下来了，考虑到路径 BC 是任意的，所以可以得到稳定循环条件的数学表达式为

$$\oint(\boldsymbol{\sigma}_{ij}-\boldsymbol{\sigma}_{ij}^0)\,\mathrm{d}\boldsymbol{\varepsilon}_{ij}^p\geqslant 0 \tag{2-111}$$

在整个应力循环中，只有应力达到 $\boldsymbol{\sigma}_{ij}+\mathrm{d}\boldsymbol{\sigma}_{ij}$ 时才会产生 $\mathrm{d}\boldsymbol{\varepsilon}_{ij}^p$，在循环的其他部分不产生塑性变形，所以式(2-111)也可写成

$$\oint(\boldsymbol{\sigma}_{ij}+\mathrm{d}\boldsymbol{\sigma}_{ij}-\boldsymbol{\sigma}_{ij}^{0})\,\mathrm{d}\boldsymbol{\varepsilon}_{ij}^{p}\geqslant 0 \tag{2-112}$$

从式(2－112)不难看出，当 A 点位于屈服面内时，$\boldsymbol{\sigma}_{ij}\neq\boldsymbol{\sigma}_{ij}^{0}$，略去高阶微小量 $\mathrm{d}\boldsymbol{\sigma}_{ij}$，则有

$$\boldsymbol{\sigma}_{ij}\,\mathrm{d}\boldsymbol{\varepsilon}_{ij}^{p}\geqslant\boldsymbol{\sigma}_{ij}^{0}\,\mathrm{d}\boldsymbol{\varepsilon}_{ij}^{p} \tag{2-113}$$

这就是最大塑性功原理，即实际应力所做的塑性功总是大于或等于其经历可能应力所做的塑性功。这表明在所有符合屈服条件的应力状态中，与该塑性应变增量服从增量理论关系的应力状态所耗塑性功最大。可见德鲁克公设与最大塑性功原理是等价的。当 A 点位于屈服面上，$\boldsymbol{\sigma}_{ij}=\boldsymbol{\sigma}_{ij}^{0}$，则有

$$\mathrm{d}\boldsymbol{\sigma}_{ij}\,\mathrm{d}\boldsymbol{\varepsilon}_{ij}^{p}\geqslant 0 \tag{2-114}$$

从而我们可以得到如下两个重要结论。

(1) 屈服面的外凸性：如图 2－28 所示，以矢量 $\overrightarrow{OA}$ 表示初始应力 $\boldsymbol{\sigma}_{ij}^{0}$，矢量 $\overrightarrow{OB}$ 表示应力 $\boldsymbol{\sigma}_{ij}$，矢量 $\overrightarrow{\mathrm{d}\boldsymbol{\varepsilon}^{p}}$ 表示塑性应变；由式(2－111) $\oint(\boldsymbol{\sigma}_{ij}-\boldsymbol{\sigma}_{ij}^{0})\,\mathrm{d}\boldsymbol{\varepsilon}_{ij}^{p}\geqslant 0$ 可知 $\overrightarrow{AB}\cdot\mathrm{d}\boldsymbol{\varepsilon}^{p}\geqslant 0$，即 $\overrightarrow{AB}$ 与 $\mathrm{d}\boldsymbol{\varepsilon}_{ij}^{p}$ 之间的夹角为锐角，也就是点 A 必须始终位于屈服面的一侧，这就意味着加载面是外凸的。

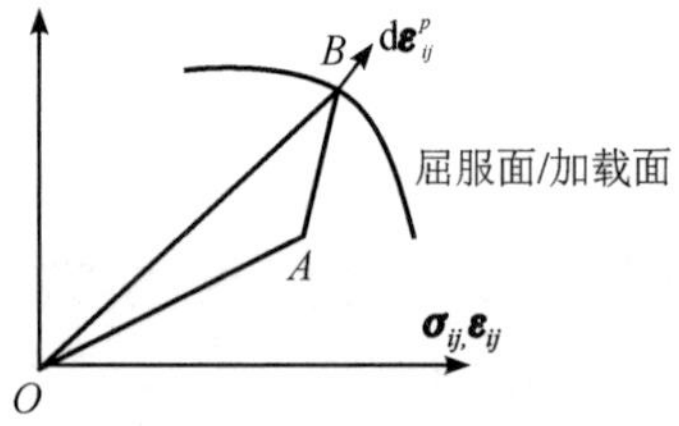

图 2－28 屈服面的外凸性

(2) 正交流动法则：塑性应变增量方向与屈服面的法向平行。如图 2－29 所示，若加载面在 B 点的外法线方向为 $\boldsymbol{n}$，则塑性应变增量 $\mathrm{d}\boldsymbol{\varepsilon}_{ij}^{p}$ 必须沿着外法线方向 $\boldsymbol{n}$，即 $\mathrm{d}\boldsymbol{\varepsilon}^{p}$ 与 $\boldsymbol{n}$ 方向重合，否则的话总可以找到一个 A 点使 $\overrightarrow{AB}\cdot\mathrm{d}\boldsymbol{\varepsilon}^{p}<0$，即式(2－111)不成立。由于 $\boldsymbol{n}_{ij}=\dfrac{\partial f}{\partial\boldsymbol{\sigma}_{ij}}$ 故有

$$\mathrm{d}\boldsymbol{\varepsilon}_{ij}^{p}=\mathrm{d}\lambda\,\frac{\partial f(\boldsymbol{\sigma}_{ij},\,\xi^{p})}{\partial\boldsymbol{\sigma}_{ij}} \tag{2-115}$$

这就是塑性应变增量的正交流动法则，其中 $\mathrm{d}\lambda$ 为比例因子。

也正因为塑性应变增量方向 $\mathrm{d}\boldsymbol{\varepsilon}_{ij}^{p}$ 与屈服面的法向 $\boldsymbol{n}$ 一致，所以从 $\overrightarrow{AB}\cdot\mathrm{d}\varepsilon^{p}\geqslant 0$ 我们可以得出 $\mathrm{d}\boldsymbol{\sigma}\cdot\boldsymbol{n}\geqslant 0$，即

$$\frac{\partial f}{\partial\boldsymbol{\sigma}_{ij}}\mathrm{d}\boldsymbol{\sigma}_{ij}\geqslant 0 \tag{2-116}$$

这就说明如果有塑性应变增量的话，应力增量必然指向加载面外部(如图 2－30 所示)，也就是说，只有应力增量指向加载面外部时才能产生塑性变形。

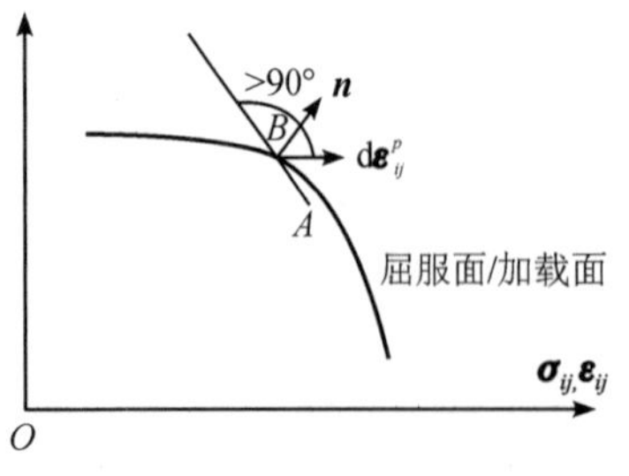

图 2－29 正交流动法则

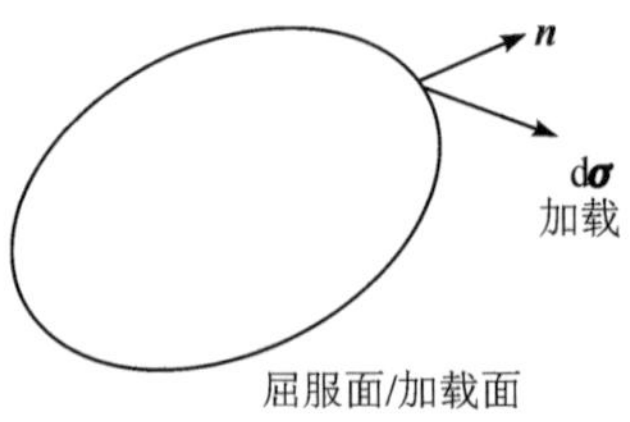

图 2－30 加载时的应力增量

2）加载、卸载判断

我们知道，单元体处于塑性变形状态时，称为加载；当单元体从塑性状态回到弹性状态时我们称为卸载。这两个状态就是加载、卸载的判断准则。

（1）理想塑性材料的加载、卸载准则：由于理想塑性材料是无强化的，它的后继屈服条件和初始屈服条件是一致的，后继屈服面和初始屈服面重合。当应力点达到屈服时，只能沿着屈服面。由于屈服面是唯一的，则它与加载历史无关，所以屈服函数表示为 $f(\boldsymbol{\sigma}_{ij})=0$。在载荷改变的过程中，应力点如果保持在屈服面上，则 $\mathrm{d}f(\boldsymbol{\sigma}_{ij})=0$，此时塑性变形可以任意增长，就称为加载；当应力点从屈服面移动到屈服面内，则 $\mathrm{d}f(\boldsymbol{\sigma}_{ij})<0$，表示状态从塑性退回到弹性，此时不产生新的塑性变形，称为卸载。

所以理想塑性材料的加载和卸载准则用数学形式可表示为

弹性状态：

$$f(\boldsymbol{\sigma}_{ij})<0 \tag{2-117}$$

加载：

$$f(\boldsymbol{\sigma}_{ij})=0,\ \mathrm{d}f=f(\boldsymbol{\sigma}_{ij}+\mathrm{d}\boldsymbol{\sigma}_{ij})-f(\boldsymbol{\sigma}_{ij})=\frac{\partial f}{\partial\boldsymbol{\sigma}_{ij}}\mathrm{d}\boldsymbol{\sigma}_{ij}=0 \tag{2-118}$$

卸载：

$$f(\boldsymbol{\sigma}_{ij})=0,\ \mathrm{d}f=f(\boldsymbol{\sigma}_{ij}+\mathrm{d}\boldsymbol{\sigma}_{ij})-f(\boldsymbol{\sigma}_{ij})=\frac{\partial f}{\partial\boldsymbol{\sigma}_{ij}}\mathrm{d}\boldsymbol{\sigma}_{ij}<0 \tag{2-119}$$

为了使加载和卸载的概念更为直观，可以用如图 2-31 所示的几何关系来说明。对于加载，$f(\boldsymbol{\sigma}_{ij})=0$，$\boldsymbol{n}\cdot\mathrm{d}\boldsymbol{\sigma}=0$ 表示两矢量正交，亦即应力增量沿屈服面切向变化；对于卸载，$f(\boldsymbol{\sigma}_{ij})=0$，$\boldsymbol{n}\cdot\mathrm{d}\boldsymbol{\sigma}<0$ 表示两矢量的夹角大于 90°，亦即分处于屈服面的两侧，即应力增量指向屈服面内。由于屈服面不能扩大，所以应力增量不可能指向屈服面外。当然，这里的讨论是认为屈服面是正则的，即屈服面处处是光滑的。如果屈服面是非正则的，那么考虑其是由分段光滑面构成的。比如屈雷斯加条件的屈服面，只要应力点保持在屈服面上就是加载，返回到屈服面内就是卸载。

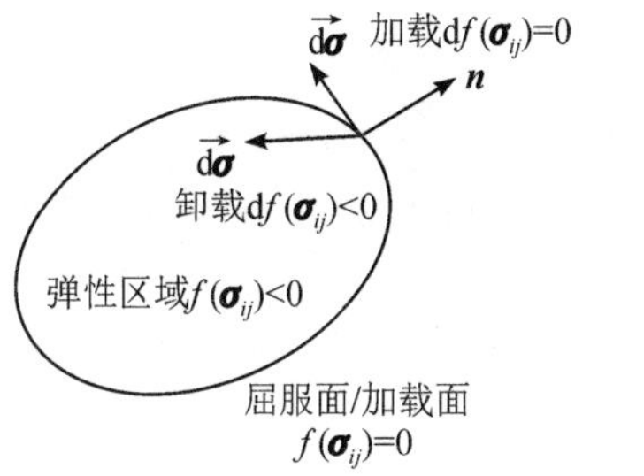

图 2-31　理想塑性材料的加载、卸载

（2）强化材料的加载、卸载准则：对于强化材料，后继屈服面和初始屈服面是不同的，它是随塑性变形的大小和历史的发展而不断变化的，后继屈服函数可表示为 $f(\boldsymbol{\sigma}_{ij},\xi^{p})=0$，加载面在应力空间中可以不断向外扩张或移动，因此应力增量向量可以指向加载面外。

如果应力变化能使应力点从此瞬时状态所处的后继屈服面向内移，则变化的结果使材料从一个塑性状态退回到一个弹性状态，即为卸载过程，不会产生新的塑性变形，所以参数 ξ^{p} 不变，即 $\mathrm{d}\xi^{p}=0$，由此得到卸载准则为

$$f(\boldsymbol{\sigma}_{ij},\xi^{p})=0,\ \frac{\partial f}{\partial\boldsymbol{\sigma}_{ij}}\mathrm{d}\boldsymbol{\sigma}_{ij}<0,\ \mathrm{d}\boldsymbol{\sigma}\cdot\boldsymbol{n}<0 \tag{2-120}$$

用如图 2－32 所示的几何关系来说明：$d\boldsymbol{\sigma}$ 和 $\boldsymbol{n}$ 分别处于屈服面的两侧，即 $d\boldsymbol{\sigma}$ 指向屈服面内。

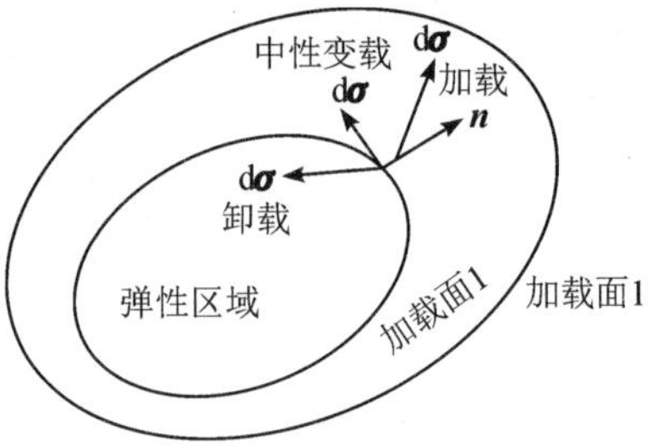

图 2－32　强化塑性材料的加载、卸载

如果应力变化使应力点沿后继屈服面变化，实验证明此过程也不产生新的塑性变形，所以参数 ξ^p 也不变，即 $d\xi^p=0$，其称为中性变载，则

$$f(\boldsymbol{\sigma}_{ij},\xi^p)=0,\ \frac{\partial f}{\partial \boldsymbol{\sigma}_{ij}}d\boldsymbol{\sigma}_{ij}=0,\ d\boldsymbol{\sigma}\cdot\boldsymbol{n}=0 \tag{2-121}$$

这里的矢量关系说明矢量 $d\boldsymbol{\sigma}$ 和 $\boldsymbol{n}$ 正交，表示中性变载时应力点沿屈服面切向变化。

如果应力和参数 ξ^p 都变化，使材料从一个塑性状态过渡到另一个塑性状态，应力点从原来的后继屈服面外移到相邻的另一个后继屈服面时即为加载，此时加载准则表示为

$$f(\boldsymbol{\sigma}_{ij},\xi^p)=0,\ df(\boldsymbol{\sigma}_{ij},\xi^p)=0,\ \frac{\partial f}{\partial \boldsymbol{\sigma}_{ij}}d\boldsymbol{\sigma}_{ij}>0,\ d\boldsymbol{\sigma}\cdot\boldsymbol{n}>0 \tag{2-122}$$

两矢量的点积大于零，表示两者的夹角小于 90°，即 $d\boldsymbol{\sigma}$ 是指向屈服面外侧的。

如果屈服面不是正则的，而是由几个正则面构成的，则上述加载和卸载准则的几何意义也同样成立。

所以就强化材料而言，当应力状态在当前加载面上时，再施加应力增量，会可能产生三种情况：

① 加载：应力增量指向加载面外时，推动加载面变化，产生新的塑性变形（同时会产生弹性变形）。

② 中性变载：应力增量沿着加载面，即与加载面相切时，不产生新的塑性变形，而是会产生弹性变形。

③ 卸载：应力增量指向加载面内时，变形从塑性状态回到弹性状态，只产生弹性变形。

假设一点的应力状态为 $\boldsymbol{\sigma}_{ij}^0=\begin{bmatrix}400&0&0\\0&200&0\\0&0&200\end{bmatrix}$ MPa，当它变为 $\boldsymbol{\sigma}_{ij}^1=\begin{bmatrix}400&0&0\\0&300&0\\0&0&300\end{bmatrix}$ MPa 或变为 $\boldsymbol{\sigma}_{ij}^2=\begin{bmatrix}300&0&0\\0&100&0\\0&0&0\end{bmatrix}$ MPa 时，那这个过程是加载还是卸载呢？

首先，以屈雷斯加屈服准则，即最大剪应力 $\tau_{\max}$ 作为判据，有各个应力状态下的最大剪应力为

$$\tau_{\max}^0=\frac{\sigma_1-\sigma_3}{2}=100\ \text{MPa},\ \tau_{\max}^1=\frac{\sigma_1-\sigma_3}{2}=50\ \text{MPa},\ \tau_{\max}^2=\frac{\sigma_1-\sigma_3}{2}=150\ \text{MPa}$$

故有：从应力状态 $\boldsymbol{\sigma}_{ij}^0$ 到应力状态 $\boldsymbol{\sigma}_{ij}^1$ 为卸载，从应力状态 $\boldsymbol{\sigma}_{ij}^1$ 到应力状态 $\boldsymbol{\sigma}_{ij}^2$ 为加载。

接下来再以米塞斯屈服准则为判据，其屈服条件为 $f=(\sigma_1-\sigma_2)^2+(\sigma_2-\sigma_3)^2+(\sigma_1-\sigma_3)^2-C^2=0$，$d\boldsymbol{\sigma}\cdot\boldsymbol{n}>0$，$\boldsymbol{n}\boldsymbol{\sigma}_{ij}=\frac{\partial f}{\partial \boldsymbol{\sigma}_{ij}}$，则 $\frac{\partial f}{\partial \boldsymbol{\sigma}_{ij}}d\boldsymbol{\sigma}\boldsymbol{\sigma}_{ij}=2[(2\sigma_1-\sigma_2-\sigma_3)d\sigma_1+$

$(2\sigma_2-\sigma_1-\sigma_3)\mathrm{d}\sigma_2+(2\sigma_3-\sigma_2-\sigma_1)\mathrm{d}\sigma_3]>0$。

故有：从应力状态 $\boldsymbol{\sigma}_{ij}^0$ 到应力状态 $\boldsymbol{\sigma}_{ij}^1$ 时，$\dfrac{\partial f}{\partial \boldsymbol{\sigma}_{ij}}\mathrm{d}\boldsymbol{\sigma}_{ij}=-8\times10^4$ MPa 为卸载；而从应力状态 $\boldsymbol{\sigma}_{ij}^1$ 到应力状态 $\boldsymbol{\sigma}_{ij}^2$ 时，$\dfrac{\partial f}{\partial \boldsymbol{\sigma}_{ij}}\mathrm{d}\boldsymbol{\sigma}_{ij}=4\times10^4$ MPa 为加载。

2.3.2 应力-应变关系(本构关系)

前面讨论了复杂应力状态下材料的屈服准则。在此基础上，本节将结合米塞斯屈服准则和强化模型来介绍材料弹塑性状态下的本构关系，并进一步确定当前的应力状态和塑性变量的发展变化规律。由于本章主要是针对小变形的弹塑性问题，所以其基本假设是弹塑性部分是可以相加分解的；与有限变形弹塑性相比，这种假设使得问题分析大为简化。基于这个假设，总应变及其总应变增量可以相加分解为弹性部分和塑性部分。与简单应力状态弹塑性分析一样，在已知应变及应变增量条件下，需要确定其中多少是弹性的或塑性的，因此，这里主要的目标是在给定了总应变或应变增量的情况下，找到一个弹性或塑性应变。弹性应变在材料中产生应力，而塑性应变与应力无关，但在应变强化模型中，塑性应变会影响屈服面。

1. 弹性本构关系

尽管在确定材料的塑性行为之前，应变的弹性部分通常是未知的，但是我们可以认为弹塑性模型的弹性部分与线弹性材料相同，也就是应力和弹性应变之间是线性关系。我们知道在完全弹性和各向同性的情况下，材料弹性本构关系服从广义上的胡克定律，在直角坐标系下可表示为

$$\varepsilon_x=\frac{1}{E}[\sigma_x-\mu(\sigma_x+\sigma_z)] \tag{2-123a}$$

$$\varepsilon_y=\frac{1}{E}[\sigma_y-\mu(\sigma_z+\sigma_x)] \tag{2-123b}$$

$$\varepsilon_z=\frac{1}{E}[\sigma_z-\mu(\sigma_x+\sigma_y)] \tag{2-123c}$$

$$\gamma_{yz}=\frac{1}{G}\tau_{yz} \tag{2-123d}$$

$$\gamma_{zx}=\frac{1}{G}\tau_{zx} \tag{2-123e}$$

$$\gamma_{xy}=\frac{1}{G}\tau_{xy} \tag{2-123f}$$

其中：E 为拉压弹性模量；$G=\dfrac{E}{2(1+\mu)}$为剪切弹性模量；μ 为侧向收缩系数，又称泊松比。

引入静水应力或平均应力 $\sigma_m=\dfrac{1}{3}(\sigma_x+\sigma_y+\sigma_z)$，式(2-123)的前三项可写为

$$\varepsilon_x=\frac{\sigma_x}{2G}-\frac{3\mu}{E}\sigma_m \tag{2-124a}$$

$$\varepsilon_y=\frac{\sigma_y}{2G}-\frac{3\mu}{E}\sigma_m \tag{2-124b}$$

$$\varepsilon_z = \frac{\sigma_z}{2G} - \frac{3\mu}{E}\sigma_m \tag{2-124c}$$

用张量可表示为

$$\boldsymbol{\varepsilon}_{ij} = \frac{\boldsymbol{\sigma}_{ij}}{2G} - \frac{3\mu}{E}\sigma_m \boldsymbol{\delta}_{ij} \tag{2-125}$$

应力球张量与应变球张量之间的关系为

$$\boldsymbol{\varepsilon}_{ii} = \frac{1-2\mu}{E}\boldsymbol{\sigma}_{ii} \tag{2-126}$$

或写成平均应力与平均应变之间的关系

$$\sigma_m = 3K\varepsilon_m,\ K = \frac{E}{[3(1-2\mu)]} \tag{2-127}$$

由式(2-124)不难推出

$$\frac{\sigma_x - \sigma_y}{\varepsilon_x - \varepsilon_y} = \frac{\sigma_x - \sigma_z}{\varepsilon_x - \varepsilon_z} = \frac{\sigma_z - \sigma_y}{\varepsilon_z - \varepsilon_y} = 2G \tag{2-128}$$

用主应力与主应变表示

$$\frac{\sigma_1 - \sigma_2}{\varepsilon_1 - \varepsilon_2} = \frac{\sigma_1 - \sigma_3}{\varepsilon_1 - \varepsilon_3} = \frac{\sigma_2 - \sigma_3}{\varepsilon_2 - \varepsilon_3} = 2G$$

可见，弹性变形过程中应力莫尔圆与应变莫尔圆重合，应力主轴与应变主轴重合。

我们知道，材料的塑性或形状改变只是由应力偏量引起的，屈服函数可以仅用偏应力来定义，体积应力(静水压力)与塑性变形无关，所以弹性本构关系可以用应力球张量 $\boldsymbol{\sigma}_{ii}$ 和应力偏张量 $\boldsymbol{s}_{ij}$ 表示为

$$\boldsymbol{e}_{ij} = \frac{1}{2G}\boldsymbol{s}_{ij},\ \boldsymbol{\varepsilon}_{ii} = \frac{1-2\mu}{E}\boldsymbol{\sigma}_{ii} \tag{2-129}$$

显然，弹性变形过程中应力偏量分量和应变偏量成正比，两者主轴一致。

用等效剪应力和等效剪应变可表示为

$$T = G\Gamma \tag{2-130}$$

其中，等效剪应力 $T=\sqrt{\frac{1}{2}\boldsymbol{s}_{ij}\boldsymbol{s}_{ij}}$，而等效剪应变 $\Gamma=\sqrt{2\boldsymbol{e}_{ij}\boldsymbol{e}_{ij}}$。

而用等效应力和等效应变可表示为

$$\bar{\sigma} = 3G\bar{\varepsilon} \tag{2-131}$$

其中，等效应力 $\bar{\sigma}=\sqrt{\frac{3}{2}\boldsymbol{s}_{ij}\boldsymbol{s}_{ij}}$，而等效应变 $\bar{\varepsilon}=\sqrt{\frac{2}{3}\boldsymbol{e}_{ij}\boldsymbol{e}_{ij}}$。

从而弹性本构关系为

$$\boldsymbol{s}_{ij} = \frac{2T}{\Gamma}\boldsymbol{e}_{ij} = \frac{\bar{\sigma}}{(1+\mu)\bar{\varepsilon}}\boldsymbol{e}_{ii} \tag{2-132}$$

当应力从加载面上卸载时，也服从胡克定律，但不能写成全量关系，只能写成增量形式，且应力-应变增量间应满足以下关系

$$\mathrm{d}\boldsymbol{s}_{ij} = 2G\,\mathrm{d}\boldsymbol{e}_{ij},\ \mathrm{d}\sigma_m = 3K\,\mathrm{d}\varepsilon_m \tag{2-133}$$

值得一提的是，在弹性变形中应力主轴与应变主轴是重合的，即平均应力与平均变形(或称体积变形)成比例；应力偏量分量与应变偏量分量成比例；等效应力与等效应变成比例。

弹性应变比能(单位体积内的弹性应变能)可表示为

$$w_e=\frac{1}{2}\boldsymbol{\sigma}_{ij}\boldsymbol{\varepsilon}_{ij}=\frac{1}{2}(\boldsymbol{s}_{ij}+\sigma_m\boldsymbol{\delta}_{ij})(\boldsymbol{e}_{ij}+\varepsilon_m\boldsymbol{\delta}_{ij})=\frac{3}{2}\sigma_m\varepsilon_m+\frac{1}{2}\boldsymbol{s}_{ij}\boldsymbol{e}_{ij} \tag{2-134}$$

从式(2-135)中可以看出，弹性应变比能由两部分组成，即体积变形比能和形状改变弹性比能，而形状改变弹性比能可表示为

$$w_{e2}=\frac{1}{2}T\Gamma=\frac{1}{2G}\Theta'_2=\frac{G}{2}\Gamma^2=\frac{1}{2}\bar{\sigma}\bar{\varepsilon}=\frac{1}{4(1+\mu)G}\bar{\sigma}^2=(1+\mu)G\bar{\varepsilon}^2 \tag{2-135}$$

由此不难看出，米塞斯屈服条件也可以称为最大弹性形变能条件。

2. 强化模型

对于简单应力状态(单向拉伸)来说，强化指的是塑性变形后屈服应力提高的现象。而对于复杂应力状态，塑性变形之后，不仅屈服应力会提高，主应力空间中的屈服面也会发生变化。

在简单应力状态的弹塑性分析中，我们讨论了两种不同的应变强化模型：等向强化和随动强化。等向强化模型的弹性范围因塑性变形而不断增大，而随动强化模型的弹性范围保持不变，但与应变强化曲线平行移动。这些应变强化模型的定义可以推广到复杂应力状态的弹塑性分析中。与简单应力状态情形类似，常用的强化模型可根据强化后屈服面的不同分为等向强化模型，随动强化模型，组合强化模型。三维屈服面在 π 平面上的投影如图 2-33 所示。在等向强化模型中，屈服轨迹的中心位置是固定的，且屈服面与中心位置的距离均匀增大，即 σ_s 增大。对于随动强化模型，屈服面与中心位置的距离是固定的，但屈服轨迹的中心在应力空间中的位置是移动的。而对于组合强化模型，不仅屈服面与中心位置的距离是增大的，而且屈服轨迹的中心在应力空间中的位置也是移动的。

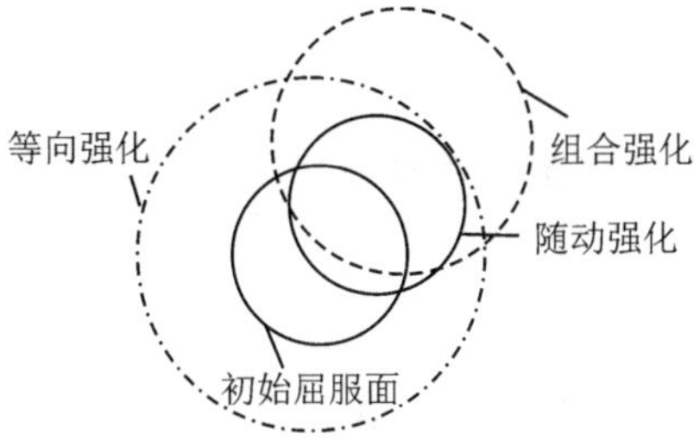

图 2-33　强化模型

1) 等向强化模型

此模型中材料进入塑性后，加载面在应力空间的各个方向均匀地向外扩展，但其形状、中心、方位均保持不变。等向强化模型对应的后继屈服面与初始屈服面形状相似，中心位置不变。由于等向强化模型中后继屈服应力是加载历史中屈服应力的最大值，因此屈服面只能扩大，不能缩小。

后继屈服条件为

$$f(\boldsymbol{\sigma}_{ij},\ \xi^p)=f(\boldsymbol{\sigma}_{ij})-\sigma_s^*(\xi^p)=0 \tag{2-136}$$

其中，$\sigma_s^*(\xi^p)$ 为塑性变形以后的屈服应力(即后继屈服应力，它是内变量 ξ^p 的函数。ξ^p 可取为塑性比功(塑性功增量)的函数，即

$$\sigma_s^*(\xi^p)=\sigma_s^*(W^p),\ W^p=\int \mathrm{d}W^p=\int \boldsymbol{\sigma}_{ij}\mathrm{d}\boldsymbol{\varepsilon}_{ij}^p \tag{2-137}$$

从函数性质上看，σ_s^* 是单调递增函数，它是此前加载历史中所达到的最大值。

米塞斯屈服条件对应的等向强化模型为

$$f(\boldsymbol{\sigma}_{ij},\xi^p)=\bar{\sigma}_M-\sigma_s^*(\bar{\varepsilon}^p)=0 \tag{2-138}$$

其中，$\bar{\sigma}_M$ 为米塞斯等效应力；后继屈服应力取 σ_s^* 加载历史中屈服应力的最大值，它是等效塑性应变 $\bar{\varepsilon}^p$ 的函数，等效塑性应变 $\bar{\varepsilon}^p$ 与塑性应变增量的关系如下：

$$\bar{\varepsilon}^p=\int \mathrm{d}\bar{\varepsilon}^p=\int\left(\frac{2}{3}\mathrm{d}\boldsymbol{\varepsilon}_{ij}^p\mathrm{d}\boldsymbol{\varepsilon}_{ij}^p\right)^{\frac{1}{2}} \tag{2-139}$$

在简单加载情形下，屈服应力 σ_s^* 与等效塑性应变 $\bar{\varepsilon}^p$ 之间的关系可以从单向拉伸时的应力-应变关系曲线中得到。

在单向拉伸时的应力-应变关系曲线中，三个方向的塑性主应变为

$$\varepsilon_1^p=\varepsilon^p,\ \varepsilon_2^p=\varepsilon_3^p=-\frac{1}{2}\varepsilon^p \tag{2-140}$$

其中，ε^p 为单向拉伸方向的塑性应变，由此可得到等效塑性应变为

$$\bar{\varepsilon}^p=\sqrt{\frac{4}{3}\Theta_2'}=\sqrt{\frac{2}{9}\left[(\varepsilon_1^p-\varepsilon_2^p)^2+(\varepsilon_2^p-\varepsilon_3^p)^2+(\varepsilon_1^p-\varepsilon_3^p)^2\right]}=\varepsilon^p \tag{2-141}$$

所以，在简单加载情形下，单向拉伸时的等效塑性应变可看成与总的塑性应变相等，则 σ_s^* 与 ε^p 关系曲线即为 σ_s^* 与 $\bar{\varepsilon}^p$ 关系曲线。

对于线性各向同性强化模型，屈服应力随着有效塑性应变的增大而增大，可表示为

$$\sigma_s^*=\sigma_s+H\bar{\varepsilon}^p \tag{2-142}$$

式中，塑性模量 H 是由单轴应力-应变关系得到的，即 $H=\dfrac{\Delta\bar{\sigma}}{\Delta\bar{\varepsilon}^p}$。上述塑性模量也适用于一般的非线性强化，只不过在非线性强化模型情况下，H 为给定的总塑性应变处的应力-塑性应变曲线斜率。在线性强化情况下，H 将是一个常数。

2）随动强化模型

在随动强化过程中，材料进入塑性后，其后继屈服面在应力空间中发生移动，但其形状、大小均保持不变（见图 2-33），因此，后继屈服条件可表示为

$$f(\boldsymbol{\sigma}_{ij},\xi^p)=f(\boldsymbol{\sigma}_{ij}-\boldsymbol{\sigma}_{ij}^{B}(\xi^p))=0 \tag{2-143}$$

其中，f 为屈服函数，$\boldsymbol{\sigma}_{ij}^{B}$ 为后继屈服曲面的中心在应力空间中的位置，称为背应力，它是加载历史 ξ^p 的函数，该函数可通过单向拉伸实验确定。定义主动应力 $\boldsymbol{\sigma}_{ij}^{sh}=\boldsymbol{\sigma}_{ij}-\boldsymbol{\sigma}_{ij}^{B}$，而从屈服面到屈服面中心的距离则可通过其范数 $\|\boldsymbol{\sigma}_{ij}^{sh}\|$ 来表示。

使用米塞斯屈服条件时，考虑到应力球张量对塑性无影响，故使用应力偏量来表示初始屈服条件

$$\sqrt{\frac{3}{2}\boldsymbol{s}_{ij}\boldsymbol{s}_{ij}}-\sigma_s=0 \tag{2-144}$$

在随动强化过程中，$\boldsymbol{\sigma}_s$ 为初始屈服应力，并保持不变。用屈服面与屈服中心的距离表示的屈服条件为

$$\|\boldsymbol{s}\|=\sqrt{\frac{2}{3}}\sigma_{\mathrm{s}} \tag{2-145}$$

其中，$\|s\|=\sqrt{\boldsymbol{s}_{ij}\boldsymbol{s}_{ij}}$。

为了定义后续屈服面的方程，先定义背应力 $\boldsymbol{\sigma}_{ij}^{\mathrm{B}}$ 对应的偏量为 $\boldsymbol{\alpha}_{ij}$，从屈服面到屈服面中心的距离通过偏量可表示为

$$\|\boldsymbol{\eta}_{ij}\|=\|\boldsymbol{s}_{ij}-\boldsymbol{\alpha}_{ij}\|$$

则随动强化后继屈服条件为

$$\|\boldsymbol{\eta}_{ij}\|=\sqrt{\frac{2}{3}}\sigma_{\mathrm{s}} \tag{2-146}$$

根据 Ziegler 强化法则，背应力与主动应力呈平行方向增加，则每次载荷增量下背应力 $\boldsymbol{\alpha}_{ij}$ 的增量为

$$\Delta\boldsymbol{\alpha}=\sqrt{\frac{2}{3}}H\Delta\bar{e}^{p}\frac{\boldsymbol{\eta}}{\|\boldsymbol{\eta}\|} \tag{2-147}$$

其中 $\Delta\bar{e}^{\mathrm{p}}$ 为等效塑性应变偏量增量，它对背应力如何在应力空间的移动起着重要的作用。

3）组合强化模型

将等向强化模型和随动强化模型结合。组合强化模型使用参数 β 考虑这种组合效应，得到更一般的组合强化模型，其后继屈服函数为

$$f(\boldsymbol{\sigma}_{ij},\xi^{p},\beta)=f(\boldsymbol{\sigma}_{ij}-\boldsymbol{\sigma}_{ij}^{\mathrm{B}}(\xi^{p},\beta))-\sigma_{\mathrm{s}}^{*}(\xi^{p},\beta)=0 \tag{2-148}$$

其中，屈服面中心 $\boldsymbol{\sigma}_{ij}^{\mathrm{B}}$ 和屈服应力 σ_{s}^{*} 都随塑性加载历史而变化。

使用米塞斯屈服条件，考虑到应力球张量对塑性无影响，定义背应力 $\boldsymbol{\sigma}_{ij}^{B}$ 对应的偏量为 $\boldsymbol{\alpha}_{ij}$，使用应力偏量表示屈服条件

$$\|\boldsymbol{\eta}_{ij}\|=\sqrt{\frac{2}{3}}(\sigma_{\mathrm{s}}+(1-\beta)H\bar{\varepsilon}^{p}),\ \|\boldsymbol{\eta}_{ij}\|=\|\boldsymbol{s}_{ij}-\boldsymbol{\alpha}_{ij}\| \tag{2-149}$$

则每次载荷增量下背应力的增量为

$$\Delta\boldsymbol{\alpha}_{ij}=\sqrt{\frac{2}{3}}\beta H\Delta\bar{e}^{p}\frac{\boldsymbol{\eta}}{\|\boldsymbol{\eta}\|} \tag{2-150}$$

其中，$\beta\in[0,1]$表示等向强化所占的比例。$\beta=0$ 时为等向强化，$\beta=1$ 时为随动强化。

需要注意的是不同材料，不同加载历史，需要选用合适的强化模型。理论模型和实际总是有一定差异的，有的实验结果显示接近随动强化模型，有的则在加载点附近加载的面曲率有显著增大，出现尖点，加载面较不规则。一般来说，加载历史越复杂，后继屈服面就越不规则，则需要结合实验来选用强化模型。

下面以单轴承受轴向简单加载（即比例加载）为例，考虑使用三种不同的强化模型，即等向强化、随动强化，以及组合强化（$\beta=0$）来计算当材料等效塑性应变为 $\bar{\varepsilon}^{p}=0.1$ 时的轴向应力 σ。假设初始屈服应力为 400 MPa，塑性模量 $H=200$ MPa。

由于材料受单轴拉伸，故 $\boldsymbol{\sigma}=\begin{bmatrix}\sigma & 0 & 0\\0 & 0 & 0\\0 & 0 & 0\end{bmatrix}$，对应的偏量应力 $\boldsymbol{s}=\begin{bmatrix}\frac{2}{3}\sigma & 0 & 0\\0 & -\frac{1}{3}\sigma & 0\\0 & 0 & -\frac{1}{3}\sigma\end{bmatrix}$，

则应力偏量的范数$\|\boldsymbol{s}\|=\sqrt{\frac{2}{3}}\sigma$。

对于等向强化模型，由屈服条件$\|\boldsymbol{s}\|-\sqrt{\frac{2}{3}}(\sigma_s+H\bar{\varepsilon}^p)=0$，可求出$\sigma=420$ MPa。

对于随动强化模型，由屈服条件$\|\boldsymbol{s}-\boldsymbol{\alpha}\|-\sqrt{\frac{2}{3}}\sigma_s=0$，背应力增量与主动应力呈平行方向增加，且杆件加载为单轴加载，方向是固定的，所以背应力增量与偏量应力平行。并且由$\|\boldsymbol{s}\|-\sqrt{\frac{2}{3}}H\bar{\varepsilon}^p-\sqrt{\frac{2}{3}}\sigma_s=0$，可求出$\sigma=420$ MPa。

对于组合强化模型，由屈服条件$\|\boldsymbol{s}-\boldsymbol{\alpha}\|-\sqrt{\frac{2}{3}}(\sigma_s+(1-\beta)H\bar{\varepsilon}^p)=0$，而$\boldsymbol{\alpha}=\sqrt{\frac{2}{3}}\beta H\Delta\boldsymbol{\varepsilon}^p$计算出$\sigma=420$ MPa。

注意，三种不同的强化模型计算出的应力值相同，这是因为材料轴向承受比例加载，且加载方向和加载量相同。

3. 塑性本构关系

所谓塑性本构关系，就是从宏观上讨论变形固体在塑性状态下的应力-应变关系，其反映了材料进入塑性以后的力学特性。通常有两类塑性本构关系：全量理论(也叫形变理论)和增量理论(也叫流动理论)，其中全量理论是基于弹塑性小变形而建立的应力与应变全量间的关系，其在建立应力-应变关系时假定应力主方向与应变主方向重合，在整个加载过程中应力与应变的主方向保持不变。应力莫尔圆与应变莫尔圆相似，应力罗德参数和应变罗德参数相等，平均应力与平均应变成比例，应力偏量分量与应变偏量分量成比例。全量理论的本构方程在数学表达上比较简单，不能反映复杂的加载历史，在应用上有其局限性，其主要适用于小变形且简单加载的情形(所谓简单加载，也称比例加载，即加载过程中物体内任一点的应力分量均按比例增加)。

而弹塑性增量理论则是建立在塑性状态下塑性应变增量和应力及应力增量之间的随动关系，也称流动法则。塑性应力-应变关系的重要特点是非线性和非单一性。所谓非线性，是指应力-应变不是线性关系；所谓非单一性，是指应变不能由应力确定，应力与应变之间不再是一一对应的关系。鉴于此，描述塑性变形的方程式原则上是不能采用应力分量和应变分量的有限关系式的(就像在胡克定律的关系式中那样)，而必须是微分关系式。以微分形式表示的增量理论是经典塑性力学中应力-应变关系的最具普适性的形式，它不像全量理论形式的应力-应变关系只适用于简单加载的情况，而是既适用于简单加载又适用于复杂加载。因此增量理论在经典塑性力学中具有十分重要的意义和地位。

1) 塑性位势理论与流动法则

对于金属塑性，通常采用带有关联流动法则的米塞斯屈服准则来描述材料在弹性变形后的行为。流动法则决定了塑性应变ε^p的发展变化规律。在简单应力状态下，塑性应变是一个标量，其值只会增加。对于复杂应力状态，由于ε^p是一个张量，必须确定其大小和方向。在介绍之前，我们必须先讲述一下塑性位势理论。

借助于弹性位势理论的概念，参照弹性应变增量用弹性势函数对应力的微分表达式，米塞斯于 1928 年提出塑性位势理论，该理论假设经过应力空间的任何一点，必存在一个塑性位势等势面，可以用塑性位势函数来表示，即塑性应变增量可以用塑性位势函数对于应力的微分表达式来表示，其数学形式是

$$\mathrm{d}\boldsymbol{\varepsilon}_{ij}^{p}=\mathrm{d}\lambda\,\frac{\partial g}{\partial \boldsymbol{\sigma}_{ij}} \tag{2-151}$$

式中，g 是塑性势函数，它是应力 $\boldsymbol{\sigma}_{ij}$ 和内变量 ξ^{p} 的函数，$\mathrm{d}\lambda$ 是一非负的瞬时比例系数。一般来说，$\mathrm{d}\lambda=0$ 处没有塑性变形。这与塑性应变在简单应力状态下只会增加的事实是一致的。

可以看出，式(2－151)将塑性应变增量表示为塑性位势函数对应力的微分，它表明一点的塑性应变增量与通过该点的塑性势面之间存在着正交关系；在德鲁克(Drucker)公设提出来之前，人们并不了解塑性应变增量与屈服函数(加载面)之间关系。我们将式(2－151)与德鲁克公设表达式(2－115)进行比较，可以看出，对服从德鲁克公设的稳定材料，塑性势函数 g 就是屈服函数 f，即 $g=f$，这样就将屈服函数与塑性本构关系联系起来考虑，由此得到的塑性应力-应变关系称为与屈服函数(加载条件)相关联的流动法则，其计算式为

$$\mathrm{d}\boldsymbol{\varepsilon}_{ij}^{p}=\mathrm{d}\lambda\,\frac{\partial f(\boldsymbol{\sigma}_{ij},\,\xi^{p})}{\partial \boldsymbol{\sigma}_{ij}} \tag{2-152}$$

当然，如果 $g\neq f$，即屈服面与塑性应变增量不正交，则其相应的塑性应力-应变关系称为非关联流动法则，比如像岩土类的非稳定材料，其塑性本构关系一般认为服从非关联的流动法则。

2) 塑性本构关系(增量理论)

增量理论最初是由圣维南(St. Venant)于 1871 年提出来的，他认为在塑性应变时，应力主轴与应变增量主轴重合，而不是与全应变主轴重合，所以提出了塑性应变增量主轴和应力变量主轴重合的重要假设，为塑性理论的发展奠定了基础；同年，列维(Levy)进一步提出，在塑性变形过程中，塑性应变增量分量与对应的偏应力分量成比例；米塞斯提出了与列维(Levy)相同的塑性变形方程，形成了列维-米塞斯(levy-Mises)塑性增量理论的本构方程。所以，经典塑性增量理论实际上是被建立在不同的假设基础之上的。例如，列维-米塞斯理论和普朗特-罗伊斯(Prandtl-Reuss)理论是建立在“塑性应变增量的分量与相应的应力偏量的分量成比例”的假设基础之上的。如果忽略弹性变形不计，则可得到列维-米塞斯理论。在列维-米塞斯理论基础上，1924 年普朗特(Prandtl)考虑到金属屈服后应包括弹性应变部分，提出了平面变形问题的弹塑性增量方程，1930 年罗伊斯(Reuss)将这一理论推广到三维应力问题上，完善并建立了普朗特-罗伊斯(Prandtl-Reuss)塑性增量理论。

弹塑性增量理论的建立包括下述基本假设：

(1) 材料是不可压缩的。对金属材料而言，即使在高压状态下，根据弹性理论可知物体在平均正应力的作用下，所引起的变形只有弹性体积变形，不会引起塑性体积变形；但在应力偏量作用下，会使物体产生畸变，但体积不发生变形。物体的畸变又包括弹性变形和塑性变形两部分，也就是说塑性变形仅由应变偏量引起，同时认为塑性状态下体积变形等于零。

(2) 应变偏量与应力偏量成比例。由于应力罗德参数代表应力莫尔圆的相对位置，应变增量罗德参数代表应变增量莫尔圆的相对位置，因此应力罗德参数与应变增量罗德参数之间的关系可以通过大量实验确定。

① 刚塑性材料的增量本构关系(Levy-Mises 理论)：理想刚塑性材料也称圣维南-列维-米塞斯(St. Venant-Levy-Mises)材料，这种材料的特点是在弹塑性变形过程中，略去弹性变形且不考虑加工硬化和变形抗力对变形速度的敏感性后，假定材料不可压缩，则其应力-应变关系为一条水平直线，且只要等效应力达到一恒定值，材料便发生屈服，在材料的变形过程中，其屈服应力不发生变化。理想刚塑性材料是金属等材料本构关系的一种近似，按照这种本构关系，当应力未处于屈服面上时，应变为零；当应力处于屈服面上时，产生塑性流动。由于这个简化的本构关系能使计算大大简化，所以它在计算结构的极限承载能力(即结构极限分析)和判定安定性以及金属塑性成形的力学分析中得到了广泛的应用。

列维-米塞斯理论认为材料达到塑性区后，其总应变等于塑性应变，故有

$$\mathrm{d}\boldsymbol{\varepsilon}_{ij}=\mathrm{d}\boldsymbol{\varepsilon}_{ij}^{e}+\mathrm{d}\boldsymbol{\varepsilon}_{ij}^{p}=\mathrm{d}\boldsymbol{\varepsilon}_{ij}^{p} \tag{2-153}$$

由式(2-152)有

$$\mathrm{d}\boldsymbol{\varepsilon}_{ij}^{p}=\mathrm{d}\lambda\frac{\mathrm{d}f(\boldsymbol{\sigma}_{ij})}{\mathrm{d}\boldsymbol{\sigma}_{ij}} \tag{2-154}$$

采用米塞斯屈服函数

$$f(\boldsymbol{\sigma}_{ij})=\frac{1}{2}\boldsymbol{s}_{ij}\boldsymbol{s}_{ij}-\frac{1}{3}\boldsymbol{\sigma}_{s}^{2} \tag{2-155}$$

则有

$$\frac{\partial f}{\partial\boldsymbol{\sigma}_{ij}}=\frac{\partial f}{\partial\boldsymbol{s}_{ij}}=\boldsymbol{s}_{ij},\ \mathrm{d}\boldsymbol{\varepsilon}^{p}=\mathrm{d}\lambda\boldsymbol{s}_{ij} \tag{2-156}$$

等效塑性应变增量 $\mathrm{d}\bar{\varepsilon}^{p}$ 为

$$\mathrm{d}\bar{\varepsilon}^{p}=\sqrt{\frac{2}{3}\mathrm{d}\boldsymbol{\varepsilon}_{ij}^{p}\mathrm{d}\boldsymbol{\varepsilon}_{ij}^{p}}=\sqrt{\frac{2}{3}(\mathrm{d}\lambda)^{2}\boldsymbol{s}_{ij}\boldsymbol{s}_{ij}}=\frac{2}{3}\mathrm{d}\lambda\sigma_{s} \tag{2-157}$$

故比例系数 $\mathrm{d}\lambda$ 为

$$\mathrm{d}\lambda=\frac{3\mathrm{d}\bar{\varepsilon}^{p}}{2\sigma_{s}}=\frac{3\mathrm{d}\bar{\sigma}}{2H\sigma_{s}},\ H=\frac{\mathrm{d}\bar{\sigma}}{\mathrm{d}\bar{\varepsilon}^{p}} \tag{2-158}$$

注意，塑性变形的体积不可压缩，故 $\mathrm{d}\boldsymbol{\varepsilon}_{kk}^{p}=0$。所以，可以得到塑性应变偏量的增量与应力偏量成正比，这样塑性应变增量可以用应变偏量的增量来表示，有

$$\mathrm{d}\boldsymbol{\varepsilon}_{ij}^{p}=\mathrm{d}\boldsymbol{e}_{ij}^{p}=\mathrm{d}\lambda\boldsymbol{s}_{ij} \tag{2-159}$$

忽略弹性应变部分，有应变增量与应力偏量的比例关系如下

$$\mathrm{d}\boldsymbol{\varepsilon}_{ij}=\mathrm{d}\lambda\boldsymbol{s}_{ij} \tag{2-160}$$

故列维-米塞斯理论为

$$\mathrm{d}\boldsymbol{\varepsilon}_{ij}=\mathrm{d}\lambda\boldsymbol{s}_{ij}=\frac{3\mathrm{d}\bar{\varepsilon}^{p}}{2\sigma_{s}}\boldsymbol{s}_{ij}=\frac{3\mathrm{d}\bar{\sigma}}{2H\sigma_{s}}\boldsymbol{s}_{ij} \tag{2-161}$$

相对弹性变形理论而言，列维-米塞斯弹塑性增量理论增加了未知数 $\mathrm{d}\lambda$，也增加了一个屈服条件。

从列维-米塞斯弹塑性增量理论公式(2-161)可以看出，当给定应力 $\boldsymbol{s}_{ij}$ 时，则由本构方程就可确定应变增量 $\mathrm{d}\boldsymbol{\varepsilon}_{ij}$ 各分量的比例关系，但由于 $\mathrm{d}\lambda$ 未知，不能确定应变增量 $\mathrm{d}\boldsymbol{\varepsilon}_{ij}$ 的

大小。其物理含义是，尽管根据本构方程，在一定的应力下 $d\boldsymbol{\varepsilon}_{ij}$ 大小可以为任意值、塑性变形可以任意增长，但材料变形必须始终保持协调、相互限制，应变大小的确定必须结合变形协调条件；反过来，若给定 $d\boldsymbol{\varepsilon}_{ij}$，则可以确定 $\boldsymbol{s}_{ij}$。由式(2-161)以及等效应变的定义，可求出应力偏量

$$\boldsymbol{s}_{ij}=\frac{\sqrt{\frac{2}{3}}\sigma_s d\boldsymbol{\varepsilon}_{ij}}{\sqrt{d\boldsymbol{\varepsilon}_{ij}d\boldsymbol{\varepsilon}_{ij}}} \tag{2-162}$$

② 理想弹塑性材料的增量本构关系(普朗特-罗伊斯(Prandtl-Reuss)理论)：理想弹塑性体往往忽略了材料的强化作用，把材料看成一旦屈服就可以无限变形；这种材料，在应力达到屈服点以前完全服从胡克定律，屈服以后应力值不增加，应变值可无限增加。

考虑了弹性变形部分，总应变增量由弹性和塑性两部分组成

$$d\boldsymbol{\varepsilon}_{ij}=d\boldsymbol{\varepsilon}_{ij}^{e}+d\boldsymbol{\varepsilon}_{ij}^{p} \tag{2-163}$$

其中，弹性部分本构关系为

$$d\boldsymbol{\varepsilon}_{ij}^{e}=\frac{d\boldsymbol{\sigma}_{ij}}{2G}-\frac{3\mu}{E}d\sigma_m\boldsymbol{\delta}_{ij}\ \text{或}\ d\boldsymbol{\varepsilon}_{ij}^{e}=\frac{d\boldsymbol{s}_{ij}}{2G} \tag{2-164}$$

而塑性部分使用流动法则为

$$d\boldsymbol{\varepsilon}_{ij}^{p}=d\lambda\frac{\partial f}{\partial\boldsymbol{\sigma}_{ij}} \tag{2-165}$$

据米塞斯屈服条件，采用屈服函数

$$f(\boldsymbol{s}_{ij})=\frac{1}{2}\boldsymbol{s}_{ij}\boldsymbol{s}_{ij}-\frac{\sigma_s^2}{3} \tag{2-166}$$

可以得到塑性应变增量与应力偏量之间的关系为

$$d\boldsymbol{\varepsilon}^{p}=d\lambda\boldsymbol{s}_{ij} \tag{2-167}$$

屈服状态时有 $df=0$，故

$$\boldsymbol{s}_{ij}d\boldsymbol{s}_{ij}=0 \tag{2-168}$$

由于材料不可压缩，根据式(2-164)和式(2-168)，可得到应变偏量增量与应力偏量之间的关系为

$$d\boldsymbol{e}_{ij}=\frac{1}{2G}d\boldsymbol{s}_{ij}+d\lambda\boldsymbol{s}_{ij} \tag{2-169}$$

这样，采用形状改变比能增量可以得到

$$d\boldsymbol{W}_d=\boldsymbol{s}_{ij}d\boldsymbol{e}_{ij}=\frac{1}{2G}\boldsymbol{s}_{ij}d\boldsymbol{s}_{ij}+d\lambda\boldsymbol{s}_{ij}\boldsymbol{s}_{ij}=d\lambda\boldsymbol{s}_{ij}\boldsymbol{s}_{ij}=d\lambda\frac{2}{3}\sigma_s^2 \tag{2-170}$$

故有

$$d\lambda=\frac{3dW_d}{2\sigma_s^2}=\frac{\boldsymbol{s}_{ij}d\boldsymbol{e}_{ij}}{2\sigma_s^2} \tag{2-171}$$

所以普朗特-罗伊斯理论可表示为

$$d\boldsymbol{\varepsilon}_{kk}=\frac{1-2\mu}{E}d\boldsymbol{\sigma}_{kk} \tag{2-172a}$$

$$d\boldsymbol{e}_{ij}=\frac{1}{2G}d\boldsymbol{s}_{ij}+\frac{3dW_d}{2\sigma_s^2}\boldsymbol{s}_{ij} \tag{2-172b}$$

或写成

$$d\boldsymbol{\varepsilon}_{ij}=\frac{1-2\mu}{E}d\sigma_m\boldsymbol{\delta}_{ij}+\frac{1}{2G}d\boldsymbol{s}_{ij}+\frac{3dW_d}{2\sigma_s^2}\boldsymbol{s}_{ij} \tag{2-173}$$

值得一提的是，为了验证普朗特-罗伊斯理论，罗德等人通过对多种金属材料进行了薄壁圆管受内压和拉伸实验，对应力罗德参数 $\mu_\sigma=2\dfrac{(\sigma_2-\sigma_3)}{(\sigma_2-\sigma_3)}-1$ 和应变增量罗德(Lode)参数 $\mu_{d\varepsilon^p}=2\dfrac{(d\varepsilon_2^p-d\varepsilon_3^p)}{(d\varepsilon_1^p-d\varepsilon_3^p)}-1$ 进行比较，得到的实验结果表明应力偏量和应变增量的主轴误差不超过 2°，即 $\mu_\sigma=\mu_{d\varepsilon^p}$ 大致成立。

从式（2-173)不难看出，给定应力和应变增量时，可以由式(2-167)求出比例系数 $d\lambda$，进而由本构关系求出应力增量；但是如果给定应力和应力增量时，则无法求出应变增量，因为无法得知 $d\lambda$，也就是说给定应力无法求出应变增量，这正是理想塑性材料的特点。

③ 强化材料的增量关系：从强化材料的加卸载判断中可以看出，在三种可能的情况中，只有一种情况，即塑性加载，是值得关注的，因为其他两种情况可以用 $d\lambda=0$ 来识别，不会有任何塑性变量的变化。因此，当塑性加载状态继续时，有 $d\lambda>0$，$df(\boldsymbol{\sigma}_{ij},\xi^p)=0$，即弹塑性加载时，新的应力点 $\boldsymbol{\sigma}_{ij}+d\boldsymbol{\sigma}_{ij}$ 仍然保留在屈服面上。所以，塑性加载时的应力点满足

$$\frac{\partial f(\boldsymbol{\sigma}_{ij},\xi^p)}{\partial\boldsymbol{\sigma}_{ij}}d\boldsymbol{\sigma}_{ij}+\frac{\partial f(\boldsymbol{\sigma}_{ij},\xi^p)}{\partial\xi^p}d\xi^p=0 \tag{2-174}$$

其中，$\xi^p=\xi^p(\boldsymbol{\varepsilon}_{ij}^p)$是由强化规律决定的。

同样，强化材料塑性变形过程中，总应变增量由弹性和塑性两部分组成，即

$$d\boldsymbol{\varepsilon}_{ij}=d\boldsymbol{\varepsilon}_{ij}^e+d\boldsymbol{\varepsilon}_{ij}^p \tag{2-175}$$

其中，弹性应变增量仍然服从广义上的胡克定律，即式(2-164)。

下面以等向强化材料为例，推导其与米塞斯屈服条件相关联的增量本构关系。对于弹塑性强化材料，若采用等向强化模型，则其强化条件通常采用沿着应变路径积分的累积等效塑性应变增量来描述，即 $\int d\bar{\varepsilon}^p$。通常 $\int d\bar{\varepsilon}^p\neq\bar{\varepsilon}^p$，只有当塑性应变增量各分量之间的比例在整个加载过程中始终保持不变，塑性应变各个分量按同一比例增大，即在简单加载下才会有 $\int d\bar{\varepsilon}^p=\bar{\varepsilon}^p$。

采用米塞斯屈服条件，在简单加载情形下有

$$f(\boldsymbol{\sigma}_{ij},\bar{\varepsilon}^p)=\frac{1}{2}\boldsymbol{s}_{ij}\boldsymbol{s}_{ij}-\frac{1}{3}(\sigma_s^*(\bar{\varepsilon}^p))^2,\ \sigma_s^*=\sigma_s+H\bar{\varepsilon}^p$$

其中，塑性模量 $H=\dfrac{d\sigma}{d\bar{\varepsilon}^p}$表示 $\sigma\sim d\bar{\varepsilon}^p$ 曲线上某点的斜率，这可以通过简单拉伸或纯剪切实验获得。

由流动法则可得

$$d\boldsymbol{\varepsilon}_{ij}^p=d\lambda\frac{df(\boldsymbol{\sigma}_{ij},\xi_\alpha)}{d\boldsymbol{\sigma}_{ij}},\ \frac{\partial f}{\partial\boldsymbol{\sigma}_{ij}}=\frac{\partial f}{\partial\boldsymbol{s}_{ij}}=\boldsymbol{s}_{ij} \tag{2-176}$$

而等效塑性应变增量为

$$\mathrm{d}\bar{\varepsilon}^{p}=\sqrt{\frac{2}{3}\mathrm{d}\boldsymbol{\varepsilon}_{ij}^{p}\mathrm{d}\boldsymbol{\varepsilon}_{ij}^{p}}=\sqrt{\frac{2}{3}(\mathrm{d}\lambda)^{2}\frac{\partial f}{\partial\boldsymbol{\sigma}_{ij}}\frac{\partial f}{\partial\boldsymbol{\sigma}_{ij}}}=\frac{2}{3}\mathrm{d}\lambda\sqrt{\frac{3}{2}\boldsymbol{s}_{ij}\boldsymbol{s}_{ij}}=\frac{2}{3}\mathrm{d}\lambda\sigma_{s}^{*}\tag{2-177}$$

所以有

$$\mathrm{d}\lambda=\frac{3\mathrm{d}\bar{\varepsilon}^{p}}{2\sigma_{s}^{*}}=\frac{3\mathrm{d}\bar{\sigma}}{2H\sigma_{s}^{*}},\ H=\frac{\mathrm{d}\bar{\sigma}}{\mathrm{d}\bar{\varepsilon}^{p}}\tag{2-178}$$

代入普朗特-罗伊斯理论得到弹塑性强化材料的增量型本构关系为

$$\mathrm{d}\boldsymbol{\varepsilon}_{kk}=\frac{1-2\mu}{E}\mathrm{d}\boldsymbol{\sigma}_{kk},\ \mathrm{d}\boldsymbol{e}_{ij}=\frac{1}{2G}\mathrm{d}\boldsymbol{s}_{ij}+\frac{3\mathrm{d}\bar{\sigma}}{2H\sigma_{s}^{*}}\boldsymbol{s}_{ij}\tag{2-179}$$

也可写成

$$\mathrm{d}\boldsymbol{\varepsilon}_{ij}=\frac{1-2\mu}{E}\mathrm{d}\sigma_{m}\boldsymbol{\delta}_{ij}+\frac{1}{2G}\mathrm{d}\boldsymbol{s}_{ij}+\frac{3\mathrm{d}\bar{\sigma}}{2H\sigma_{s}^{*}}\boldsymbol{s}_{ij}\tag{2-180}$$

④ 弹塑性切线刚度：在小应变情况下，应力增量可由弹性应变增量求出，即

$$\begin{aligned}\mathrm{d}\boldsymbol{\sigma}_{ij}&=\boldsymbol{D}_{ijkl}^{e}\mathrm{d}\boldsymbol{\varepsilon}_{kl}^{e}=\boldsymbol{D}_{ijkl}^{e}\mathrm{d}\boldsymbol{\varepsilon}_{kl}-\boldsymbol{D}_{ijkl}^{e}\mathrm{d}\boldsymbol{\varepsilon}_{kl}^{p}\\&=\boldsymbol{D}_{ijkl}^{e}\mathrm{d}\boldsymbol{\varepsilon}_{kl}-\boldsymbol{D}_{ijkl}^{e}\mathrm{d}\lambda\frac{\partial f}{\partial\boldsymbol{\sigma}_{kl}}\end{aligned}\tag{2-181}$$

采用等向强化模型，在米塞斯屈服准则下，塑性加载时的应力点满足式（2－174），由式(2－176)有

$$\frac{\partial f}{\partial\boldsymbol{\sigma}_{ij}}\mathrm{d}\boldsymbol{\sigma}_{ij}-\frac{2}{3}\sigma_{s}^{*}H\mathrm{d}\bar{\varepsilon}^{p}=0\tag{2-182}$$

再将式(2－177)和式(2－181) 代入式(2－182)，得到

$$\mathrm{d}\lambda=\frac{\dfrac{\partial f}{\partial\sigma_{ij}}\boldsymbol{D}_{ijkl}^{e}\mathrm{d}\boldsymbol{\varepsilon}_{kl}}{\dfrac{\partial f}{\partial\sigma_{ij}}\boldsymbol{D}_{ijkl}^{e}\dfrac{\partial f}{\partial\boldsymbol{\sigma}_{kl}}+\dfrac{4}{9}(\sigma_{s}^{*})^{2}H}\tag{2-183}$$

代入式（2－181），有

$$\begin{aligned}\mathrm{d}\boldsymbol{\sigma}_{ij}&=\boldsymbol{D}_{ijkl}^{e}\mathrm{d}\boldsymbol{\varepsilon}_{kl}^{e}\\&=\boldsymbol{D}_{ijkl}^{e}\mathrm{d}\boldsymbol{\varepsilon}_{kl}-\boldsymbol{D}_{ijkl}^{e}\mathrm{d}\boldsymbol{\varepsilon}_{kl}^{p}\\&=\boldsymbol{D}_{ijkl}^{e}\mathrm{d}\boldsymbol{\varepsilon}_{kl}-\boldsymbol{D}_{ijkl}^{e}\mathrm{d}\lambda\frac{\partial f}{\partial\boldsymbol{\sigma}_{kl}}\\&=\left[\boldsymbol{D}_{ijkl}^{e}-\boldsymbol{D}_{ijkl}^{e}\frac{\dfrac{\partial f}{\partial\boldsymbol{\sigma}_{ij}}\boldsymbol{D}_{ijkl}^{e}\dfrac{\partial f}{\partial\boldsymbol{\sigma}_{kl}}}{\dfrac{\partial f}{\partial\boldsymbol{\sigma}_{ij}}\boldsymbol{D}_{ijkl}^{e}\dfrac{\partial f}{\partial\boldsymbol{\sigma}_{kl}}+\dfrac{4}{9}(\sigma_{s}^{*})^{2}H}\right]\mathrm{d}\boldsymbol{\varepsilon}_{kl}\end{aligned}\tag{2-184}$$

至此，强化材料与米塞斯条件相关联的增量本构关系可用弹塑性切线刚度来统一表示，即应力增量与应变增量的关系式为

$$\mathrm{d}\boldsymbol{\sigma}_{ij}=\boldsymbol{D}_{ijkl}^{ep}\mathrm{d}\boldsymbol{\varepsilon}_{kl}\tag{2-185a}$$

$$\boldsymbol{D}_{ijkl}^{ep}=\boldsymbol{D}_{ijkl}^{e}-\boldsymbol{D}_{ijkl}^{e}\frac{\dfrac{\partial f}{\partial\boldsymbol{\sigma}_{ij}}\boldsymbol{D}_{ijkl}^{e}\dfrac{\partial f}{\partial\boldsymbol{\sigma}_{kl}}}{\dfrac{\partial f}{\partial\boldsymbol{\sigma}_{ij}}\boldsymbol{D}_{ijkl}^{e}\dfrac{\partial f}{\partial\boldsymbol{\sigma}_{kl}}+\dfrac{4}{9}(\boldsymbol{\sigma}_{s}^{*})^{2}H}\tag{2-185b}$$

其中，$\boldsymbol{D}_{ijkl}^{\mathrm{ep}}$ 为弹塑性切线刚度。当指定了流动法则和强化模型时，可以得到 $\boldsymbol{D}_{ijkl}^{\mathrm{ep}}$ 的显式表达式。

对于各向同性强化材料 $\frac{\partial f}{\partial \boldsymbol{\sigma}_{ij}}=\boldsymbol{s}_{ij}$，$\sigma_s^*=\sigma_s^*(\bar{\varepsilon}^p)$；对于随动强化材料 $\frac{\partial f}{\partial \boldsymbol{\sigma}_{ij}}=\boldsymbol{s}_{ij}-\boldsymbol{\sigma}_{ij}^{\mathrm{B}}$，$\sigma_s^*=\sigma_s$；对于组合强化材料 $\frac{\partial f}{\partial \boldsymbol{\sigma}_{ij}}=\boldsymbol{s}_{ij}-\beta\boldsymbol{\sigma}_{ij}^{\mathrm{B}}$，$\sigma_s^*=\sigma_s^*(\bar{\varepsilon}^p,\beta)$。

2.3.3　弹塑性分析的有限元方法

结构有限元离散后，未知变量通常为单元节点位移。弹塑性问题一般用增量法进行求解。与简单应力状态分析相似，采用载荷增量法，将施加的载荷分成 N 个载荷增量，用 $[t_1, t_2, \cdots, t_n, \cdots, t_{N-1}, t_N]$ 表示。假定分析过程已经进行到第 n 个载荷增量 t_n，即 t_n 时刻的解和材料状态已知(其中包括应力状态和塑性变量)。在通过有限元建立刚度方程求得 t_{n+1} 时的节点位移增量(可通过非线性方程数值求解获得，第 5 章介绍)后，我们的目标是使用给定的位移增量或应变增量，将应力和塑性变量从时间 t_n 更新到 t_{n+1}。注意，结构平衡只在时间增量的离散点上满足。因此，有可能存在时间上的离散误差，特别是当材料的状态在一个时间增量内发生变化时，如果采用较小的时间增量，误差会减小。这与非线性弹性系统不同，在非线性弹性系统中，时间增量的大小是确定的，但对于弹塑性系统，它会影响分析的准确性。

限于篇幅，这里不涉及单元组集和坐标变换问题，所以假设整个结构用一个单元来建模，节点位移表示为 $\{\boldsymbol{d}\}$。单元内的一点应变可以用应变-位移矩阵 $[\boldsymbol{B}]$ 进行插值，即

$$\{\boldsymbol{\varepsilon}\}=[\boldsymbol{B}]\{\boldsymbol{d}\} \tag{2-186}$$

假设对应收敛载荷增量 t_n 的节点位移用 $\{{}^n\boldsymbol{d}\}$ 来表示，载荷增量 t_{n+1} 时的位移用 $\{{}^{n+1}\boldsymbol{d}\}$，而对应位移增量 $\{\Delta\boldsymbol{d}\}$。在第 t_{n+1} 个载荷增量内，假设 k 表示本次载荷增量第 k 次迭代，$k+1$ 表示本次迭代，那么我们定义两个本次载荷增量的位移增量为

$$\{\Delta\boldsymbol{d}^k\}=\{{}^{n+1}\boldsymbol{d}^k\}-\{{}^n\boldsymbol{d}\} \tag{2-187}$$

$$\{\delta\boldsymbol{d}^k\}=\{{}^{n+1}\boldsymbol{d}^{k+1}\}-({}^{n+1}\boldsymbol{d}^k) \tag{2-188}$$

可见，$\{\Delta\boldsymbol{d}^k\}$ 表示从上一次收敛载荷增量到本次载荷增量第 k 次迭代的位移增量；$\{\delta\boldsymbol{d}^k\}$ 表示本次载荷增量中上次迭代(第 k 次)到当前迭代的位移增量。因此，在本次载荷增量开始时将 $\{\Delta\boldsymbol{d}\}$ 设为零，那么本次载荷增量最终待求的位移增量 $\{\Delta\boldsymbol{d}\}$ 就可通过每次迭代得到的 $\{\delta\boldsymbol{d}\}$ 积累获得。那么单元任意一点从上一次收敛载荷增量到本次载荷增量某次迭代的应变增量为

$$\{\Delta\boldsymbol{\varepsilon}\}=[\boldsymbol{B}]\{\Delta\boldsymbol{d}\} \tag{2-189}$$

本次载荷增量中两次迭代之间的位移增量与应变增量可表示为

$$\{\delta\boldsymbol{\varepsilon}\}=[\boldsymbol{B}]\{\delta\boldsymbol{d}\} \tag{2-190}$$

根据虚功原理，我们可以得到

$$\bar{\boldsymbol{d}}^{\mathrm{T}}\iiint_{\Omega}\boldsymbol{B}^{\mathrm{T}}\{{}^{n+1}\boldsymbol{\sigma}^{k+1}\}\,\mathrm{d}\Omega=\{\bar{\boldsymbol{d}}\}^{T}\{{}^{n+1}\boldsymbol{F}\} \tag{2-191}$$

式中，$\{\bar{\boldsymbol{d}}\}$ 为节点虚位移，Ω 为单元体积，$\{{}^{n+1}\boldsymbol{F}\}$ 为已知的节点作用力。

由于应力和应变之间的材料为非线性，则上述变分方程(2-191)为应变或位移的非线

性方程，可采用非线性数值解法(第 5 章介绍)求解。由于只考虑了基于小变形的材料非线性，应力可表示为

$$\{{}^{n+1}\boldsymbol{\sigma}^{k+1}\} = \{{}^{n+1}\boldsymbol{\sigma}^{k}\} + [\boldsymbol{D}_{\mathrm{ep}}]\{\delta\boldsymbol{\varepsilon}^{k}\} \tag{2-192}$$

其中，$[\boldsymbol{D}_{\mathrm{ep}}]$是弹塑性切线模量，由式(2-185)确定。

将式(2-192)代入式(2-191)，我们得到

$$\bar{\boldsymbol{d}}^{\mathrm{T}}\left[\iiint_{\Omega}\boldsymbol{B}^{\mathrm{T}}\boldsymbol{D}_{\mathrm{ep}}\boldsymbol{B}\,\mathrm{d}\Omega\right]\{\delta\boldsymbol{d}^{k}\} = \{\bar{\boldsymbol{d}}\}^{\mathrm{T}}\{{}^{n+1}\boldsymbol{F}\} - \{\bar{\boldsymbol{d}}\}^{\mathrm{T}}\iiint_{\Omega}\boldsymbol{B}^{\mathrm{T}}\{{}^{n+1}\boldsymbol{\sigma}^{k}\}\,\mathrm{d}\Omega \tag{2-193}$$

定义切线刚度矩阵$[\boldsymbol{K}_{\mathrm{T}}]$和残余作用力$\{{}^{n+1}\boldsymbol{R}^{k}\}$如下：

$$[\boldsymbol{K}_{\mathrm{T}}] = \iiint_{\Omega}[\boldsymbol{B}]^{\mathrm{T}}[\boldsymbol{D}_{\mathrm{ep}}][\boldsymbol{B}]\,\mathrm{d}\Omega \tag{2-194a}$$

$$\{{}^{n+1}\boldsymbol{R}^{k}\} = \{{}^{n+1}\boldsymbol{F}\} - \iiint_{\Omega}[\boldsymbol{B}]^{T}\{{}^{n+1}\boldsymbol{\sigma}^{k}\}\,\mathrm{d}\Omega \tag{2-194b}$$

本次载荷增量中第 k 次迭代所对应的刚度方程为

$$[\boldsymbol{K}_{\mathrm{T}}]\{\delta\boldsymbol{d}^{k}\} = \{{}^{n+1}\boldsymbol{R}^{k}\} \tag{2-195}$$

则可获得本次载荷增量 t_{n+1} 从上次迭代到当前迭代的位移增量$\{\delta\boldsymbol{d}^{k}\}$，那么本次载荷增量下位移增量$\{\Delta\boldsymbol{d}\}$可用下式进行更新：

$$\{\Delta\boldsymbol{d}^{k+1}\} = \{\Delta\boldsymbol{d}^{k}\} + \{\delta\boldsymbol{d}^{k}\} \tag{2-196}$$

显然，当$\{{}^{n+1}\boldsymbol{R}^{k}\}$趋近于零或足够小时，终止迭代，获得 t_{n+1} 时的节点位移增量$\{\Delta\boldsymbol{d}\}$。

获得 t_{n+1} 时刻的位移增量后，可以将应力和塑性变量从时间 t_n 更新到 t_{n+1}。使用 t_{n+1} 的位移增量，根据应变的定义可以计算出 t_{n+1} 时刻的应变增量 $\Delta\boldsymbol{\varepsilon}_{ij}$。首先假设材料处于弹性状态，则使用应变增量 $\Delta\boldsymbol{\varepsilon}_{ij}$，可计算 t_{n+1} 时刻的应力为

$${}^{n+1}\boldsymbol{\sigma}_{ij} = {}^{n}\boldsymbol{\sigma}_{ij} + D\Delta\boldsymbol{\varepsilon}_{ij} \tag{2-197}$$

此时，所有应变增量被认为是弹性的，即所有塑性变量是固定的。因此，塑料变量没有变化。由于静水应力不影响塑性，则用应力偏量和应变偏量可表示此时的应力状态、背应力、塑性应变以及屈服面离中心的距离(主动应力偏量)，即

$$\boldsymbol{s}_{ij} = {}^{n}\boldsymbol{s}_{ij} + 2G\Delta\boldsymbol{e}_{ij},\ \boldsymbol{\alpha}_{ij} = {}^{n}\boldsymbol{\alpha}_{ij},\ \varepsilon^{p} = {}^{n}\varepsilon^{p},\ \boldsymbol{\eta}_{ij} = \boldsymbol{s}_{ij} - \boldsymbol{\alpha}_{ij} \tag{2-198}$$

根据屈服条件

$$f(\boldsymbol{\eta}_{ij},\ \bar{\varepsilon}^{p}) = \|\boldsymbol{\eta}_{ij}\| - \sqrt{\frac{2}{3}}(\sigma_{\mathrm{s}} + (1-\beta)H\bar{\varepsilon}^{p}) \tag{2-199}$$

如果式(2-197)计算出的应力在弹性域内，即 $f(\boldsymbol{\eta}_{ij},\ \bar{\varepsilon}^{p})<0$，则材料的状态为弹性。使用式(2-197)计算出的变量更新应力、背应力、塑性应变以及屈服面离中心的距离(主动应力偏量)为

$${}^{n+1}\boldsymbol{s}_{ij} = {}^{n}\boldsymbol{s}_{ij},\ {}^{n+1}\boldsymbol{\alpha}_{ij} = \boldsymbol{\alpha}_{ij},\ {}^{n+1}\bar{\varepsilon}^{p} = \bar{\varepsilon}^{p},\ \boldsymbol{\eta}_{ij} = {}^{n+1}\boldsymbol{s}_{ij} - {}^{n+1}\boldsymbol{\alpha}_{ij} \tag{2-200}$$

如果式(2-197)计算出的应力在弹性域之外，即 $f(\boldsymbol{\eta}_{ij},\ \bar{\varepsilon}^{p})=0$，则材料的状态为塑性。因为塑性状态的应力不可能在屈服面 $f(\boldsymbol{\eta}_{ij},\ \bar{\varepsilon}^{p})=0$ 之外，所以需要进行塑性修正步骤，以找到材料的塑性应力状态。通过对应力和塑性变量进行校正后，则可按下式更新应力、背应力、塑性应变以及屈服面离中心的距离：

$${}^{n+1}\boldsymbol{s}_{ij} = \boldsymbol{s}_{ij} - 2G\Delta\boldsymbol{\varepsilon}_{ij}^{p} = \boldsymbol{s}_{ij} - 2G\,\mathrm{d}\lambda\,\frac{\partial f(\boldsymbol{\eta}_{ij},\ \bar{\varepsilon}^{p})}{\partial\boldsymbol{\sigma}_{ij}} \tag{2-201a}$$

$$ {}^{n+1}\boldsymbol{\alpha}_{ij} = \boldsymbol{\alpha}_{ij} + \frac{2}{3}\beta H \Delta \boldsymbol{\varepsilon}_{ij}^{p} = \boldsymbol{\alpha}_{ij} + \frac{2}{3}\beta H \mathrm{d}\lambda \frac{f(\boldsymbol{\eta}_{ij}, \bar{\varepsilon}^{p})}{\partial \boldsymbol{\sigma}_{ij}} \tag{2-201b} $$

$$ {}^{n+1}\varepsilon^{p} = \varepsilon^{p} + \mathrm{d}\lambda \frac{f(\boldsymbol{\eta}_{ij}, \bar{\varepsilon}^{p})}{\partial \boldsymbol{\sigma}_{ij}} \tag{2-201c} $$

$$ \boldsymbol{\eta} = {}^{n+1}\boldsymbol{s}_{ij} - {}^{n+1}\boldsymbol{\alpha}_{ij} \tag{2-201d} $$

图 2-34 给出了材料应力和塑性变量从时间 t_n 更新到 t_{n+1} 的过程。

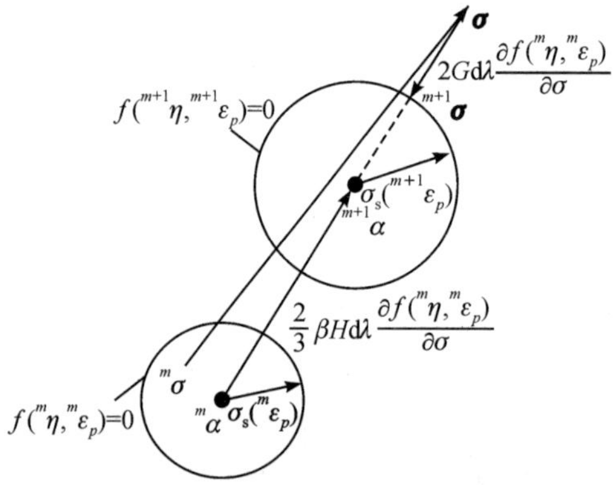

图 2-34 载荷增量下应力状态的确定

2.4 总 结

本章介绍了基于小变形假设下的材料弹塑性分析方法。作为最常见的一种材料非线性，材料弹塑性响应依赖于材料的加载历史，其呈现出复杂的、与弹性不同的应力-应变关系。为了更好地理解材料弹塑性理论与方法，首先介绍了简单应力状态下材料的弹塑性分析方法，因为简单应力状态下材料弹塑性问题的屈服准则、强化规律以及本构关系可以通过单轴实验获得，所以相关的概念比较直观。然后，在此基础上将相关概念推广到复杂应力状态下，因为复杂应力状态下的材料弹塑性分析方法是基于提出的假说和单轴实验的结果而进行的。

分析弹塑性问题时，为了获得材料力学行为，建立其本构关系，必须厘清三个关键问题，即屈服准则、强化规律和流动法则，所以本章介绍了两种常用屈服准则(屈雷斯加屈服准则和米塞斯屈服准则)以及在加载过程中屈服面在应力空间的变化规律。对于强化材料，主要介绍了采用等向强化模型、随动强化模型和组合强化模型下材料后继屈服面的确定。由于塑性的加载历史相关性，对应力-应变关系的描述主要介绍了塑性增量理论。本章还讨论了如何基于德鲁克公设给出的塑性应变增量的流动法则进行材料当前应力状态的计算和分析，给出了弹塑性问题的有限元分析步骤。

第3章

几何非线性

3.1 概　　述

线性弹性问题的基本方程是基于小位移、小变形的假设条件建立的。材料的平衡方程用张量形式可表示为

$$\boldsymbol{\sigma}_{ij,i}+\boldsymbol{f}_j=0 \tag{3-1a}$$

式中，$\boldsymbol{\sigma}_{ij}$ 为应力张量，表示材料某一点的应力状态；$\boldsymbol{f}_j$ 为体力张量；$\boldsymbol{\sigma}_{ij,i}$ 表示应力对坐标的偏导数，即

$$\boldsymbol{\sigma}_{ij,k}=\frac{\partial\boldsymbol{\sigma}_{ij}}{\partial x_k} \tag{3-1b}$$

这意味着分析应力时用变形前的尺寸代替变形后的尺寸，建立单元体或结构的平衡方程时不考虑物体的位置和形状(位形)的变化，用变形前的位形描述变形后的构形。在小变形情况下，物体变形的平衡方程可始终建立在初始构形上，这样做与实际情况相差不大，能够满足工程要求。

而材料的几何方程用张量形式可表示为

$$\boldsymbol{\varepsilon}_{ij}=\frac{1}{2}(\boldsymbol{u}_{i,j}+\boldsymbol{u}_{j,i}) \tag{3-2a}$$

式中，$\boldsymbol{\varepsilon}_{ij}$ 为应变张量，表示材料某一点的应变状态；$\boldsymbol{u}$ 为位移张量，表示材料某一点的位移；$u_{i,j}$ 表示位移对坐标的偏导数，即

$$u_{i,j}=\frac{\partial u_i}{\partial x_j} \tag{3-2b}$$

这意味着分析应变时采用几何前的尺寸代替变形后的尺寸，将应变与位移处理成一阶线性关系。

在实际工程领域，这种线性假设有时并不再适用，如航空薄壁结构、在某些载荷情况下的薄板大挠度弯曲问题、薄壳在失稳前屈曲所能承受的最大载荷、大跨度网壳结构、机械上的柔性支架，金属的塑性变形等情况，它们会出现大位移、大转动或者有限应变。这时就需要考虑重新定义应力和应变、位移与应变的非线性关系，以及变形过程中结构位形的变化。我们把这类问题归属于几何非线性问题，其包括小变形几何非线性(大位移，但应变

仍然很小)、有限变形几何非线性(大位移，但应变不再很小)。几何非线性问题的分析求解过程相对比较复杂，需要修改基本方程，比如位移和应变的微分关系应表示为非线性的，即在几何方程中应该计及高阶项；平衡方程建立时需要参考变形后的构形，即在结构变形之后的状态上重新建立平衡关系。当然，实际上当物体发生大变形时，一般都会伴随着材料的非线性弹性或非弹性行为，对有限变形问题有时还要考虑本构关系的变化，这与前一章介绍的纯粹的材料非线性又有区别，必须同时考虑材料和几何两种非线性行为，综合运用两种非线性问题的分析方法，才能获得高精度的大变形问题的分析结果。

几何非线性问题尚未成熟，主要表现在以下几个方面：① 在不同学派之间，对非线性基本方程的建立存在着争论，尚未得到一个权威性的结论；② 关于有限变形对方程与解的影响其研究很少，大多数问题还局限于自保守系统；③ 几何非线性问题尚未找到适应性广、收敛快、稳定性好的解法。

3.2 小变形的几何非线性

小变形的几何非线性问题是指结构出现大位移或大转动，但应变仍然很小。在这种情形下，由于大位移的存在，需要在几何关系中引入高阶项，但因为是小变形，故可以不考虑变形导致的结构构形变化。对于一般空间问题，利用应变的基本定义可以给出位移和应变的非线性关系式，表示为

$$\varepsilon_x = \frac{\partial u}{\partial x} + \frac{1}{2}\left[\left(\frac{\partial u}{\partial x}\right)^2 + \left(\frac{\partial v}{\partial x}\right)^2 + \left(\frac{\partial w}{\partial x}\right)^2\right] \tag{3-3a}$$

$$\varepsilon_y = \frac{\partial v}{\partial y} + \frac{1}{2}\left[\left(\frac{\partial u}{\partial y}\right)^2 + \left(\frac{\partial v}{\partial y}\right)^2 + \left(\frac{\partial w}{\partial y}\right)^2\right] \tag{3-3b}$$

$$\varepsilon_z = \frac{\partial w}{\partial z} + \frac{1}{2}\left[\left(\frac{\partial u}{\partial z}\right)^2 + \left(\frac{\partial v}{\partial z}\right)^2 + \left(\frac{\partial w}{\partial z}\right)^2\right] \tag{3-3c}$$

$$\gamma_{xy} = \frac{1}{2}\left(\frac{\partial v}{\partial z} + \frac{\partial w}{\partial y} + \frac{\partial u}{\partial y}\frac{\partial u}{\partial z} + \frac{\partial v}{\partial y}\frac{\partial v}{\partial z} + \frac{\partial w}{\partial y}\frac{\partial w}{\partial z}\right) \tag{3-3d}$$

$$\gamma_{yz} = \frac{1}{2}\left(\frac{\partial w}{\partial x} + \frac{\partial u}{\partial z} + \frac{\partial u}{\partial x}\frac{\partial u}{\partial z} + \frac{\partial v}{\partial x}\frac{\partial v}{\partial z} + \frac{\partial w}{\partial x}\frac{\partial w}{\partial z}\right) \tag{3-3e}$$

$$\gamma_{zx} = \frac{1}{2}\left(\frac{\partial u}{\partial y} + \frac{\partial v}{\partial x} + \frac{\partial u}{\partial x}\frac{\partial u}{\partial y} + \frac{\partial v}{\partial x}\frac{\partial v}{\partial y} + \frac{\partial w}{\partial x}\frac{\partial w}{\partial y}\right) \tag{3-3f}$$

其中，u，v，w 为位移，(x, y, z)为坐标。对于小位移的情况，可以略去二次以上的偏导数项，最终得到的便是线性弹性问题(小位移/小应变)的几何方程。

3.2.1 梁的几何非线性分析

如图 3-1 所示，对于大挠度小应变或小转动细长梁的弯曲，位移场可表示为

$$u = u_0(x) - z\frac{\partial w_0}{\partial x} \tag{3-4a}$$

$$w = w_0(x) \tag{3-4b}$$

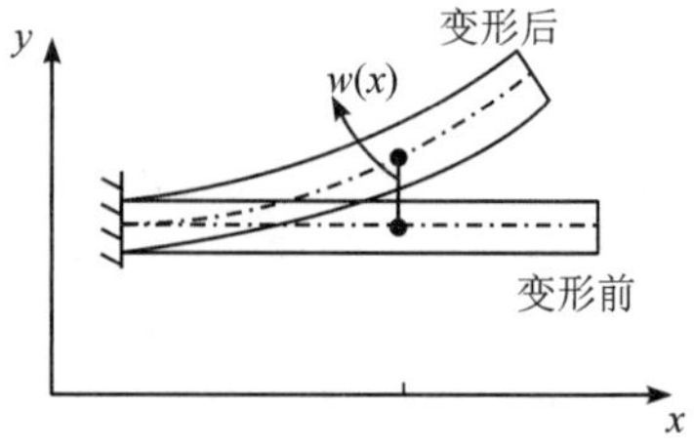

图 3-1 大挠度细长梁弯曲变

其中，(u, w)是轴向位移和横向挠度，u_0 和 w_0 表示在中性轴上的轴向位移和横向挠度。

利用非线性应变-位移关系式(3-3)，可得

$$\boldsymbol{\varepsilon}_{ij}=\frac{1}{2}\left(\frac{\partial \boldsymbol{u}_i}{\partial \boldsymbol{x}_j}+\frac{\partial \boldsymbol{u}_j}{\partial \boldsymbol{x}_i}\right)+\frac{1}{2}\left(\frac{\partial \boldsymbol{u}_m}{\partial \boldsymbol{x}_i}\frac{\partial \boldsymbol{u}_m}{\partial \boldsymbol{x}_j}\right) \tag{3-5}$$

小变形细长梁弯曲应变与位移关系可表示为

$$\varepsilon_{11}=\varepsilon_{xx}=\frac{\mathrm{d}u_0}{\mathrm{d}x}-z\frac{\mathrm{d}^2 w_0}{\mathrm{d}x^2}+\frac{1}{2}\left(\frac{\mathrm{d}w_0}{\mathrm{d}x}\right)^2=\left[\frac{\mathrm{d}u_0}{\mathrm{d}x}+\frac{1}{2}\left(\frac{\mathrm{d}w_0}{\mathrm{d}x}\right)^2\right]-z\frac{\mathrm{d}^2 w_0}{\mathrm{d}x^2} \tag{3-6}$$

梁内应变由三部分组成，即拉伸位移 u 引起的应变$\frac{\mathrm{d}u_0}{\mathrm{d}x}$、由挠度 w 引起的大弯曲应变$-z\frac{\mathrm{d}^2 w_0}{\mathrm{d}x^2}$，挠度 w 在梁中性轴上引起的附加应变(非线性项)$\frac{1}{2}\left(\frac{\mathrm{d}w_0}{\mathrm{d}x}\right)^2$。

由位移变分原理或虚功原理可知，如果物体处于平衡状态，则实际的内力和外力通过它们各自的虚位移所做的总虚功为零。如图 3-2 所示，对于单元 Ω_e 而言，可表示为

$$\delta W^e=\delta W^e_{\mathrm{in}}-\delta W^e_{\mathrm{ex}}=0 \tag{3-7}$$

其中，δW^e_{in} 为存储在单元中的虚应变能，也可理解为单元实际应力 σ_{ij} 在虚应变 $\delta\varepsilon_{ij}$ 下所做的功，可表示为

$$\delta W^e_{\mathrm{in}}=\int_{\Omega^e}\boldsymbol{\sigma}_{ij}\,\delta\boldsymbol{\varepsilon}_{ij}\,\mathrm{d}\Omega \tag{3-8}$$

其中，Ω^e 为单元体积，$\boldsymbol{\sigma}_{ij}$ 和 $\boldsymbol{\varepsilon}_{ij}$ 分别表示应力和格林应变张量。由于假定应变较小，因此这里将不区分柯西(Cauchy)应力张量和第二皮奥拉-基尔霍夫(Piola-Kirchhoff)应力张量。

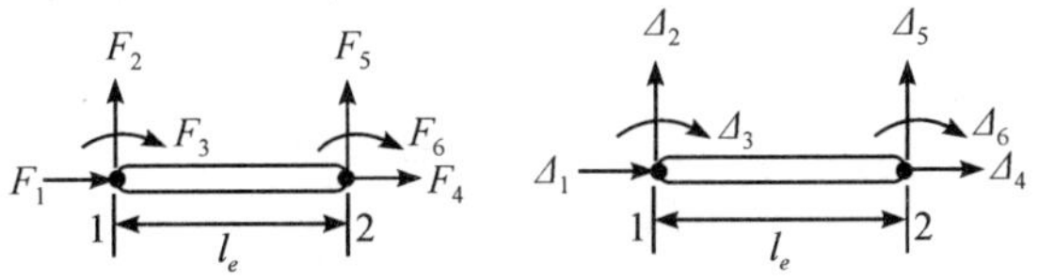

图 3-2　两节点梁单元

δW^e_{ex} 为外部施加载荷在虚位移下所做的功，可表示为

$$W^e_{\mathrm{ex}}=\int_{x_1}^{x_2}q(x)\delta w_0\,\mathrm{d}x+\int_{x_1}^{x_2}f(x)\delta u_0\,\mathrm{d}x+\sum_{i=1}^{6}Q^e_i\delta\Delta^e_i \tag{3-9}$$

其中，q 为分布横向载荷，f 为分布轴向载荷，Q^e_i 为单元广义节点力，Δ^e_i 为单元广义节点位移。Δ^e_i 和 Q^e_i 可表示为

$$\Delta^e_1=u_0(x_1),\ \Delta^e_2=w_0(x_1),\ \Delta^e_3=-\left.\frac{\mathrm{d}w_0}{\mathrm{d}x}\right|_{x_1}\overset{\mathrm{def}}{=}\theta(x_1) \tag{3-10a}$$

$$\Delta^e_4=u_0(x_2),\ \Delta^e_5=w_0(x_2),\ \Delta^e_6=-\left.\frac{\mathrm{d}w_0}{\mathrm{d}x}\right|_{x_2}\overset{\mathrm{def}}{=}\theta(x_2) \tag{3-10b}$$

$$Q^e_1=-N_{xx}(x_1),\ Q^e_2=-\left.\left(\frac{\mathrm{d}w_0}{\mathrm{d}x}N_{xx}+\frac{\mathrm{d}M_{xx}}{\mathrm{d}x}\right)\right|_{x_1},\ Q^e_3=-M_{xx}(x_1) \tag{3-10c}$$

$$Q^e_4=-N_{xx}(x_2),\ Q^e_5=-\left.\left(\frac{\mathrm{d}w_0}{\mathrm{d}x}N_{xx}+\frac{\mathrm{d}M_{xx}}{\mathrm{d}x}\right)\right|_{x_2},\ Q^e_6=-M_{xx}(x_2) \tag{3-10d}$$

因此，利用式(3-6)，虚应变能的表达式可以简化为(只有应变 $\boldsymbol{\varepsilon}_{xx}$ 和应力 $\boldsymbol{\sigma}_{xx}$)

$$\begin{aligned}\delta W_{\text{in}}^{e}&=\int_{\Omega^{e}}\boldsymbol{\sigma}_{ij}\,\delta\boldsymbol{\varepsilon}_{ij}\,\mathrm{d}V\\&=\int_{x_1}^{x_2}\int_{A^{e}}\boldsymbol{\sigma}_{xx}\,\delta\boldsymbol{\varepsilon}_{xx}\,\mathrm{d}A\,\mathrm{d}x\\&=\int_{x_1}^{x_2}\int_{A^{e}}\left[\frac{\mathrm{d}\delta u_0}{\mathrm{d}x}+\frac{\mathrm{d}w_0}{\mathrm{d}x}\frac{\mathrm{d}\delta w_0}{\mathrm{d}x}-z\frac{\mathrm{d}^2\delta w_0}{\mathrm{d}x^2}\right]\boldsymbol{\sigma}_{xx}\,\mathrm{d}A\,\mathrm{d}x\\&=\int_{x_1}^{x_2}\left[\left(\frac{\mathrm{d}\delta u_0}{\mathrm{d}x}+\frac{\mathrm{d}w_0}{\mathrm{d}x}\frac{\mathrm{d}\delta w_0}{\mathrm{d}x}\right)N_{xx}-\frac{\mathrm{d}^2\delta w_0}{\mathrm{d}x^2}M_{xx}\right]\mathrm{d}x\end{aligned}\tag{3-11}$$

其中，N_{xx} 为轴力(单位长度)，M_{xx} 为力矩(单位长度)，它们与应力的关系为

$$N_{xx}=\int_{A^{e}}\boldsymbol{\sigma}_{xx}\,\mathrm{d}A\tag{3-12}$$

$$M_{xx}=\int_{A^{e}}\boldsymbol{\sigma}_{xx}z\,\mathrm{d}A\tag{3-13}$$

这样式(3-7)变为

$$\begin{aligned}&\int_{x_1}^{x_2}\left[\left(\frac{\mathrm{d}\delta u_0}{\mathrm{d}x}+\frac{\mathrm{d}w_0}{\mathrm{d}x}\frac{\mathrm{d}\delta w_0}{\mathrm{d}x}\right)N_{xx}-\frac{\mathrm{d}^2\delta w_0}{\mathrm{d}x^2}M_{xx}\right]\mathrm{d}x\\&-\left(\int_{x_1}^{x_2}q(x)\delta w_0\,\mathrm{d}x+\int_{x_1}^{x_2}f(x)\delta u_0\,\mathrm{d}x+\sum_{i=1}^{6}Q_i^e\delta\Delta_i^e\right)=0\end{aligned}\tag{3-14}$$

分别合并变分 δu_0 项和变分 δw_0 项，直梁非线性弯曲的控制微分方程为

$$\int_{x_1}^{x_2}\left[\left(\frac{\mathrm{d}\delta u_0}{\mathrm{d}x}\right)N_{xx}-f(x)\delta u_0\right]\mathrm{d}x-Q_1^e\delta\Delta_1^e-Q_4^e\delta\Delta_4^e=0\tag{3-15}$$

$$\int_{x_1}^{x_2}\left[\left(\frac{\mathrm{d}w_0}{\mathrm{d}x}\frac{\mathrm{d}\delta w_0}{\mathrm{d}x}\right)N_{xx}-\frac{\mathrm{d}^2\delta w_0}{\mathrm{d}x^2}M_{xx}-q(x)\delta w_0\right]\mathrm{d}x-Q_2^e\delta\Delta_2^e-Q_3^e\delta\Delta_3^e-Q_5^e\delta\Delta_5^e-Q_6^e\delta\Delta_6^e=0\tag{3-16}$$

对式(3-14)进行分部积分，得

$$\begin{aligned}&\int_{x_1}^{x_2}\left\{\left(-\frac{\mathrm{d}N_{xx}}{\mathrm{d}x}-f(x)\right)\delta u_0-\left[\frac{\mathrm{d}}{\mathrm{d}x}\left(\frac{\mathrm{d}w_0}{\mathrm{d}x}N_{xx}\right)+\frac{\mathrm{d}^2M_{xx}}{\mathrm{d}x^2}+q(x)\right]\delta w_0\right\}\mathrm{d}x+\\&\left[N_{xx}\delta u_0+\left(\frac{\mathrm{d}w_0}{\mathrm{d}x}N_{xx}+\frac{\mathrm{d}M_{xx}}{\mathrm{d}x}\right)\delta w_0-M_{xx}\frac{\mathrm{d}\delta w_0}{\mathrm{d}x}\right]\Bigg|_{x_a}^{x_b}-\sum_{i=1}^{6}Q_i^e\delta\Delta_i^e=0\end{aligned}\tag{3-17}$$

令变分 δu_0 和变分 δw_0 任意独立，故有平衡方程为

$$-\frac{\mathrm{d}N_{xx}}{\mathrm{d}x}-f(x)=0\tag{3-18}$$

$$\frac{\mathrm{d}}{\mathrm{d}x}\left(\frac{\mathrm{d}w_0}{\mathrm{d}x}N_{xx}\right)+\frac{\mathrm{d}^2M_{xx}}{\mathrm{d}x^2}+q(x)=0\tag{3-19}$$

而边界条件为

$$Q_1^e+N_{xx}(x_a)=0\tag{3-20a}$$

$$Q_2^e+\left(\frac{\mathrm{d}w_0}{\mathrm{d}x}N_{xx}+\frac{\mathrm{d}M_{xx}}{\mathrm{d}x}\right)\Bigg|_{x_a}=0\tag{3-20b}$$

$$Q_3^e + M_{xx}(x_a) = 0 \tag{3-20c}$$

$$Q_4^e - N_{xx}(x_b) = 0 \tag{3-21a}$$

$$Q_5^e - \left(\frac{\mathrm{d}w_0}{\mathrm{d}x}N_{xx} + \frac{\mathrm{d}M_{xx}}{\mathrm{d}x}\right)\bigg|_{x_b} = 0 \tag{3-21b}$$

$$Q_6^e - M_{xx}(x_a) = 0 \tag{3-21c}$$

图 3-3 所示为两节点梁单元的受力情况。

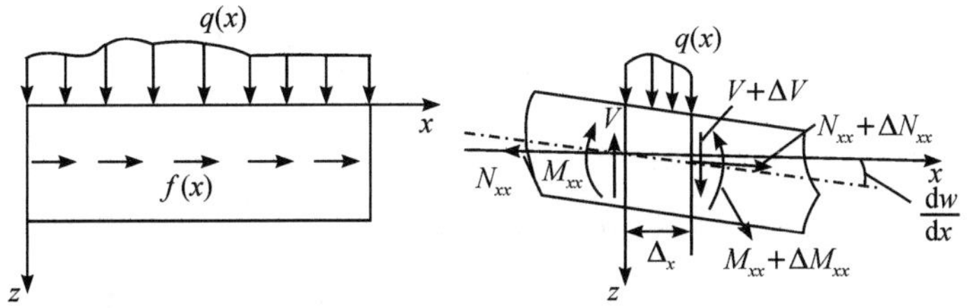

图 3-3　两节点梁单元的受力

图 3-3 中，N_{xx} 为内轴力，$V(x)$为内垂直剪力，M_{xx} 为内弯矩，$f(x)$为外轴力，$q(x)$为外分布横向载荷。把 x 和 z 坐标方向上的力与绕 y 轴的力矩分别相加，得到

$$\sum F_x = 0 - N_{xx} + (N_{xx} + \Delta N_{xx}) + f(x)\Delta x = 0 \tag{3-22}$$

$$\sum F_y = 0 - V + (V + \Delta V) + q(x)\Delta x = 0 \tag{3-23}$$

$$\sum M_y = 0 - M_{xx} + (M_{xx} + \Delta M_{xx}) - V\Delta x + N_{xx}\Delta x\frac{\mathrm{d}w_0}{\mathrm{d}x} + q(x)\Delta x(c\Delta x) = 0 \tag{3-24}$$

取极限 $\Delta x \to 0$，可得以下三个方程：

$$\frac{\mathrm{d}N_{xx}}{\mathrm{d}x} + f(x) = 0 \tag{3-25}$$

$$\frac{\mathrm{d}V}{\mathrm{d}x} + q(x) = 0 \tag{3-26}$$

$$\frac{\mathrm{d}M_{xx}}{\mathrm{d}x} - V + N_{xx}\frac{\mathrm{d}w_0}{\mathrm{d}x} = 0 \tag{3-27}$$

它们等价于式(3-18)及式(3-19)。注意，V 是垂直于 x 轴截面上的剪力，在非线性问题中它不等于作用于垂直变形梁截面上的剪力 $Q(x)$，事实上，有

$$V = Q + N_{xx}\frac{\mathrm{d}w_0}{\mathrm{d}x} \tag{3-28}$$

利用材料的本构关系，合力 N_{xx} 和力矩 M_{xx} 可以用位移表示。假设梁材料为线弹性，根据胡克定律，应力与应变的关系 $\sigma_{xx} = E^e\varepsilon_{xx}$，则 N_{xx} 和 M_{xx} 可用位移表示为

$$\begin{aligned} N_{xx} &= \int_{A^e}\sigma_{xx}\mathrm{d}A \\ &= \int_{A^e}E^e\varepsilon_{xx}\mathrm{d}A \\ &= \int_{A^e}E^e\left(\left[\frac{\mathrm{d}u_0}{\mathrm{d}x} + \frac{1}{2}\left(\frac{\mathrm{d}w_0}{\mathrm{d}x}\right)^2\right] - z\frac{\mathrm{d}^2w_0}{\mathrm{d}x^2}\right)\mathrm{d}A \\ &= A_{xx}^e\left[\frac{\mathrm{d}u_0}{\mathrm{d}x} + \frac{1}{2}\left(\frac{\mathrm{d}w_0}{\mathrm{d}x}\right)^2\right] - B_{xx}^e\frac{\mathrm{d}^2w_0}{\mathrm{d}x^2} \end{aligned} \tag{3-29}$$

$$\begin{aligned}M_{xx}&=\int_{A^e}\sigma_{xx}z\,\mathrm{d}A\\&=\int_{A^e}E^e\varepsilon_{xx}\,\mathrm{d}A\\&=\int_{A^e}E^e\left(\left[\frac{\mathrm{d}u_0}{\mathrm{d}x}+\frac{1}{2}\left(\frac{\mathrm{d}w_0}{\mathrm{d}x}\right)^2\right]-z\,\frac{\mathrm{d}^2w_0}{\mathrm{d}x^2}\right)z\,\mathrm{d}A\\&=B^e_{xx}\left[\frac{\mathrm{d}u_0}{\mathrm{d}x}+\frac{1}{2}\left(\frac{\mathrm{d}w_0}{\mathrm{d}x}\right)^2\right]-D^e_{xx}\,\frac{\mathrm{d}^2w_0}{\mathrm{d}x^2}\end{aligned}\tag{3-30}$$

其中，A^e_{xx}，B^e_{xx}，D^e_{xx} 为梁单元的拉伸、拉伸弯曲和弯曲刚度，可写为

$$(A^e_{xx},\ B^e_{xx},\ D^e_{xx})=\int_{A^e}E^e(1,\ z,\ z^2)\,\mathrm{d}A\tag{3-31}$$

对于各向同性材料，$(A^e_{xx},\ B^e_{xx},\ D^e_{xx})$可记为$(A_{xx},\ B_{xx},\ D_{xx})$。当 x 轴通过梁横截面的形心时，拉伸弯曲刚度 B_{xx} 为零，$A_{xx}=EA$，$D_{xx}=EI$，其中 A 和 I 为梁单元的横截面面积和绕 y 轴的二阶惯性矩。

将式(3-29)和式(3-30)代入式(3-15)和式(3-16)，可得

$$\int_{x_1}^{x_2}A_{xx}\left(\frac{\mathrm{d}\delta u_0}{\mathrm{d}x}\right)\left[\frac{\mathrm{d}u_0}{\mathrm{d}x}+\frac{1}{2}\left(\frac{\mathrm{d}w_0}{\mathrm{d}x}\right)^2\right]\mathrm{d}x-\int_{x_1}^{x_2}f(x)\delta u_0\,\mathrm{d}x-Q^e_1\delta u_0(x_\mathrm{a})-Q^e_4\delta u_0(x_\mathrm{b})=0\tag{3-32}$$

$$\int_{x_1}^{x_2}\left\{A_{xx}\,\frac{\mathrm{d}w_0}{\mathrm{d}x}\,\frac{\mathrm{d}\delta w_0}{\mathrm{d}x}\left[\frac{\mathrm{d}u_0}{\mathrm{d}x}+\frac{1}{2}\left(\frac{\mathrm{d}w_0}{\mathrm{d}x}\right)^2\right]+D_{xx}\,\frac{\mathrm{d}^2\delta w_0}{\mathrm{d}x^2}\,\frac{\mathrm{d}^2w_0}{\mathrm{d}x^2}\right\}\mathrm{d}x-$$
$$\int_{x_\mathrm{a}}^{x_\mathrm{b}}q(x)\delta w_0\,\mathrm{d}x-Q^e_2\delta w_0(x_\mathrm{a})-Q^e_3\delta\theta(x_\mathrm{a})-Q^e_5w_0(x_\mathrm{b})-Q^e_6\delta\theta(x_\mathrm{b})=0\tag{3-33}$$

设轴向位移 $u_0(x)$和横向位移 $w_0(x)\left(\theta(x)=\dfrac{\mathrm{d}w_0}{\mathrm{d}x}\right)$，通过节点位移获得

$$u_0(x)=\sum_{j=1}^{2}u_j\psi_j(x)\tag{3-34}$$

$$w_0(x)=\sum_{j=1}^{4}\overline{\Delta}_j\varphi_j(x)\tag{3-35}$$

其中，$\overline{\Delta}_1=w_0(x_\mathrm{a})$；$\overline{\Delta}_2=\theta(x_\mathrm{a})$；$\overline{\Delta}_3=w_0(x_\mathrm{b})$；$\overline{\Delta}_4=\theta(x_\mathrm{b})$；$\psi_j$ 为线性拉格朗日(Lagrange)插值函数，φ_j 为埃尔米特(Hermite)三次插值函数。将式(3-34)和式(3-35)代入式(3-32) 和式(3-33) 中，得

$$\sum_{j=1}^{2}K^{11}_{ij}u_j+\sum_{J=1}^{4}K^{12}_{iJ}\overline{\Delta}_J-F^1_i=0\quad(i=1,\ 2)\tag{3-36a}$$

$$\sum_{j=1}^{2}K^{21}_{Ij}u_j+\sum_{J=1}^{4}K^{22}_{IJ}\overline{\Delta}_J-F^1_I=0\quad(I=1,\ 2,\ 3,\ 4)\tag{3-36b}$$

其中：

$$K^{11}_{ij}=\int_{x_\mathrm{a}}^{x_\mathrm{b}}A_{xx}\,\frac{\mathrm{d}\psi_i}{\mathrm{d}x}\,\frac{\mathrm{d}\psi_j}{\mathrm{d}x}\mathrm{d}x\tag{3-37a}$$

$$K^{12}_{iJ}=\frac{1}{2}\int_{x_a}^{x_\mathrm{b}}\left(A_{xx}\,\frac{\mathrm{d}w_0}{\mathrm{d}x}\right)\frac{\mathrm{d}\psi_i}{\mathrm{d}x}\,\frac{\mathrm{d}\varphi_J}{\mathrm{d}x}\mathrm{d}x\tag{3-37b}$$

$$K^{21}_{Ij}=\int_{x_\mathrm{a}}^{x_\mathrm{b}}\left(A_{xx}\,\frac{\mathrm{d}w_0}{\mathrm{d}x}\right)\frac{\mathrm{d}\varphi_I}{\mathrm{d}x}\,\frac{\mathrm{d}\psi_j}{\mathrm{d}x}\mathrm{d}x\tag{3-37c}$$

$$K_{Ij}^{21}=2K_{jI}^{12} \tag{3-37d}$$

$$K_{IJ}^{22}=\int_{x_a}^{x_b} D_{xx}\frac{\mathrm{d}^2\varphi_I}{\mathrm{d}x^2}\frac{\mathrm{d}^2\varphi_J}{\mathrm{d}x^2}\mathrm{d}x+\frac{1}{2}\int_{x_a}^{x_b}\left(A_{xx}\left(\frac{\mathrm{d}w_0}{\mathrm{d}x}\right)^2\right)\frac{\mathrm{d}\varphi_I}{\mathrm{d}x}\frac{\mathrm{d}\varphi_J}{\mathrm{d}x}\mathrm{d}x \tag{3-37e}$$

$$F_i^1=\int_{x_a}^{x_b} f\psi_i\,\mathrm{d}x+\hat{Q}_i \tag{3-37f}$$

$$F_I^2=\int_{x_a}^{x_b} q\varphi_I\,\mathrm{d}x+\bar{Q}_I \tag{3-37g}$$

这里 $\hat{Q}_1=Q_1^e$，$\hat{Q}_2=Q_4^e$，$\bar{Q}_1=Q_2^e$，$\bar{Q}_2=Q_3^e$，$\bar{Q}_3=Q_5^e$，$\bar{Q}_4=Q_6^e$。注意，系数矩阵 $\boldsymbol{K}^{12}$、$\boldsymbol{K}^{21}$ 和 $\boldsymbol{K}^{22}$ 是未知 $w_0(x)$ 的函数。另外，请注意 $\boldsymbol{K}^{12}$ 的转置不等于 $\boldsymbol{K}^{21}$，因此单元的刚度矩阵不是对称的。

将式(3-36a)和式(3-36b)写成矩阵形式：

$$\begin{bmatrix} K^{11} & K^{12} \\ K^{21} & K^{22} \end{bmatrix}\begin{Bmatrix} \Delta^1 \\ \Delta^2 \end{Bmatrix}=\begin{Bmatrix} F^1 \\ F^2 \end{Bmatrix} \tag{3-38}$$

这里，$\Delta_i^1=u_i$，$i=1$，2；$\Delta_i^2=\overline{\Delta}_i$，$i=1$，2，3，4。注意，直接刚度矩阵是不对称的，$K^{12}=\frac{1}{2}K^{21}$。为了使刚度矩阵对称，可以将式(3-33)中的线性应变$\frac{\mathrm{d}u_0}{\mathrm{d}x}$分成两个相等的部分，并从前面的迭代中取其中一部分，所以式(3-33)的第一项变为

$$\begin{aligned}&\int_{x_1}^{x_2}\left\{A_{xx}\frac{\mathrm{d}w_0}{\mathrm{d}x}\frac{\mathrm{d}\delta w_0}{\mathrm{d}x}\left[\frac{\mathrm{d}u_0}{\mathrm{d}x}+\frac{1}{2}\left(\frac{\mathrm{d}w_0}{\mathrm{d}x}\right)^2\right]+D_{xx}\frac{\mathrm{d}^2\delta w_0}{\mathrm{d}x^2}\frac{\mathrm{d}^2 w_0}{\mathrm{d}x^2}\right\}\mathrm{d}x\\&=\frac{1}{2}\int_{x_1}^{x_2}\left\{A_{xx}\frac{\mathrm{d}w_0}{\mathrm{d}x}\frac{\mathrm{d}\delta w_0}{\mathrm{d}x}\frac{\mathrm{d}u_0}{\mathrm{d}x}+\left[\frac{\mathrm{d}u_0}{\mathrm{d}x}+\left(\frac{\mathrm{d}w_0}{\mathrm{d}x}\right)^2\right]\frac{\mathrm{d}w_0}{\mathrm{d}x}\frac{\mathrm{d}\delta w_0}{\mathrm{d}x}+D_{xx}\frac{\mathrm{d}^2\delta w_0}{\mathrm{d}x^2}\frac{\mathrm{d}^2 w_0}{\mathrm{d}x^2}\right\}\mathrm{d}x\end{aligned} \tag{3-39}$$

式中，第一项为 K^{21}，不难分析其等于 K^{12}，第二项和第三项与 K^{22} 对应，则这样构成的刚度方程就对称了：

$$\begin{bmatrix} \widetilde{K}^{11} & \widetilde{K}^{12} \\ \widetilde{K}^{21} & \widetilde{K}^{22} \end{bmatrix}\begin{Bmatrix} \Delta^1 \\ \Delta^2 \end{Bmatrix}=\begin{Bmatrix} F^1 \\ F^2 \end{Bmatrix} \tag{3-40}$$

其中：

$$\widetilde{K}_{ij}^{11}=\int_{x_a}^{x_b} A_{xx}\frac{\mathrm{d}\psi_i}{\mathrm{d}x}\frac{\mathrm{d}\psi_j}{\mathrm{d}x}\mathrm{d}x \tag{3-41a}$$

$$\widetilde{K}_{iJ}^{12}=\frac{1}{2}\int_{x_a}^{x_b}\left(A_{xx}\frac{\mathrm{d}w_0}{\mathrm{d}x}\right)\frac{\mathrm{d}\psi_i}{\mathrm{d}x}\frac{\mathrm{d}\varphi_J}{\mathrm{d}x}\mathrm{d}x \tag{3-41b}$$

$$\widetilde{K}_{Ij}^{21}=\frac{1}{2}\int_{x_a}^{x_b}\left(A_{xx}\frac{\mathrm{d}w_0}{\mathrm{d}x}\right)\frac{\mathrm{d}\varphi_I}{\mathrm{d}x}\frac{\mathrm{d}\psi_j}{\mathrm{d}x}\mathrm{d}x \tag{3-41c}$$

$$\widetilde{K}_{Ij}^{21}=\widetilde{K}_{jI}^{12} \tag{3-41d}$$

$$\widetilde{K}_{IJ}^{22}=\int_{x_a}^{x_b} D_{xx}\frac{\mathrm{d}^2\varphi_I}{\mathrm{d}x^2}\frac{\mathrm{d}^2\varphi_J}{\mathrm{d}x^2}\mathrm{d}x+\frac{1}{2}\int_{x_a}^{x_b}\left(A_{xx}\left[\frac{\mathrm{d}u_0}{\mathrm{d}x}+\left(\frac{\mathrm{d}w_0}{\mathrm{d}x}\right)^2\right]\right)\frac{\mathrm{d}\varphi_I}{\mathrm{d}x}\frac{\mathrm{d}\varphi_J}{\mathrm{d}x}\mathrm{d}x \tag{3-41e}$$

式(3-40)可采用第 5 章介绍的迭代法进行求解。

式(3-38)可以写成

$$[\boldsymbol{K}^e(\{\Delta^e\})]\{\Delta^e\}=\{\boldsymbol{F}^e\} \tag{3-42}$$

其中：

$$\Delta_1^e = u_1,\ \Delta_2^e = \overline{\Delta}_1^e,\ \Delta_3^e = \overline{\Delta}_2^e,\ \Delta_4^e = u_2,\ \Delta_5^e = \overline{\Delta}_3^e,\ \Delta_6^e = -_4^e$$

$$F_1^e = F_1^1,\ F_2^e = F_1^2,\ \Delta_3^e = F_2^2,\ \Delta_4^e = F_2^1,\ \Delta_5^e = F_3^2,\ \Delta_6^e = F_4^2 \tag{3-43}$$

式(3－42)可以使用直接迭代法和牛顿-拉夫逊(Newton-Raphson)迭代法进行线性化。对单元刚度矩阵组集得到系统总体刚度方程后，在直接迭代过程中，第 r 次迭代的解为

$$[\boldsymbol{K}(\{\Delta\}^{r-1})]\{\Delta\}^r = \{\boldsymbol{F}\} \tag{3-44}$$

其中，直接刚度矩阵 $[\boldsymbol{K}(\{\Delta\}^{r-1})]$ 可以利用第 $r-1$ 次迭代后的 $\{\Delta\}^{r-1}$ 计算获得。

在牛顿-拉夫逊迭代过程中，线性化后的方程为

$$[\boldsymbol{T}^e(\{\Delta^e\}^{r-1})]\{\delta\Delta^e\} = -\{\boldsymbol{R}^e(\{\Delta^e\}^{r-1})\} \tag{3-45}$$

其中，$[\boldsymbol{T}^e(\{\Delta^e\}^{r-1})]$ 为切线刚度矩阵，这里

$$[\boldsymbol{T}^e] = \left(\frac{\partial\{\boldsymbol{R}\}}{\partial\{\Delta\}}\right)^{(r-1)} \text{或}\ T_{ij}^e = \left(\frac{\partial \boldsymbol{R}_i^e}{\partial \Delta_j^e}\right)^{(r-1)} \tag{3-46}$$

$$\{\boldsymbol{R}^e(\{\Delta^e\}^{r-1})\} = \{\boldsymbol{F}\} - [\boldsymbol{K}^e]\{\Delta^e\}^{r-1} \tag{3-47}$$

$$\{\Delta^e\}^r = \{\Delta^e\}^{r-1} + \delta\Delta^e \tag{3-48}$$

虽然直接刚度矩阵 $[\boldsymbol{K}^e]$ 是不对称的，但切线刚度矩阵 $[\boldsymbol{T}]$ 是对称的。此外，无论使用式(3－38)中的 $[\boldsymbol{K}^e]$ 还是使用式(3－40)中的 $[\widetilde{\boldsymbol{K}}^e]$，切线刚度矩阵都是相同的。

单元切线刚度矩阵 $[\boldsymbol{T}^e]$ 的系数可以使用式(3－46)中的定义计算。联合式(3－37)，可以写出

$$T_{ij}^{\alpha\beta} = \left(\frac{\partial R_i^\alpha}{\partial \Delta_j^\beta}\right)^{(r-1)} (\alpha,\ \beta = 1,\ 2) \tag{3-49}$$

由式(3－47)，有

$$\begin{aligned} R_i^\alpha &= \sum_{\gamma=1}^{2}\sum_{p=1} K_{ip}^{\alpha\gamma}\Delta_p^\gamma - F_i^\alpha \\ &= \sum_{p=1}^{2} K_{ip}^{\alpha 1}\Delta_p^1 + \sum_{p=1}^{4} K_{ip}^{\alpha 2}\Delta_p^2 - F_i^\alpha \\ &= \sum_{p=1}^{2} K_{ip}^{\alpha 1}u_p + \sum_{p=1}^{4} K_{ip}^{\alpha 2}\overline{\Delta}_p - F_i^\alpha \end{aligned} \tag{3-50}$$

注意，p 的范围是由矩阵 $[\boldsymbol{K}^{\alpha\beta}]$ 的大小决定的，故有

$$\begin{aligned} T_{ij}^{\alpha\beta} &= \left(\frac{\partial R_i^\alpha}{\partial \Delta_j^\beta}\right) \\ &= \frac{\partial}{\partial \Delta_j^\beta}\left(\sum_{\gamma=1}^{2}\sum_{p=1} K_{ip}^{\alpha\gamma}\Delta_p^\gamma - F_i^\alpha\right) \\ &= \sum_{\gamma=1}^{2}\sum_{p=1}\left(K_{ip}^{\alpha\gamma}\frac{\partial \Delta_p^\gamma}{\partial \Delta_j^\beta} + \frac{\partial K_{ip}^{\alpha\gamma}}{\partial \Delta_j^\beta}\Delta_p^\gamma\right) \\ &= K_{ij}^{\alpha\beta} + \sum_{p=1}^{2}\frac{\partial K_{ip}^{\alpha 1}}{\partial \Delta_j^\beta}u_p + \sum_{p=1}^{4}\frac{\partial K_{ip}^{\alpha 2}}{\partial \Delta_j^\beta}\overline{\Delta}_p \end{aligned} \tag{3-51}$$

切线刚度矩阵中的各元素为

$$T_{ij}^{11}=K_{ij}^{11}+\sum_{p=1}^{2}\frac{\partial K_{ip}^{11}}{\partial u_j}u_p+\sum_{p=1}^{4}\frac{\partial K_{ip}^{12}}{\partial u_j}\overline{\Delta}_p$$

$$=K_{ij}^{11}+\sum_{p=1}^{2}0\cdot u_p+\sum_{p=1}^{4}0\cdot\overline{\Delta}_p=K_{ij}^{11} \tag{3-52a}$$

$$T_{ij}^{21}=K_{ij}^{21}+\sum_{p=1}^{2}\frac{\partial K_{ip}^{21}}{\partial u_j}u_p+\sum_{p=1}^{4}\frac{\partial K_{ip}^{22}}{\partial u_j}\overline{\Delta}_p$$

$$=K_{ij}^{21}+\sum_{p=1}^{2}0\cdot u_p+\sum_{p=1}^{4}0\cdot\overline{\Delta}_p=K_{ij}^{21} \tag{3-52b}$$

$$\begin{aligned}
T_{iJ}^{12}&=K_{iJ}^{12}+\sum_{p=1}^{2}\frac{\partial K_{ip}^{11}}{\partial\overline{\Delta}_j}u_p+\sum_{p=1}^{4}\frac{\partial K_{ip}^{12}}{\partial\overline{\Delta}_j}\overline{\Delta}_p\\
&=K_{iJ}^{12}+0+\sum_{p=1}^{4}\left[\frac{1}{2}\int_{x_1}^{x_2}\left(A_{xx}\frac{\partial}{\partial\overline{\Delta}_j}\left(\frac{\mathrm{d}w_0}{\mathrm{d}x}\right)\right)\frac{\mathrm{d}\psi_j}{\mathrm{d}x}\frac{\mathrm{d}\varphi_p}{\mathrm{d}x}\mathrm{d}x\right]\overline{\Delta}_p\\
&=K_{iJ}^{12}+\sum_{p=1}^{4}\left[\frac{1}{2}\int_{x_1}^{x_2}\left(A_{xx}\frac{\partial}{\partial\overline{\Delta}_j}\left(\sum_{K}^{4}\overline{\Delta}_K\frac{\mathrm{d}\varphi_K}{\mathrm{d}x}\right)\right)\frac{\mathrm{d}\psi_j}{\mathrm{d}x}\frac{\mathrm{d}\varphi_p}{\mathrm{d}x}\mathrm{d}x\right]\overline{\Delta}_p\\
&=K_{iJ}^{12}+\sum_{p=1}^{4}\left[\frac{1}{2}\int_{x_1}^{x_2}\left(A_{xx}\frac{\mathrm{d}\varphi_J}{\mathrm{d}x}\right)\frac{\mathrm{d}\psi_j}{\mathrm{d}x}\frac{\mathrm{d}\varphi_p}{\mathrm{d}x}\mathrm{d}x\right]\overline{\Delta}_p\\
&=K_{iJ}^{12}+\frac{1}{2}\int_{x_1}^{x_2}A_{xx}\frac{\mathrm{d}\psi_j}{\mathrm{d}x}\frac{\mathrm{d}\varphi_J}{\mathrm{d}x}\left(\sum_{p=1}^{4}\frac{\mathrm{d}\varphi_p}{\mathrm{d}x}\overline{\Delta}_p\right)\mathrm{d}x\\
&=K_{iJ}^{12}+\frac{1}{2}\int_{x_1}^{x_2}A_{xx}\frac{\mathrm{d}\psi_j}{\mathrm{d}x}\frac{\mathrm{d}\varphi_J}{\mathrm{d}x}\frac{\mathrm{d}w_0}{\mathrm{d}x}\mathrm{d}x\\
&=K_{iJ}^{12}+K_{iJ}^{12}=2K_{iJ}^{12}\\
&=K_{Ji}^{21}
\end{aligned} \tag{3-52c}$$

$$\begin{aligned}
T_{IJ}^{22}&=K_{IJ}^{22}+\sum_{p=1}^{2}\frac{\partial K_{Ip}^{21}}{\partial\overline{\Delta}_J}u_p+\sum_{p=1}^{4}\frac{\partial K_{Ip}^{22}}{\partial\overline{\Delta}_J}\overline{\Delta}_p\\
&=K_{IJ}^{22}+\sum_{p=1}^{2}\left[\int_{x_1}^{x_2}\left(A_{xx}\frac{\partial}{\partial\overline{\Delta}_J}\left(\sum_{K}^{4}\overline{\Delta}_K\frac{\mathrm{d}\varphi_K}{\mathrm{d}x}\right)\right)\frac{\mathrm{d}\varphi_I}{\mathrm{d}x}\frac{\mathrm{d}\psi_p}{\mathrm{d}x}\mathrm{d}x\right]u_p+\\
&\quad\sum_{p=1}^{4}\left[\frac{1}{2}\int_{x_1}^{x_2}\left(A_{xx}\frac{\partial}{\partial\overline{\Delta}_J}\left(\frac{\mathrm{d}w_0}{\mathrm{d}x}\right)^2\right)\frac{\mathrm{d}\varphi_I}{\mathrm{d}x}\frac{\mathrm{d}\varphi_p}{\mathrm{d}x}\mathrm{d}x\right]\overline{\Delta}_p\\
&=K_{IJ}^{22}+\int_{x_1}^{x_2}A_{xx}\frac{\mathrm{d}\varphi_I}{\mathrm{d}x}\frac{\mathrm{d}\varphi_J}{\mathrm{d}x}\sum_{p=1}^{2}\left[\left(\frac{\mathrm{d}\psi_p}{\mathrm{d}x}u_p\right)\right]\mathrm{d}x+\\
&\quad\int_{x_1}^{x_2}A_{xx}\left(\frac{\mathrm{d}w_0}{\mathrm{d}x}\right)\frac{\mathrm{d}\varphi_J}{\mathrm{d}x}\frac{\mathrm{d}\varphi_I}{\mathrm{d}x}\sum_{p=1}^{4}\left(\frac{\mathrm{d}\varphi_p}{\mathrm{d}x}\overline{\Delta}_p\right)\mathrm{d}x\\
&=K_{IJ}^{22}+\int_{x_1}^{x_2}A_{xx}\left(\frac{\mathrm{d}u_0}{\mathrm{d}x}+\frac{\mathrm{d}w_0}{\mathrm{d}x}\frac{\mathrm{d}w_0}{\mathrm{d}x}\right)\frac{\mathrm{d}\varphi_I}{\mathrm{d}x}\frac{\mathrm{d}\varphi_J}{\mathrm{d}x}\mathrm{d}x
\end{aligned} \tag{3-52d}$$

3.2.2　板的几何非线性分析

对于大挠度薄板弯曲(见图 3-4)，由基尔霍夫假设可将其位移场表示为

$$u(x, y, z) = u_0(x, y) - z\frac{\partial w_0}{\partial x} \tag{3-53a}$$

$$v(x, y, z) = v_0(x, y) - z\frac{\partial w_0}{\partial y} \tag{3-53b}$$

$$w(x, y, z) = w_0(x, y) \tag{3-53c}$$

式中，(u_0, v_0, w_0)为板中面$(x, y, 0)$处在(x, y, z)坐标方向上的位移。

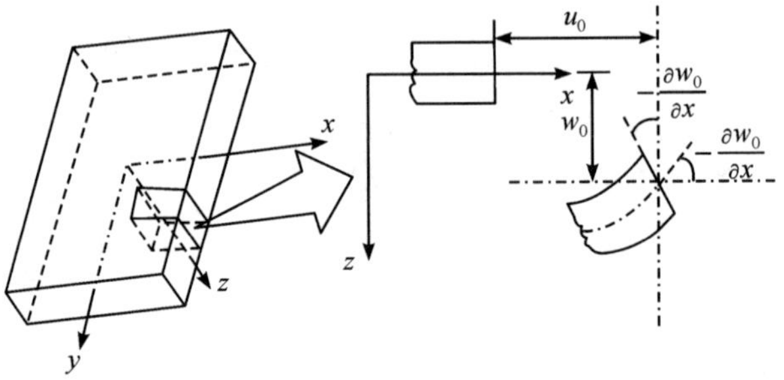

图 3-4 大挠度薄板弯曲变形

根据非线性应变与位移之间的关系式(3-3)，对于小应变问题，应变-位移关系为

$$\varepsilon_{xx} = \frac{\partial u}{\partial x} + \frac{1}{2}\left(\frac{\partial w}{\partial x}\right)^2 \tag{3-54a}$$

$$\varepsilon_{yy} = \frac{\partial v}{\partial y} + \frac{1}{2}\left(\frac{\partial w}{\partial y}\right)^2 \tag{3-54b}$$

$$\varepsilon_{zz} = \frac{\partial w}{\partial z} \tag{3-54c}$$

$$\varepsilon_{xy} = \frac{1}{2}\left[\frac{\partial u}{\partial y} + \frac{\partial v}{\partial x} + \frac{\partial w}{\partial x}\frac{\partial w}{\partial y}\right] \tag{3-54d}$$

$$\varepsilon_{zx} = \frac{1}{2}\left[\frac{\partial u}{\partial z} + \frac{\partial w}{\partial x}\right] \tag{3-54e}$$

$$\varepsilon_{yz} = \frac{1}{2}\left[\frac{\partial v}{\partial z} + \frac{\partial w}{\partial y}\right] \tag{3-54f}$$

将式(3-53)代入式(3-54)，可得到小变形大挠度薄板弯曲应变与位移之间的关系为

$$\varepsilon_x = \frac{\partial u_0}{\partial x} - z\frac{\partial^2 w_0}{\partial x^2} + \frac{1}{2}\left(\frac{\partial w_0}{\partial x}\right)^2 \tag{3-55a}$$

$$\varepsilon_y = \frac{\partial v_0}{\partial y} - z\frac{\partial^2 w_0}{\partial y^2} + \frac{1}{2}\left(\frac{\partial w_0}{\partial y}\right)^2 \tag{3-55b}$$

$$\gamma_{xy} = \frac{1}{2}\left(\frac{\partial u_0}{\partial y} + \frac{\partial v_0}{\partial x} + \frac{\partial w_0}{\partial x}\frac{\partial w_0}{\partial y} - 2z\frac{\partial^2 w_0}{\partial x \partial y}\right) \tag{3-55c}$$

虚功原理：

$$\delta W^e = \delta W^e_{\text{in}} - \delta W^e_{\text{ex}} = 0 \tag{3-56}$$

其中，W^e_{in} 是存储的应变能，可表示为

$$\delta W^e_{\text{in}} = \int_{\Omega_e}\int_{-\frac{h}{2}}^{\frac{h}{2}} (\boldsymbol{\sigma}_{xx}\delta\boldsymbol{\varepsilon}_{xx} + \boldsymbol{\sigma}_{yy}\delta\boldsymbol{\varepsilon}_{yy} + 2\boldsymbol{\sigma}_{xy}\delta\boldsymbol{\varepsilon}_{xy})\,\mathrm{d}z\,\mathrm{d}x\,\mathrm{d}y \tag{3-57}$$

将式(3-55)代入式(3-57)，则虚应变能可表示为

$$\delta W_{\text{in}}^{e}=\int_{\Omega_e}\left(N_{xx}\delta\left(\frac{\partial u_0}{\partial x}+\frac{1}{2}\left(\frac{\partial w_0}{\partial x}\right)^2\right)-M_{xx}\frac{\partial^2 w_0}{\partial x^2}+N_{yy}\delta\left(\frac{\partial v_0}{\partial y}+\frac{1}{2}\left(\frac{\partial w_0}{\partial y}\right)^2\right)-\right.$$

$$\left.M_{yy}\frac{\partial^2 w_0}{\partial y^2}+N_{xy}\delta\left(\frac{\partial u_0}{\partial y}+\frac{\partial v_0}{\partial x}+\frac{\partial w_0}{\partial x}\frac{\partial w_0}{\partial y}\right)-M_{xy}\left(2\frac{\partial^2 w_0}{\partial x\partial y}\right)\right)\mathrm{d}z\,\mathrm{d}x\,\mathrm{d}y \quad (3-58)$$

其中，(N_{xx}, N_{yy}, N_{xy})为单位面积上的力，表示为

$$\begin{Bmatrix}N_{xx}\\N_{yy}\\N_{xy}\end{Bmatrix}=\int_{-\frac{h}{2}}^{\frac{h}{2}}\begin{Bmatrix}\sigma_{xx}\\\sigma_{yy}\\\sigma_{xy}\end{Bmatrix}\mathrm{d}z \quad (3-59)$$

而(M_{xx}, M_{yy}, M_{xy})为单位面积上的弯矩，表示为

$$\begin{Bmatrix}M_{xx}\\M_{yy}\\M_{xy}\end{Bmatrix}=\int_{-\frac{h}{2}}^{\frac{h}{2}}\begin{Bmatrix}\sigma_{xx}\\\sigma_{yy}\\\sigma_{xy}\end{Bmatrix}z\,\mathrm{d}z \quad (3-60)$$

假设 q 为物体用在板单元$z=-h/2$处的分布力，F_s 为作用在 $Z=h/2$ 处的支座反力，$(\sigma_{nn}, \sigma_{ns}, \sigma_{nz})$为板单元(见图 3-5)边界上的应力分量，则施加在单元上的力所做的虚功δW_{ex}^{e}由三部分组成，即 ① 作用在 $z=-h/2$ 处的分布横向载荷 $q(x, y)$所作的虚功；② 作用在 $z=h/2$ 处弹性地基的横向支座反力所作的虚功，③ 作用在边界上正应力 σ_{nn}、切向应力 σ_{ns} 以及横向剪应力 σ_{nz} 所作的虚功，故

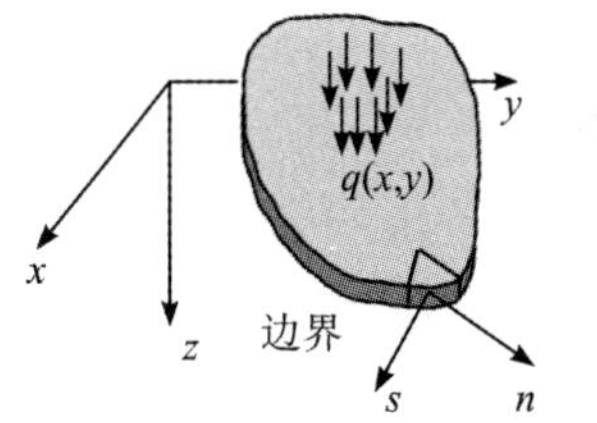

图 3-5　大挠度薄板单元

$$\delta W_{\text{ex}}^{e}=\int_{\Omega_e}q(x, y)\,\delta w\left(x, y, -\frac{h}{2}\right)\mathrm{d}x\,\mathrm{d}y+$$

$$\int_{\Omega_e}F_s(x, y)\,\delta w\left(x, y, \frac{h}{2}\right)\mathrm{d}x\,\mathrm{d}y+$$

$$\oint_{\Gamma^e}\int_{-\frac{h}{2}}^{\frac{h}{2}}[\sigma_{nn}\delta u_{nn}+\sigma_{ns}\delta u_{ns}+\sigma_{nz}\delta w]\,\mathrm{d}z\,\mathrm{d}s$$

$$=\int_{\Omega_e}(q(x, y)-kw_0)\,\delta w_0\,\mathrm{d}x\,\mathrm{d}y+\oint_{\Gamma^e}\left\{N_{nn}\delta u_{0n}-M_{nn}\frac{\delta w_0}{\delta n}+\right.$$

$$\left.N_{ns}\delta u_{0s}-M_{ns}\frac{\delta w_0}{\delta s}+Q_n\delta w_0\right\}\mathrm{d}s \quad (3-61)$$

其中，假设支撑的刚度为 k，则 $F_s(x, y)=kw_0$；u_{0n}，u_{0s}，w_0 为沿着边界面元的法向、切向以及横向的位移；N_{nn}，M_{nn}，N_{ns}，M_{ns}(见图 3-6)为

$$\begin{Bmatrix}N_{nn}\\N_{ns}\end{Bmatrix}=\int_{-\frac{h}{2}}^{\frac{h}{2}}\begin{Bmatrix}\sigma_{nn}\\\sigma_{ns}\end{Bmatrix}\mathrm{d}z \quad (3-62a)$$

$$\begin{Bmatrix}M_{nn}\\M_{ns}\end{Bmatrix}=\int_{-\frac{h}{2}}^{\frac{h}{2}}\begin{Bmatrix}\sigma_{nn}\\\sigma_{ns}\end{Bmatrix}z\,\mathrm{d}z \quad (3-62b)$$

$$Q_n=\int_{-\frac{h}{2}}^{\frac{h}{2}}\sigma_{nz}\,\mathrm{d}z \quad (3-62c)$$

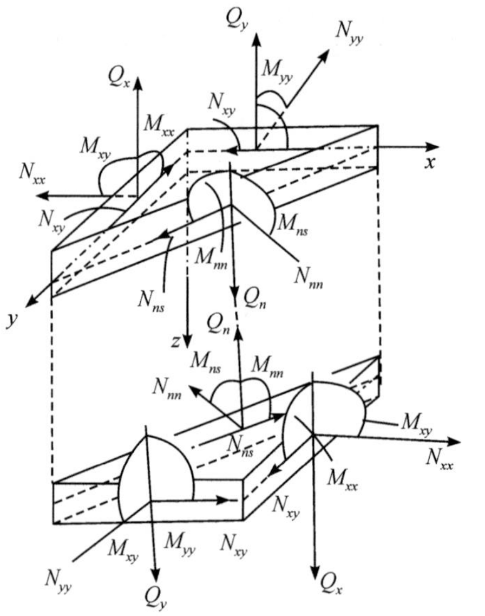

图 3-6 板单元单位长度上的力和力矩

边界上的应力 σ_{nn}、σ_{ns} 与直角坐标系下的应力分量 σ_{xx}，σ_{yy}，σ_{xy} 可以按以下关系进行变换：

$$\begin{Bmatrix}\sigma_{nn}\\ \sigma_{ns}\end{Bmatrix}=\begin{bmatrix}n_x^2 & n_y^2 & 2n_xn_y\\ -n_xn_y & n_xn_y & n_x^2-n_y^2\end{bmatrix}\begin{Bmatrix}\sigma_{xx}\\ \sigma_{yy}\\ \sigma_{xy}\end{Bmatrix} \tag{3-63}$$

利用式(3-58)和式(3-61)，虚功方程可写为

$$\begin{aligned}&\int_{\Omega_e}\left(N_{xx}\delta\left(\frac{\partial u_0}{\partial x}+\frac{1}{2}\left(\frac{\partial w_0}{\partial x}\right)^2\right)-M_{xx}\frac{\partial^2 w_0}{\partial x^2}+N_{yy}\delta\left(\frac{\partial v_0}{\partial y}+\frac{1}{2}\left(\frac{\partial w_0}{\partial y}\right)^2\right)-\right.\\&\left.M_{yy}\frac{\partial^2 w_0}{\partial y^2}+N_{xy}\delta\left(\frac{\partial u_0}{\partial y}+\frac{\partial v_0}{\partial x}+\frac{\partial w_0}{\partial x}\frac{\partial w_0}{\partial y}\right)-M_{xy}\left(2\frac{\partial^2 w_0}{\partial x\partial y}\right)\right)\mathrm{d}z\,\mathrm{d}x\,\mathrm{d}y-\\&\int_{\Omega_e}(q(x,y)-kw_0)\delta w_0\,\mathrm{d}x\,\mathrm{d}y+\\&\quad\oint_{\Gamma^e}\left\{N_{nn}\delta u_{0n}-M_{nn}\frac{\delta w_0}{\delta n}+N_{ns}\delta u_{0s}-M_{ns}\frac{\delta w_0}{\delta s}+Q_n\delta w_0\right\}\mathrm{d}s=0\end{aligned} \tag{3-64}$$

进一步写成

$$\begin{aligned}&\int_{\Omega_e}\left[\left(\frac{\delta\partial u_0}{\partial x}+\frac{\partial w_0}{\partial x}\frac{\delta\partial w_0}{\partial x}\right)N_{xx}+\left(\frac{\delta\partial v_0}{\partial y}+\frac{\partial w_0}{\partial y}\frac{\delta\partial w_0}{\partial y}\right)N_{yy}+\right.\\&\left(\frac{\delta\partial u_0}{\partial y}+\frac{\delta\partial v_0}{\partial x}+\frac{\partial w_0}{\partial x}\frac{\delta\partial w_0}{\partial y}+\frac{\partial w_0}{\partial y}\frac{\delta\partial w_0}{\partial x}\right)N_{xy}-\frac{\partial^2\delta w_0}{\partial x^2}M_{xx}-\frac{\partial^2\delta w_0}{\partial y^2}M_{yy}-\\&\left.2\frac{\partial^2\delta w_0}{\partial x\partial y}M_{xy}-q(x,y)\delta w_0+kw_0\delta w_0\right]\mathrm{d}x\,\mathrm{d}y-\\&\oint_{\Gamma^e}\left\{N_{nn}\delta u_{0n}+N_{ns}\delta u_{0s}-M_{nn}\frac{\delta w_0}{\delta n}-M_{ns}\frac{\delta w_0}{\delta s}+Q_n\delta w_0\right\}\mathrm{d}s=0\end{aligned} \tag{3-65}$$

因为变分 δu_0、δv_0、δw_0 任意值并相互独立，所以式(3－65)等价于三个方程，即

$$\int_{\Omega_e}\left[\left(\frac{\partial \delta u_0}{\partial x}\right)N_{xx}+\left(\frac{\partial \delta u_0}{\partial y}\right)N_{xy}\right]\mathrm{d}x\,\mathrm{d}y-\oint_{\Gamma^e}\{N_{nn}\delta u_{0n}\}\,\mathrm{d}s=0 \tag{3-66}$$

$$\int_{\Omega_e}\left[\left(\frac{\partial \delta v_0}{\partial y}\right)N_{yy}+\left(\frac{\partial \delta v_0}{\partial x}\right)N_{xy}\right]\mathrm{d}x\,\mathrm{d}y-\oint_{\Gamma^e}\{N_{ns}\delta u_{0s}\}\,\mathrm{d}s=0 \tag{3-67}$$

$$\int_{\Omega_e}\left[\frac{\partial \delta w_0}{\partial x}\left(\frac{\partial w_0}{\partial x}N_{xx}+\frac{\partial w_0}{\partial y}N_{xy}\right)+\frac{\partial \delta w_0}{\partial y}\left(\frac{\partial w_0}{\partial y}N_{yy}+\frac{\partial w_0}{\partial x}N_{xy}\right)-\right.$$
$$\left.\frac{\partial^2 \delta w_0}{\partial x^2}M_{xx}-\frac{\partial^2 \delta w_0}{\partial y^2}M_{yy}-2\frac{\partial^2 \delta w_0}{\partial x\partial y}M_{xy}-q(x,y)\,\delta w_0+kw_0\delta w_0\right]\mathrm{d}x\,\mathrm{d}y-$$
$$\oint_{\Gamma^e}\left\{-M_{nn}\frac{\delta w_0}{\delta n}-M_{ns}\frac{\delta w_0}{\delta s}+Q_n\delta w_0\right\}\mathrm{d}s=0 \tag{3-68}$$

对式 (3－65)进行分部积分，可得到平衡方程为

$$\int_{\Omega_e}\left[-\left(\frac{\partial N_{xx}}{\partial x}+\frac{\partial N_{xy}}{\partial y}\right)\delta u_0-\left(\frac{\partial N_{xy}}{\partial x}+\frac{\partial N_{yy}}{\partial y}\right)\delta v_0-\right.$$
$$\left.\left(\frac{\partial^2 M_{xx}}{\partial x^2}+2\frac{\partial^2 M_{xy}}{\partial x\partial y}+\frac{\partial^2 M_{yy}}{\partial y^2}+\mathcal{N}-kw_0+q\right)\delta w_0\right]\mathrm{d}x\,\mathrm{d}y+$$
$$\oint_{\Gamma^e}\left[(N_{xx}n_x+N_{xy}n_y)\,\delta u_0+(N_{xy}n_x+N_{yy}n_y)\,\delta v_0+\right.$$
$$\left(\frac{\partial M_{xx}}{\partial x}n_x+\frac{\partial M_{xy}}{\partial y}n_x+\frac{\partial M_{yy}}{\partial y}n_y+\frac{\partial M_{xy}}{\partial x}n_y+\mathcal{P}\right)\delta w_0-$$
$$\left.(M_{xx}n_x+M_{xy}n_y)\frac{\partial \delta w_0}{\partial x}-(M_{xy}n_y+M_{yy}n_y)\frac{\partial \delta w_0}{\partial y}\right]\mathrm{d}s-$$
$$\oint_{\Gamma^e}\left\{N_{nn}\delta u_{0n}+N_{ns}\delta u_{0s}-M_{nn}\frac{\partial \delta w_0}{\partial n}-M_{ns}\frac{\partial \delta w_0}{\partial s}+Q_n\delta w_0\right\}\mathrm{d}s=0 \tag{3-69}$$

其中：

$$\mathcal{N}=\frac{\partial}{\partial x}\left(N_{xx}\frac{\partial w_0}{\partial x}+N_{xy}\frac{\partial w_0}{\partial y}\right)+\frac{\partial}{\partial y}\left(N_{xy}\frac{\partial w_0}{\partial x}+N_{yy}\frac{\partial w_0}{\partial y}\right) \tag{3-70a}$$

$$\mathcal{P}=\left(N_{xx}\frac{\partial w_0}{\partial x}+N_{xy}\frac{\partial w_0}{\partial y}\right)n_x+\left(N_{xy}\frac{\partial w_0}{\partial x}+N_{yy}\frac{\partial w_0}{\partial y}\right)n_y \tag{3-70b}$$

变分 δu_0、δv_0、δw_0 取值任意并相互独立，若要式(3－69)成立，则需要其系数为零，故有

$$\frac{\partial N_{xx}}{\partial x}+\frac{\partial N_{xy}}{\partial y}=0 \tag{3-71}$$

$$\frac{\partial N_{xx}}{\partial x}+\frac{\partial N_{xy}}{\partial y}=0 \tag{3-72}$$

$$\frac{\partial^2 M_{xx}}{\partial x^2}+2\frac{\partial^2 M_{xy}}{\partial x\partial y}+\frac{\partial^2 M_{yy}}{\partial y^2}+\mathcal{N}-kw_0+q=0 \tag{3-73}$$

为了给出边界条件，我们用法线、切向和横向上的位移来表示直接坐标系下的位移，即

$$u_0 = u_{0n} n_x - u_{0s} n_y \tag{3-74a}$$

$$v_0 = u_{0n} n_y - u_{0s} n_x \tag{3-74b}$$

$$\frac{\partial w_0}{\partial x} = \frac{\partial w_0}{\partial n} n_x - \frac{\partial w_0}{\partial s} n_y \tag{3-74c}$$

$$\frac{\partial w_0}{\partial y} = \frac{\partial w_0}{\partial n} n_y + \frac{\partial w_0}{\partial s} n_x \tag{3-74d}$$

则式(3－69)的边界积分部分可写成

$$\oint_{\Gamma^e} \Big[(N_{xx} n_x + N_{xy} n_y) \delta(u_{0n} n_x - u_{0s} n_y) + (N_{xy} n_x + N_{yy} n_y) \delta(u_{0n} n_y - u_{0s} n_x) + (M_{xx,x} n_x + M_{xy,y} n_x + M_{yy,y} n_y + M_{xy,x} n_y + \mathcal{P}) \delta w_0 - (M_{xx} n_x + M_{xy} n_y) \left(\frac{\partial \delta w_0}{\partial n} n_x - \frac{\partial \delta w_0}{\partial s} n_y\right) - (M_{xy} n_y + M_{yy} n_y)\left(\frac{\partial \delta w_0}{\partial n} n_y + \frac{\partial \delta w_0}{\partial s} n_x\right) \Big] \mathrm{d}s - \oint_{\Gamma^e} \left\{ N_{nn} \delta u_{0n} + N_{ns} \delta u_{0s} - M_{nn} \frac{\partial \delta w_0}{\partial n} - M_{ns} \frac{\partial \delta w_0}{\partial s} + Q_n \delta w_0 \right\} \mathrm{d}s = 0 \tag{3-75}$$

变分 δu_{0n}、δu_{0s}、δw_0、$\frac{\partial \delta w_0}{\partial n}$、$\frac{\partial \delta w_0}{\partial s}$相互独立，且其系数为零，则由边界条件可得

$$N_{nn} = N_{xx} n_x^2 + 2N_{xy} n_x n_y + N_{yy} n_y^2 \tag{3-76a}$$

$$N_{ns} = (N_{yy} - N_{xx}) n_x n_y + N_{xy}(n_x^2 - n_y^2) \tag{3-76b}$$

$$Q_n = M_{xx,x} n_x + M_{xy,y} n_x + M_{yy,y} n_y + M_{xy,x} n_y + \mathcal{P} \tag{3-76c}$$

$$M_{nn} = M_{xx} n_x^2 + 2M_{xy} n_x n_y + M_{yy} n_y^2 \tag{3-76d}$$

$$M_{ns} = (M_{yy} - M_{xx}) n_x n_y + M_{xy}(n_x^2 - n_y^2) \tag{3-76e}$$

从边界条件可以看出，关于力边界条件共有五个跟其相关的量 N_{nn}，N_{ns}，Q_n，M_{nn}，M_{ns}。

但从式(3－75)的最后一个积分可以看出含有积分$\oint_{\Gamma^e} - M_{ns} \frac{\delta w_0}{\delta s} \mathrm{d}s$，利用分部积分得

$$\oint_{\Gamma^e} - M_{ns} \frac{\delta w_0}{\delta s} \mathrm{d}s = \oint_{\Gamma^e} \frac{\partial M_{ns}}{\partial s} \delta w_0 \mathrm{d}s - M_{ns} \delta w \Big|_{\Gamma^e} \tag{3-77}$$

当曲线为闭合曲线或 $M_{ns} = 0$ 时，右边第二项为零。那么，$\frac{\partial M_{ns}}{\partial s}$与剪力 Q_n 合并得到有效剪力为

$$\frac{\partial M_{ns}}{\partial s} + Q_n \overset{\text{def}}{=} V_n \tag{3-78}$$

这样位移边界条件和力边界条件涉及的量有 u_{0n}，u_{0s}，w_0，$\frac{\delta w_0}{\delta n}$ 以及 N_{nn}，N_{ns}，V_n，M_{nn}。

当板的边界平行于 x 轴和 y 轴(即 $s=x$ 和 $n=y$)时，边界条件为

$$u_{0n} = v_0,\ u_{0s} = u_0,\ w_0,\ \frac{\delta w_0}{\delta n} = \frac{\delta w_0}{\delta y} \tag{3-79}$$

$$N_{nn} = N_{yy},\ N_{ns} = N_{yx},\ V_n = V_y,\ M_{nn} = M_{yy} \tag{3-80}$$

这里我们以边界 $y=0(n_x=0,\ n_y=-1)$来讨论各种典型的边界条件。

自由边界条件：

$$v_0 \neq 0,\ u_0 \neq 0,\ w_0 \neq 0,\ \frac{\delta w_0}{\delta y} \neq 0 \tag{3-81}$$

$$N_{yy} = N_{yy}\big|_{sur},\ N_{yx} = N_{yx}\big|_{sur},\ V_y = -\frac{\partial M_{xy}}{\partial x} - Q_y = V_{yy}\big|_{sur},\ M_{yy} = M_{yy}\big|_{sur} \tag{3-82}$$

而对四边形板，$M_{xy}=0$。

固定边界条件：

$$v_0 = 0,\ u_0 = 0,\ w_0 = 0,\ \frac{\delta w_0}{\delta y} = 0 \tag{3-83}$$

而 N_{yy}，N_{yx}，V_y，M_{yy} 未知，对四边形板，$M_{xy}=0$。

简支边界条件(这里我们定义了两种类型的简支边界条件)：

$$u_0 = 0,\ w_0 = 0,\ N_{yy} = N_{yy}\big|_s,\ M_{yy} = M_{yy}\big|_s \tag{3-84a}$$

$$v_0 = 0,\ w_0 = 0,\ N_{yx} = N_{yx}\big|_s,\ M_{yy} = M_{yy}\big|_s \tag{3-84b}$$

利用本构关系，可以用广义位移(u_0，w_0)表示力和力矩($\{N\}$，$\{M\}$)。对于正交各向异性材料，平面弹性本构方程可表示为

$$\begin{Bmatrix} \sigma_{xx} \\ \sigma_{yy} \\ \sigma_{xy} \end{Bmatrix} = \begin{bmatrix} Q_{11} & Q_{12} & 0 \\ Q_{21} & Q_{22} & 0 \\ 0 & 0 & Q_{66} \end{bmatrix} \begin{Bmatrix} \varepsilon_{xx} \\ \varepsilon_{yy} \\ \gamma_{xy} \end{Bmatrix} \tag{3-85}$$

其中：

$$Q_{11} = \frac{E_1}{1 - v_{12}v_{21}},\ Q_{12} = \frac{v_{12}E_2}{1 - v_{12}v_{21}} = \frac{v_{21}E_1}{1 - v_{12}v_{21}},\ Q_{22} = \frac{E_2}{1 - v_{12}v_{21}},\ Q_{66} = G_{12} \tag{3-86}$$

将式(3-85)代入式(3-59)和式(3-60)中，再利用式(3-55)，分别有

$$\begin{aligned} \begin{Bmatrix} N_{xx} \\ N_{yy} \\ N_{xy} \end{Bmatrix} &= \int_{-\frac{h}{2}}^{\frac{h}{2}} \begin{Bmatrix} \sigma_{xx} \\ \sigma_{yy} \\ \sigma_{xy} \end{Bmatrix} dz \\ &= \int_{-\frac{h}{2}}^{\frac{h}{2}} \begin{bmatrix} Q_{11} & Q_{12} & 0 \\ Q_{21} & Q_{22} & 0 \\ 0 & 0 & Q_{66} \end{bmatrix} \begin{Bmatrix} \varepsilon_{xx} \\ \varepsilon_{yy} \\ \gamma_{xy} \end{Bmatrix} dz \\ &= \begin{bmatrix} A_{11} & A_{12} & 0 \\ A_{21} & A_{22} & 0 \\ 0 & 0 & A_{66} \end{bmatrix} \begin{Bmatrix} \dfrac{\partial u_0}{\partial x} + \dfrac{1}{2}\left(\dfrac{\partial w_0}{\partial x}\right)^2 \\ \dfrac{\partial v_0}{\partial y} + \dfrac{1}{2}\left(\dfrac{\partial w_0}{\partial y}\right)^2 \\ \dfrac{1}{2}\left(\dfrac{\partial u_0}{\partial y} + \dfrac{\partial v_0}{\partial x} + \dfrac{\partial w_0}{\partial x}\dfrac{\partial w_0}{\partial y}\right) \end{Bmatrix} \end{aligned} \tag{3-87}$$

$$\begin{Bmatrix} M_{xx} \\ M_{yy} \\ M_{xy} \end{Bmatrix} = \int_{-\frac{h}{2}}^{\frac{h}{2}} \begin{Bmatrix} \sigma_{xx} \\ \sigma_{yy} \\ \sigma_{xy} \end{Bmatrix} z\,\mathrm{d}z = \int_{-\frac{h}{2}}^{\frac{h}{2}} \begin{bmatrix} Q_{11} & Q_{12} & 0 \\ Q_{21} & Q_{22} & 0 \\ 0 & 0 & Q_{66} \end{bmatrix} \begin{Bmatrix} \varepsilon_{xx} \\ \varepsilon_{yy} \\ \gamma_{xy} \end{Bmatrix} z\,\mathrm{d}z$$

$$= \begin{bmatrix} D_{11} & D_{12} & 0 \\ D_{21} & D_{22} & 0 \\ 0 & 0 & D_{66} \end{bmatrix} \begin{Bmatrix} -z\,\dfrac{\partial^2 w_0}{\partial x^2} \\ -z\,\dfrac{\partial^2 w_0}{\partial y^2} \\ -2z\,\dfrac{\partial^2 w_0}{\partial x \partial y} \end{Bmatrix} \tag{3-88}$$

其中：

$$(A_{ij},\ D_{ij}) = \int_{-\frac{h}{2}}^{\frac{h}{2}} Q_{ij}(1,\ z^2)\,\mathrm{d}z \tag{3-89}$$

即

$$(A_{ij},\ D_{ij}) = \left(hQ_{ij},\ \frac{h^3}{12}Q_{ij}\right) \tag{3-90}$$

将式(3-90)代入式(3-57)中，通过建立位移有限元模型，假设材料为正交各向异性板，则其虚功方程表示为

$$\int_{\Omega_e}\left[\frac{\partial \delta u_0}{\partial x}\left\{A_{11}\left(\frac{\partial u_0}{\partial x}+\frac{1}{2}\left(\frac{\partial w_0}{\partial x}\right)^2\right)+A_{12}\left(\frac{\partial v_0}{\partial y}+\frac{1}{2}\left(\frac{\partial w_0}{\partial y}\right)^2\right)\right\}+\right.$$
$$\left.\frac{\partial \delta u_0}{\partial y}A_{66}\left(\frac{\partial u_0}{\partial y}+\frac{\partial v_0}{\partial x}+\frac{\partial w_0}{\partial x}\frac{\partial w_0}{\partial y}\right)\right]\mathrm{d}x\,\mathrm{d}y-\oint_{\Gamma^e}\{N_n\delta u_{0n}\}\,\mathrm{d}s=0 \tag{3-91}$$

$$\int_{\Omega_e}\left[\left(\frac{\partial \delta v_0}{\partial y}\right)\left\{A_{12}\left(\frac{\partial u_0}{\partial x}+\frac{1}{2}\left(\frac{\partial w_0}{\partial x}\right)^2\right)+A_{22}\left(\frac{\partial v_0}{\partial y}+\frac{1}{2}\left(\frac{\partial w_0}{\partial y}\right)^2\right)\right\}+\right.$$
$$\left.\left(\frac{\partial \delta v_0}{\partial x}\right)A_{66}\left(\frac{\partial u_0}{\partial y}+\frac{\partial v_0}{\partial x}+\frac{\partial w_0}{\partial x}\frac{\partial w_0}{\partial y}\right)\right]\mathrm{d}x\,\mathrm{d}y-\oint_{\Gamma^e}\{N_s\delta u_{0s}\}\,\mathrm{d}s=0 \tag{3-92}$$

$$\int_{\Omega_e}\left[\frac{\partial \delta w_0}{\partial x}\left(\frac{\partial w_0}{\partial x}\left\{A_{11}\left(\frac{\partial u_0}{\partial x}+\frac{1}{2}\left(\frac{\partial w_0}{\partial x}\right)^2\right)+A_{12}\left(\frac{\partial v_0}{\partial y}+\frac{1}{2}\left(\frac{\partial w_0}{\partial y}\right)^2\right)\right\}+\right.\right.$$
$$\left.\frac{\partial w_0}{\partial y}\left\{A_{11}\left(\frac{\partial u_0}{\partial x}+\frac{1}{2}\left(\frac{\partial w_0}{\partial x}\right)^2\right)+A_{12}\left(\frac{\partial v_0}{\partial y}+\frac{1}{2}\left(\frac{\partial w_0}{\partial y}\right)^2\right)\right\}\right)+$$
$$\frac{\partial \delta w_0}{\partial y}\left(\frac{\partial w_0}{\partial y}\left\{A_{12}\left(\frac{\partial u_0}{\partial x}+\frac{1}{2}\left(\frac{\partial w_0}{\partial x}\right)^2\right)+A_{22}\left(\frac{\partial v_0}{\partial y}+\frac{1}{2}\left(\frac{\partial w_0}{\partial y}\right)^2\right)\right\}+\right.$$
$$\left.\frac{\partial w_0}{\partial x}A_{66}\left(\frac{\partial u_0}{\partial y}+\frac{\partial v_0}{\partial x}+\frac{\partial w_0}{\partial x}\frac{\partial w_0}{\partial y}\right)\right)+\frac{\partial^2 \delta w_0}{\partial x^2}\left\{D_{11}z\frac{\partial^2 w_0}{\partial x^2}+D_{12}z\frac{\partial^2 w_0}{\partial y^2}\right\}+$$
$$\left.\frac{\partial^2 \delta w_0}{\partial y^2}\left\{D_{21}z\frac{\partial^2 w_0}{\partial x^2}+D_{22}z\frac{\partial^2 w_0}{\partial y^2}\right\}+4D_{66}\frac{\partial^2 \delta w_0}{\partial x \partial y}z\frac{\partial^2 w_0}{\partial x \partial y_{xy}}-q(x,\ y)\delta w_0+kw_0\delta w_0\right]$$
$$\mathrm{d}x\,\mathrm{d}y-\oint_{\Gamma^e}\left\{V_n\delta w_0-M_{ns}\frac{\delta w_0}{\delta s}\right\}\mathrm{d}s=0 \tag{3-93}$$

其中：

$$N_n = N_{xx}n_x + N_{xy}n_y \tag{3-94a}$$

$$N_s = N_{yy}n_y + N_{xy}n_x^2 \tag{3-94b}$$

$$M_n = M_{xx}n_x + M_{xy}n_y \tag{3-94c}$$

$$M_s = M_{yy}n_y + M_{xy}n_x \tag{3-94d}$$

$$V_n = \frac{\partial M_{ns}}{\partial s} + Q_n \tag{3-94e}$$

(n_x, n_y)表示单元边界 Γ^e 上单位法线的方向余弦。

假设单元任意一点位移由节点位移插值获得，即

$$u_0(x, y) = \sum_{j=1}^{m} u_j^e \psi_j^e(x, y) \tag{3-95a}$$

$$v_0(x, y) = \sum_{j=1}^{m} v_j^e \psi_j^e(x, y) \tag{3-95b}$$

$$w_0(x, y) = \sum_{j=1}^{m} \overline{\Delta}_j^e \varphi_j^e(x, y) \tag{3-95c}$$

其中，ψ_j^e 为拉格朗日插值函数，$\Delta\overline{\Delta}_j^e$ 为各节点上 w_0 及其导数的值，φ_j^e 为插值函数，其具体形式取决于单元的几何形状和所插值节点的自由度。代入方程式(3-91)～式(3-93)，可获得

$$\begin{bmatrix} K^{11} & K^{12} & K^{13} \\ K^{21} & K^{22} & K^{23} \\ K^{31} & K^{32} & K^{33} \end{bmatrix} \begin{Bmatrix} \boldsymbol{u} \\ \boldsymbol{v} \\ \overline{\Delta} \end{Bmatrix} = \begin{Bmatrix} \boldsymbol{F}^1 \\ \boldsymbol{F}^2 \\ \boldsymbol{F}^3 \end{Bmatrix} \tag{3-96}$$

其中：

$$K_{ij}^{11} = \int_{\Omega_e} A_{11} \frac{\partial \psi_i^e}{\partial x} \frac{\partial \psi_j^e}{\partial x} + A_{66} \frac{\partial \psi_i^e}{\partial y} \frac{\partial \psi_j^e}{\partial y} \mathrm{d}x\mathrm{d}y \tag{3-97a}$$

$$K_{ij}^{12} = \int_{\Omega_e} A_{12} \frac{\partial \psi_i^e}{\partial x} \frac{\partial \psi_j^e}{\partial y} + A_{66} \frac{\partial \psi_i^e}{\partial y} \frac{\partial \psi_j^e}{\partial x} \mathrm{d}x\mathrm{d}y \tag{3-97b}$$

$$K_{ji}^{12} = K_{ij}^{12} \tag{3-97c}$$

$$K_{ij}^{13} = \frac{1}{2}\int_{\Omega_e} \left[\frac{\partial \psi_i^e}{\partial x}\left(A_{11} \frac{\partial w_0}{\partial x} \frac{\partial \psi_j^e}{\partial x} + A_{12} \frac{\partial w_0}{\partial y} \frac{\partial \psi_j^e}{\partial y}\right) + A_{66} \frac{\partial \psi_i^e}{\partial y}\left(\frac{\partial w_0}{\partial x} \frac{\partial \psi_j^e}{\partial y} + \frac{\partial w_0}{\partial y} \frac{\partial \psi_j^e}{\partial x}\right)\right] \mathrm{d}x\mathrm{d}y \tag{3-97d}$$

$$K_{ij}^{22} = \int_{\Omega_e} A_{66} \frac{\partial \psi_i^e}{\partial x} \frac{\partial \psi_j^e}{\partial x} + A_{22} \frac{\partial \psi_i^e}{\partial y} \frac{\partial \psi_j^e}{\partial y} \mathrm{d}x\mathrm{d}y \tag{3-97e}$$

$$K_{ij}^{23} = \frac{1}{2}\int_{\Omega_e} \left[\frac{\partial \psi_i^e}{\partial y}\left(A_{12} \frac{\partial w_0}{\partial x} \frac{\partial \psi_j^e}{\partial x} + A_{22} \frac{\partial w_0}{\partial y} \frac{\partial \psi_j^e}{\partial y}\right) + A_{66} \frac{\partial \psi_i^e}{\partial x}\left(\frac{\partial w_0}{\partial x} \frac{\partial \psi_j^e}{\partial y} + \frac{\partial w_0}{\partial y} \frac{\partial \psi_j^e}{\partial x}\right)\right] \mathrm{d}x\mathrm{d}y \tag{3-97f}$$

$$K_{ij}^{31} = \int_{\Omega_e} \left[\frac{\partial \psi_i^e}{\partial x}\left(A_{11} \frac{\partial w_0}{\partial x} \frac{\partial \psi_j^e}{\partial x} + A_{66} \frac{\partial w_0}{\partial y} \frac{\partial \psi_j^e}{\partial y}\right) + \frac{\partial \psi_i^e}{\partial y}\left(A_{66} \frac{\partial w_0}{\partial x} \frac{\partial \psi_j^e}{\partial y} + A_{12} \frac{\partial w_0}{\partial y} \frac{\partial \psi_j^e}{\partial x}\right)\right] \mathrm{d}x\mathrm{d}y \tag{3-97g}$$

$$K_{ij}^{32} = \int_{\Omega_e} \left[\frac{\partial \psi_i^e}{\partial x}\left(A_{12} \frac{\partial w_0}{\partial x} \frac{\partial \psi_j^e}{\partial x} + A_{66} \frac{\partial w_0}{\partial y} \frac{\partial \psi_j^e}{\partial y}\right) + \frac{\partial \psi_i^e}{\partial y}\left(A_{66} \frac{\partial w_0}{\partial x} \frac{\partial \psi_j^e}{\partial x} + A_{22} \frac{\partial w_0}{\partial y} \frac{\partial \psi_j^e}{\partial y}\right)\right] \mathrm{d}x\mathrm{d}y \tag{3-97h}$$

$$K_{ij}^{33}=\int_{\Omega_e}\left[D_{11}\frac{\partial^2\varphi_i^e}{\partial x^2}\frac{\partial^2\varphi_j^e}{\partial x^2}+D_{22}\frac{\partial^2\varphi_i^e}{\partial y^2}\frac{\partial^2\varphi_j^e}{\partial y^2}+D_{12}\left(\frac{\partial^2\varphi_i^e}{\partial x^2}\frac{\partial^2\varphi_j^e}{\partial y^2}+\frac{\partial^2\varphi_i^e}{\partial y^2}\frac{\partial^2\varphi_j^e}{\partial x^2}\right)+\right.$$

$$\left.4D_{66}\frac{\partial^2\varphi_i^e}{\partial x\partial y}\frac{\partial^2\varphi_j^e}{\partial x\partial y}+k\varphi_i^e\varphi_j^e\right]\mathrm{d}x\,\mathrm{d}y+\frac{1}{2}\int_{\Omega_e}\left[\left(A_{11}\left(\frac{\partial w_0}{\partial x}\right)^2+A_{66}\left(\frac{\partial w_0}{\partial y}\right)^2\right)\frac{\partial\varphi_i^e}{\partial x}\frac{\partial\varphi_j^e}{\partial x}+\right.$$

$$\left.\left(A_{66}\left(\frac{\partial w_0}{\partial x}\right)^2+A_{22}\left(\frac{\partial w_0}{\partial y}\right)^2\right)\frac{\partial\varphi_i^e}{\partial y}\frac{\partial\varphi_j^e}{\partial y}+(A_{12}+A_{66})\frac{\partial w_0}{\partial x}\frac{\partial w_0}{\partial y}\left(\frac{\partial\varphi_i^e}{\partial x}\frac{\partial\varphi_j^e}{\partial x}+\frac{\partial\varphi_i^e}{\partial y}\frac{\partial\varphi_j^e}{\partial y}\right)\right]\mathrm{d}x\,\mathrm{d}y$$

(3-97i)

$$F_i^1=\oint_{\Gamma^e}\{N_n\psi_i^e\}\,\mathrm{d}s \tag{3-97j}$$

$$F_i^2=\oint_{\Gamma^e}\{N_s\psi_i^e\}\,\mathrm{d}s \tag{3-97k}$$

$$F_i^3=\int_{\Omega_e}q\varphi_i^e\,\mathrm{d}x\,\mathrm{d}y+\oint_{\Gamma^e}\left\{V_n\varphi_i^e-M_n\frac{\delta\varphi_i^e}{\delta n}\right\}\mathrm{d}s \tag{3-97l}$$

非线性方程式(3-96)的求解可以采用第5章介绍的迭代法进行数值计算。

利用牛顿-拉夫逊(Newton-Raphson)迭代法，求解方程为

$$\begin{bmatrix}[T^{11}] & [T^{12}] & [T^{13}]\\ [T^{21}] & [T^{22}] & [T^{23}]\\ [T^{31}] & [T^{32}] & [T^{33}]\end{bmatrix}\begin{Bmatrix}\{\delta\Delta^1\}\\ \{\delta\Delta^2\}\\ \{\delta\Delta^3\}\end{Bmatrix}=-\begin{Bmatrix}\{R^1\}\\ \{R^2\}\\ \{R^3\}\end{Bmatrix} \tag{3-98}$$

其中：

$$\Delta_i^1=u_i,\quad \Delta_i^2=v_i,\quad \Delta_i^3=\bar{\Delta}_i^3 \tag{3-99a}$$

$$T_{ij}^{\alpha\beta}=\left(\frac{\partial R_i^\alpha}{\partial\Delta_j^\beta}\right) \tag{3-99b}$$

$$R_i^\alpha=\sum_{\gamma=1}^{3}\sum_{k=1}^{n*}K_{ik}^{\alpha\gamma}\Delta_k^\gamma-F_i^\alpha \tag{3-99c}$$

$$\begin{aligned}T_{ij}^{\alpha\beta}&=\frac{\partial}{\partial\Delta_j^\beta}\left(\sum_{\gamma=1}^{3}\sum_{k=1}^{n*}K_{ik}^{\alpha\gamma}\Delta_k^\gamma-F_i^\alpha\right)\\&=K_{ij}^{\alpha\beta}+\sum_{\gamma=1}^{3}\sum_{k=1}^{n*}\frac{\partial}{\partial\Delta_j^\beta}(K_{ik}^{\alpha\gamma})\Delta_k^\gamma\end{aligned} \tag{3-99d}$$

这里，式(3-99c)中的 $n*$ 表示 n 或 m，其取决于节点自由度；与位移相关的子矩阵有 K_{ij}^{13}，K_{ij}^{23}，K_{ij}^{31}，K_{ij}^{32}，K_{ij}^{33}，它们均为横向挠度 $\Delta_i^3=\bar{\Delta}_i^3$ 的函数。因此，所有子矩阵对 $\Delta_i^1=u_i$，$\Delta_i^2=v_i$ 的导数均为零，故有

$$T_{ij}^{11}=K_{ij}^{11}+\sum_{\gamma=1}^{3}\sum_{k=1}^{n*}\frac{\partial}{\partial u_j}(K_{ik}^{1\gamma})\Delta_k^\gamma=K_{ij}^{11} \tag{3-100a}$$

$$T_{ij}^{12}=K_{ij}^{12}+\sum_{\gamma=1}^{3}\sum_{k=1}^{n*}\frac{\partial}{\partial v_j}(K_{ik}^{1\gamma})\Delta_k^\gamma=K_{ij}^{12} \tag{3-100b}$$

$$T_{ij}^{21}=K_{ij}^{21}+\sum_{\gamma=1}^{3}\sum_{k=1}^{n*}\frac{\partial}{\partial u_j}(K_{ik}^{2\gamma})\Delta_k^\gamma=K_{ij}^{21} \tag{3-100c}$$

$$T_{ij}^{22}=K_{ij}^{22}+\sum_{\gamma=1}^{3}\sum_{k=1}^{n*}\frac{\partial}{\partial v_j}(K_{ik}^{2\gamma})\Delta_k^\gamma=K_{ij}^{22} \tag{3-100d}$$

$$T_{ij}^{31}=K_{ij}^{31}+\sum_{\gamma=1}^{3}\sum_{k=1}^{n*}\frac{\partial}{\partial u_j}(K_{ik}^{3\gamma})\Delta_k^{\gamma}=K_{ij}^{31} \tag{3-100e}$$

$$T_{ij}^{32}=K_{ij}^{32}+\sum_{\gamma=1}^{3}\sum_{k=1}^{n*}\frac{\partial}{\partial v_j}(K_{ik}^{3\gamma})\Delta_k^{\gamma}=K_{ij}^{32} \tag{3-100f}$$

$$\begin{aligned}
T_{ij}^{13}&=K_{ij}^{13}+\sum_{\gamma=1}^{3}\sum_{k=1}^{n*}\frac{\partial}{\partial\overline{\Delta}_j^3}(K_{ik}^{1\gamma})\overline{\Delta}_k^{\gamma}\\
&=K_{ij}^{13}+\sum_{k=1}^{n*}\frac{\partial}{\partial\overline{\Delta}_j^3}(K_{ik}^{13})\overline{\Delta}_k^{3}\\
&=K_{ij}^{13}+\frac{1}{2}\sum_{k=1}^{n*}\overline{\Delta}_k^{3}\frac{\partial}{\partial\overline{\Delta}_j^3}\\
&\quad\left\{\int_{\Omega_e}\left[\frac{\partial\psi_i^e}{\partial x}\left(A_{11}\frac{\partial w_0}{\partial x}\frac{\partial\varphi_k^e}{\partial x}+A_{12}\frac{\partial w_0}{\partial y}\frac{\partial\varphi_k^e}{\partial y}\right)+A_{66}\frac{\partial\psi_i^e}{\partial y}\left(\frac{\partial w_0}{\partial x}\frac{\partial\varphi_k^e}{\partial y}+\frac{\partial w_0}{\partial y}\frac{\partial\varphi_k^e}{\partial x}\right)\right]\mathrm{d}x\,\mathrm{d}y\right\}\\
&=K_{ij}^{13}+\frac{1}{2}\sum_{k=1}^{n*}\overline{\Delta}_k^{3}\left\{\int_{\Omega_e}\left[\frac{\partial\psi_i^e}{\partial x}\left(A_{11}\frac{\partial\varphi_j^e}{\partial x}\frac{\partial\varphi_k^e}{\partial x}+A_{12}\frac{\partial\varphi_j^e}{\partial y}\frac{\partial\varphi_k^e}{\partial y}\right)+\right.\right.\\
&\quad\left.\left.A_{66}\frac{\partial\psi_i^e}{\partial y}\left(\frac{\partial\varphi_j^e}{\partial x}\frac{\partial\varphi_k^e}{\partial y}+\frac{\partial\varphi_j^e}{\partial y}\frac{\partial\varphi_k^e}{\partial x}\right)\right]\mathrm{d}x\,\mathrm{d}y\right\}\\
&=K_{ij}^{13}+\frac{1}{2}\left\{\int_{\Omega_e}\left[\frac{\partial\psi_i^e}{\partial x}\left(A_{11}\frac{\partial\varphi_j^e}{\partial x}\frac{\partial w_0}{\partial x}+A_{12}\frac{\partial\varphi_j^e}{\partial y}\frac{\partial w_0}{\partial y}\right)+A_{66}\frac{\partial\psi_i^e}{\partial y}\left(\frac{\partial\varphi_j^e}{\partial x}\frac{\partial w_0}{\partial y}+\frac{\partial\varphi_j^e}{\partial y}\frac{\partial w_0}{\partial x}\right)\right]\mathrm{d}x\,\mathrm{d}y\right\}\\
&=K_{ij}^{13}+K_{ij}^{13}=2K_{ij}^{13}=T_{ij}^{31}
\end{aligned} \tag{3-100g}$$

$$\begin{aligned}
T_{ij}^{23}&=K_{ij}^{23}+\sum_{\gamma=1}^{3}\sum_{k=1}^{n*}\frac{\partial}{\partial\overline{\Delta}_j^3}(K_{ik}^{2\gamma})\Delta_k^{\gamma}\\
&=K_{ij}^{23}+\sum_{k=1}^{n*}\frac{\partial}{\partial\overline{\Delta}_j^3}(K_{ik}^{23})\overline{\Delta}_k^{3}\\
&=K_{ij}^{23}+\frac{1}{2}\sum_{k=1}^{n*}\overline{\Delta}_k^{3}\frac{\partial}{\partial\overline{\Delta}_j^3}\left\{\int_{\Omega_e}\left[\frac{\partial\psi_i^e}{\partial x}\left(A_{12}\frac{\partial w_0}{\partial x}\frac{\partial\varphi_k^e}{\partial x}+A_{22}\frac{\partial w_0}{\partial y}\frac{\partial\varphi_k^e}{\partial y}\right)+\right.\right.\\
&\quad\left.\left.A_{66}\frac{\partial\psi_i^e}{\partial y}\left(\frac{\partial w_0}{\partial x}\frac{\partial\varphi_k^e}{\partial y}+\frac{\partial w_0}{\partial y}\frac{\partial\varphi_k^e}{\partial x}\right)\right]\mathrm{d}x\,\mathrm{d}y\right\}\\
&=K_{ij}^{23}+\frac{1}{2}\sum_{k=1}^{n*}\overline{\Delta}_k^{3}\left\{\int_{\Omega_e}\left[\frac{\partial\psi_i^e}{\partial x}\left(A_{12}\frac{\partial\varphi_j^e}{\partial x}\frac{\partial\varphi_k^e}{\partial x}+A_{22}\frac{\partial\varphi_j^e}{\partial y}\frac{\partial\varphi_k^e}{\partial y}\right)+A_{66}\frac{\partial\psi_i^e}{\partial y}\left(\frac{\partial\varphi_j^e}{\partial x}\frac{\partial\varphi_k^e}{\partial y}+\frac{\partial\varphi_j^e}{\partial y}\frac{\partial\varphi_k^e}{\partial x}\right)\right]\mathrm{d}x\,\mathrm{d}y\right\}\\
&=K_{ij}^{23}+\frac{1}{2}\left\{\int_{\Omega_e}\left[\frac{\partial\psi_i^e}{\partial x}\left(A_{12}\frac{\partial\varphi_j^e}{\partial x}\frac{\partial w_0}{\partial x}+A_{22}\frac{\partial\varphi_j^e}{\partial y}\frac{\partial w_0}{\partial y}\right)+A_{66}\frac{\partial\psi_i^e}{\partial y}\left(\frac{\partial\varphi_j^e}{\partial x}\frac{\partial w_0}{\partial y}+\frac{\partial\varphi_j^e}{\partial y}\frac{\partial w_0}{\partial x}\right)\right]\mathrm{d}x\,\mathrm{d}y\right\}\\
&=K_{ij}^{23}+K_{ij}^{23}=2K_{ij}^{23}=T_{ij}^{32}
\end{aligned} \tag{3-100h}$$

$$\begin{aligned}
T_{ij}^{33}&=K_{ij}^{33}+\sum_{\gamma=1}^{3}\sum_{k=1}^{n*}\frac{\partial}{\partial\overline{\Delta}_j^3}(K_{ik}^{3\gamma})\Delta_k^{\gamma}\\
&=K_{ij}^{23}+\sum_{k=1}^{n*}\frac{\partial}{\partial\overline{\Delta}_j^3}(K_{ik}^{31})u_k+\sum_{k=1}^{n*}\frac{\partial}{\partial\overline{\Delta}_j^3}(K_{ik}^{32})v_k+\sum_{k=1}^{n*}\frac{\partial}{\partial\overline{\Delta}_j^3}(K_{ik}^{33})\overline{\Delta}_k^{3}
\end{aligned} \tag{3-100i}$$

在式(3-100i)中，有

$$\sum_{k=1}^{n*}\frac{\partial}{\partial\overline{\Delta}_j^3}(K_{ik}^{31})u_k=\sum_{k=1}^{m}u_k\frac{\partial}{\partial\overline{\Delta}_j^3}$$

$$\left\{\int_{\Omega_e}\left[\frac{\partial\varphi_i^e}{\partial x}\left(A_{11}\frac{\partial w_0}{\partial x}\frac{\partial\psi_k^e}{\partial x}+A_{66}\frac{\partial w_0}{\partial y}\frac{\partial\psi_k^e}{\partial y}\right)+\frac{\partial\varphi_i^e}{\partial y}\left(A_{66}\frac{\partial w_0}{\partial x}\frac{\partial\psi_k^e}{\partial y}+A_{12}\frac{\partial w_0}{\partial y}\frac{\partial\psi_k^e}{\partial x}\right)\right]\mathrm{d}x\mathrm{d}y\right\}$$

$$=\sum_{k=1}^{m}u_k\left\{\int_{\Omega_e}\left[\frac{\partial\varphi_i^e}{\partial x}\left(A_{11}\frac{\partial\psi_j^e}{\partial x}\frac{\partial\psi_k^e}{\partial x}+A_{66}\frac{\partial\psi_j^e}{\partial y}\frac{\partial\psi_k^e}{\partial y}\right)+\frac{\partial\varphi_i^e}{\partial y}\left(A_{66}\frac{\partial\psi_j^e}{\partial x}\frac{\partial\psi_k^e}{\partial y}+A_{12}\frac{\partial\psi_j^e}{\partial y}\frac{\partial\psi_k^e}{\partial x}\right)\right]\mathrm{d}x\mathrm{d}y\right\}$$

$$=\left\{\int_{\Omega_e}\left[\frac{\partial\varphi_i^e}{\partial x}\left(A_{11}\frac{\partial\psi_j^e}{\partial x}\frac{\partial u_0}{\partial x}+A_{66}\frac{\partial\psi_j^e}{\partial y}\frac{\partial u_0}{\partial y}\right)+\frac{\partial\varphi_i^e}{\partial y}\left(A_{66}\frac{\partial\psi_j^e}{\partial x}\frac{\partial u_0}{\partial y}+A_{12}\frac{\partial\psi_j^e}{\partial y}\frac{\partial u_0}{\partial x}\right)\right]\mathrm{d}x\mathrm{d}y\right\}\tag{3-101a}$$

$$\sum_{k=1}^{n*}\frac{\partial}{\partial\overline{\Delta}_j^3}(K_{ik}^{32})v_k=\sum_{k=1}^{m}v_k\frac{\partial}{\partial\overline{\Delta}_j^3}\left\{\int_{\Omega_e}\left[\frac{\partial\varphi_i^e}{\partial x}\left(A_{12}\frac{\partial w_0}{\partial x}\frac{\partial\psi_k^e}{\partial x}+A_{66}\frac{\partial w_0}{\partial y}\frac{\partial\psi_k^e}{\partial y}\right)+\frac{\partial\varphi_i^e}{\partial y}\left(A_{66}\frac{\partial w_0}{\partial x}\frac{\partial\psi_k^e}{\partial y}+A_{22}\frac{\partial w_0}{\partial y}\frac{\partial\psi_k^e}{\partial x}\right)\right]\mathrm{d}x\mathrm{d}y\right\}$$

$$=\sum_{k=1}^{m}v_k\left\{\int_{\Omega_e}\left[\frac{\partial\varphi_i^e}{\partial x}\left(A_{12}\frac{\partial\psi_j^e}{\partial x}\frac{\partial\psi_k^e}{\partial x}+A_{66}\frac{\partial\psi_j^e}{\partial y}\frac{\partial\psi_k^e}{\partial y}\right)+\frac{\partial\varphi_i^e}{\partial y}\left(A_{66}\frac{\partial\psi_j^e}{\partial x}\frac{\partial\psi_k^e}{\partial y}+A_{22}\frac{\partial\psi_j^e}{\partial y}\frac{\partial\psi_k^e}{\partial x}\right)\right]\mathrm{d}x\mathrm{d}y\right\}$$

$$=\left\{\int_{\Omega_e}\left[\frac{\partial\varphi_i^e}{\partial x}\left(A_{11}\frac{\partial\psi_j^e}{\partial x}\frac{\partial v_0}{\partial x}+A_{66}\frac{\partial\psi_j^e}{\partial y}\frac{\partial v_0}{\partial y}\right)+\frac{\partial\varphi_i^e}{\partial y}\left(A_{66}\frac{\partial\psi_j^e}{\partial x}\frac{\partial v_0}{\partial y}+A_{12}\frac{\partial\psi_j^e}{\partial y}\frac{\partial v_0}{\partial x}\right)\right]\mathrm{d}x\mathrm{d}y\right\}\tag{3-101b}$$

$$\sum_{k=1}^{n*}\frac{\partial}{\partial\overline{\Delta}_j^3}(K_{ik}^{33})\overline{\Delta}_k^3=\frac{1}{2}\sum_{k=1}^{n}\overline{\Delta}_k^3\frac{\partial}{\partial\overline{\Delta}_j^3}\left\{\int_{\Omega_e}\left[\frac{\partial\varphi_i^e}{\partial x}\frac{\partial\varphi_k^e}{\partial x}\left(A_{11}\left(\frac{\partial w_0}{\partial x}\right)^2+A_{66}\left(\frac{\partial w_0}{\partial y}\right)^2\right)+\frac{\partial\varphi_i^e}{\partial y}\frac{\partial\varphi_k^e}{\partial y}\left(A_{66}\left(\frac{\partial w_0}{\partial x}\right)^2+A_{22}\left(\frac{\partial w_0}{\partial y}\right)^2\right)+(A_{11}+A_{66})\frac{\partial w_0}{\partial x}\frac{\partial w_0}{\partial y}\left(\frac{\partial\varphi_i^e}{\partial x}\frac{\partial\varphi_k^e}{\partial y}+\frac{\partial\varphi_i^e}{\partial y}\frac{\partial\varphi_k^e}{\partial x}\right)\right]\mathrm{d}x\mathrm{d}y\right\}$$

$$=\frac{1}{2}\sum_{k=1}^{n}\overline{\Delta}_k^3\frac{\partial}{\partial\overline{\Delta}_j^3}\left\{\int_{\Omega_e}\left[\frac{\partial\varphi_i^e}{\partial x}\frac{\partial\varphi_k^e}{\partial x}\left(2A_{11}\frac{\partial w_0}{\partial x}\frac{\partial\varphi_j^e}{\partial x}+2A_{66}\frac{\partial w_0}{\partial y}\frac{\partial\varphi_j^e}{\partial y}\right)+\frac{\partial\varphi_i^e}{\partial y}\frac{\partial\varphi_k^e}{\partial y}\left(2A_{66}\frac{\partial w_0}{\partial x}\frac{\partial\varphi_j^e}{\partial x}+2A_{22}\frac{\partial w_0}{\partial y}\frac{\partial\varphi_j^e}{\partial y}\right)+(A_{11}+A_{66})\left(\frac{\partial w_0}{\partial x}\frac{\partial\varphi_j^e}{\partial y}+\frac{\partial w_0}{\partial y}\frac{\partial\varphi_j^e}{\partial x}\right)\left(\frac{\partial\varphi_i^e}{\partial x}\frac{\partial\varphi_k^e}{\partial y}+\frac{\partial\varphi_i^e}{\partial y}\frac{\partial\varphi_k^e}{\partial x}\right)\right]\mathrm{d}x\mathrm{d}y\right\}$$

$$=\int_{\Omega_e}\left[\left(A_{11}\left(\frac{\partial w_0}{\partial x}\right)^2\frac{\partial\varphi_i^e}{\partial x}\frac{\partial\varphi_j^e}{\partial x}+A_{66}\frac{\partial w_0}{\partial x}\frac{\partial w_0}{\partial y}\frac{\partial\varphi_i^e}{\partial x}\frac{\partial\varphi}{\partial x}\right)+\left(A_{66}\frac{\partial w_0}{\partial x}\frac{\partial w_0}{\partial y}\frac{\partial\varphi_i^e}{\partial y}\frac{\partial\varphi_j^e}{\partial x}+A_{22}\left(\frac{\partial w_0}{\partial y}\right)^2\frac{\partial\varphi_i^e}{\partial y}\frac{\partial\varphi_j^e}{\partial y}\right)+\left(\frac{A_{11}+A_{66}}{2}\right)\left(\frac{\partial w_0}{\partial x}\frac{\partial\varphi_j^e}{\partial y}+\frac{\partial w_0}{\partial y}\frac{\partial\varphi_j^e}{\partial x}\right)\left(\frac{\partial\varphi_i^e}{\partial x}\frac{\partial w_0}{\partial y}+\frac{\partial\varphi_i^e}{\partial y}\frac{\partial w_0}{\partial x}\right)\right]\mathrm{d}x\mathrm{d}y$$

$$=\int_{\Omega_e}\left[A_{11}\left(\frac{\partial w_0}{\partial x}\right)^2\frac{\partial\varphi_i^e}{\partial x}\frac{\partial\varphi_j^e}{\partial x}+A_{22}\left(\frac{\partial w_0}{\partial y}\right)^2\frac{\partial\varphi_i^e}{\partial y}\frac{\partial\varphi_j^e}{\partial y}+A_{66}\frac{\partial w_0}{\partial x}\frac{\partial w_0}{\partial y}\left(\frac{\partial\varphi_i^e}{\partial x}\frac{\partial\varphi_j^e}{\partial y}+\frac{\partial\varphi_i^e}{\partial y}\frac{\partial\varphi_j^e}{\partial x}\right)+\left(\frac{A_{11}+A_{66}}{2}\right)\left(\frac{\partial w_0}{\partial x}\frac{\partial\varphi_j^e}{\partial y}+\frac{\partial w_0}{\partial y}\frac{\partial\varphi_j^e}{\partial x}\right)\left(\frac{\partial\varphi_i^e}{\partial x}\frac{\partial w_0}{\partial y}+\frac{\partial\varphi_i^e}{\partial y}\frac{\partial w_0}{\partial x}\right)\right]\mathrm{d}x\mathrm{d}y\tag{3-101c}$$

可见，尽管式(3－96)中的直接刚度矩阵是不对称的，但增量形式方程中的切线刚度矩阵是对称的。

3.2.3　基于一阶剪切变形理论的板非线性弯曲

在前面的分析中，忽略了横向法向应力和剪应力。但在一阶剪切变形理论中需要考虑这个因素(见图 3 - 7)，所以其位移场表示为

$$u(x, y, z) = u_0(x, y) + z\phi_x(x, y) \tag{3-102a}$$

$$v(x, y, z) = v_0(x, y) + z\phi_y(x, y) \tag{3-102b}$$

$$w(x, y, z) = w_0(x, y) \tag{3-102c}$$

式中，(u_0, v_0, w_0)为板中面$(x, y, 0)$处在(x, y, z)坐标方向上的位移。ϕ_x 和 ϕ_y 分别是横法线绕 y 轴和 x 轴的旋转。

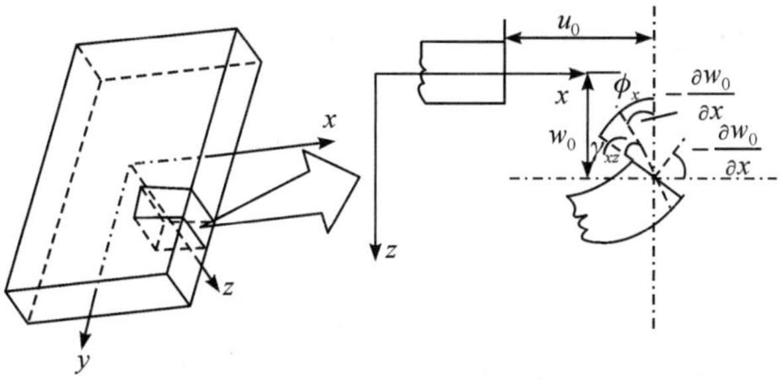

图 3 - 7　考虑一阶剪切变形的薄板变形

应变与位移之间的关系为

$$\begin{Bmatrix} \varepsilon_{xx} \\ \varepsilon_{yy} \\ \gamma_{yz} \\ \gamma_{zx} \\ \gamma_{xy} \end{Bmatrix} = \begin{Bmatrix} \varepsilon_{xx}^0 \\ \varepsilon_{yy}^0 \\ \gamma_{yz}^0 \\ \gamma_{zx}^0 \\ \gamma_{xy}^0 \end{Bmatrix} + z\begin{Bmatrix} \varepsilon_{xx}^1 \\ \varepsilon_{yy}^1 \\ 0 \\ 0 \\ \gamma_{xy}^1 \end{Bmatrix} = \begin{Bmatrix} \dfrac{\partial u_0}{\partial x} + \dfrac{1}{2}\left(\dfrac{\partial w_0}{\partial x}\right)^2 \\ \dfrac{\partial v_0}{\partial y} + \dfrac{1}{2}\left(\dfrac{\partial w_0}{\partial y}\right)^2 \\ \dfrac{\partial w_0}{\partial y} + \phi_y \\ \dfrac{\partial w_0}{\partial x} + \phi_x \\ \dfrac{\partial u_0}{\partial y} + \dfrac{\partial v_0}{\partial x} + \dfrac{\partial w_0}{\partial x}\dfrac{\partial w_0}{\partial y} \end{Bmatrix} + z\begin{Bmatrix} \dfrac{\partial \phi_x}{\partial x} \\ \dfrac{\partial \phi_x}{\partial x} \\ 0 \\ 0 \\ \dfrac{\partial \phi_x}{\partial y} + \dfrac{\partial \phi_y}{\partial x} \end{Bmatrix} \tag{3-103}$$

由虚功原理可知

$$\delta W^e = \delta W_{\text{in}}^e - \delta W_{\text{ex}}^e = 0 \tag{3-104}$$

其中，W_{in}^e 是存储的应变能，可表示为

$$\delta W_{\text{in}}^e = \int_{\Omega_e}\int_{-\frac{h}{2}}^{\frac{h}{2}} [\sigma_{xx}(\delta\varepsilon_{xx}^0 + z\delta\varepsilon_{xx}^1) + \sigma_{yy}(\delta\varepsilon_{yy}^0 + z\delta\varepsilon_{yy}^1) + \sigma_{xy}(\delta\varepsilon_{xy}^0 + z\delta\varepsilon_{xy}^1) +$$

$$\sigma_{zx}\delta\gamma_{zx}^0 + \sigma_{yz}\delta\gamma_{yz}^0]\mathrm{d}z\,\mathrm{d}x\,\mathrm{d}y \tag{3-105}$$

将式(3 - 103)代入式(3 - 105)中，则虚应变能可表示为

$$\delta W_{\text{in}}^e = \int_{\Omega_e}\left(N_{xx}\delta\left(\frac{\partial u_0}{\partial x} + \frac{1}{2}\left(\frac{\partial w_0}{\partial x}\right)^2\right) - M_{xx}\frac{\partial^2 w_0}{\partial x^2} + N_{yy}\delta\left(\frac{\partial v_0}{\partial y} + \frac{1}{2}\left(\frac{\partial w_0}{\partial y}\right)^2\right) -\right.$$

$$\left. M_{yy}\frac{\partial^2 w_0}{\partial y^2} + N_{xy}\delta\left(\frac{\partial u_0}{\partial y} + \frac{\partial v_0}{\partial x} + \frac{\partial w_0}{\partial x}\frac{\partial w_0}{\partial y}\right) - M_{xy}\left(2\frac{\partial^2 w_0}{\partial x\partial y}\right)\right)\mathrm{d}z\,\mathrm{d}x\,\mathrm{d}y \tag{3-106}$$

而外力虚功为

$$\delta W_{\text{ex}}^{e}=\int_{\Omega_e}q(x,y)\delta w\left(x,y,-\frac{h}{2}\right)\mathrm{d}x\mathrm{d}y+\int_{\Omega_e}F_s(x,y)\delta w\left(x,y,\frac{h}{2}\right)\mathrm{d}x\mathrm{d}y+$$
$$\int_{\Omega_e}(q(x,y)-kw_0)\delta w_0\mathrm{d}x\mathrm{d}y-$$
$$\oint_{\Gamma^e}\int_{-\frac{h}{2}}^{\frac{h}{2}}[\sigma_{nn}(\delta u_{0n}+z\delta\phi_n)+\sigma_{ns}(\delta u_{0s}+z\delta\phi_s)\sigma_{nz}\delta w_0]\mathrm{d}z\mathrm{d}s \tag{3-107}$$

利用式(3-106)和式(3-107)，虚功方程可写为

$$\int_{\Omega_e}(N_{xx}\delta\varepsilon_{xx}^{0}+M_{xx}\delta\varepsilon_{xx}^{1}+N_{yy}\delta\varepsilon_{yy}^{0}+M_{yy}\delta\varepsilon_{yy}^{1}+N_{xy}\delta\gamma_{xy}^{0}+M_{xy}\delta\gamma_{xy}^{1}+$$
$$Q_y\delta\gamma_{yz}^{0}+Q_x\delta\gamma_{zx}^{0})\mathrm{d}z\mathrm{d}x\mathrm{d}y-\int_{\Omega_e}(q(x,y)-kw_0)\delta w_0\mathrm{d}x\mathrm{d}y-$$
$$\oint_{\Gamma^e}\{N_{nn}\delta u_{0n}+M_{nn}\phi_n+N_{ns}\delta u_{0s}+M_{ns}\phi_n+Q_n\delta w_0\}\mathrm{d}s=0 \tag{3-108}$$

横向剪力为

$$\begin{Bmatrix}Q_x\\Q_y\end{Bmatrix}=\int_{-\frac{h}{2}}^{\frac{h}{2}}\begin{Bmatrix}\sigma_{zx}\\\sigma_{yz}\end{Bmatrix}\mathrm{d}z \tag{3-109}$$

对于薄板，我们假设剪应变沿的厚度方向不变，为了横向剪应力产生的应变能等于真实横向应力产生的应变能。引入剪切矫正因子，得

$$\begin{Bmatrix}Q_x\\Q_y\end{Bmatrix}=k_s\int_{-\frac{h}{2}}^{\frac{h}{2}}\begin{Bmatrix}\sigma_{zx}\\\sigma_{yz}\end{Bmatrix}\mathrm{d}z \tag{3-110}$$

为了得到平衡的控制方程，我们首先将虚应变用虚位移代入式中，然后对表达式进行分部积分，以解出 Ωe 中任意微分的虚位移(δu_0，δv_0，δw_0，$\delta\,\delta\phi_x$，$\delta\,\delta\phi_y$)，即

$$\int_{\Omega_e}\left[-\left(\frac{\partial N_{xx}}{\partial x}+\frac{\partial N_{xy}}{\partial y}\right)\delta u_0-\left(\frac{\partial N_{xy}}{\partial x}+\frac{\partial N_{yy}}{\partial y}\right)\delta v_0-\left(\frac{\partial M_{xx}}{\partial x}+\frac{\partial M_{xy}}{\partial y}-Q_x\right)\delta\phi_x-\right.$$
$$\left.\left(\frac{\partial M_{xy}}{\partial x}+\frac{\partial M_{yy}}{\partial y}-Q_y\right)\delta\phi_y-\left(\frac{\partial Q_x}{\partial x}+\frac{\partial Q_y}{\partial y}+\mathcal{N}-kw_0+q\right)\delta w_0\right]\mathrm{d}x\mathrm{d}y+$$
$$\oint_{\Gamma^e}[(N_{xx}n_x+N_{xy}n_y)\delta u_0+(N_{xy}n_x+N_{yy}n_y)\delta v_0+(M_{xx}n_x+M_{xy}n_y)\delta\phi_x-$$
$$(M_{xy}n_x+M_{yy}n_y)\delta\phi_y+(Q_xn_x+Q_yn_y+\mathcal{P})\delta w_0]\mathrm{d}s-$$
$$\oint_{\Gamma^e}\{N_{nn}\delta u_{0n}+N_{ns}\delta u_{0s}+M_{nn}\delta\phi_n+M_{ns}\delta\phi_s+Q_n\delta w_0\}\mathrm{d}s=0 \tag{3-111}$$

在边界上，用法向分量 $u_{0n}\phi_n$ 和切向分量 $u_{0s}\phi_s$ 可表示为

$$\phi_x=n_x\phi_n-n_y\phi_s \tag{3-112a}$$
$$\phi_y=n_y\phi_n+n_x\phi_s \tag{3-112b}$$

变分 δu_0、δv_0、δw_0、$\delta\phi_x$、$\delta\phi_y$ 任意并相互独立，若式(3-111)成立，则需要其系数为零，故有

$$\frac{\partial N_{xx}}{\partial x}+\frac{\partial N_{xy}}{\partial y}=0 \tag{3-113a}$$
$$\frac{\partial N_{xy}}{\partial x}+\frac{\partial N_{yy}}{\partial y}=0 \tag{3-113b}$$

$$\frac{\partial Q_x}{\partial x}+\frac{\partial Q_y}{\partial y}+\mathcal{N}-kw_0+q=0 \tag{3-113c}$$

$$\frac{\partial M_{xx}}{\partial x}+\frac{\partial M_{xy}}{\partial y}-Q_x=0 \tag{3-113d}$$

$$\frac{\partial M_{xy}}{\partial x}+\frac{\partial M_{yy}}{\partial y}-Q_y=0 \tag{3-113e}$$

而正交各向异性板的横向剪力本构方程为

$$\begin{Bmatrix}Q_x\\Q_y\end{Bmatrix}=k_s\int_{-\frac{h}{2}}^{\frac{h}{2}}\begin{Bmatrix}\sigma_{zx}\\\sigma_{yz}\end{Bmatrix}dz=k_s\begin{bmatrix}A_{44}&0\\0&A_{55}\end{bmatrix}\begin{Bmatrix}\gamma_{yz}\\\gamma_{zx}\end{Bmatrix} \tag{3-114}$$

其中，$(A_{44},A_{55})=\int_{-\frac{h}{2}}^{\frac{h}{2}}(Q_{44},Q_{55})dz$，$(Q_{44}=G_{23},G_{13})$。

借助应变与位移的关系，有

$$\begin{Bmatrix}N_{xx}\\N_{yy}\\N_{xy}\end{Bmatrix}=\begin{bmatrix}A_{11}&A_{12}&0\\A_{21}&A_{22}&0\\0&0&A_{66}\end{bmatrix}\begin{Bmatrix}\dfrac{\partial u_0}{\partial x}+\dfrac{1}{2}\left(\dfrac{\partial w_0}{\partial x}\right)^2\\\dfrac{\partial v_0}{\partial y}+\dfrac{1}{2}\left(\dfrac{\partial w_0}{\partial y}\right)^2\\\dfrac{\partial u_0}{\partial y}+\dfrac{\partial v_0}{\partial x}+\dfrac{\partial w_0}{\partial x}\dfrac{\partial w_0}{\partial y}\end{Bmatrix} \tag{3-115a}$$

$$\begin{Bmatrix}M_{xx}\\M_{yy}\\M_{xy}\end{Bmatrix}=\begin{bmatrix}D_{11}&D_{12}&0\\D_{21}&D_{22}&0\\0&0&D_{66}\end{bmatrix}\begin{Bmatrix}\dfrac{\partial \phi_x}{\partial x}\\\dfrac{\partial \phi_y}{\partial y}\\\dfrac{\partial \phi_x}{\partial y}+\dfrac{\partial \phi_y}{\partial x}\end{Bmatrix} \tag{3-115b}$$

$$\begin{Bmatrix}Q_x\\Q_y\end{Bmatrix}=k_s\begin{bmatrix}A_{44}&0\\0&A_{55}\end{bmatrix}\begin{Bmatrix}\dfrac{\partial w_0}{\partial y}+\phi_y\\\dfrac{\partial w_0}{\partial x}+\phi_x\end{Bmatrix} \tag{3-115c}$$

在式(3-115)的基础上，我们可以建立位移的有限元模型，假设材料为正交各向异性板，则相应的虚功方程可表示为

$$\int_{\Omega_e}\left[\frac{\partial\delta u_0}{\partial x}\left\{A_{11}\left(\frac{\partial u_0}{\partial x}+\frac{1}{2}\left(\frac{\partial w_0}{\partial x}\right)^2\right)+A_{12}\left(\frac{\partial v_0}{\partial y}+\frac{1}{2}\left(\frac{\partial w_0}{\partial y}\right)^2\right)\right\}+\right.$$
$$\left.\frac{\partial\delta u_0}{\partial y}A_{66}\left(\frac{\partial u_0}{\partial y}+\frac{\partial v_0}{\partial x}+\frac{\partial w_0}{\partial x}\frac{\partial w_0}{\partial y}\right)\right]dx\,dy-\oint_{\Gamma^e}\{N_{xx}n_x+N_{xy}n_y\}\delta u_0\,ds=0$$

(3-116a)

$$\int_{\Omega_e}\left[\left(\frac{\partial\delta v_0}{\partial y}\right)\left\{A_{12}\left(\frac{\partial u_0}{\partial x}+\frac{1}{2}\left(\frac{\partial w_0}{\partial x}\right)^2\right)+A_{22}\left(\frac{\partial v_0}{\partial y}+\frac{1}{2}\left(\frac{\partial w_0}{\partial y}\right)^2\right)\right\}+\right.$$
$$\left.\left(\frac{\partial\delta v_0}{\partial x}\right)A_{66}\left(\frac{\partial u_0}{\partial y}+\frac{\partial v_0}{\partial x}+\frac{\partial w_0}{\partial x}\frac{\partial w_0}{\partial y}\right)\right]dx\,dy-\oint_{\Gamma^e}\{N_{xy}n_x+N_{yy}n_y\}\delta v_0\,ds=0$$

(3-116b)

$$\int_{\Omega_e}\left[\frac{\partial\delta w_0}{\partial x}k_sA_{44}\left(\frac{\partial w_0}{\partial y}+\phi_x\right)+\frac{\partial\delta w_0}{\partial y}k_sA_{55}\left(\frac{\partial w_0}{\partial x}+\phi_y\right)+\right.$$

$$\frac{\partial\delta w_0}{\partial x}\left(\frac{\partial w_0}{\partial x}\left\{A_{11}\left(\frac{\partial u_0}{\partial x}+\frac{1}{2}\left(\frac{\partial w_0}{\partial x}\right)^2\right)+A_{12}\left(\frac{\partial v_0}{\partial y}+\frac{1}{2}\left(\frac{\partial w_0}{\partial y}\right)^2\right)\right\}+\right.$$

$$\left.\frac{\partial w_0}{\partial y}\left\{A_{11}\left(\frac{\partial u_0}{\partial x}+\frac{1}{2}\left(\frac{\partial w_0}{\partial x}\right)^2\right)+A_{12}\left(\frac{\partial v_0}{\partial y}+\frac{1}{2}\left(\frac{\partial w_0}{\partial y}\right)^2\right)\right\}\right)+$$

$$\frac{\partial\delta w_0}{\partial y}\left(\frac{\partial w_0}{\partial y}\left\{A_{12}\left(\frac{\partial u_0}{\partial x}+\frac{1}{2}\left(\frac{\partial w_0}{\partial x}\right)^2\right)+A_{22}\left(\frac{\partial v_0}{\partial y}+\frac{1}{2}\left(\frac{\partial w_0}{\partial y}\right)^2\right)\right\}+\right.$$

$$\left.\frac{\partial w_0}{\partial x}A_{66}\left(\frac{\partial u_0}{\partial y}+\frac{\partial v_0}{\partial x}+\frac{\partial w_0}{\partial x}\frac{\partial w_0}{\partial y}\right)\right)-$$

$$\left.q(x,y)\delta w_0+kw_0\delta w_0\right]\mathrm{d}x\,\mathrm{d}y-\oint_{\Gamma^e}\left\{\left(Q_x+N_{xx}\frac{\partial w_0}{\partial x}+N_{xy}\frac{\partial w_0}{\partial y}\right)n_x+\right.$$

$$\left.\left(Q_y+N_{xy}\frac{\partial w_0}{\partial x}+N_{yy}\frac{\partial w_0}{\partial y}\right)n_y\right\}\delta w_0\,\mathrm{d}s=0 \tag{3-116c}$$

$$\int_{\Omega_e}\left[\frac{\partial\delta\phi_x}{\partial x}\left\{D_{11}\frac{\partial\phi_x}{\partial x}+D_{12}\frac{\partial\phi_y}{\partial y}\right\}+\frac{\partial\delta\phi_x}{\partial y}D_{66}\left(\frac{\partial\phi_x}{\partial y}+\frac{\partial\phi_y}{\partial x}\right)+\delta\phi_xQ_x\right]\mathrm{d}x\,\mathrm{d}y-$$

$$\oint_{\Gamma^e}\{(M_{xx})n_x+(M_{xy})n_y\}\delta\phi_x\,\mathrm{d}s=0 \tag{3-116d}$$

$$\int_{\Omega_e}\left[\frac{\partial\delta\phi_y}{\partial x}\left\{D_{66}\left(\frac{\partial\phi_x}{\partial y}+\frac{\partial\phi_y}{\partial x}\right)\right\}+\frac{\partial\delta\phi_y}{\partial y}\left\{D_{21}\frac{\partial\phi_x}{\partial x}+D_{22}\frac{\partial\phi_y}{\partial y}\right\}+\delta\phi_yQ_y\right]\mathrm{d}x\,\mathrm{d}y-$$

$$\oint_{\Gamma^e}\{(M_{xy})n_x+(M_{yy})n_y\}\delta\phi_y\,\mathrm{d}s=0 \tag{3-116e}$$

为了方便描述边界条件，可定义

$$\hat{N}_n\overset{\text{def}}{=}N_{xx}n_x+N_{xy}n_y \tag{3-117a}$$

$$\hat{N}_s\overset{\text{def}}{=}N_{xy}n_x+N_{yy}n_y \tag{3-117b}$$

$$\hat{M}_n\overset{\text{def}}{=}(M_{xx})n_x+(M_{xy})n_y \tag{3-117c}$$

$$\hat{M}_s\overset{\text{def}}{=}(M_{xy})n_x+(M_{yy})n_y \tag{3-117d}$$

$$\hat{Q}_n\overset{\text{def}}{=}\left(Q_x+N_{xx}\frac{\partial w_0}{\partial x}+N_{xy}\frac{\partial w_0}{\partial y}\right)n_x+\left(Q_y+N_{xy}\frac{\partial w_0}{\partial x}+N_{yy}\frac{\partial w_0}{\partial y}\right)n_y \tag{3-117e}$$

假设单元任意一点的位移由节点位移插值获得，则

$$u_0(x,y)=\sum_{j=1}^{m}u_j\psi_j^{(1)}(x,y) \tag{3-118a}$$

$$v_0(x,y)=\sum_{j=1}^{m}v_j\psi_j^{(1)}(x,y) \tag{3-118b}$$

$$w_0(x, y)=\sum_{j=1}^{n} w_j\psi_j^{(2)}(x, y) \tag{3-118c}$$

$$\phi_x(x, y)=\sum_{j=1}^{p} s_j^1\psi_j^{(3)}(x, y) \tag{3-118d}$$

$$\phi_y(x, y)=\sum_{j=1}^{p} s_j^2\psi_j^{(3)}(x, y) \tag{3-118e}$$

其中，ψ_j 为拉格朗日插值函数，可采用相同的插值函数。

将式(3-118)代入虚功方程式(3-116)中，可获得

$$\begin{bmatrix} K^{11} & K^{12} & K^{13} & K^{14} & K^{15} \\ K^{21} & K^{22} & K^{23} & K^{24} & K^{25} \\ K^{31} & K^{32} & K^{33} & K^{34} & K^{35} \\ K^{41} & K^{42} & K^{43} & K^{44} & K^{45} \\ K^{51} & K^{52} & K^{53} & K^{54} & K^{55} \end{bmatrix}\begin{Bmatrix} u \\ v \\ w \\ s^1 \\ s^2 \end{Bmatrix}=\begin{Bmatrix} F^1 \\ F^2 \\ F^3 \\ F^4 \\ F^5 \end{Bmatrix} \tag{3-119}$$

其中：

$$K_{ij}^{11}=\int_{\Omega_e} A_{11}\frac{\partial\psi_i^{(1)}}{\partial x}\frac{\partial\psi_j^{(1)}}{\partial x}+A_{66}\frac{\partial\psi_i^{(1)}}{\partial y}\frac{\partial\psi_j^{(1)}}{\partial y}\mathrm{d}x\mathrm{d}y \tag{3-120a}$$

$$K_{ij}^{12}=\int_{\Omega_e} A_{12}\frac{\partial\psi_i^{(1)}}{\partial x}\frac{\partial\psi_j^{(1)}}{\partial y}+A_{66}\frac{\partial\psi_i^{(1)}}{\partial y}\frac{\partial\psi_j^{(1)}}{\partial x}\mathrm{d}x\mathrm{d}y \tag{3-120b}$$

$$K_{ji}^{12}=K_{ij}^{12} \tag{3-120c}$$

$$K_{ij}^{13}=\frac{1}{2}\int_{\Omega_e}\left[\frac{\partial\psi_i^{(1)}}{\partial x}\left(A_{11}\frac{\partial w_0}{\partial x}\frac{\partial\psi_j^{(2)}}{\partial x}+A_{12}\frac{\partial w_0}{\partial y}\frac{\partial\psi_j^{(2)}}{\partial y}\right)+A_{66}\frac{\partial\psi_i^{(1)}}{\partial y}\left(\frac{\partial w_0}{\partial x}\frac{\partial\psi_j^{(2)}}{\partial y}+\frac{\partial w_0}{\partial y}\frac{\partial\psi_j^{(2)}}{\partial x}\right)\right]\mathrm{d}x\mathrm{d}y \tag{3-120d}$$

$$K_{ij}^{22}=\int_{\Omega_e} A_{66}\frac{\partial\psi_i^{(1)}}{\partial x}\frac{\partial\psi_j^{(1)}}{\partial x}+A_{22}\frac{\partial\psi_i^{(1)}}{\partial y}\frac{\partial\psi_j^{(1)}}{\partial y}\mathrm{d}x\mathrm{d}y \tag{3-120e}$$

$$K_{ij}^{23}=\frac{1}{2}\int_{\Omega_e}\left[\frac{\psi_i^{(1)}}{\partial y}\left(A_{12}\frac{\partial w_0}{\partial x}\frac{\partial\psi_j^{(2)}}{\partial x}+A_{22}\frac{\partial w_0}{\partial y}\frac{\partial\psi_j^{(2)}}{\partial y}\right)+A_{66}\frac{\psi_i^{(1)}}{\partial x}\left(\frac{\partial w_0}{\partial x}\frac{\partial\psi_j^{(2)}}{\partial y}+\frac{\partial w_0}{\partial y}\frac{\partial\psi_j^{(2)}}{\partial x}\right)\right]\mathrm{d}x\mathrm{d}y \tag{3-120f}$$

$$K_{ij}^{31}=\int_{\Omega_e}\left[\frac{\partial\psi_i^{(2)}}{\partial x}\left(A_{11}\frac{\partial w_0}{\partial x}\frac{\partial\psi_j^{(1)}}{\partial x}+A_{66}\frac{\partial w_0}{\partial y}\frac{\partial\psi_j^{(1)}}{\partial y}\right)+\frac{\partial\psi_i^{(2)}}{\partial y}\left(A_{66}\frac{\partial w_0}{\partial x}\frac{\partial\psi_j^{(1)}}{\partial y}+A_{12}\frac{\partial w_0}{\partial y}\frac{\partial\psi_j^{(1)}}{\partial x}\right)\right]\mathrm{d}x\mathrm{d}y \tag{3-120g}$$

$$K_{ij}^{32}=\int_{\Omega_e}\left[\frac{\partial\psi_i^{(2)}}{\partial x}\left(A_{12}\frac{\partial w_0}{\partial x}\frac{\partial\psi_j^{(1)}}{\partial x}+A_{66}\frac{\partial w_0}{\partial y}\frac{\partial\psi_j^{(1)}}{\partial y}\right)+\frac{\partial\psi_i^{(2)}}{\partial y}\left(A_{66}\frac{\partial w_0}{\partial x}\frac{\partial\psi_j^{(1)}}{\partial x}+A_{22}\frac{\partial w_0}{\partial y}\frac{\partial\psi_j^{(1)}}{\partial y}\right)\right]\mathrm{d}x\mathrm{d}y \tag{3-120h}$$

$$K_{ij}^{33}=\int_{\Omega_e}\left[k_sA_{55}\frac{\partial\psi_i^{(2)}}{\partial x}\frac{\partial\psi_j^{(2)}}{\partial x}+k_sA_{44}\frac{\partial\psi_i^{(2)}}{\partial y}\frac{\partial\psi_j^{(2)}}{\partial y}+k_s\psi_i^{(2)}\psi_j^{(2)}\right]\mathrm{d}x\mathrm{d}y+$$

$$\frac{1}{2}\int_{\Omega_e}\left[\left(A_{11}\left(\frac{\partial w_0}{\partial x}\right)^2+A_{66}\left(\frac{\partial w_0}{\partial y}\right)^2\right)\frac{\partial\psi_i^{(2)}}{\partial x}\frac{\partial\psi_j^{(2)}}{\partial x}+\left(A_{66}\left(\frac{\partial w_0}{\partial x}\right)^2+A_{22}\left(\frac{\partial w_0}{\partial y}\right)^2\right)\right.$$

$$\left.\frac{\partial\psi_i^{(2)}}{\partial y}\frac{\partial\psi_j^{(2)}}{\partial y}+(A_{12}+A_{66})\frac{\partial w_0}{\partial x}\frac{\partial w_0}{\partial y}\left(\frac{\partial\psi_i^{(2)}}{\partial x}\frac{\partial\psi_j^{(2)}}{\partial y}+\frac{\partial\psi_i^{(2)}}{\partial y}\frac{\partial\psi_j^{(2)}}{\partial x}\right)\right]\mathrm{d}x\mathrm{d}y \quad (3-120\text{i})$$

$$K_{ij}^{34}=\int_{\Omega_e}\left[k_sA_{55}\frac{\partial\psi_i^{(2)}}{\partial x}\psi_j^{(3)}\right]\mathrm{d}x\mathrm{d}y \quad (3-120\text{j})$$

$$K_{ij}^{35}=\int_{\Omega_e}\left[k_sA_{44}\frac{\partial\psi_i^{(2)}}{\partial y}\psi_j^{(3)}\right]\mathrm{d}x\mathrm{d}y \quad (3-120\text{k})$$

$$K_{ij}^{44}=\int_{\Omega_e}\left(D_{11}\frac{\partial\psi_i^{(3)}}{\partial x}\frac{\partial\psi_j^{(3)}}{\partial x}+D_{66}\frac{\partial\psi_i^{(3)}}{\partial y}\frac{\partial\psi_j^{(3)}}{\partial y}+k_sA_{55}\psi_i^{(3)}\psi_j^{(3)}\right)\mathrm{d}x\mathrm{d}y \quad (3-120\text{l})$$

$$K_{ij}^{45}=\int_{\Omega_e}\left(D_{12}\frac{\partial\psi_i^{(3)}}{\partial x}\frac{\partial\psi_j^{(3)}}{\partial y}+D_{66}\frac{\partial\psi_i^{(3)}}{\partial y}\frac{\partial\psi_j^{(3)}}{\partial y}\right)\mathrm{d}x\mathrm{d}y \quad (3-120\text{m})$$

$$K_{ij}^{55}=\int_{\Omega_e}\left(D_{66}\frac{\partial\psi_i^{(3)}}{\partial x}\frac{\partial\psi_j^{(3)}}{\partial x}+D_{22}\frac{\partial\psi_i^{(3)}}{\partial y}\frac{\partial\psi_j^{(3)}}{\partial y}+k_sA_{44}\psi_i^{(3)}\psi_j^{(3)}\right)\mathrm{d}x\mathrm{d}y \quad (3-120\text{n})$$

$$K_{ij}^{43}=K_{ij}^{34},\ K_{ij}^{53}=K_{ij}^{35},\ K_{ij}^{54}=K_{ij}^{45} \quad (3-120\text{o})$$

$$F_i^1=\oint_{\Gamma^e}\hat{N}_n\psi_i^{(1)}\mathrm{d}s \quad (3-121\text{a})$$

$$F_i^2=\oint_{\Gamma^e}\hat{N}_s\psi_i^{(1)}\mathrm{d}s \quad (3-121\text{b})$$

$$F_i^3=\oint_{\Gamma^e}(q+\hat{Q}_n)\psi_i^{(2)}\mathrm{d}s \quad (3-121\text{c})$$

$$F_i^4=\oint_{\Gamma^e}\hat{M}_n\psi_i^{(4)}\mathrm{d}s \quad (3-121\text{d})$$

$$F_i^5=\oint_{\Gamma^e}\hat{M}_s\psi_i^{(4)}\mathrm{d}s \quad (3-121\text{e})$$

非线性方程式(3－119)的求解可以采用第5章介绍的迭代法进行数值计算。利用牛顿-拉夫逊(Newton-Raphson)迭代法，求解方程为

$$[\boldsymbol{T}]\{\delta\boldsymbol{\Delta}\}=-\{\boldsymbol{R}^1\} \quad (3-122)$$

其中：

$$T_{ij}^{\alpha\beta}=\left(\frac{\partial R_i^\alpha}{\partial\Delta_j^\beta}\right) \quad (3-123\text{a})$$

$$\{R_i^\alpha\}=\sum_{\gamma=1}^{5}\sum_{k=1}^{n*}K_{ik}^{\alpha\gamma}\Delta_k^\gamma-F_i^\alpha \quad (3-123\text{b})$$

$$T_{ij}^{\alpha\beta}=\frac{\partial}{\partial\Delta_j^\beta}\left(\sum_{\gamma=1}^{5}\sum_{k=1}^{n*}K_{ik}^{\alpha\gamma}\Delta_k^\gamma-F_i^\alpha\right)$$

$$=K_{ij}^{\alpha\beta}+\sum_{\gamma=1}^{5}\sum_{k=1}^{n*}\frac{\partial}{\partial\Delta_j^\beta}(K_{ik}^{\alpha\gamma})\Delta_k^\gamma \quad (3-123\text{c})$$

这里，与位移相关的子矩阵有 K_{ij}^{13}，K_{ij}^{23}，K_{ij}^{31}，K_{ij}^{32}，K_{ij}^{33}，它们均为横向挠度 w_0 的函数。因此，所有子矩阵对 u_j，v_j，s_j^1，s_j^2 的导数均为零，故有

$$T_{ij}^{11}=K_{ij}^{11}+\sum_{\gamma=1}^{5}\sum_{k=1}^{n*}\frac{\partial}{\partial u_j}(K_{ik}^{1\gamma})\Delta_k^\gamma=K_{ij}^{11} \tag{3-124a}$$

$$T_{ij}^{12}=K_{ij}^{12}+\sum_{\gamma=1}^{5}\sum_{k=1}^{n*}\frac{\partial}{\partial v_j}(K_{ik}^{1\gamma})\Delta_k^\gamma=K_{ij}^{12} \tag{3-124b}$$

$$\begin{aligned}T_{ij}^{13}&=K_{ij}^{13}+\sum_{\gamma=1}^{5}\sum_{k=1}^{n*}\frac{\partial}{\partial w_j}(K_{ik}^{1\gamma})\Delta_k^\gamma\\&=K_{ij}^{13}+\sum_{k=1}^{n}\frac{\partial}{\partial w_j}(K_{ik}^{13})w_k\\&=K_{ij}^{13}+\frac{1}{2}\left\{\int_{\Omega_e}\left[\frac{\partial\psi_i^{(1)}}{\partial x}\left(A_{11}\frac{\partial\varphi_j^{(2)}}{\partial x}\frac{\partial w_0}{\partial x}+A_{12}\frac{\partial\varphi_j^{(2)}}{\partial y}\frac{\partial w_0}{\partial y}\right)+A_{66}\frac{\partial\psi_i^{(1)}}{\partial y}\left(\frac{\partial\varphi_j^{(2)}}{\partial x}\frac{\partial w_0}{\partial y}+\right.\right.\right.\\&\left.\left.\left.\frac{\partial\varphi_j^{(2)}}{\partial y}\frac{\partial w_0}{\partial x}\right)\right]\mathrm{d}x\,\mathrm{d}y\right\}=K_{ij}^{13}+K_{ij}^{13}=2K_{ij}^{13}=K_{ij}^{31}=T_{ij}^{31}\end{aligned} \tag{3-124c}$$

$$T_{ij}^{14}=K_{ij}^{14}+\sum_{\gamma=1}^{5}\sum_{k=1}^{n*}\frac{\partial}{\partial s_j^1}(K_{ik}^{1\gamma})\Delta_k^\gamma=K_{ij}^{14} \tag{3-124d}$$

$$T_{ij}^{14}=K_{ij}^{15}+\sum_{\gamma=1}^{5}\sum_{k=1}^{n*}\frac{\partial}{\partial s_j^2}(K_{ik}^{1\gamma})\Delta_k^\gamma=K_{ij}^{15} \tag{3-124e}$$

$$T_{ij}^{21}=K_{ij}^{21}+\sum_{\gamma=1}^{5}\sum_{k=1}^{n*}\frac{\partial}{\partial u_j}(K_{ik}^{2\gamma})\Delta_k^\gamma=K_{ij}^{21} \tag{3-124f}$$

$$T_{ij}^{22}=K_{ij}^{22}+\sum_{\gamma=1}^{5}\sum_{k=1}^{n*}\frac{\partial}{\partial v_j}(K_{ik}^{2\gamma})\Delta_k^\gamma=K_{ij}^{22} \tag{3-124g}$$

$$\begin{aligned}T_{ij}^{23}&=K_{ij}^{23}+\sum_{\gamma=1}^{5}\sum_{k=1}^{n*}\frac{\partial}{\partial w_j}(K_{ik}^{2\gamma})\Delta_k^\gamma\\&=K_{ij}^{23}+\sum_{\gamma=1}^{5}\sum_{k=1}^{n}\frac{\partial}{\partial w_j}(K_{ik}^{23})w_k\\&=K_{ij}^{23}+\frac{1}{2}\left\{\int_{\Omega_e}\left[\frac{\partial\psi_i^{(1)}}{\partial x}\left(A_{12}\frac{\partial\varphi_j^{(2)}}{\partial x}\frac{\partial w_0}{\partial x}+A_{22}\frac{\partial\varphi_j^{(2)}}{\partial y}\frac{\partial w_0}{\partial y}\right)+\right.\right.\\&\left.\left.A_{66}\frac{\partial\psi_i^{(1)}}{\partial y}\left(\frac{\partial\varphi_j^{(2)}}{\partial x}\frac{\partial w_0}{\partial y}+\frac{\partial\varphi_j^{(2)}}{\partial y}\frac{\partial w_0}{\partial x}\right)\right]\mathrm{d}x\,\mathrm{d}y\right\}\end{aligned} \tag{3-124h}$$

$$T_{ij}^{24}=K_{ij}^{24}+\sum_{\gamma=1}^{5}\sum_{k=1}^{n*}\frac{\partial}{\partial s_j^1}(K_{ik}^{2\gamma})\Delta_k^\gamma=K_{ij}^{24} \tag{3-124i}$$

$$T_{ij}^{25}=K_{ij}^{25}+\sum_{\gamma=1}^{5}\sum_{k=1}^{n*}\frac{\partial}{\partial s_j^2}(K_{ik}^{2\gamma})\Delta_k^\gamma=K_{ij}^{25} \tag{3-124j}$$

$$T_{ij}^{31}=K_{ij}^{31}+\sum_{\gamma=1}^{5}\sum_{k=1}^{n*}\frac{\partial}{\partial u_j}(K_{ik}^{3\gamma})\Delta_k^\gamma=K_{ij}^{31} \tag{3-124k}$$

$$T_{ij}^{32}=K_{ij}^{32}+\sum_{\gamma=1}^{5}\sum_{k=1}^{n*}\frac{\partial}{\partial v_j}(K_{ik}^{3\gamma})\Delta_k^\gamma=K_{ij}^{32} \tag{3-124l}$$

$$
\begin{aligned}
T_{ij}^{33} &= K_{ij}^{33} + \sum_{\gamma=1}^{5}\sum_{k=1}^{n*} \frac{\partial}{\partial w_j}(K_{ik}^{3\gamma})\Delta_k^{\gamma} \\
&= K_{ij}^{33} + \sum_{k=1}^{n}\left[\frac{\partial}{\partial w_j}(K_{ik}^{31})u_k + \frac{\partial}{\partial w_j}(K_{ik}^{32})v_k + \frac{\partial}{\partial w_j}(K_{ik}^{33})w_k\right] \\
&= K_{ij}^{33} + \int_{\Omega_e}\left[k_s A_{55}\frac{\partial \psi_i^{(2)}}{\partial x}\frac{\partial \psi_j^{(2)}}{\partial x} + k_s A_{44}\frac{\partial \psi_i^{(2)}}{\partial y}\frac{\partial \psi_j^{(2)}}{\partial y} + k_s \psi_i^{(2)}\psi_j^{(2)}\right]\mathrm{d}x\,\mathrm{d}y + \\
&\quad \frac{1}{2}\int_{\Omega_e}\left[N_{xx}\frac{\partial \psi_i^{(2)}}{\partial x}\frac{\partial \psi_j^{(2)}}{\partial x} + N_{xy}\frac{\partial \psi_i^{(2)}}{\partial y}\frac{\partial \psi_j^{(2)}}{\partial y} + N_{xy}\left(\frac{\partial \psi_i^{(2)}}{\partial x}\frac{\partial \psi_j^{(2)}}{\partial y} + \frac{\partial \psi_i^{(2)}}{\partial y}\frac{\partial \psi_j^{(2)}}{\partial x}\right) + \right.\\
&\quad \left(A_{11}\left(\frac{\partial w_0}{\partial x}\right)^2 + A_{66}\left(\frac{\partial w_0}{\partial y}\right)^2\right)\frac{\partial \psi_i^{(2)}}{\partial x}\frac{\partial \psi_j^{(2)}}{\partial x} + \\
&\quad \left(A_{66}\left(\frac{\partial w_0}{\partial x}\right)^2 + A_{22}\left(\frac{\partial w_0}{\partial y}\right)^2\right)\frac{\partial \psi_i^{(2)}}{\partial y}\frac{\partial \psi_j^{(2)}}{\partial y} + (A_{12} + A_{66}) \\
&\quad \left.\frac{\partial w_0}{\partial x}\frac{\partial w_0}{\partial y}\left(\frac{\partial \psi_i^{(2)}}{\partial x}\frac{\partial \psi_j^{(2)}}{\partial y} + \frac{\partial \psi_i^{(2)}}{\partial y}\frac{\partial \psi_j^{(2)}}{\partial x}\right)\right]\mathrm{d}x\,\mathrm{d}y
\end{aligned} \tag{3-124m}
$$

$$
T_{ij}^{34} = K_{ij}^{34} + \sum_{\gamma=1}^{5}\sum_{k=1}^{n*} \frac{\partial}{\partial s_j^1}(K_{ik}^{3\gamma})\Delta_k^{\gamma} = K_{ij}^{34} \tag{3-124n}
$$

$$
T_{ij}^{35} = K_{ij}^{35} + \sum_{\gamma=1}^{5}\sum_{k=1}^{n*} \frac{\partial}{\partial s_j^2}(K_{ik}^{3\gamma})\Delta_k^{\gamma} = K_{ij}^{35} \tag{3-124o}
$$

$$
T_{ij}^{44} = K_{ij}^{44} + \sum_{\gamma=1}^{5}\sum_{k=1}^{n*} \frac{\partial}{\partial s_j^1}(K_{ik}^{4\gamma})\Delta_k^{\gamma} = K_{ij}^{44} \tag{3-124p}
$$

$$
T_{ij}^{45} = K_{ij}^{45} + \sum_{\gamma=1}^{5}\sum_{k=1}^{n*} \frac{\partial}{\partial s_j^2}(K_{ik}^{4\gamma})\Delta_k^{\gamma} = K_{ij}^{45} \tag{3-124q}
$$

$$
T_{ij}^{55} = K_{ij}^{55} + \sum_{\gamma=1}^{5}\sum_{k=1}^{n*} \frac{\partial}{\partial s_j^2}(K_{ik}^{5\gamma})\Delta_k^{\gamma} = K_{ij}^{55} \tag{3-124r}
$$

3.3 有限变形的几何非线性

当变形量比较小时，变形体在变形前后的几何形状几乎是没有明显差异的，故所有的力学量，如应力、应变和位移均是以变形前的尺寸作为变形后的尺寸、以变形前的平衡状态作为变形后的平衡状态为前提而进行分析的。

但在有限变形的情况下，由于发生了不可忽略的较大变形，对结构呈现的几何非线性问题的分析就变得更加复杂了。一方面，由于具有较大的变形，物体在不同时刻的构形差异较大，所考察的物体运动和变形等参数都是随时间连续变化的，所以必须建立参考构形，即选定一个特定时刻的状态作为基准，以参考构形表征加载过程不断变化的物体运动和变形。比如，以初始构形作为参考构形，整个分析过程中参考关系始终保持不变，以初始构形来描述结构的运动与变形，这就是完全拉格朗日方法；或者以每一载荷或时间步长开始时的构形为参考构形，在分析工程中参考构形是不断更新的，这就是修正拉格朗日方法。另一方面，由于不同时刻具有不同的构形，并且可以选取不同的参考构形，在有限变形中的应变描述和应力描述都会发生相应的变化；而且应变如果不再是微小量，那么在应变与位移的微分关系中则需要计入高阶部分，这将使几何关系变得相对复杂；此外，由于具有较大变形，材料的本构关系也可能会呈现非线性弹性或非弹性行为；为了获得高精度的大变形问题的分析结果，有的时候载荷的作用方式也可能需要考虑构形的差异，所以相对于小变形几何非线性而言，有限变形几何非线性问题的分析要复杂得多。

3.3.1　物体运动的描述

考虑一个已知几何形状、结构和载荷的变形体，如果施加的载荷是随时间变化的，那么物体的变形将是时间的函数，即物体的几何形状将随时间连续变化。如果缓慢地施加载荷，使变形只取决于载荷，那么在每次载荷施加结束时，物体将具有确定的形状，无论变形是否随时间变化，变形体始终处于平衡状态。

如图 3-8 所示，用坐标系 $\boldsymbol{X}=(X_1, X_2, X_3)$ 来描述 $t=0$ 时刻物体未变形的构形 C_0（即物体在该时刻的位置和变形）；初始时刻任意点的坐标 $\boldsymbol{X}=(X_1, X_2, X_3)$称为物质坐标。在施加载荷后，变形体产生变形并呈现出新的构形 C_1，坐标系 $x=(x_1, x_2, x_3)$表示该时刻物体的构形；描述新构形 C_1 的坐标 $\boldsymbol{x}=(x_1, x_2, x_3)$ 为空间坐标。

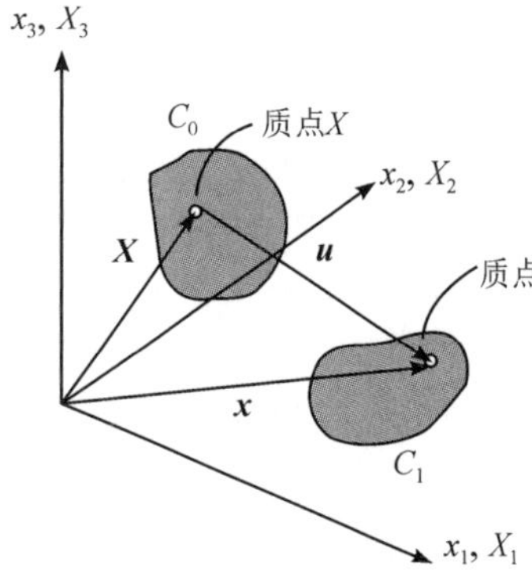

图 3-8　物体变形前后的构形

在对连续体变形进行描述时必须建立参考构形（即物体运动的参照基准），即选定一个特定时刻的状态作为基准，以参考构形表征加载过程不断变化的物体运动和变形。如果以空间坐标作为自变量（或参考系）来加以描述，即以当前构形为参考构形进行描述，则称为欧拉描述法，或称为空间描述；这种描述中，变形体运动和变形以当前时刻的构形下的坐标为独立变量，即

$$\varphi=\varphi(\boldsymbol{x}),\ \boldsymbol{X}=\boldsymbol{X}(\boldsymbol{x}) \tag{3-125}$$

如果以变形前的构形作为参考构形进行描述，则称为物质描述或拉格朗日描述。比如以初始构形作为参考构形的描述；在这种描述中，变形体运动和变形是以质点初始未变形时刻 $t=0$ 构形下的坐标为独立变量，即

$$\phi=\phi(\boldsymbol{X}),\ \boldsymbol{x}=\boldsymbol{x}(\boldsymbol{X}) \tag{3-126}$$

在变形固体的研究中，欧拉描述使用起来不是很方便，因为变形后的参考构形是未知的。但欧拉描述在研究流体力学领域非常适用，因为流体的构形是已知的，并且保持不变，因此，欧拉描述关注的是一个给定的空间区域而不是一个给定的物体。下文中我们主要采用拉格朗日描述方法对变形固体进行几何非线性分析。

3.3.2　变形梯度张量

首先，考虑材料在变形前后两个参考构形 C_0 和 C 在微线段之间的映射关系。如图 3-9 所示，假设参考构形 C_0 中相邻的两点 P_0 和 Q_0 的位置分别用 $\boldsymbol{X}_{P_0}$ 和 $\boldsymbol{X}_{Q_0}$ 来表示。

Q_0 相对于 P_0 的位置由构形 C_0 中的微线段矢量 $\mathrm{d}\boldsymbol{X}$ 表示：

$$\mathrm{d}\boldsymbol{X}=\boldsymbol{X}_{Q_0}-\boldsymbol{X}_{P_0} \tag{3-127}$$

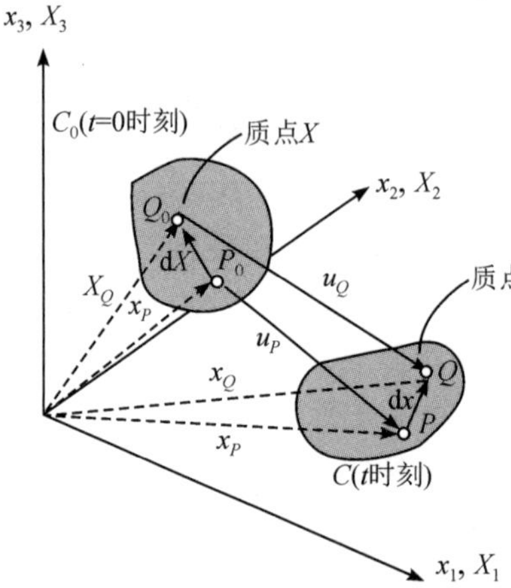

图 3-9　物体变形前后的线元映射关系

变形后点 P_0 和点 Q_0 在新的构形 C 中分别占据的空间位置 P 和 Q 可以用 $\boldsymbol{x}_P$ 和 $\boldsymbol{x}_Q$ 表示，则 Q 相对于 P 的位置由构形 C 中的微线段矢量 $\mathrm{d}\boldsymbol{x}$ 表示：

$$\mathrm{d}\boldsymbol{x}=\boldsymbol{x}_P-\boldsymbol{x}_Q \tag{3-128}$$

则两个构形下微线段矢量之间的关系可表示为

$$\mathrm{d}\boldsymbol{x}=\boldsymbol{x}_P(\boldsymbol{X}_{P_0})-\boldsymbol{x}_Q(\boldsymbol{X}_{Q_0})=\boldsymbol{F}\cdot\mathrm{d}\boldsymbol{X}=\mathrm{d}\boldsymbol{X}\cdot\boldsymbol{F}^{\mathrm{T}} \tag{3-129}$$

其中，$\boldsymbol{F}$ 为从构形 C_0 到构形 C 的映射关系，表示为

$$\boldsymbol{F}=\left(\frac{\partial\boldsymbol{x}}{\partial\boldsymbol{X}}\right)^{\mathrm{T}} \tag{3-130}$$

显然，式(3-129)中的 $\mathrm{d}\boldsymbol{x}$ 为变形后当前构形下两邻点的距离，$\mathrm{d}\boldsymbol{X}$ 为变形前初始构形两邻点的距离，式(3-130)中的$\dfrac{\partial\boldsymbol{x}}{\partial\boldsymbol{X}}$为物体现时坐标 $\boldsymbol{x}$ 对物质坐标 $\boldsymbol{X}$ 的偏导数，所以 $\boldsymbol{F}$ 给出了参考构形(变形前)中的线元 $\mathrm{d}\boldsymbol{X}$ 和现时构形(变形后)中的线元 $\mathrm{d}\boldsymbol{x}$ 之间的映射关系，也可以认为是一种线性变换，这变换中既有伸缩，也有转动；$\boldsymbol{F}$ 被称为变形梯度张量，它在有限变形或大变形分析中非常重要，其也可表示为

$$\boldsymbol{F}=\begin{bmatrix}\dfrac{\partial x_1}{\partial X_1} & \dfrac{\partial x_1}{\partial X_2} & \dfrac{\partial x_1}{\partial X_3}\\[2ex] \dfrac{\partial x_2}{\partial X_1} & \dfrac{\partial x_2}{\partial X_2} & \dfrac{\partial x_2}{\partial X_3}\\[2ex] \dfrac{\partial x_3}{\partial X_1} & \dfrac{\partial x_3}{\partial X_2} & \dfrac{\partial x_3}{\partial X_3}\end{bmatrix} \tag{3-131}$$

或者

$$\boldsymbol{F}_{ij}=\frac{\partial x_i}{\partial X_j} \tag{3-132}$$

不难看出，变形梯度张量为非对称的二阶张量，其给出了变形前后两个构形之间的一个映射，其逆映射 F^{-1} 是一定存在的，因为两个构形下微线段矢量之间的关系也可表示为

$$\mathrm{d}\boldsymbol{X}=\boldsymbol{X}_{P_0}(\boldsymbol{x}_P)-\boldsymbol{X}_{Q_0}(\boldsymbol{x}_Q)=\boldsymbol{F}^{-1}\cdot\mathrm{d}\boldsymbol{x}=\mathrm{d}\boldsymbol{x}\cdot\boldsymbol{F}^{-\mathrm{T}} \tag{3-133}$$

其中，$\boldsymbol{F}^{-1}$为 $\boldsymbol{F}$ 的逆，其表示从构形 C_0 到构形 C 的映射关系。$\boldsymbol{F}^{-1}$ 可表示为物质坐标 $\boldsymbol{X}$ 对现时坐标 $\boldsymbol{x}$ 的偏导数：

$$\boldsymbol{F}^{-1}=\left(\frac{\partial\boldsymbol{X}}{\partial\boldsymbol{x}}\right)^{\mathrm{T}} \tag{3-134}$$

也可表示为

$$\boldsymbol{F}^{-1}=\begin{bmatrix}\dfrac{\partial X_1}{\partial x_1} & \dfrac{\partial X_1}{\partial x_2} & \dfrac{\partial X_1}{\partial x_3}\\ \dfrac{\partial X_2}{\partial x_1} & \dfrac{\partial X_2}{\partial x_2} & \dfrac{\partial X_2}{\partial x_3}\\ \dfrac{\partial X_3}{\partial x_1} & \dfrac{\partial X_3}{\partial x_2} & \dfrac{\partial X_3}{\partial x_3}\end{bmatrix} \tag{3-135}$$

用位移来表示初始状态与变形后状态之间的坐标关系为

$$\boldsymbol{u}_P=\boldsymbol{x}_P-\boldsymbol{X}_{P_0},\quad \boldsymbol{u}_Q=\boldsymbol{x}_Q-\boldsymbol{X}_{Q_0} \tag{3-136}$$

其中，$\boldsymbol{u}_P$ 表示 P 点位移，u_Q 表示 Q 点位移。相邻两质点微线段矢量间的关系可用位移表示为

$$\mathrm{d}\boldsymbol{x}=\mathrm{d}\boldsymbol{X}+\mathrm{d}\boldsymbol{u} \tag{3-137}$$

利用位移对物质(变形前)坐标的偏导数，即位移梯度张量，式(3-137)可表示为

$$\mathrm{d}\boldsymbol{x}=\mathrm{d}\boldsymbol{X}+\left(\frac{\partial\boldsymbol{u}}{\partial\boldsymbol{X}}\right)^{\mathrm{T}}\cdot\mathrm{d}\boldsymbol{X}=\left(\frac{\partial\boldsymbol{u}}{\partial\boldsymbol{X}}+\boldsymbol{I}\right)^{\mathrm{T}}\cdot\mathrm{d}\boldsymbol{X} \tag{3-138}$$

所以变形梯度张量可用位移表示为

$$\boldsymbol{F}=\left(\frac{\partial\boldsymbol{u}}{\partial\boldsymbol{X}}+\boldsymbol{I}\right)^{\mathrm{T}} \tag{3-139}$$

也可表示为

$$\boldsymbol{F}_{ij}=\frac{\partial\boldsymbol{u}_i}{\partial\boldsymbol{X}_j}+\boldsymbol{\delta}_{ij} \tag{3-140}$$

同样可用现时构形来定义：

$$\mathrm{d}\boldsymbol{X}=\mathrm{d}\boldsymbol{x}-\mathrm{d}\boldsymbol{u}=\mathrm{d}\boldsymbol{x}-\left(\frac{\partial\boldsymbol{u}}{\partial\boldsymbol{x}}\right)^{\mathrm{T}}\cdot\mathrm{d}\boldsymbol{x}$$

$$=\left(\boldsymbol{I}-\frac{\partial\boldsymbol{u}}{\partial\boldsymbol{x}}\right)^{\mathrm{T}}\cdot\mathrm{d}\boldsymbol{x} \tag{3-141}$$

所以变形梯度张量 $\boldsymbol{F}^{-1}$ 可用位移表示为

$$\boldsymbol{F}^{-1}=\left(\boldsymbol{I}-\frac{\partial\boldsymbol{u}}{\partial\boldsymbol{x}}\right)^{\mathrm{T}} \tag{3-142}$$

也可表示为

$$\boldsymbol{F}_{ij}^{-1}=\boldsymbol{\delta}_{ij}-\frac{\partial\boldsymbol{u}_i}{\partial\boldsymbol{x}_j} \tag{3-143}$$

如果 $\boldsymbol{F}=\boldsymbol{I}$，则意味着物体没有变形，也没有旋转。因为对变形体而言，一个微体积元在变形过程中不可能体积变为零，所以这意味着变形梯度张量的行列式必须是正的，即

$$J=\det(\boldsymbol{F})>0 \tag{3-144}$$

3.3.3 体积映射与面积映射

1. 体积映射

在有限变形中，体积的变化是不可忽略的；而且，许多材料在变体积变形（膨胀）和保体积变形（变形）之间表现出不同的行为。因此，用变形来表示体积的变化是很重要的。考虑一个无穷小的体积单元，它是由未变形几何 C_0 中的三个向量（$\mathrm{d}\boldsymbol{X}^1$，$\mathrm{d}\boldsymbol{X}^2$，$\mathrm{d}\boldsymbol{X}^3$）组成的，变形后在现时构形 C 下由三个向量（$\mathrm{d}\boldsymbol{x}^1$，$\mathrm{d}\boldsymbol{x}^2$，$\mathrm{d}\boldsymbol{x}^3$）组成。

物体运动和变形是单值和连续的，即 $\boldsymbol{x}$ 和 $\boldsymbol{X}$ 是一一对应的，那么参考构形任意点的雅克比（Jacobi）行列式 $J=|\boldsymbol{F}|\neq 0$ 不为零，即变形梯度张量可逆，可表示为

$$J=\begin{vmatrix}\dfrac{\partial x_1}{\partial X_1} & \dfrac{\partial x_1}{\partial X_2} & \dfrac{\partial x_1}{\partial X_3}\\ \dfrac{\partial x_2}{\partial X_1} & \dfrac{\partial x_2}{\partial X_2} & \dfrac{\partial x_2}{\partial X_3}\\ \dfrac{\partial x_3}{\partial X_1} & \dfrac{\partial x_3}{\partial X_2} & \dfrac{\partial x_3}{\partial X_3}\end{vmatrix}=e_{ijk}\frac{\partial x_i}{\partial X_1}\frac{\partial x_j}{\partial X_2}\frac{\partial x_k}{\partial X_3} \tag{3-145}$$

可由置换（Ricci）符号 e_{ijk} 的定义和行列式的性质证明：

$$e_{ijk}=\begin{cases}1 & \text{偶排列 } 1\rightarrow 2\rightarrow 3\rightarrow 1\\ -1 & \text{奇排列 } 3\rightarrow 2\rightarrow 1\rightarrow 3\\ 0 & \text{任意两个脚标相同}\end{cases} \tag{3-146}$$

设如图 3-10 所示的初始位形微元体体积为 $\mathrm{d}V$，用三线元（$\mathrm{d}\boldsymbol{X}^1$，$\mathrm{d}\boldsymbol{X}^2$，$\mathrm{d}\boldsymbol{X}^3$）可表示为

$$\mathrm{d}V=\mathrm{d}\boldsymbol{X}^1\cdot(\mathrm{d}\boldsymbol{X}^2\times\mathrm{d}\boldsymbol{X}^3)=e_{ijk}\mathrm{d}X_i^1\mathrm{d}X_j^2\mathrm{d}X_k^3 \tag{3-147}$$

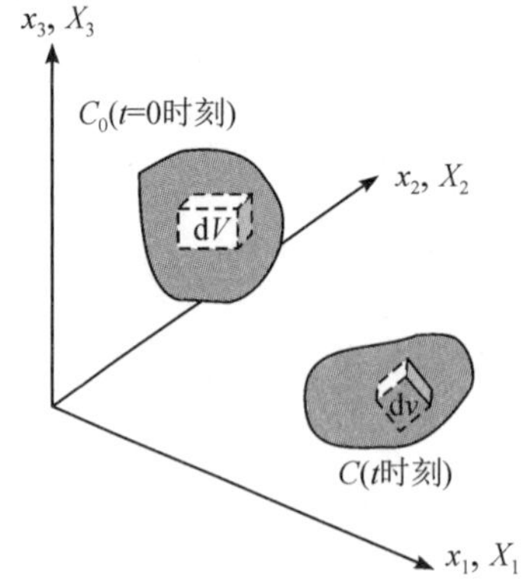

图 3-10 物体变形前后的体积元变化

运动变形后，微元体体积为 $\mathrm{d}v$，用三线元为（$\mathrm{d}\boldsymbol{x}^1$，$\mathrm{d}\boldsymbol{x}^2$，$\mathrm{d}\boldsymbol{x}^3$）可表示为

$$\mathrm{d}v=\mathrm{d}\boldsymbol{x}^1\cdot(\mathrm{d}\boldsymbol{x}^2\times\mathrm{d}\boldsymbol{x}^3)=e_{ijk}\mathrm{d}x_i^1\mathrm{d}x_j^2\mathrm{d}x_k^3 \tag{3-148}$$

利用变形梯度：

$$\boldsymbol{F}_{ij}=\frac{\partial x_i}{\partial X_j} \tag{3-149}$$

则有

$$e_{lmn}J=e_{ijk}\frac{\partial x_i}{\partial X_l}\frac{\partial x_j}{\partial X_m}\frac{\partial x_k}{\partial X_n} \tag{3-150}$$

故现时构形下微元体体积可表为

$$\begin{aligned}\mathrm{d}v&=e_{ijk}\frac{\partial x_i}{\partial X_l}\mathrm{d}X_l^1\frac{\partial x_j}{\partial X_m}\mathrm{d}X_m^2\frac{\partial x_k}{\partial X_n}\mathrm{d}X_n^3\\&=e_{ijk}\frac{\partial x_i}{\partial X_l}\frac{\partial x_j}{\partial X_m}\frac{\partial x_k}{\partial X_n}\mathrm{d}X_l^1\mathrm{d}X_m^2\mathrm{d}X_n^3\\&=e_{lmn}J\,\mathrm{d}X_l^1\mathrm{d}X_m^2\mathrm{d}X_n^3=J\,(e_{lmn}\mathrm{d}X_l^1\mathrm{d}X_m^2\mathrm{d}X_n^3)\end{aligned} \tag{3-151}$$

利用式(3-147)得到初始构形体积 $\mathrm{d}V$ 与现时位形体积 $\mathrm{d}v$ 的变换公式：

$$\mathrm{d}v=J\,\mathrm{d}V \tag{3-152}$$

注意，如果材料不可压缩，则 $J=1$。由上述关系可知，J 必然为正，因为变形体积不可能为零或为负。此外，上述关系可以为弱形式积分提供一个重要的转化关系式。例如，如果一个函数 $f(\cdot)$ 要在变形域 v 上积分，那么使用式(3-152)，积分域可以变为在未变形(初始构形)对应的几何区域 V，即

$$\iiint_v f(\cdot)\,\mathrm{d}v=\iiint_V f(\cdot)\,J\,\mathrm{d}V \tag{3-153}$$

上述积分域的转换为求解几何非线性问题提供了一种非常方便的方法。由于变形后的体积区域 v 通常是未知的，很难进行式(3-153)中等号左边的积分。然而，式(3-153)中等号右边的积分是在变形前(初始构形)的体积区域 V 上进行的。行列式 J 给出了变形过程中体积域的变化对积分计算带来的影响。

2. 面积映射

当变形体受到面力作用时，非线性问题常常会涉及变形前后面积变换的处理。与变形前后体积变换的处理类似，变形前后的面积变换也可以用变形梯度来表示。

如图 3-11 所示，考虑一个微小面积元，设 $\boldsymbol{N}$ 为其单位法向矢量，微面元 $\mathrm{d}\boldsymbol{S}$ 的两条边($\mathrm{d}\boldsymbol{X}^1$ 和 $\mathrm{d}\boldsymbol{X}^2$)位于未变形的曲面 $\boldsymbol{S}$ 上。变形后的面积为 $\mathrm{d}\boldsymbol{s}$；$\boldsymbol{n}$ 为变形后面元的单位法向矢量，其边为$\mathrm{d}\boldsymbol{x}^1$ 和 $\mathrm{d}\boldsymbol{x}^2$。我们需要找到当两个曲面 $\boldsymbol{S}$ 和 $\boldsymbol{s}$ 都是光滑时，变形前后面积 $\mathrm{d}\boldsymbol{S}$ 和 $\mathrm{d}\boldsymbol{s}$ 之间的映射关系。

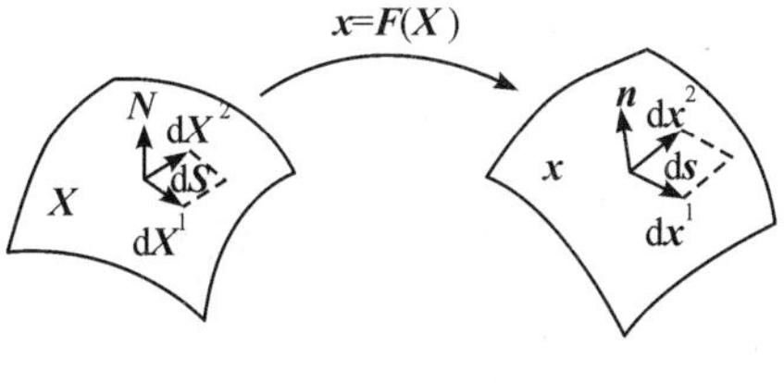

图 3-11 物体变形前后的面积元变化

由变形梯度可得

$$d\boldsymbol{x}^1=\boldsymbol{F}d\boldsymbol{X}^1 \tag{3-154a}$$

$$d\boldsymbol{x}^2=\boldsymbol{F}d\boldsymbol{X}^2 \tag{3-154b}$$

$$d\boldsymbol{X}^1=\boldsymbol{F}^{-1}d\boldsymbol{x}^1 \tag{3-155a}$$

$$d\boldsymbol{X}^2=\boldsymbol{F}^{-1}d\boldsymbol{x}^2 \tag{3-155b}$$

变形前面积元可表示为

$$\boldsymbol{N}d\boldsymbol{S}=d\boldsymbol{X}^1\times d\boldsymbol{X}^2 \tag{3-156a}$$

$$\boldsymbol{N}_i d\boldsymbol{S}=e_{ijk}dX_j^1dX_k^2 \tag{3-156b}$$

而变形后：

$$\boldsymbol{n}d\boldsymbol{s}=d\boldsymbol{x}^1\times d\boldsymbol{x}^2 \tag{3-157a}$$

$$\boldsymbol{n}_r d\boldsymbol{s}=e_{rst}dx_s^1dx_t^2 \tag{3-157b}$$

利用变形梯度：

$$\boldsymbol{N}_i d\boldsymbol{S}=e_{ijk}dX_j^1dX_k^2=e_{ijk}\frac{\partial X_j}{\partial x_s}\frac{\partial X_k}{\partial x_t}dx_s^1dx_t^2 \tag{3-158}$$

左乘$\dfrac{\partial X_i}{\partial x_r}$，得

$$\frac{\partial X_i}{\partial x_r}\boldsymbol{N}_i d\boldsymbol{S}=e_{ijk}\frac{\partial X_i}{\partial x_r}\frac{\partial X_j}{\partial x_s}\frac{\partial X_k}{\partial x_t}dx_s^1dx_t^2 \tag{3-159}$$

由式(3－150)可知

$$e_{ijk}\left|\boldsymbol{F}\right|=e_{rst}\frac{\partial x_r}{\partial X_i}\frac{\partial x_s}{\partial X_j}\frac{\partial x_t}{\partial X_k} \tag{3-160}$$

可获得

$$e_{rst}\left|\boldsymbol{F}^{-1}\right|=e_{ijk}\frac{\partial X_i}{\partial x_r}\frac{\partial X}{\partial x_r}\frac{\partial X_k}{\partial x_t} \tag{3-161}$$

所以有

$$\frac{\partial X_i}{\partial x_r}\boldsymbol{N}_i d\boldsymbol{S}=e_{rst}\left|\boldsymbol{F}^{-1}\right|dx_s^1dx_t^2 \tag{3-162}$$

因为变形后面积元

$$\boldsymbol{n}_r d\boldsymbol{s}=e_{rst}dx_s^1dx_t^2 \tag{3-163}$$

代入式(3－162)有

$$\frac{\partial X_i}{\partial x_r}\boldsymbol{N}_i d\boldsymbol{S}=\left|\boldsymbol{F}^{-1}\right|\boldsymbol{n}_r d\boldsymbol{s} \tag{3-164}$$

所以变形前后初始构形面积和现时构形面积之间的转换关系为

$$\boldsymbol{n}d\boldsymbol{s}=J\boldsymbol{F}^{-\mathrm{T}}\boldsymbol{N}d\boldsymbol{S} \tag{3-165}$$

而变形后面积的法向由矢量 $\boldsymbol{F}^{-\mathrm{T}}\boldsymbol{N}$ 确定，即

$$\boldsymbol{n}=\frac{\boldsymbol{F}(\boldsymbol{x})^{-\mathrm{T}}\boldsymbol{N}(\boldsymbol{X})}{\left\|\boldsymbol{F}(\boldsymbol{x})^{-\mathrm{T}}\boldsymbol{N}(\boldsymbol{X})\right\|} \tag{3-166}$$

那么，变形前后面积大小之间的关系为

$$ds=J\left\|\boldsymbol{F}(\boldsymbol{x})^{-\mathrm{T}}\boldsymbol{N}(\boldsymbol{X})\right\|dS \tag{3-167}$$

3.3.4　应变张量

研究变形前后线段尺度的变化可以获得变形的度量，即应变张量。考虑到有限变形情形下物体在变形前后的几何形状差异较大，所以有限变形几何非线性问题的分析不能使用小变形情形下定义的线性工程应变，而应考虑变形前后构形的变化，选择不同的构形作为参考构形，定义不同的应变张量。

1. 格林(Green)应变张量

设初始构形和现时构形中相邻两点距离的平方分别为

$$(\mathrm{d}\boldsymbol{S})^2 = \mathrm{d}\boldsymbol{X}\cdot\mathrm{d}\boldsymbol{X} \tag{3-168}$$

$$(\mathrm{d}\boldsymbol{s})^2 = \mathrm{d}\boldsymbol{x}\cdot\mathrm{d}\boldsymbol{x} \tag{3-169}$$

利用变形梯度张量有

$$(\mathrm{d}\boldsymbol{s})^2 = \mathrm{d}\boldsymbol{x}\cdot\mathrm{d}\boldsymbol{x} = (\boldsymbol{F}\cdot\mathrm{d}\boldsymbol{X})\cdot(\boldsymbol{F}\cdot\mathrm{d}\boldsymbol{X}) = \mathrm{d}\boldsymbol{X}\cdot(\boldsymbol{F}^{\mathrm{T}}\cdot\boldsymbol{F})\cdot\mathrm{d}\boldsymbol{X} \tag{3-170}$$

则当物体从初始形态变形到当前形态时，其平方长度的变化相对于原始长度可表示为

$$(\mathrm{d}\boldsymbol{s})^2 - (\mathrm{d}\boldsymbol{S})^2 = \mathrm{d}\boldsymbol{X}\cdot(\boldsymbol{F}^{\mathrm{T}}\cdot\boldsymbol{F})\cdot\mathrm{d}\boldsymbol{X} - \mathrm{d}\boldsymbol{X}\cdot\mathrm{d}\boldsymbol{X} = 2\mathrm{d}\boldsymbol{X}\cdot\boldsymbol{E}\cdot\mathrm{d}\boldsymbol{X} \tag{3-171}$$

其中，$\boldsymbol{E}$ 被称为格林-拉格朗日(Green-Lagrange)应变张量或简单地称为格林应变张量。利用式(3-139)，可以表示为

$$\begin{aligned}\boldsymbol{E} &= \frac{1}{2}(\boldsymbol{F}^{\mathrm{T}}\cdot\boldsymbol{F} - I) = \frac{1}{2}\left[\left(\frac{\partial\boldsymbol{u}}{\partial\boldsymbol{X}} + \boldsymbol{I}\right)\left(\frac{\partial\boldsymbol{u}}{\partial\boldsymbol{X}} + \boldsymbol{I}\right)^{\mathrm{T}} - \boldsymbol{I}\right] \\ &= \frac{1}{2}\left\{\frac{\partial\boldsymbol{u}}{\partial\boldsymbol{X}} + \left(\frac{\partial\boldsymbol{u}}{\partial\boldsymbol{X}}\right)^{\mathrm{T}} + \frac{\partial\boldsymbol{u}}{\partial\boldsymbol{X}}\cdot\left(\frac{\partial\boldsymbol{u}}{\partial\boldsymbol{X}}\right)^{\mathrm{T}}\right\}\end{aligned} \tag{3-172}$$

显然，格林应变张量是对称的。格林应变张量用初始构形定义，也是用变形前的坐标定义的。它是拉格朗日(Lagrange)坐标的函数，可以表示为

$$\boldsymbol{E}_{ij} = \frac{1}{2}\left(\frac{\partial\boldsymbol{u}_i}{\partial\boldsymbol{X}_j} + \frac{\partial\boldsymbol{u}_j}{\partial\boldsymbol{X}_i} + \frac{\partial\boldsymbol{u}_k}{\partial\boldsymbol{X}_i}\frac{\partial\boldsymbol{u}_k}{\partial\boldsymbol{X}_j}\right) \tag{3-173}$$

其六个应变分量可表示为

$$E_{11} = \frac{\partial u_1}{\partial X_1} + \frac{1}{2}\left[\left(\frac{\partial u_1}{\partial X_1}\right)^2 + \left(\frac{\partial u_2}{\partial X_1}\right)^2 + \left(\frac{\partial u_3}{\partial X_1}\right)^2\right] \tag{3-174a}$$

$$E_{22} = \frac{\partial u_2}{\partial X_2} + \frac{1}{2}\left[\left(\frac{\partial u_1}{\partial X_2}\right)^2 + \left(\frac{\partial u_2}{\partial X_2}\right)^2 + \left(\frac{\partial u_3}{\partial X_2}\right)^2\right] \tag{3-174b}$$

$$E_{33} = \frac{\partial u_3}{\partial X_3} + \frac{1}{2}\left[\left(\frac{\partial u_1}{\partial X_3}\right)^2 + \left(\frac{\partial u_2}{\partial X_3}\right)^2 + \left(\frac{\partial u_3}{\partial X_3}\right)^2\right] \tag{3-174c}$$

$$E_{12} = \frac{1}{2}\left[\frac{\partial u_1}{\partial X_2} + \frac{\partial u_2}{\partial X_1} + \frac{\partial u_1}{\partial X_1}\frac{\partial u_1}{\partial X_2} + \frac{\partial u_2}{\partial X_1}\frac{\partial u_2}{\partial X_2} + \frac{\partial u_3}{\partial X_1}\frac{\partial u_3}{\partial X_2}\right] \tag{3-174d}$$

$$E_{13} = \frac{1}{2}\left[\frac{\partial u_1}{\partial X_3} + \frac{\partial u_3}{\partial X_1} + \frac{\partial u_1}{\partial X_1}\frac{\partial u_1}{\partial X_3} + \frac{\partial u_2}{\partial X_1}\frac{\partial u_2}{\partial X_3} + \frac{\partial u_3}{\partial X_1}\frac{\partial u_3}{\partial X_3}\right] \tag{3-174e}$$

$$E_{23} = \frac{1}{2}\left[\frac{\partial u_2}{\partial X_3} + \frac{\partial u_3}{\partial X_2} + \frac{\partial u_1}{\partial X_2}\frac{\partial u_1}{\partial X_3} + \frac{\partial u_2}{\partial X_2}\frac{\partial u_2}{\partial X_3} + \frac{\partial u_3}{\partial X_2}\frac{\partial u_3}{\partial X_3}\right] \tag{3-174f}$$

2. 阿尔曼西(Almansi)应变张量

阿尔曼西应变张量用现时构形定义，它是欧拉坐标的函数。当物体从初始形态变形到

当前形态时，发生的平方长度的变化可以用当前长度表示为

$$\begin{aligned}(\mathrm{d}\boldsymbol{s})^2-(\mathrm{d}\boldsymbol{S})^2&=\mathrm{d}\boldsymbol{x}\cdot\mathrm{d}\boldsymbol{x}-\mathrm{d}\boldsymbol{X}\cdot\mathrm{d}\boldsymbol{X}\\&=\mathrm{d}\boldsymbol{x}\cdot\mathrm{d}\boldsymbol{x}-\left(\frac{\partial\boldsymbol{X}}{\partial\boldsymbol{x}}\cdot\mathrm{d}\boldsymbol{x}\right)\cdot\left(\frac{\partial\boldsymbol{X}}{\partial\boldsymbol{x}}\cdot\mathrm{d}\boldsymbol{x}\right)\\&=\mathrm{d}\boldsymbol{x}\cdot\mathrm{d}\boldsymbol{x}-(\boldsymbol{F}^{-1}\cdot\mathrm{d}\boldsymbol{x})\cdot(\boldsymbol{F}^{-1}\cdot\mathrm{d}\boldsymbol{x})\\&=\mathrm{d}\boldsymbol{x}\cdot\mathrm{d}\boldsymbol{x}-\mathrm{d}\boldsymbol{x}\cdot(\boldsymbol{F}^{-\mathrm{T}}\cdot\boldsymbol{F}^{-1})\cdot\mathrm{d}\boldsymbol{x}\\&=2\,\mathrm{d}\boldsymbol{x}\cdot\boldsymbol{e}\cdot\mathrm{d}\boldsymbol{x}\end{aligned}\tag{3-175}$$

其中，$\boldsymbol{e}$ 被称为阿尔曼西应变张量或者称欧拉应变张量。利用式(3-142)，可表示为

$$\boldsymbol{e}=\frac{1}{2}(\boldsymbol{I}-\boldsymbol{F}^{-\mathrm{T}}\cdot\boldsymbol{F}^{-1})=\frac{1}{2}\left\{\frac{\partial\boldsymbol{u}}{\partial\boldsymbol{X}}+\left(\frac{\partial\boldsymbol{u}}{\partial\boldsymbol{X}}\right)^{\mathrm{T}}-\frac{\partial\boldsymbol{u}}{\partial\boldsymbol{X}}\cdot\left(\frac{\partial\boldsymbol{u}}{\partial\boldsymbol{X}}\right)^{\mathrm{T}}\right\}\tag{3-176}$$

显然，阿尔曼西应变张量是对称的，它是用变形后的坐标表示的，可表示为

$$\boldsymbol{e}_{ij}=\frac{1}{2}\left(\frac{\partial u_i}{\partial x_j}+\frac{\partial u_j}{\partial x_i}-\frac{\partial u_k}{\partial x_i}\frac{\partial u_k}{\partial x_j}\right)\tag{3-177}$$

由式(3-172)和式(3-176)可见，两种应变张量都是对称的。当位移梯度很小时，位移梯度分量的乘积项是高阶小量，可以不区分初始位形和现时位形，将高阶项略去后，即可得到无限小应变张量，即柯西应变(工程应变)：

$$\boldsymbol{\varepsilon}_{ij}=\boldsymbol{E}_{ij}=\boldsymbol{e}_{ij}=\frac{1}{2}\left(\frac{\partial u_i}{\partial x_j}+\frac{\partial u_j}{\partial x_i}\right)\tag{3-178}$$

3.3.5 应力张量

应力是固体力学中最重要的力学量之一。在建立结构力平衡时它是必不可少的，同时它也用于判定材料是否失效。与应变张量类似，应力张量也取决于参照系，不同的应力可以根据所使用的参考系来定义。一般来说，应力是借助于微元体来定义的，是指作用在无限小面积上的内力。在线性分析中，由于无穷小的变形假设，不需要区分变形后的面积和未变形的面积，但是在有限变形分析中，则必须注意微元体所在的构形。从当前构形中取出的微元体，要明确是在什么样的面积上定义的应力，事实上根据使用的面积不同，应力的定义也不同。由于通常使用未变形的构形(初时构形)和变形后的构形(当前构形)作为参考系，所以使用变形前和变形后的面积来定义应力张量，如图 3-12 所示。

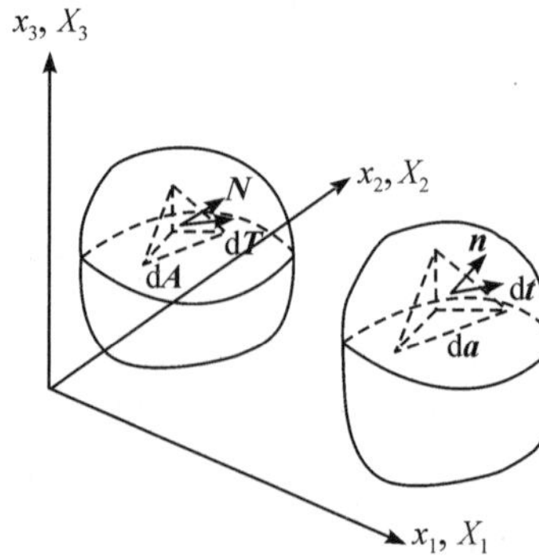

图 3-12 物体变形前后微面元上的作用力

1. 欧拉(Euler)应力张量

在有限变形问题中，平衡方程及与之相等效的虚功原理是用从变形后的物体内截取的微元体建立的，因此首先应在微元体上定义应力张量，称其为欧拉应力张量或柯西应力张量，它是一种采用欧拉描述法(是以质点的空间坐标 x 作为自变量描述)定义在现时构形(变形后的状态)的单位面积上的力，是与变形相关的真实应力。此应力张量有明确的含义，即代表真实的应力张量。它是现时构形下与变形相关的真实应力。

在当前变形几何中，某点 p 处的应力向量可以用过该点的微分元 $\mathrm{d}\boldsymbol{a}=\boldsymbol{n}\cdot\mathrm{d}a$ 的面积($\boldsymbol{n}$ 为面元 $\mathrm{d}a$ 的法向单位矢量)、作用在其上的力 $\mathrm{d}\boldsymbol{t}$ 来定义为

$$\boldsymbol{\tau}=\frac{\mathrm{d}\boldsymbol{t}}{\mathrm{d}\boldsymbol{a}}=\boldsymbol{\sigma}^{\mathrm{T}}\boldsymbol{n}=\boldsymbol{\sigma}\cdot\boldsymbol{n} \tag{3-179}$$

其中，$\boldsymbol{\sigma}$ 为柯西应力张量，它是在与当前变形和构形相关的力和面积下定义的应力，因此它通常被称为真应力。

取三维空间笛卡尔坐标系，在现时构形中截取一个四面体积元，如图 3-13 所示，斜面的法线为 $\boldsymbol{n}$，另外三个面元与所取坐标面平行，面 $\boldsymbol{n}_i\mathrm{d}a$ 的应力用 $\boldsymbol{\sigma}_{ij}(j=1,2,3)$ 表示。由四面体积元的平衡条件得出柯西应力张量与面力之间的关系为

$$\boldsymbol{\sigma}_{ji}\boldsymbol{n}_j\,\mathrm{d}a=\mathrm{d}\boldsymbol{t}_i \tag{3-180}$$

这里，$\boldsymbol{\sigma}_{ij}=\boldsymbol{\sigma}_{ji}$ 是柯西应力张量，它是二阶对称张量。

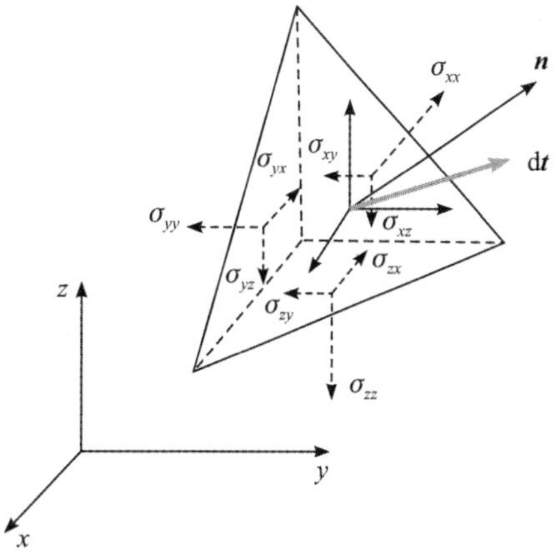

图 3-13　现时构形下的四面体积元

在大变形(有限变形)情况下，由于变形前的初始构形和变形后的现时构形差别较大，故柯西应力张量很难用于求解。

2. 一阶皮奥拉-基尔霍夫(Piola-Kirchoff)应力张量

在求解分析过程中我们必须保持应力和应变是在同一参考坐标系中定义的。如果应变是用变形前的坐标(初始构形)表示的格林应变张量，那么，还需要定义与之相对应的变形前构形的应力张量。所以新的应力张量 $\boldsymbol{P}$ 用未变形(初始构形)中的微面元 $\mathrm{d}\boldsymbol{A}=\boldsymbol{N}\cdot\mathrm{d}A$ 的面积，作用在其上的力 $\mathrm{d}\boldsymbol{T}$，面积的单位法线为 $\boldsymbol{N}$ 来进行定义，即

$$\tilde{\boldsymbol{\tau}}=\frac{\mathrm{d}\boldsymbol{T}}{\mathrm{d}A}=\boldsymbol{P}^{\mathrm{T}}\boldsymbol{N} \tag{3-181}$$

其中，$\boldsymbol{P}$ 被称为一阶皮奥拉-基尔霍夫应力张量。

尽管一阶皮奥拉-基尔霍夫应力张量是在变形前构形上定义的，但其定义是建立在变形前后总力相等的基础上的，即在初始构形下该应力张量能给出与变形后构形下柯西应力张量相同的力，表示为

$$\mathrm{d}\boldsymbol{t}=\mathrm{d}\boldsymbol{T} \tag{3-182}$$

故有

$$\mathrm{d}\boldsymbol{t}=\boldsymbol{\sigma}^{\mathrm{T}}\boldsymbol{n}\,\mathrm{d}a=\boldsymbol{P}^{\mathrm{T}}\boldsymbol{N}\,\mathrm{d}A \tag{3-183}$$

利用初始构形和现时构形中物质面元间的映射关系(变形前后)，得

$$\boldsymbol{n}\mathrm{d}a = J\boldsymbol{F}^{-\mathrm{T}}\boldsymbol{N}\mathrm{d}A \tag{3-184}$$

代入有

$$\boldsymbol{\sigma}^{\mathrm{T}}J\boldsymbol{F}^{-\mathrm{T}}\boldsymbol{N}\mathrm{d}A = \boldsymbol{P}^{\mathrm{T}}\boldsymbol{N}\mathrm{d}A \tag{3-185}$$

这样可以得到一阶皮奥拉-基尔霍夫应力张量与柯西应力张量之间的关系为

$$\boldsymbol{P} = J\boldsymbol{F}^{-1}\boldsymbol{\sigma} \tag{3-186}$$

柯西应力张量同样也可以由一阶皮奥拉-基尔霍夫应力张量来表示，即

$$\boldsymbol{\sigma} = J^{-1}\boldsymbol{P}^{\mathrm{T}}\boldsymbol{F}^{\mathrm{T}} \tag{3-187}$$

不难看出，与柯西应力不同，一阶皮奥拉-基尔霍夫是不对称的。它提供了以初始构形来表示实际力的形式，但是直接应用一阶皮奥拉-基尔霍夫应力张量可能存在困难：一方面，从能量角度上看，一阶皮奥拉-基尔霍夫应力张量不适合与格林应变张量共同使用。因为一阶皮奥拉-基尔霍夫应力张量乘以格林应变张量不会产生柯西应力张量与小应变张量相同的能量密度；另一方面，一阶皮奥拉-基尔霍夫应力张量因为不对称，很难应用到有限元分析中去。

3. 二阶皮奥拉-基尔霍夫应力张量

一阶皮奥拉-基尔霍夫应力张量有一个不理想的性质，即它是不对称的。为了有限元分析的方便，还必须保证应力张量的对称性。通过将一阶皮奥拉-基尔霍夫(Piola-Kirchhoff)应力张量 $\boldsymbol{P}$ 与变形梯度逆的转置相乘，可以得到一个对称应力张量 $\boldsymbol{P}\boldsymbol{F}^{-\mathrm{T}}$。这个伪应力张量被称为二阶皮奥拉-基尔霍夫应力张量，用 $\boldsymbol{S}$ 表示。

也可以这样来理解二阶皮奥拉-基尔霍夫应力张量的定义：不采用变形后的力 $\mathrm{d}\boldsymbol{t}$ 来推导应力张量，而是将作用在变形后的力 $\mathrm{d}\boldsymbol{t}$ 映射到未变形状态上(映射时采用逆变形梯度张量)，即

$$\mathrm{d}\boldsymbol{T} = \boldsymbol{F}^{-1}\mathrm{d}\boldsymbol{t} \tag{3-188}$$

由式(3-179)变换成柯西应力张量，使

$$\mathrm{d}\boldsymbol{T} = \boldsymbol{F}^{-1}\mathrm{d}\boldsymbol{t} = \boldsymbol{F}^{-1}\boldsymbol{\sigma}^{\mathrm{T}}\boldsymbol{n}\mathrm{d}a \tag{3-189}$$

利用初始构形和现时构形中物质面元间的映射关系(变形前后)有

$$\boldsymbol{n}\mathrm{d}a = J\boldsymbol{F}^{-\mathrm{T}}\boldsymbol{N}\mathrm{d}A \tag{3-190}$$

得到

$$\mathrm{d}\boldsymbol{T} = \boldsymbol{F}^{-1}\boldsymbol{\sigma}^{\mathrm{T}}\boldsymbol{n}\mathrm{d}a = \boldsymbol{F}^{-1}\boldsymbol{\sigma}^{\mathrm{T}}J\boldsymbol{F}^{-\mathrm{T}}\boldsymbol{N}\mathrm{d}A \tag{3-191}$$

这样二阶皮奥拉-基尔霍夫应力张量 $\boldsymbol{S}$(伪应力)可定义为

$$\boldsymbol{S} = \boldsymbol{F}^{-1}\boldsymbol{\sigma}J\boldsymbol{F}^{-\mathrm{T}} \tag{3-192}$$

显然，二阶皮奥拉-基尔霍夫应力张量给出了未变形构形在未变形面积 $\boldsymbol{N}\mathrm{d}A$ 上的总力 $\mathrm{d}\boldsymbol{T}$，即

$$\mathrm{d}\boldsymbol{T} = \boldsymbol{S}^{\mathrm{T}}\boldsymbol{N}\mathrm{d}A \tag{3-193}$$

由式(3-186)可知，二阶皮奥拉-基尔霍夫应力张量可用柯西应力张量或一阶皮奥拉-基尔霍夫应力张量表示为

$$\boldsymbol{S} = J\boldsymbol{F}^{-1}\boldsymbol{\sigma}\boldsymbol{F}^{-\mathrm{T}} = \boldsymbol{P}\boldsymbol{F}^{-\mathrm{T}} \tag{3-194}$$

同样，柯西应力张量可用二阶皮奥拉-基尔霍夫应力张量表示为

$$\boldsymbol{\sigma}=J^{-1}\boldsymbol{FSF}^{\mathrm{T}} \tag{3-195}$$

二阶皮奥拉-基尔霍夫应力张量有其应用上的优点：一方面，它是对称阵的；另一方面，在能量角度下二阶皮奥拉-基尔霍夫应力张量与格林应变张量相互协调，在参考构形下构成描述材料本构关系的一个适当搭配，但其本身的物理意义很难理解。它主要是在求解大变形问题时起到桥梁作用，因为通过它能计算出柯西应力张量。

3.3.6　有限元建模

对于有限变形问题，分析时通常假设总载荷以增量方式施加，变形体在整个加载过程中会经历若干构形，从已知的初始构形 C_0 一直到最终构形 C_T，而载荷增量的大小即计算步长 Δt 应使用的计算方法能够计算出获得每个载荷增量所对应的变形体构形。在确定某一时刻构形 $C_{t+\Delta t}$ 时，拉格朗日运动描述可以使用任何已知构形 C_0，$C_{\Delta t}$，…，C_t 作为参考构形。如果使用初始构形 C_0 作为所有量测量的参考构形，则称为全拉格朗日（Total Lagrangian，T. L.）描述。如果使用最新的已知构形 C_t 作为参考构形，则称为更新拉格朗日(Updated Lagrangian ，U. L.)描述。

1. 不同构形下的应变度量

我们考虑物体在变形过程中的三个平衡构形，即初始时刻($t=0$)的构形 C_0、t 时刻的构形 C_t 和当前时刻的构形 $C_{t+\Delta t}$，它们对应于三种不同的载荷，如图 3-14 所示。变形体的三个构形也可以理解为初始未变形构形 C_0、最后一个已知的变形构形 C_t 和当前待确定的变形构形 $C_{t+\Delta t}$。假设所有变量，如位移、应变和应力在构形 C_t 处都是已知的，我们希望获得当前变形构形 $C_{t+\Delta t}$ 处物体的位移场。又假设从构形 C_t 到构形 $C_{t+\Delta t}$ 由于荷载的增加而产生的变形很小，而从构形 C_0 到构形 $C_{t+\Delta t}$ 的累积变形可以任意大但应为连续的(即在邻域内从构形 C_t 变形为构形 $C_{t+\Delta t}$) 。

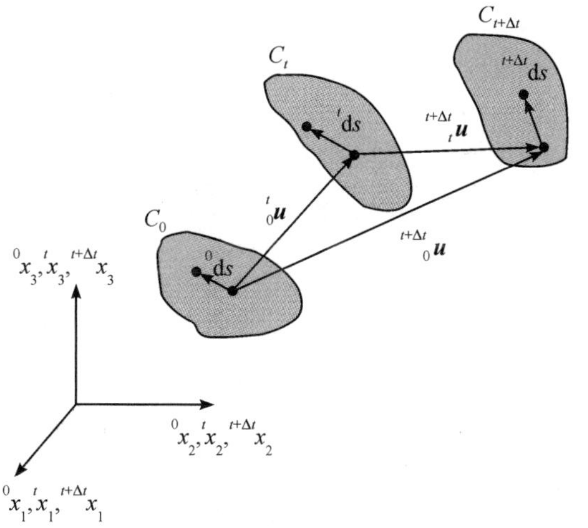

图 3-14　变形体的初始构形和连续处于载荷增量加载前后的构形

为了便于分析，本节在张量符号的左侧引入了上下标，分别为该张量对应的时刻以及定义该张量的构形。一个量的左上标表示该量对应的时刻，即该量所处的构形，比如 0 代表初始状态时刻，t 为 t 时刻的构形，$t+\Delta t$ 为当前时刻的构形；当该标识缺省时，则表示从初始状态变化到变形后状态时该张量的增量。而一个量的左下标表示该量描述时采用的构形，0 代表初始构形 C_0 为参考构形，t 代表构形 C_t 为参考构形，因此 ${}^{t+\Delta t}_{t}R$ 表示为 R 的量在构形 $C_{t+\Delta t}$ 中出现，但以构形 C_t 为参考构形来定义和描述。当所考虑的量是在相同的构形下描述和定义测量时，不使用左下标。在构形 C_t 到构形 $C_{t+\Delta t}$ 之间发生的增量将省略左上标。当然，右下标还是指笛卡尔直角坐标系中的分量。

用坐标系(${}^0x_1$，${}^0x_2$，${}^0x_3$)来表示 $t=0$ 时刻物体未变形的构形(即对物体在该时刻的位置和变形进行描述)，张量记为${}^0\boldsymbol{x}_i$；初始时刻任意点的坐标${}^0\boldsymbol{x}_i$ 称为物质坐标。在施加载荷后，变形体产生变形并呈现出新的构形，坐标系(${}^tx_1$，${}^tx_2$，${}^tx_3$)表示 t 时刻物体的构形，张量记为${}^t\boldsymbol{x}_i$。现在研究变形体的一点 P 从时刻 t 到时刻 $t+\Delta t$ 的时间步长 Δt 内，其运动及构形的变化。坐标系(${}^{t+\Delta t}x_1$，${}^{t+\Delta t}x_2$，${}^{t+\Delta t}x_3$)表示 $t+\Delta t$ 时刻物体的构形，张量记为 ${}^{t+\Delta t}\boldsymbol{x}_i$；任一点在构形 C_t 和构形 $C_{t+\Delta t}$ 两种构形下的总位移可以写成 ${}^t_0\boldsymbol{u}$ 和 ${}^{t+\Delta t}_{0}\boldsymbol{u}$；从构形 C_t 到构形 $C_{t+\Delta t}$ 的位移增量记为 $\boldsymbol{u}_i={}^{t+\Delta t}_{0}\boldsymbol{u}_i-{}^t_0\boldsymbol{u}_i(i=1, 2, 3)$。

利用质量守恒原理，可以分别建立初始时刻($t=0$)的构形 C_0、t 时刻的构形 C_t 和当前时刻的构形 $C_{t+\Delta t}$ 的材料质量密度${}^0\rho$、${}^t\rho$ 和${}^{t+\Delta t}\rho$ 之间的关系。这一原理要求物体质量在通过不同构形时保持不变，即

$$\int_{{}^{t+\Delta t}V} {}^{t+\Delta t}\rho \mathrm{d}^{t+\Delta t}V=\int_{{}^tV} {}^t\rho \mathrm{d}^tV=\int_{{}^0V} {}^0\rho \mathrm{d}^0V \tag{3-196}$$

其中，${}^0V$、${}^tV$ 以及${}^{t+\Delta t}V$ 分别为物体在构形 C_0、构形 C_t 和构形 $C_{t+\Delta t}$ 时的体积。通过从${}^{t+\Delta t}\boldsymbol{x}_i$ 到${}^0\boldsymbol{x}_i$ 积分坐标的变化，我们有

$$\int_{{}^{t+\Delta t}V} {}^{t+\Delta t}\rho \mathrm{d}^{t+\Delta t}V=\int_{{}^0V} {}^{t+\Delta t}\rho {}^{t+\Delta t}_{0}J\,\mathrm{d}^0V \tag{3-197}$$

其中，${}^{t+\Delta t}_{0}J$ 是变形梯度张量 ${}^{t+\Delta t}_{0}\boldsymbol{F}$(或变换的雅可比矩阵)的行列式，即

$${}^{t+\Delta t}_{0}J=\det({}^{t+\Delta t}_{0}\boldsymbol{F})=\left|\frac{\partial^{t+\Delta t}\boldsymbol{x}_i}{\partial^0\boldsymbol{x}_i}\right|=\begin{vmatrix} \dfrac{\partial^{t+\Delta t}x_1}{\partial^0x_1} & \dfrac{\partial^{t+\Delta t}x_1}{\partial^0x_2} & \dfrac{\partial^{t+\Delta t}x_1}{\partial^0x_3} \\ \dfrac{\partial^{t+\Delta t}x_2}{\partial^0x_1} & \dfrac{\partial^{t+\Delta t}x_2}{\partial^0x_2} & \dfrac{\partial^{t+\Delta t}x_2}{\partial^0x_3} \\ \dfrac{\partial^{t+\Delta t}x_3}{\partial^0x_1} & \dfrac{\partial^{t+\Delta t}x_3}{\partial^0x_2} & \dfrac{\partial^{t+\Delta t}x_3}{\partial^0x_3} \end{vmatrix} \tag{3-198}$$

我们有

$${}^0\rho={}^{t+\Delta t}\rho {}^{t+\Delta t}_{0}J \tag{3-199a}$$

$${}^0\rho={}^t\rho {}^t_0J \tag{3-199b}$$

在构形 C_t 和构形 $C_{t+\Delta t}$ 两种构形下，由式(3-172)可知，格林-拉格朗日(Green-Lagrange)应变张量 ${}^{t+\Delta t}_{0}\boldsymbol{E}_{ij}$ 和 ${}^t_0\boldsymbol{E}_{ij}$ 的笛卡尔分量定义为

$${}^{t+\Delta t}_{0}\boldsymbol{E}_{ij}=\frac{1}{2}\left(\frac{\partial^{t+\Delta t}\boldsymbol{x}_k}{\partial^0\boldsymbol{x}_i}\frac{\partial^{t+\Delta t}\boldsymbol{x}_k}{\partial^0\boldsymbol{x}_j}-\boldsymbol{\delta}_{ij}\right) \tag{3-200a}$$

$${}^t_0\boldsymbol{E}_{ij}=\frac{1}{2}\left(\frac{\partial^t\boldsymbol{x}_k}{\partial^0\boldsymbol{x}_i}\frac{\partial^t\boldsymbol{x}_k}{\partial^0\boldsymbol{x}_j}-\boldsymbol{\delta}_{ij}\right) \tag{3-200b}$$

引入位移分量

$$\frac{\partial^{t}\boldsymbol{x}_{k}}{\partial^{0}\boldsymbol{x}_{i}}=\frac{\partial^{t}\boldsymbol{u}_{k}}{\partial^{0}\boldsymbol{x}_{i}}+\boldsymbol{\delta}_{ki} \tag{3-201a}$$

$$\frac{\partial^{t+\Delta t}\boldsymbol{x}_{k}}{\partial^{0}\boldsymbol{x}_{i}}=\frac{\partial^{t+\Delta t}\boldsymbol{u}_{k}}{\partial^{0}\boldsymbol{x}_{i}}+\boldsymbol{\delta}_{ki} \tag{3-201b}$$

格林-拉格朗日应变张量 ${}^{t+\Delta t}_{0}\boldsymbol{E}_{ij}$ 和 ${}^{t}_{0}\boldsymbol{E}_{ij}$ 的笛卡尔分量可以用位移分量 ${}^{t}_{0}\boldsymbol{u}_{i}$ 和 ${}^{t+\Delta t}_{0}\boldsymbol{u}_{i}$ 表示为

$${}^{t}_{0}\boldsymbol{E}_{ij}=\frac{1}{2}\left(\frac{\partial^{t}\boldsymbol{u}_{i}}{\partial^{0}\boldsymbol{x}_{j}}+\frac{\partial^{t}\boldsymbol{u}_{j}}{\partial^{0}\boldsymbol{x}_{i}}+\frac{\partial^{t}\boldsymbol{u}_{k}}{\partial^{0}\boldsymbol{x}_{i}}\frac{\partial^{t}\boldsymbol{u}_{k}}{\partial^{0}\boldsymbol{x}_{j}}\right) \tag{3-202a}$$

$${}^{t+\Delta t}_{0}\boldsymbol{E}_{ij}=\frac{1}{2}\left(\frac{\partial^{t+\Delta t}\boldsymbol{u}_{i}}{\partial^{0}\boldsymbol{x}_{j}}+\frac{\partial^{t+\Delta t}\boldsymbol{u}_{j}}{\partial^{0}\boldsymbol{x}_{i}}+\frac{\partial^{t+\Delta t}\boldsymbol{u}_{k}}{\partial^{0}\boldsymbol{x}_{i}}\frac{\partial^{t+\Delta t}\boldsymbol{u}_{k}}{\partial^{0}\boldsymbol{x}_{j}}\right) \tag{3-202b}$$

由于几何非线性中通常采用增量形式，所以定义应变分量的增量 ${}_{0}\boldsymbol{\varepsilon}_{ij}$ 是有用的，即从构形 C_t 变形到构形 $C_{t+\Delta t}$ 所引起的应变。格林-拉格朗日应变增量张量定义为

$$\begin{aligned}2{}_{0}\boldsymbol{\varepsilon}_{ij}\mathrm{d}^{0}\boldsymbol{x}_{i}\mathrm{d}^{0}\boldsymbol{x}_{j}&=({}^{t+\Delta t}\mathrm{d}\boldsymbol{s})^{2}-({}^{t}\mathrm{d}\boldsymbol{s})^{2}\\&=[({}^{t+\Delta t}\mathrm{d}\boldsymbol{s})^{2}-({}^{0}\mathrm{d}\boldsymbol{s})^{2}]-[({}^{t}\mathrm{d}\boldsymbol{s})^{2}-({}^{0}\mathrm{d}\boldsymbol{s})^{2}]\\&=2({}^{t+\Delta t}_{0}\boldsymbol{E}_{ij}-{}^{t}_{0}\boldsymbol{E}_{ij})\mathrm{d}^{0}\boldsymbol{x}_{i}\mathrm{d}^{0}\boldsymbol{x}_{j}\\&=2({}_{0}\boldsymbol{e}_{ij}+{}_{0}\boldsymbol{\eta}_{ij})\mathrm{d}^{0}\boldsymbol{x}_{i}\mathrm{d}^{0}\boldsymbol{x}_{j}\end{aligned} \tag{3-203}$$

其中，${}_{0}\boldsymbol{e}_{ij}$ 是应变增量张量的线性分量，可表示为

$${}_{0}\boldsymbol{e}_{ij}=\frac{1}{2}\left(\frac{\partial\boldsymbol{u}_{i}}{\partial^{0}\boldsymbol{x}_{j}}+\frac{\partial\boldsymbol{u}_{j}}{\partial^{0}\boldsymbol{x}_{i}}+\frac{\partial^{t}_{0}\boldsymbol{u}_{k}}{\partial^{0}\boldsymbol{x}_{i}}\frac{\partial\boldsymbol{u}_{k}}{\partial^{0}\boldsymbol{x}_{j}}+\frac{\partial\boldsymbol{u}_{k}}{\partial^{0}\boldsymbol{x}_{i}}\frac{\partial^{t}_{0}\boldsymbol{u}_{k}}{\partial^{0}\boldsymbol{x}_{j}}\right) \tag{3-204}$$

而 ${}_{0}\boldsymbol{\eta}_{ij}$ 为非线性分量，可表示为

$${}_{0}\boldsymbol{\eta}_{ij}=\frac{1}{2}\frac{\partial\boldsymbol{u}_{k}}{\partial^{0}\boldsymbol{x}_{i}}\frac{\partial\boldsymbol{u}_{k}}{\partial^{0}\boldsymbol{x}_{j}} \tag{3-205}$$

这里，${}_{0}\boldsymbol{e}_{ij}$ 的线性和 ${}_{0}\boldsymbol{\eta}_{ij}$ 的非线性都可以理解为与增量位移 $\boldsymbol{u}_i$ 有关。

前面介绍的格林-拉格朗日应变张量 ${}^{t+\Delta t}_{0}\boldsymbol{E}_{ij}$ 在全拉格朗日公式中是有用的，因为是以初始构形为参考的。考虑到更新的拉格朗日公式，我们定义了格林-拉格朗日应变张量关于构形 C_t 的描述，这样的应变张量记为 ${}^{t+\Delta t}_{t}\boldsymbol{\varepsilon}_{ij}$，称为更新的格林-拉格朗日应变张量，它的定义是

$$\begin{aligned}2{}^{t+\Delta t}_{t}\boldsymbol{\varepsilon}_{ij}\mathrm{d}^{t}\boldsymbol{x}_{i}\mathrm{d}^{t}\boldsymbol{x}_{j}&=({}^{t+\Delta t}\mathrm{d}\boldsymbol{s})^{2}-({}^{t}\mathrm{d}\boldsymbol{s})^{2}\\&=\mathrm{d}^{t+\Delta t}\boldsymbol{x}_{k}\mathrm{d}^{t+\Delta t}\boldsymbol{x}_{k}-\mathrm{d}^{t}\boldsymbol{x}_{k}\mathrm{d}^{t}\boldsymbol{x}_{k}\\&=\frac{\partial^{t+\Delta t}\boldsymbol{x}_{k}}{\partial^{t}\boldsymbol{x}_{i}}\mathrm{d}^{t}\boldsymbol{x}_{i}\frac{\partial^{t+\Delta t}\boldsymbol{x}_{k}}{\partial^{t}\boldsymbol{x}_{j}}\mathrm{d}^{t}\boldsymbol{x}_{j}-\mathrm{d}^{t}\boldsymbol{x}_{k}\mathrm{d}^{t}\boldsymbol{x}_{k}\\&=\left(\frac{\partial^{t+\Delta t}\boldsymbol{x}_{k}}{\partial^{t}\boldsymbol{x}_{i}}\frac{\partial^{t+\Delta t}\boldsymbol{x}_{k}}{\partial^{t}\boldsymbol{x}_{j}}-\delta_{ij}\right)\mathrm{d}^{t}\boldsymbol{x}_{i}\mathrm{d}^{t}\boldsymbol{x}_{j}\end{aligned} \tag{3-206}$$

故，格林-拉格朗日应变张量关于构形 C_t 的分量 ${}^{t+\Delta t}_{t}\boldsymbol{\varepsilon}_{ij}$ 为

$${}^{t+\Delta t}_{t}\boldsymbol{\varepsilon}_{ij}=\frac{1}{2}\left(\frac{\partial^{t+\Delta t}\boldsymbol{x}_{k}}{\partial^{t}\boldsymbol{x}_{i}}\frac{\partial^{t+\Delta t}\boldsymbol{x}_{k}}{\partial^{t}\boldsymbol{x}_{j}}-\boldsymbol{\delta}_{ij}\right) \tag{3-207}$$

利用增量位移分量

$$\boldsymbol{u}_{i}={}^{t+\Delta t}\boldsymbol{x}_{i}-{}^{t}\boldsymbol{x}_{i} \tag{3-208}$$

有

$$\frac{\partial^{t+\Delta t}\boldsymbol{x}_k}{\partial^t\boldsymbol{x}_i}=\frac{\partial\boldsymbol{u}_k}{\partial^t\boldsymbol{x}_j}+\boldsymbol{\delta}_{ki} \tag{3-209}$$

所以格林-拉格朗日应变张量关于构形 C_t 的分量 ${}^{t+\Delta t}_{t}\boldsymbol{\varepsilon}_{ij}$ 可用位移增量表示为

$${}^{t+\Delta t}_{t}\boldsymbol{\varepsilon}_{ij}=\frac{1}{2}\left(\frac{\partial\boldsymbol{u}_i}{\partial^t\boldsymbol{x}_j}+\frac{\partial\boldsymbol{u}_j}{\partial^t\boldsymbol{x}_i}+\frac{\partial\boldsymbol{u}_k}{\partial^t\boldsymbol{x}_i}\frac{\partial\boldsymbol{u}_k}{\partial^t\boldsymbol{x}_j}\right)={}_t\boldsymbol{e}_{ij}+{}_t\boldsymbol{\eta}_{ij} \tag{3-210}$$

其中，线性与非线性部分可表示为

$${}_t\boldsymbol{e}_{ij}=\frac{1}{2}\left(\frac{\partial\boldsymbol{u}_i}{\partial^t\boldsymbol{x}_j}+\frac{\partial\boldsymbol{u}_j}{\partial^t\boldsymbol{x}_i}\right) \tag{3-211}$$

$${}_t\boldsymbol{\eta}_{ij}=\frac{1}{2}\left(\frac{\partial\boldsymbol{u}_k}{\partial^t\boldsymbol{x}_i}\frac{\partial\boldsymbol{u}_k}{\partial^t\boldsymbol{x}_j}\right) \tag{3-212}$$

需要注意的是${}^{t+\Delta t}_{t}\boldsymbol{\varepsilon}_{ij}$ 的定义涉及位移增量 $\boldsymbol{u}_i$，因此 ${}^{t+\Delta t}_{t}\boldsymbol{\varepsilon}_{ij}$ 也被称为更新的格林-拉格朗日应变增量分量。

假设变形体从初始未变形构形 C_0 到构形 C_t 之间经过了一系列中间构形，那么我们需要在本次就计算步长(即载荷增量)以确定下一个构形 $C_{t+\Delta t}$。虽然变形体从构形 C_0 到构形 C_t 的累积位移${}^t_0\boldsymbol{u}_i$ 可能很大，但可以假设从构形 C_t 到构形 $C_{t+\Delta t}$ 的载荷增量步长内的增量位移 $\boldsymbol{u}_i$ 很小，因此，我们可以在构形 $C_{t+\Delta t}$ 下定义本次构形产生的应变，即欧拉应变张量分量，这些应变分量与柯西应力分量从能量角度看是相对应的，即

$$\begin{aligned}2{}^{t+\Delta t}_{t+\Delta t}\boldsymbol{\varepsilon}_{ij}\,\mathrm{d}^{t+\Delta t}\boldsymbol{x}_i\,\mathrm{d}^{t+\Delta t}\boldsymbol{x}_j&=({}^{t+\Delta t}\mathrm{d}s)^2-({}^t\mathrm{d}s)^2\\&=\left(\boldsymbol{\delta}_{ij}-\frac{\partial^t\boldsymbol{x}_k}{\partial^{t+\Delta t}\boldsymbol{x}_i}\frac{\partial^t\boldsymbol{x}_k}{\partial^{t+\Delta t}\boldsymbol{x}_j}\right)\mathrm{d}^{t+\Delta t}\boldsymbol{x}_i\,\mathrm{d}^{t+\Delta t}\boldsymbol{x}_j\end{aligned} \tag{3-213}$$

因为

$${}^t\boldsymbol{x}_k={}^{t+\Delta t}\boldsymbol{x}_k-\boldsymbol{u}_k \tag{3-214}$$

$$\frac{\partial^t\boldsymbol{x}_k}{\partial^{t+\Delta t}\boldsymbol{x}_j}=\boldsymbol{\delta}_{kj}-\frac{\partial\boldsymbol{u}_k}{\partial^{t+\Delta t}\boldsymbol{x}_j} \tag{3-215}$$

$${}^{t+\Delta t}_{t+\Delta t}\boldsymbol{\varepsilon}_{ij}=\frac{1}{2}\left(\frac{\partial\boldsymbol{u}_i}{\partial^{t+\Delta t}\boldsymbol{x}_j}+\frac{\partial\boldsymbol{u}_j}{\partial^{t+\Delta t}\boldsymbol{x}_i}-\frac{\partial\boldsymbol{u}_k}{\partial^{t+\Delta t}\boldsymbol{x}_i}\frac{\partial\boldsymbol{u}_k}{\partial^{t+\Delta t}\boldsymbol{x}_j}\right) \tag{3-216}$$

所以我们可以记欧拉应变张量${}^{t+\Delta t}_{t+\Delta t}\boldsymbol{\varepsilon}_{ij}$ 为${}_{t+\Delta t}\boldsymbol{\varepsilon}_{ij}$。欧拉应变张量${}_{t+\Delta t}\boldsymbol{\varepsilon}_{ij}$ 的线性部分称为无穷小应变张量，记为

$${}_{t+\Delta t}\boldsymbol{e}_{ij}=\frac{\partial\boldsymbol{u}_i}{\partial^{t+\Delta t}\boldsymbol{x}_j}+\frac{\partial\boldsymbol{u}_j}{\partial^{t+\Delta t}\boldsymbol{x}_i} \tag{3-217}$$

2. 不同构形下的应力度量

构形 C_t 和构形 $C_{t+\Delta t}$ 的柯西应力分量 $\boldsymbol{\sigma}_{ij}$ 表示为

$${}^t\boldsymbol{\sigma}_{ij}={}^t_t\boldsymbol{\sigma}_{ij} \tag{3-218}$$

$${}^{t+\Delta t}\boldsymbol{\sigma}_{ij}={}^{t+\Delta t}_{t+\Delta t}\boldsymbol{\sigma}_{ij} \tag{3-219}$$

我们知道，二阶皮奥拉-基尔霍夫(Piola-Kirchhoff)应力张量表征了构形 $C_{t+\Delta t}$ 下的应力，但是是以构形 C_0 为参考构形的，即

$$({}^0\boldsymbol{n}\cdot\boldsymbol{S})\,\mathrm{d}^0A=\mathrm{d}^0\boldsymbol{f} \tag{3-220}$$

其中，${}^0\boldsymbol{n}$ 表示构形 C_0 中面积元 d^0A 的法向单位矢量。构形 C_0 下的力 $\mathrm{d}^0\boldsymbol{f}$ 与构形 $C_{t+\Delta t}$ 下的力 $\mathrm{d}^{t+\Delta t}\boldsymbol{f}$ 的关系可以通过变形梯度张量${}^{t+\Delta t}_{0}\boldsymbol{F}$ 表示为

$$\mathrm{d}^0 \boldsymbol{f} = {}^{t+\Delta t}_{0}\boldsymbol{F}^{-1} \mathrm{d}^{t+\Delta t} \boldsymbol{f} = \left(\frac{\partial^{t+\Delta t} \boldsymbol{x}}{\partial^0 \boldsymbol{x}}\right)^{-1} \mathrm{d}^{t+\Delta t} \boldsymbol{f} \tag{3-221}$$

其中，${}^{t+\Delta t}_{0}\boldsymbol{F}$ 是构形 C_0 到构形 $C_{t+\Delta t}$ 之间的变形梯度张量。在更新的拉格朗日公式中，定义另一种应力张量为更新的基尔霍夫应力张量，使用构形 C_0 作为参考，我们可以将更新的基尔霍夫应力张量 ${}^{t+\Delta t}_{t}\boldsymbol{S}_{ij}$ 定义为单位面积的内力，令其作用于构形 $C_{t+\Delta t}$ 中平行六面体每个侧面的法线方向和两个切向。更新的基尔霍夫应力张量 ${}^{t+\Delta t}_{t}\boldsymbol{S}_{ij}$ 可分解为

$${}^{t+\Delta t}_{t}\boldsymbol{S}_{ij} = {}^{t}\boldsymbol{\sigma}_{ij} + {}_{t}\boldsymbol{S}_{ij} \tag{3-222}$$

其中，${}^{t}\boldsymbol{\sigma}_{ij} = {}^{t}_{t}\boldsymbol{S}_{ij}$ 是构形 C_t 中的柯西应力分量，${}_{t}\boldsymbol{S}_{ij}$ 是更新后的基尔霍夫应力增量张量的分量。

构形 C_t 到构形 $C_{t+\Delta t}$ 中的二阶皮奥拉-基尔霍夫应力张量分量分别可用 ${}^{t}_{0}\boldsymbol{S}_{ij}$ 和 ${}^{t+\Delta t}_{0}\boldsymbol{S}_{ij}$ 表示，在这两个构形下的应力分量可以表示为

$${}^{t+\Delta t}_{0}\boldsymbol{S}_{ij} = {}^{t}_{0}\boldsymbol{S}_{ij} + {}_{0}\boldsymbol{S}_{ij} \tag{3-223}$$

其中，${}_{0}\boldsymbol{S}_{ij}$ 是基尔霍夫应力增量张量的分量。

应力张量 ${}^{t+\Delta t}\boldsymbol{\sigma}$ 和 ${}^{t+\Delta t}_{0}\boldsymbol{S}$ 可以通过下式联系起来

$${}^{t+\Delta t}\boldsymbol{\sigma} = ({}^{t+\Delta t}_{0}J)^{-1} \boldsymbol{F} {}^{t+\Delta t}_{0}\boldsymbol{S}\boldsymbol{F}^{\mathrm{T}} \tag{3-224}$$

即

$${}^{t+\Delta t}\boldsymbol{\sigma}_{ij} = ({}^{t+\Delta t}_{0}J)^{-1} \frac{\partial^{t+\Delta t} x_i^{t+\Delta t}}{\partial^0 x_m^0} \boldsymbol{S}_{mn} \frac{\partial^{t+\Delta t} x_j}{\partial^0 x_n} \tag{3-225}$$

$${}^{t+\Delta t}_{0}\boldsymbol{S} = {}^{t+\Delta t}_{0}J \boldsymbol{F}^{-1 t+\Delta t}\boldsymbol{\sigma}\boldsymbol{F}^{-\mathrm{T}} \tag{3-226}$$

或可表示为

$${}^{t+\Delta t}_{0}\boldsymbol{S}_{ij} = {}^{t+\Delta t}_{0}J \frac{\partial^0 x_i}{\partial^{t+\Delta t} x_m} t + \Delta t \boldsymbol{\sigma}_{mn} \frac{\partial^0 x_j}{\partial^{t+\Delta t} x_n} \tag{3-227}$$

其中，${}^{t+\Delta t}_{0}J$ 是 ${}^{t+\Delta t}_{0}\boldsymbol{F}$ 的行列式。

由于

$${}^{0}\rho = {}^{t+\Delta t}\rho {}^{t+\Delta t}_{0}J \tag{3-228}$$

其中，${}^{0}\rho$ 和 ${}^{t+\Delta t}\rho$ 分别代表物质在构形 C_0 和构形 $C_{t+\Delta t}$ 中的质量密度。

柯西应力张量分量 ${}^{t+\Delta t}\boldsymbol{\sigma}_{ij}$ 与二阶皮奥拉-基尔霍夫应力张量分量 ${}^{t+\Delta t}_{0}\boldsymbol{S}_{ij}$ 之间的关系也可以写成

$${}^{t+\Delta t}\boldsymbol{\sigma}_{ij} = \frac{{}^{t+\Delta t}\rho}{{}^{0}\rho} \frac{\partial^{t+\Delta t} x_i}{\partial^0 x_m} \frac{\partial^{t+\Delta t} x_j}{\partial^0 x_n} {}^{t+\Delta t}_{0}\boldsymbol{S}_{mn} \tag{3-229}$$

$${}^{t+\Delta t}_{0}\boldsymbol{S}_{ij} = \frac{{}^{0}\rho}{{}^{t+\Delta t}\rho} \frac{\partial^0 x_i}{\partial^{t+\Delta t} x_m} \frac{\partial^0 x_j}{\partial^{t+\Delta t} x_n} {}^{t+\Delta t}\boldsymbol{\sigma}_{mn} \tag{3-230}$$

$C_{t+\Delta t}$ 中的柯西应力张量分量 ${}^{t+\Delta t}\boldsymbol{\sigma}_{ij}$ 与更新后的基尔霍夫应力张量分量 ${}^{t+\Delta t}_{t}S_{ij}$ 的关系式如下：

$${}^{t+\Delta t}\boldsymbol{\sigma}_{ij} = \frac{{}^{t+\Delta t}\rho}{{}^{t}\rho} \frac{\partial^{t+\Delta t} x_i}{\partial^t x_m} \frac{\partial^{t+\Delta t} x_j}{\partial^t x_n} {}^{t+\Delta t}_{t}\boldsymbol{S}_{mn} \tag{3-231}$$

$${}^{t+\Delta t}_{t}\boldsymbol{S}_{ij} = \frac{{}^{t}\rho}{{}^{t+\Delta t}\rho} \frac{\partial^t x_i}{\partial^{t+\Delta t} x_m} \frac{\partial^t x_j}{\partial^{t+\Delta t} x_n} {}^{t+\Delta t}\boldsymbol{\sigma}_{mn} \tag{3-232}$$

不同参考构形下的二阶皮奥拉-基尔霍夫应力张量分量之间的转换由以下关系提供：

$$ {}^{t+\Delta t}_{\ 0}\boldsymbol{S}_{ij} = \frac{{}^{0}\rho}{{}^{t}\rho} \frac{\partial^0 x_i}{\partial^t x_M} \frac{\partial^0 x_j}{\partial^t x_n} {}^{t+\Delta t}_{\ t}\boldsymbol{S}_{mn} \tag{3-233} $$

$$ {}^{t}_{0}\boldsymbol{S}_{ij} = \frac{{}^{0}\rho}{{}^{t}\rho} \frac{\partial^0 x_i}{\partial^t x_m} \frac{\partial^0 x_j}{\partial^t x_n} {}^{t}\boldsymbol{\sigma}_{mn} \tag{3-234} $$

其中，${}^{t+\Delta t}_{\ 0}\boldsymbol{S}_{ij}$ 和${}^{t+\Delta t}_{\ t}\boldsymbol{S}_{mn}$ 分别为以构形 C_0 和构形 C_t 参考构形的构形 $C_{t+\Delta t}$ 中的二阶皮奥拉-基尔霍夫应力张量分量；${}^{t}_{0}\boldsymbol{S}_{ij}$ 为以构形 C_0 为参考构形的构形 C_t 中的二阶皮奥拉-基尔霍夫应力张量分量；${}^{t}\boldsymbol{\sigma}_{mn}$ 为构形 C_t 中的柯西应力分量，即以构形 C_t 为参考构形的构形 C_t 中的二阶皮奥拉-基尔霍夫应力张量分量。

不同参考构形下的增量应力关系为

$$ {}_{0}\boldsymbol{S}_{ij} = \frac{{}^{0}\rho}{{}^{t}\rho} \frac{\partial^0 x_i}{\partial^t x_m} \frac{\partial^0 x_j}{\partial^t x_n} {}_{t}\boldsymbol{S}_{mn} \tag{3-235} $$

$$ {}_{t}\boldsymbol{S}_{ij} = \frac{{}^{t}\rho}{{}^{0}\rho} \frac{\partial^t x_i}{\partial^0 x_m} \frac{\partial^t x_j}{\partial^0 x_n} {}_{0}\boldsymbol{S}_{mn} \tag{3-236} $$

其中，${}_{0}\boldsymbol{S}_{ij}$ 与${}_{t}\boldsymbol{S}_{mn}$ 分别为以构形 C_0 和构形 C_t 为参考构形的应力增量分量。

3. 应力-应变关系

用连续体增量的非线性去分析有限元模型的推导时，必须以增量形式表示应力-应变的本构关系，例如，在全拉格朗日（T. L.）公式中，本构关系可以用基尔霍夫应力增量张量分量${}_{0}\boldsymbol{S}_{ij}$ 和格林应变增量张量分量 ${}_{0}\boldsymbol{\varepsilon}_{ij}$ 表示为

$$ {}_{0}\boldsymbol{S}_{ij} = {}_{0}\boldsymbol{D}_{ijkl}\,{}_{0}\boldsymbol{\varepsilon}_{kl} \tag{3-237} $$

在更新的拉格朗日描述中，可以用更新的基尔霍夫应力增量张量分量${}_{t}\boldsymbol{S}_{ij}$ 和更新的格林应变增量张量分量${}_{t}\boldsymbol{\varepsilon}_{ij}$ 来表示，即

$$ {}_{t}\boldsymbol{S}_{ij} = {}_{t}\boldsymbol{D}_{ijkl}\,{}_{t}\boldsymbol{\varepsilon}_{kl} \tag{3-238} $$

其中，${}_{0}\boldsymbol{D}_{ijkl}$ 和${}_{t}\boldsymbol{D}_{ijkl}$ 分别表示以构形 C_0 和构形 C_t 为参考构形的增量本构张量。可以看出，弹性张量 $\boldsymbol{D}$ 在不同构形下的分量之间存在着以下转换规则：

$$ {}_{0}\boldsymbol{D}_{ijkl} = \frac{{}^{0}\rho}{{}^{t}\rho} \frac{\partial^0 x_i}{\partial^t x_m} \frac{\partial^0 x_j}{\partial^t x_n} \frac{\partial^0 x_k}{\partial^t x_p} \frac{\partial^0 x_l}{\partial^t x_q} {}_{t}\boldsymbol{D}_{mnpq} \tag{3-239} $$

$$ {}_{t}\boldsymbol{D}_{ijkl} = \frac{{}^{t}\rho}{{}^{0}\rho} \frac{\partial^t x_i}{\partial^0 x_m} \frac{\partial^t x_j}{\partial^0 x_n} \frac{\partial^t x_k}{\partial^0 x_p} \frac{\partial^t x_l}{\partial^0 x_q} {}_{0}\boldsymbol{D}_{mnpq} \tag{3-240} $$

通过这两个方程，我们发现只需要知道或给出一组本构系数，即${}_{0}\boldsymbol{D}_{ijkl}$ 或${}_{t}\boldsymbol{D}_{ijkl}$，而另一组系数可以通过简单地变换得到。因此，我们可以认为全拉格朗日公式和更新的拉格朗日公式中的材料性质相同（前提是在两个公式中使用相同的步长），即

$$ {}_{0}\boldsymbol{D}_{ijkl} = {}_{t}\boldsymbol{D}_{ijkl} \tag{3-241} $$

4. 虚功原理

在构形 $C_{t+\Delta t}$ 下（即 $t+\Delta t$ 时刻），当物体同时受体积力${}^{t+\Delta t}\boldsymbol{f}_i$ 和面力${}^{t+\Delta t}\boldsymbol{t}_i$ 作用时，其平衡方程可以按虚功原理建立，即

$$ \int_{{}^{t+\Delta t}V} {}^{t+\Delta t}\boldsymbol{\sigma}_{ij}\delta({}_{t+\Delta t}\boldsymbol{e}_{ij})\,\mathrm{d}^{t+\Delta t}V = \int_{{}^{t+\Delta t}V} {}^{t+\Delta t}\boldsymbol{f}_i\delta(\boldsymbol{u}_i)\,\mathrm{d}^{t+\Delta t}V + \int_{{}^{t+\Delta t}S} {}^{t+\Delta t}\boldsymbol{t}_i\delta(\boldsymbol{u}_i)\,\mathrm{d}^{t+\Delta t}S \tag{3-242} $$

其中，$\mathrm{d}^{t+\Delta t}S$ 为构形 $C_{t+\Delta t}$ 中的曲面元，${}^{t+\Delta t}\boldsymbol{f}_i$ 为体力向量(单位体积)，${}^{t+\Delta t}\boldsymbol{t}_i$ 为构形 $C_{t+\Delta t}$ 中的边界面力向量(单位表面积)，变分符号 δ 被理解为作用于未知的应变与位移增量 $({}_{t+\Delta t}\boldsymbol{e}_{ij}$ 和 $\boldsymbol{u}_i)$ 。

对于式 (3-242)是不能直接求解的，因为构形 $C_{t+\Delta t}$ 未知，在这个构形中应力和应变是未知的，与线性分析相比，这是一个重要的区别。在线性分析中，我们假设位移是无限小的，因此物体的构形不会改变。在大变形分析中，必须特别注意物体的结构是不断变化的这一事实，而这种结构上的变化可以通过定义适当的应力和应变措施来处理，即使用二阶基尔霍夫应力张量和格林应变张量来表示测量，因为它们在能量上是匹配的。将它们引入分析的目的是将式中的内部功表示为已知构形上的积分。为了求解，需将以上变形后状态下表示的虚功方程转换到初始状态下表达。

几何非线性的有限元方程一般是采用全拉格朗日描述(T. L. 描述)或修正拉格朗日描述(U. L. 描述)的。全拉格朗日描述是选取 $t=0$ 时刻未变形物体的构形 C_0 作为参照构形来进行分析的，而修正修正拉格朗日描述则是选取 t 时刻的物体构形 C_t 作为参照构形的。由于 C_t 是随计算而变化的，因此其构形和坐标值也是变化的，即与 t 有关。而在非线性增量求解中，t 时刻的物体构形 C_t 为增量步的开始时刻。

5. 全拉格朗日描述

在全拉格朗日描述中，所有的量都是相对于初始构形 C_0 来定义的。因此，式 (3-242)中的虚功表达式必须以参考构形下的量来表示。我们下面采用二阶基尔霍夫应力张量和格林应变张量将虚应变能转换到初始状态下表示；在外力作用点和方向都不改变的条件下，也可以将体积力 $\boldsymbol{f}_i$ 和面力 $\boldsymbol{t}_i$ 定义到初始状态下，即

$$\int_{{}^{t+\Delta t}V} {}^{t+\Delta t}\boldsymbol{\sigma}_{ij}\delta({}_{t+\Delta t}\boldsymbol{e}_{ij})\,\mathrm{d}^{t+\Delta t}V=\int_{{}^0V} {}^{t+\Delta t}_{\ \ 0}\boldsymbol{S}_{ij}\delta({}^{t+\Delta t}_{\ \ 0}\boldsymbol{E}_{ij})\,\mathrm{d}^0V \tag{3-243}$$

$$\int_{{}^{t+\Delta t}V} {}^{t+\Delta t}\boldsymbol{f}_i\delta(\boldsymbol{u}_i)\,\mathrm{d}^{t+\Delta t}V=\int_{{}^0V} {}^{t+\Delta t}_{\ \ 0}\boldsymbol{f}_i\delta(\boldsymbol{u}_i)\,\mathrm{d}^0V \tag{3-244}$$

$$\int_{{}^{t+\Delta t}S} {}^{t+\Delta t}\boldsymbol{t}_i\delta(\boldsymbol{u}_i)\,\mathrm{d}^{t+\Delta t}S=\int_{{}^0S} {}^{t+\Delta t}_{\ \ 0}\boldsymbol{t}_i\delta(\boldsymbol{u}_i)\,\mathrm{d}^0S \tag{3-245}$$

其中，${}^{t+\Delta t}_{\ \ 0}\boldsymbol{f}_i$ 和 ${}^{t+\Delta t}_{\ \ 0}\boldsymbol{t}_i$ 为参考构形 C_0 的体力分量和面力分量。

将以上关系代入到虚功方程中得

$$\int_{{}^0V} {}^{t+\Delta t}_{\ \ 0}\boldsymbol{S}_{ij}\delta({}^{t+\Delta t}_{\ \ 0}\boldsymbol{E}_{ij})\,\mathrm{d}^0V=\int_{{}^0V} {}^{t+\Delta t}_{\ \ 0}\boldsymbol{f}_i\delta(\boldsymbol{u}_i)\,\mathrm{d}^0V+\int_{{}^0S} {}^{t+\Delta t}_{\ \ 0}\boldsymbol{t}_i\delta(\boldsymbol{u}_i)\,\mathrm{d}^0S \tag{3-246}$$

式(3-246)给出的虚功方程是从变形后状态下的虚功方程转换而来的，因此是准确的，但是已经完全定义在初始状态下了。

利用从构形 C_t 变形到构形 $C_{t+\Delta t}$ 所引起的应变增量 ${}_0\boldsymbol{\varepsilon}_{ij}$，有

$$\delta({}^{t+\Delta t}_{\ \ 0}\boldsymbol{E}_{ij})=\delta({}^t_0\boldsymbol{E}_{ij})+\delta({}_0\boldsymbol{\varepsilon}_{ij})=\delta({}_0\boldsymbol{\varepsilon}_{ij}) \tag{3-247}$$

这里，因为 ${}^t_0\boldsymbol{E}_{ij}$ 不是未知位移 $\boldsymbol{u}_i$ 的函数，故 $\delta({}^t_0\boldsymbol{E}_{ij})=0$。利用从构形 C_t 变形到构形 $C_{t+\Delta t}$ 时所引起的应力增量 ${}_0\boldsymbol{S}_{ij}$，即

$${}^{t+\Delta t}_{\ \ 0}\boldsymbol{S}_{ij}={}^t_0\boldsymbol{S}_{ij}+{}_0\boldsymbol{S}_{ij} \tag{3-248}$$

将式(3-247)和式(3-248)代入式(3-246)，得

$$\int_{{}^0V}({}^t_0\boldsymbol{S}_{ij}+{}_0\boldsymbol{S}_{ij})\delta({}_0\boldsymbol{\varepsilon}_{ij})\,\mathrm{d}^0V=\int_{{}^0V} {}^{t+\Delta t}_{\ \ 0}\boldsymbol{f}_i\delta(\boldsymbol{u}_i)\,\mathrm{d}^0V+\int_{{}^0S} {}^{t+\Delta t}_{\ \ 0}\boldsymbol{t}_i\delta(\boldsymbol{u}_i)\,\mathrm{d}^0S \tag{3-249}$$

由式(3-203)，得

$$\delta({}_0\boldsymbol{\varepsilon}_{ij})=\delta({}_0\boldsymbol{e}_{ij})+\delta({}_0\boldsymbol{\eta}_{ij}) \tag{3-250}$$

代入式(3-246)，有

$$\int_{{}^0V}[{}_0\boldsymbol{S}_{ij}\delta({}_0\boldsymbol{\varepsilon}_{ij})+{}_0^t\boldsymbol{S}_{ij}(\delta({}_0\boldsymbol{e}_{ij})+\delta({}_0\boldsymbol{\eta}_{ij}))]\mathrm{d}^0V=\int_{{}^0V}{}^{t+\Delta t}_{0}\boldsymbol{f}_i\delta(\boldsymbol{u}_i)\mathrm{d}^0V+\int_{{}^0S}{}^{t+\Delta t}_{0}\boldsymbol{t}_i\delta(\boldsymbol{u}_i)\mathrm{d}^0S \tag{3-251}$$

展开，得

$$\begin{aligned}&\int_{{}^0V}{}_0\boldsymbol{S}_{ij}\delta({}_0\boldsymbol{\varepsilon}_{ij})\mathrm{d}^0V+\int_{{}^0V}{}_0^t\boldsymbol{S}_{ij}\delta({}_0\boldsymbol{\eta}_{ij})\mathrm{d}^0V+\int_{{}^0V}{}_0^t\boldsymbol{S}_{ij}\delta({}_0\boldsymbol{e}_{ij})\mathrm{d}^0V\\&=\int_{{}^0V}{}^{t+\Delta t}_{0}\boldsymbol{f}_i\delta(\boldsymbol{u}_i)\mathrm{d}^0V+\int_{{}^0S}{}^{t+\Delta t}_{0}\boldsymbol{t}_i\delta(\boldsymbol{u}_i)\mathrm{d}^0S\end{aligned} \tag{3-252}$$

式(3-252)等号左边第三项$\int_{{}^0V}{}_0^t\boldsymbol{S}_{ij}\delta({}_0\boldsymbol{e}_{ij})\mathrm{d}^0V$ 可以看成构形 C_t 对应的物体虚应变能，我们可以将其移到右边，则有

$$\begin{aligned}&\int_{{}^0V}{}_0\boldsymbol{S}_{ij}\delta({}_0\boldsymbol{\varepsilon}_{ij})\mathrm{d}^0V+\int_{{}^0V}{}_0^t\boldsymbol{S}_{ij}\delta({}_0\boldsymbol{\eta}_{ij})\mathrm{d}^0V\\&=\int_{{}^0V}{}^{t+\Delta t}_{0}\boldsymbol{f}_i\delta(\boldsymbol{u}_i)\mathrm{d}^0V+\int_{{}^0S}{}^{t+\Delta t}_{0}\boldsymbol{t}_i\delta(\boldsymbol{u}_i)\mathrm{d}^0S-\int_{{}^0V}{}_0^t\boldsymbol{S}_{ij}\delta({}_0\boldsymbol{e}_{ij})\mathrm{d}^0V\end{aligned} \tag{3-253}$$

因为物体在构形 C_t 下也是处于平衡状态的，由虚功原理可知，构形 C_t 对应的物体虚应变能应等于构形下体力和面力在虚位移增量上做的虚功，则有

$$\int_{{}^0V}{}_0^t\boldsymbol{S}_{ij}\delta({}_0\boldsymbol{e}_{ij})\mathrm{d}^0V=\int_{{}^0V}{}_0^t\boldsymbol{f}_i\delta(\boldsymbol{u}_i)\mathrm{d}^0V+\int_{{}^0S}{}_0^t\boldsymbol{t}_i\delta(\boldsymbol{u}_i)\mathrm{d}^0S \tag{3-254}$$

故式(3-253)可表示为

$$\begin{aligned}&\int_{{}^0V}{}_0\boldsymbol{S}_{ij}\delta({}_0\boldsymbol{\varepsilon}_{ij})\mathrm{d}^0V+\int_{{}^0V}{}_0^t\boldsymbol{S}_{ij}\delta({}_0\boldsymbol{\eta}_{ij})\mathrm{d}^0V\\&=\left\{\int_{{}^0V}{}^{t+\Delta t}_{0}\boldsymbol{f}_i\delta(\boldsymbol{u}_i)\mathrm{d}^0V+\int_{{}^0S}{}^{t+\Delta t}_{0}\boldsymbol{t}_i\delta(\boldsymbol{u}_i)\mathrm{d}^0S\right\}-\left\{\int_{{}^0V}{}_0^t\boldsymbol{f}_i\delta(\boldsymbol{u}_i)\mathrm{d}^0V+\int_{{}^0S}{}_0^t\boldsymbol{t}_i\delta(\boldsymbol{u}_i)\mathrm{d}^0S\right\}\end{aligned} \tag{3-255}$$

式(3-255)构成非线性有限元建模与分析的基础。我们只需要根据应变替换${}_0\boldsymbol{S}_{ij}$，并最终使用适当的本构关系替换位移增量。式(3-255)左边第一项表示从构形 C_t 变形到构形 $C_{t+\Delta t}$ 由于虚增量位移 $\delta(\boldsymbol{u}_i)$引起的虚应变能的变化。第二项表示由本次载荷增量步长初始应力${}_0^t\boldsymbol{S}_{ij}$引起的力所做的虚功。右边表示从构形 C_t 变形到构形 $C_{t+\Delta t}$ 时，施加的体力和面力所做虚功的变化。这主要是由于从构形 C_t 变形到构形 $C_{t+\Delta t}$ 后物体几何发生变化。式(3-255)给出了表示从构形 C_t 变形到构形 $C_{t+\Delta t}$ 之间的虚功表述，未作近似计算，适用于一般情形。

为了建立位移有限元模型，我们引用本构关系，用增量应变分量${}_0\boldsymbol{\varepsilon}_{ij}$ 表示${}_0\boldsymbol{S}_{ij}$，则式(3-255)变为

$$\begin{aligned}&\int_{{}^0V}{}_0\boldsymbol{D}_{ijkl}\,{}_0\boldsymbol{\varepsilon}_{kl}\delta({}_0\boldsymbol{\varepsilon}_{ij})\mathrm{d}^0V+\int_{{}^0V}{}_0^t\boldsymbol{S}_{ij}\delta({}_0\boldsymbol{\eta}_{ij})\mathrm{d}^0V\\&=\left\{\int_{{}^0V}{}^{t+\Delta t}{}_0\boldsymbol{f}_i\delta(\boldsymbol{u}_i)\mathrm{d}^0V+\int_{{}^0S}{}^{t+\Delta t}{}_0\boldsymbol{t}_i\delta(\boldsymbol{u}_i)\mathrm{d}^0S\right\}-\int_{{}^0V}{}_0^t\boldsymbol{S}_{ij}\delta({}_0\boldsymbol{e}_{ij})\mathrm{d}^0V\end{aligned} \tag{3-256}$$

式(3-256)为位移增量的非线性形式。为了使它在计算上易于处理，我们假设位移 $\boldsymbol{u}_i$ 很小(如果从构形 C_t 变形到构形 $C_{t+\Delta t}$ 的载荷增量步长很小，那么情况确实如此)，则下面

的公式近似成立，即

$$ {}_0\boldsymbol{S}_{ij} \approx {}_0\boldsymbol{D}_{ijkl}\,{}_0\boldsymbol{e}_{kl}, \quad \delta({}_0\boldsymbol{\varepsilon}_{ij}) \approx \delta({}_0\boldsymbol{e}_{ij}) \tag{3-257} $$

式(3-256)可简化为

$$ \int_{{}^0V} {}_0\boldsymbol{D}_{ijkl}\,{}_0\boldsymbol{e}_{kl}\delta({}_0\boldsymbol{e}_{ij})\,\mathrm{d}^0V + \int_{{}^0V} {}_0^t\boldsymbol{S}_{ij}\delta({}_0\boldsymbol{\eta}_{ij})\,\mathrm{d}^0V $$

$$ = \left\{\int_{{}^0V} {}^{t+\Delta t}_{\ 0}\boldsymbol{f}_i\delta(\boldsymbol{u}_i)\,\mathrm{d}^0V + \int_{{}^0S} {}^{t+\Delta t}_{\ 0}\boldsymbol{t}_i\delta(\boldsymbol{u}_i)\,\mathrm{d}^0\boldsymbol{S}\right\} - \int_{{}^0V} {}_0^t\boldsymbol{S}_{ij}\delta({}_0\boldsymbol{e}_{ij})\,\mathrm{d}^0V \tag{3-258} $$

利用本构关系计算总应力分量 ${}_0^t\boldsymbol{S}_{ij}$ 为

$$ {}_0^t\boldsymbol{S}_{ij} = {}_0\boldsymbol{D}_{ijkl}\,{}_0^t\boldsymbol{E}_{kl} \tag{3-259} $$

其中，${}_0^t\boldsymbol{E}_{kl}$ 是格林-拉格朗日(Green-Lagrange)的应变张量分量，即

$$ {}_0^t\boldsymbol{E}_{ij} = \frac{1}{2}\left(\frac{\partial^t u_i}{\partial^0 x_j} + \frac{\partial^t u_j}{\partial^0 x_i} + \frac{\partial^t u_k}{\partial^0 x_i}\frac{\partial^t u_k}{\partial^0 x_j}\right) \tag{3-260} $$

6. 修正拉格朗日描述

在修正拉格朗日描述中，所有的量都是以最新的已知构形，即构形 C_t 为参考构形的。因此，式(3-242)中的虚功表达式必须根据以 C_t 为参考构形来对各个量进行描述，即

$$ \int_{{}^{t+\Delta t}V} {}^{t+\Delta t}\boldsymbol{\sigma}_{ij}\delta({}_{t+\Delta t}\boldsymbol{e}_{ij})\,\mathrm{d}^{t+\Delta t}V = \int_{{}^tV} {}^{t+\Delta t}_{\ t}\boldsymbol{S}_{ij}\delta({}^{t+\Delta t}_{\ t}\boldsymbol{\varepsilon}_{ij})\,\mathrm{d}^tV \tag{3-261} $$

$$ \int_{{}^{t+\Delta t}V} {}^{t+\Delta t}\boldsymbol{f}_i\delta(\boldsymbol{u}_i)\,\mathrm{d}^{t+\Delta t}V = \int_{{}^tV} {}^{t+\Delta t}_{\ t}\boldsymbol{f}_i\delta(\boldsymbol{u}_i)\,\mathrm{d}^tV \tag{3-262} $$

$$ \int_{{}^{t+\Delta t}S} {}^{t+\Delta t}\boldsymbol{t}_i\delta(\boldsymbol{u}_i)\,\mathrm{d}^{t+\Delta t}S = \int_{{}^tS} {}^{t+\Delta t}_{\ t}\boldsymbol{t}_i\delta(\boldsymbol{u}_i)\,\mathrm{d}^tS \tag{3-263} $$

其中，${}^{t+\Delta t}_{\ t}\boldsymbol{f}_i$ 和 ${}^{t+\Delta t}_{\ t1}\boldsymbol{t}_i$ 为参考构形 C_t 的体力分量和面力分量。

将以上关系代入到虚功方程中有

$$ \int_{{}^tV} {}^{t+\Delta t}_{\ t}\boldsymbol{S}_{ij}\delta({}^{t+\Delta t}_{\ t}\boldsymbol{\varepsilon}_{ij})\,\mathrm{d}^tV = \int_{{}^tV} {}^{t+\Delta t}_{\ t}\boldsymbol{f}_i\delta(\boldsymbol{u}_i)\,\mathrm{d}^tV + \int_{{}^tS} {}^{t+\Delta t}_{\ t}\boldsymbol{t}_i\delta(\boldsymbol{u}_i)\,\mathrm{d}^tS \tag{3-264} $$

其中，${}^{t+\Delta t}_{\ t}\boldsymbol{\varepsilon}_{ij}$ 为修正格林-拉格朗日应变张量，即格林-拉格朗日应变张量关于构形 C_t 的分量，由式(3-210)给出了定义，所以得

$$ \delta({}^{t+\Delta t}_{\ t}\boldsymbol{\varepsilon}_{ij}) = \delta({}_t\boldsymbol{e}_{ij}) + \delta({}_t\boldsymbol{\eta}_{ij}) \tag{3-265} $$

其线性部分和非线性部分分别为

$$ \delta({}_t\boldsymbol{e}_{ij}) = \frac{1}{2}\left(\frac{\partial\delta\boldsymbol{u}_i}{\partial\boldsymbol{x}_j} + \frac{\partial\delta\boldsymbol{u}_j}{\partial\boldsymbol{x}_i}\right) \tag{3-266} $$

$$ \delta({}_t\boldsymbol{\eta}_{ij}) = \frac{1}{2}\left(\frac{\partial\delta\boldsymbol{u}_k}{\partial\boldsymbol{x}_i}\frac{\partial\boldsymbol{u}_k}{\partial\boldsymbol{x}_j} + \frac{\partial\boldsymbol{u}_k}{\partial\boldsymbol{x}_i}\frac{\partial\delta\boldsymbol{u}_k}{\partial\boldsymbol{x}_j}\right) \tag{3-267} $$

以构形 C_t 为参考构形，从构形 C_t 变形到构形 $C_{t+\Delta t}$ 所引起的应力增量为 ${}_t\boldsymbol{S}_{ij}$，即

$$ {}^{t+\Delta t}_{\ t}\boldsymbol{S}_{ij} = {}^t\boldsymbol{\sigma}_{ij} + {}_t\boldsymbol{S}_{ij} \tag{3-268} $$

式(3-264)可表示为

$$ \int_{{}^tV} ({}^t\boldsymbol{\sigma}_{ij} + {}_t\boldsymbol{S}_{ij})\delta({}^{t+\Delta t}_{\ t}\boldsymbol{\varepsilon}_{ij})\,\mathrm{d}^tV = \int_{{}^tV} {}^{t+\Delta t}_{\ t}\boldsymbol{f}_i\delta(\boldsymbol{u}_i)\,\mathrm{d}^tV + \int_{{}^tS} {}^{t+\Delta t}_{\ t}\boldsymbol{t}_i\delta(\boldsymbol{u}_i)\,\mathrm{d}^tS \tag{3-269} $$

将式(3-265)代入式(3-269)，有

$$ \int_{{}^tV} \left[{}_t\boldsymbol{S}_{ij}\delta({}^{t+\Delta t}_{\ t}\boldsymbol{\varepsilon}_{ij}) + {}^t\boldsymbol{\sigma}_{ij}\left(\delta({}_t\boldsymbol{e}_{ij}) + \delta({}_t\boldsymbol{\eta}_{ij})\right)\right]\mathrm{d}^tV = \int_{{}^tV} {}^{t+\Delta t}_{\ t}\boldsymbol{f}_i\delta(\boldsymbol{u}_i)\,\mathrm{d}^tV + \int_{{}^tS} {}^{t+\Delta t}_{\ t}\boldsymbol{t}_i\delta(\boldsymbol{u}_i)\,\mathrm{d}^tS \tag{3-270} $$

进一步展开，得

$$\int_{{}^tV_t} \boldsymbol{S}_{ij}\delta({}^{t+\Delta t}_{t}\boldsymbol{\varepsilon}_{ij})\,\mathrm{d}^tV+\int_{{}^tV}{}^t\boldsymbol{\sigma}_{ij}\delta({}_t\boldsymbol{\eta}_{ij})\,\mathrm{d}^tV+\int_{{}^tV}{}^t\boldsymbol{\sigma}_{ij}\delta({}_t\boldsymbol{e}_{ij})\,\mathrm{d}^tV$$

$$=\int_{{}^tV}{}^{t+\Delta t}_{t}\boldsymbol{f}_i\delta(\boldsymbol{u}_i)\,\mathrm{d}^tV+\int_{{}^tS}{}^{t+\Delta t}_{t}\boldsymbol{t}_i\delta(\boldsymbol{u}_i)\,\mathrm{d}^tS \tag{3-271}$$

式(3-271)左边第三项$\int_{{}^tV}{}^t\boldsymbol{\sigma}_{ij}\delta({}_t\boldsymbol{e}_{ij})\,\mathrm{d}^tV$ 可以看成是构形 C_t 对应的物体虚应变能，我们可以将其移到右边，则有

$$\int_{{}^tV_t} \boldsymbol{S}_{ij}\delta({}^{t+\Delta t}_{t}\boldsymbol{\varepsilon}_{ij})\,\mathrm{d}^tV+\int_{{}^tV}{}^t\boldsymbol{\sigma}_{ij}\delta({}_t\boldsymbol{\eta}_{ij})\,\mathrm{d}^tV$$

$$=\int_{{}^tV}{}^{t+\Delta t}_{t}\boldsymbol{f}_i\delta(\boldsymbol{u}_i)\,\mathrm{d}^tV+\int_{{}^tS}{}^{t+\Delta t}_{t}\boldsymbol{t}_i\delta(\boldsymbol{u}_i)\,\mathrm{d}^tS-\int_{{}^tV}{}^t\boldsymbol{\sigma}_{ij}\delta({}_t\boldsymbol{e}_{ij})\,\mathrm{d}^tV \tag{3-272}$$

因为物体在构形 C_t 下也是处于平衡状态的，由虚功原理可知，构形 C_t 对应的物体虚应变能应等于构形下体力和面力在虚位移增量上做的虚功，则有

$$\int_{{}^tV}{}^t\boldsymbol{\sigma}_{ij}\delta({}_t\boldsymbol{e}_{ij})\,\mathrm{d}^tV=\int_{{}^tV}{}^t_tff_i\delta(\boldsymbol{u}_i)\,\mathrm{d}^tV+\int_{{}^tS}{}^t_t\boldsymbol{t}_i\delta(\boldsymbol{u}_i)\,\mathrm{d}^tS \tag{3-273}$$

故式(3-271)可表示为

$$\int_{{}^tV_t} \boldsymbol{S}_{ij}\delta({}^{t+\Delta t}_{t}\boldsymbol{\varepsilon}_{ij})\,\mathrm{d}^tV+\int_{{}^tV}{}^t\boldsymbol{\sigma}_{ij}\delta({}_t\boldsymbol{\eta}_{ij})\,\mathrm{d}^tV$$

$$=\left\{\int_{{}^tV}{}^{t+\Delta t}_{t}\boldsymbol{f}_i\delta(\boldsymbol{u}_i)\,\mathrm{d}^tV+\int_{{}^tS}{}^{t+\Delta t}{}_t\boldsymbol{t}_i\delta(\boldsymbol{u}_i)\,\mathrm{d}^tS\right\}-\left\{\int_{{}^tV_t}{}^t\boldsymbol{f}_i\delta(\boldsymbol{u}_i)\,\mathrm{d}^tV+\int_{{}^tS}{}^t_t\boldsymbol{t}_i\delta(\boldsymbol{u}_i)\,\mathrm{d}^tS\right\} \tag{3-274}$$

为了建立位移有限元模型，我们引用本构关系，用增量应变分量 ${}^{t+\Delta t}_{t}\boldsymbol{\varepsilon}_{kl}$ 表示${}_t\boldsymbol{S}_{ij}$，则式(3-274)变为

$$\int_{{}^tV_t}\boldsymbol{D}_{ijkl}\,{}^{t+\Delta t}_{t}\boldsymbol{\varepsilon}_{kl}\delta({}^{t+\Delta t}_{t}\boldsymbol{\varepsilon}_{ij})\,\mathrm{d}^tV+\int_{{}^tV}{}^t\boldsymbol{\sigma}_{ij}\delta({}_t\boldsymbol{\eta}_{ij})\,\mathrm{d}^tV$$

$$=\left\{\int_{{}^tV}{}^{t+\Delta t}_{t}\boldsymbol{f}_i\delta(\boldsymbol{u}_i)\,\mathrm{d}^tV+\int_{{}^tS}{}^{t+\Delta t}_{t}\boldsymbol{t}_i\delta(\boldsymbol{u}_i)\,\mathrm{d}^tS\right\}-\left\{\int_{{}^tV}{}^t\boldsymbol{\sigma}_{ij}\delta({}_t\boldsymbol{e}_{ij})\,\mathrm{d}^tV\right\} \tag{3-275}$$

式(3-275)为位移增量的非线性形式。为了使它在计算上易于处理，我们假设位移 $\boldsymbol{u}_i$ 很小(如果从构形 C_t 变形到构形 $C_{t+\Delta t}$ 的载荷步长很小，那么情况确实如此)，则下面的公式近似成立，即

$${}_t\boldsymbol{S}_{ij}\approx{}_t\boldsymbol{D}_{ijkl}\,{}_t\boldsymbol{e}_{kl},\qquad \delta({}^{t+\Delta t}_{t}\boldsymbol{\varepsilon}_{ij})\approx\delta({}_t\boldsymbol{e}_{ij}) \tag{3-276}$$

这样，式(3-275)可简化为

$$\int_{{}^tV}{}_t\boldsymbol{D}_{ijkl}\,{}_t\boldsymbol{e}_{kl}\delta({}_t\boldsymbol{e}_{ij})\,\mathrm{d}^tV+\int_{{}^tV}{}^t\boldsymbol{\sigma}_{ij}\delta({}_t\boldsymbol{\eta}_{ij})\,\mathrm{d}^tV$$

$$=\left\{\int_{{}^tV}{}^{t+\Delta t}{}_t\boldsymbol{f}_i\delta(\boldsymbol{u}_i)\,\mathrm{d}^tV+\int_{{}^tS}{}^{t+\Delta t}{}_t\boldsymbol{t}_i\delta(\boldsymbol{u}_i)\,\mathrm{d}^tS\right\}-\left\{\int_{{}^tV}{}^t\boldsymbol{\sigma}_{ij}\delta({}_t\boldsymbol{e}_{ij})\,\mathrm{d}^tV\right\} \tag{3-277}$$

利用本构关系计算出柯西应力分量${}^t\boldsymbol{\sigma}_{ij}$ 为

$${}^t\boldsymbol{\sigma}_{ij}={}_tC_{ijkl}\,{}^t_t\boldsymbol{\varepsilon}_{kl} \tag{3-278}$$

其中，${}^t_t\boldsymbol{\varepsilon}_{kl}$ 为阿尔曼西应变张量分量，定义为

$$2{}^t_t\boldsymbol{\varepsilon}_{ij}\,\mathrm{d}^t\boldsymbol{x}_i\,\mathrm{d}^t\boldsymbol{x}_j=({}^t\mathrm{d}\boldsymbol{s})^2-({}^0\mathrm{d}\boldsymbol{s})^2 \tag{3-279}$$

利用构形 C_t 对应的位移 ${}^t_0\boldsymbol{u}_k$，有

$${}^0\boldsymbol{x}_k={}^t\boldsymbol{x}_k-{}^t_0\boldsymbol{u}_k \tag{3-280}$$

$$\frac{\partial^0 \boldsymbol{x}_k}{\partial^t \boldsymbol{x}_j}=\boldsymbol{\delta}_{kj}-\frac{\partial_0^t \boldsymbol{u}_k}{\partial^t \boldsymbol{x}_j} \tag{3-281}$$

则 ${}_t^t\boldsymbol{\varepsilon}_{kl}$ 可用位移 ${}_0^t\boldsymbol{u}_k$ 表示为

$${}_t^t\boldsymbol{\varepsilon}_{ij}=\frac{1}{2}\left(\frac{\partial_0^t \boldsymbol{u}_k}{\partial^t \boldsymbol{x}_j}+\frac{\partial_0^t \boldsymbol{u}_k}{\partial^t \boldsymbol{x}_i}-\frac{\partial_0^t \boldsymbol{u}_k}{\partial^t \boldsymbol{x}_i}\frac{\partial_0^t \boldsymbol{u}_t}{\partial^t \boldsymbol{x}_j}\right) \tag{3-282}$$

7. 平面问题的有限元建模

下面我们将基于前面内容提出有限元建模的全拉格朗日描述和修正拉格朗日描述，以此来研究线弹性假设下的有限变形几何非线性平面问题。这里，我们假设材料是各向异性的。

1）全拉格朗日描述

初始构形的坐标记为

$${}^0x_1=x,\quad {}^0x_2=y \tag{3-283}$$

本次载荷增量开始时刻的位移记为

$${}^0u_1=u,\quad {}^0u_2=v \tag{3-284}$$

本次载荷增量对应的位移增量记为

$$u_1=\Delta u,\quad u_2=\Delta v \tag{3-285}$$

则式(3-258)左边第一项可表示为

$$\begin{aligned}
&\int_{{}^0V} {}_0\boldsymbol{D}_{ijkl}\,{}_0\boldsymbol{e}_{kl}\delta({}_0\boldsymbol{e}_{ij})\,\mathrm{d}^0V\\
=&\int_{{}^0V}\{\delta_0\boldsymbol{e}\}^{\mathrm{T}}[{}_0\boldsymbol{D}]\{\delta_0\boldsymbol{e}\}\,\mathrm{d}^0V\\
=&\int_{{}^0V}\{\delta(\Delta\boldsymbol{u})\}^{\mathrm{T}}([\widetilde{\boldsymbol{B}}]+[\widetilde{\boldsymbol{B}_u}])^{\mathrm{T}}[{}_0\boldsymbol{D}]([\widetilde{\boldsymbol{B}}]+[\widetilde{\boldsymbol{B}_u}])\{\delta(\Delta\boldsymbol{u})\}\,\mathrm{d}^0V
\end{aligned} \tag{3-286}$$

其中，${}_0\boldsymbol{e}$ 与位移增量的关系为

$$\begin{aligned}
\{{}_0\boldsymbol{e}\}=&\begin{Bmatrix}{}_0e_{xx}\\ {}_0e_{yy}\\ 2\,{}_0e_{xy}\end{Bmatrix}\\
=&\begin{Bmatrix}\dfrac{\partial(\Delta u)}{\partial x}\\ \dfrac{\partial(\Delta v)}{\partial y}\\ \dfrac{\partial(\Delta u)}{\partial y}+\dfrac{\partial(\Delta v)}{\partial x}\end{Bmatrix}+\begin{Bmatrix}\dfrac{\partial u}{\partial x}\dfrac{\partial(\Delta u)}{\partial x}+\dfrac{\partial v}{\partial x}\dfrac{\partial(\Delta v)}{\partial x}\\ \dfrac{\partial u}{\partial y}\dfrac{\partial(\Delta u)}{\partial y}+\dfrac{\partial v}{\partial y}\dfrac{\partial(\Delta v)}{\partial y}\\ \dfrac{\partial u}{\partial x}\dfrac{\partial(\Delta u)}{\partial y}+\dfrac{\partial v}{\partial x}\dfrac{\partial(\Delta v)}{\partial y}+\dfrac{\partial(\Delta u)}{\partial x}\dfrac{\partial u}{\partial y}+\dfrac{\partial(\Delta v)}{\partial x}\dfrac{\partial v}{\partial y}\end{Bmatrix}\\
=&\left(\begin{bmatrix}\dfrac{\partial}{\partial x} & \\ & \dfrac{\partial}{\partial x}\\ \dfrac{\partial}{\partial x} & \dfrac{\partial}{\partial x}\end{bmatrix}+\begin{bmatrix}\dfrac{\partial u}{\partial x}\dfrac{\partial}{\partial x} & \dfrac{\partial v}{\partial x}\dfrac{\partial}{\partial x}\\ \dfrac{\partial u}{\partial y}\dfrac{\partial}{\partial y} & \dfrac{\partial v}{\partial y}\dfrac{\partial}{\partial y}\\ \dfrac{\partial u}{\partial x}\dfrac{\partial}{\partial y}+\dfrac{\partial u}{\partial y}\dfrac{\partial}{\partial x} & \dfrac{\partial v}{\partial x}\dfrac{\partial}{\partial y}+\dfrac{\partial v}{\partial y}\dfrac{\partial}{\partial x}\end{bmatrix}\right)\begin{Bmatrix}\Delta u\\ \Delta v\end{Bmatrix}\\
=&([\widetilde{\boldsymbol{B}}]+[\widetilde{\boldsymbol{B}_u}])\{\Delta\boldsymbol{u}\}
\end{aligned} \tag{3-287}$$

其变分与位移增量变分的关系为

$$\{\delta_0 \boldsymbol{e}\}=\begin{Bmatrix}\delta_0 e_{xx}\\ \delta_0 e_{yy}\\ 2\delta_0 e_{xy}\end{Bmatrix}=([\widetilde{\boldsymbol{B}}]+[\widetilde{\boldsymbol{B}_u}])\{\delta(\Delta\boldsymbol{u})\} \tag{3-288}$$

因为材料为各向异性，故以构形 C_0 为参考构形的本构增量张量可表示为

$$[{}_0\boldsymbol{D}]=\begin{bmatrix}{}_0D_{11} & {}_0D_{12} & 0\\ {}_0D_{12} & {}_0D_{22} & 0\\ 0 & 0 & {}_0CD_{66}\end{bmatrix} \tag{3-289}$$

式(3－258)左边第二项可表示为

$$\int_{^0V}{}_0^t\boldsymbol{S}_{ij}\delta({}_0\boldsymbol{\eta}_{ij})\,\mathrm{d}^0V=\int_{^0V}\{\delta_0\boldsymbol{\eta}\}^{\mathrm{T}}\{{}_0^t\boldsymbol{S}\}\,\mathrm{d}^0V \tag{3-290}$$

其中，${}_0\boldsymbol{\eta}$ 与位移增量的关系为

$$\{{}_0\boldsymbol{\eta}\}=\begin{Bmatrix}{}_0\eta_{xx}\\ {}_0\eta_{yy}\\ 2_0\eta_{xy}\end{Bmatrix}=\frac{1}{2}\begin{Bmatrix}\dfrac{\partial(\Delta u)}{\partial x}\dfrac{\partial(\Delta u)}{\partial x}+\dfrac{\partial(\Delta u)}{\partial x}\dfrac{\partial(\Delta v)}{\partial x}\\ \dfrac{\partial(\Delta u)}{\partial y}\dfrac{\partial(\Delta u)}{\partial y}+\dfrac{\partial(\Delta v)}{\partial y}\dfrac{\partial(\Delta v)}{\partial y}\\ 2\left(\dfrac{\partial(\Delta u)}{\partial x}\dfrac{\partial(\Delta u)}{\partial y}+\dfrac{\partial(\Delta v)}{\partial x}\dfrac{\partial(\Delta v)}{\partial y}\right)\end{Bmatrix}$$

$$=\frac{1}{2}\begin{Bmatrix}\dfrac{\partial(\Delta u)}{\partial x}\dfrac{\partial}{\partial x} & \dfrac{\partial(\Delta u)}{\partial x}\dfrac{\partial}{\partial x}\\ \dfrac{\partial(\Delta u)}{\partial y}\dfrac{\partial}{\partial y} & \dfrac{\partial(\Delta v)}{\partial y}\dfrac{\partial}{\partial y}\\ \dfrac{\partial(\Delta u)}{\partial y}\dfrac{\partial}{\partial x}+\dfrac{\partial(\Delta u)}{\partial x}\dfrac{\partial}{\partial y} & \dfrac{\partial(\Delta v)}{\partial y}\dfrac{\partial}{\partial x}+\dfrac{\partial(\Delta v)}{\partial x}\dfrac{\partial}{\partial y}\end{Bmatrix}\begin{Bmatrix}\Delta u\\ \Delta v\end{Bmatrix}$$

$$=\frac{1}{2}[\widetilde{\boldsymbol{B}}_{\Delta u}]\{\Delta\boldsymbol{u}\} \tag{3-291}$$

其变分与位移增量变分的关系为

$$\{\delta_0\boldsymbol{\eta}\}=\begin{Bmatrix}\delta_0\eta_{xx}\\ \delta_0\eta_{yy}\\ 2\delta_0\eta_{xy}\end{Bmatrix}$$

$$=\begin{Bmatrix}\dfrac{\partial\delta(\Delta u)}{\partial x}\dfrac{\partial(\Delta u)}{\partial x}+\dfrac{\partial\delta(\Delta u)}{\partial x}\dfrac{\partial(\Delta v)}{\partial x}\\ \dfrac{\partial\delta(\Delta u)}{\partial y}\dfrac{\partial(\Delta u)}{\partial y}+\dfrac{\partial\delta(\Delta v)}{\partial y}\dfrac{\partial(\Delta v)}{\partial y}\\ \dfrac{\partial\delta(\Delta u)}{\partial x}\dfrac{\partial(\Delta u)}{\partial y}+\dfrac{\partial(\Delta u)}{\partial x}\dfrac{\partial\delta(\Delta u)}{\partial y}+\dfrac{\partial\delta(\Delta v)}{\partial x}\dfrac{\partial(\Delta v)}{\partial y}+\dfrac{\partial(\Delta v)}{\partial x}\dfrac{\partial\delta(\Delta v)}{\partial y}\end{Bmatrix}$$

$$=[\widetilde{\boldsymbol{B}}_{\Delta u}]\{\delta(\Delta\boldsymbol{u})\}$$

$$=[\widetilde{\boldsymbol{B}}_{\delta(\Delta u)}]\{\Delta\boldsymbol{u}\} \tag{3-292}$$

构形 C_t 下二阶基尔霍夫应力张量和格林应变张量的关系为

$$\{{}_0^t\boldsymbol{S}\}=\begin{Bmatrix}{}_0^tS_{xx}\\{}_0^tS_{yy}\\{}_0^tS_{xy}\end{Bmatrix}=\begin{bmatrix}{}_0C_{11}&{}_0C_{12}&0\\{}_0C_{12}&{}_0C_{22}&0\\0&0&{}_0C_{66}\end{bmatrix}\begin{Bmatrix}{}_0^tE_{xx}\\{}_0^tE_{yy}\\2{}_0^tE_{xy}\end{Bmatrix}\tag{3-293}$$

而格林应变张量可由本次载荷增量开始时刻的位移(构形 C_t 下的位移)获得，即

$$\{{}_0^t\boldsymbol{E}\}=\begin{Bmatrix}{}_0^tE_{xx}\\{}_0^tE_{yy}\\2{}_0^tE_{xy}\end{Bmatrix}=\begin{Bmatrix}\dfrac{\partial u}{\partial x}+\dfrac{1}{2}\left[\left(\dfrac{\partial u}{\partial x}\right)^2+\left(\dfrac{\partial v}{\partial x}\right)^2\right]\\\dfrac{\partial v}{\partial y}+\dfrac{1}{2}\left[\left(\dfrac{\partial u}{\partial y}\right)^2+\left(\dfrac{\partial v}{\partial y}\right)^2\right]\\\dfrac{\partial u}{\partial y}+\dfrac{\partial v}{\partial x}+\left(\dfrac{\partial u}{\partial x}\dfrac{\partial u}{\partial y}+\dfrac{\partial v}{\partial x}\dfrac{\partial v}{\partial y}\right)\end{Bmatrix}\tag{3-294}$$

然而，式(3-294)并不便于有限元建模，因为向量$\{\delta_0\boldsymbol{\eta}\}$是位移增量向量$\{\Delta\boldsymbol{u}\}$的非线性函数。它必须以另一种方式来表达才方便有限元矩阵的构造。利用式(3-292)，我们有

$$\begin{aligned}\int_{{}^0V}\{\delta_0\boldsymbol{\eta}\}^{\mathrm{T}}\{{}_0^t\boldsymbol{S}\}\,\mathrm{d}^0V&=\int_{{}^0V}\begin{Bmatrix}\delta_0\eta_{xx}\\\delta_0\eta_{yy}\\2\delta_0\eta_{xy}\end{Bmatrix}^{\mathrm{T}}\begin{Bmatrix}{}_0^tS_{xx}\\{}_0^tS_{yy}\\{}_0^tS_{xy}\end{Bmatrix}\mathrm{d}^0V\\
&=\int_{{}^0V}\Bigg\{{}_0^tS_{xx}\left(\frac{\partial\delta(\Delta u)}{\partial x}\frac{\partial(\Delta u)}{\partial x}+\frac{\partial\delta(\Delta u)}{\partial x}\frac{\partial(\Delta v)}{\partial x}\right)+\\
&\quad{}_0^tS_{yy}\left(\frac{\partial\delta(\Delta u)}{\partial y}\frac{\partial(\Delta u)}{\partial y}+\frac{\partial\delta(\Delta v)}{\partial y}\frac{\partial(\Delta v)}{\partial y}\right)+\\
&\quad{}_0^tS_{xy}\left(\frac{\partial\delta(\Delta u)}{\partial x}\frac{\partial(\Delta u)}{\partial y}+\frac{\partial(\Delta u)}{\partial x}\frac{\partial\delta(\Delta u)}{\partial y}+\right.\\
&\quad\left.\frac{\partial\delta(\Delta v)}{\partial x}\frac{\partial(\Delta v)}{\partial y}+\frac{\partial(\Delta v)}{\partial x}\frac{\partial\delta(\Delta v)}{\partial y}\right)\Bigg\}\mathrm{d}^0V\\
&=\int_{{}^0V}\begin{Bmatrix}\dfrac{\partial\delta(\Delta u)}{\partial x}\\\dfrac{\partial\delta(\Delta u)}{\partial y}\\\dfrac{\partial\delta(\Delta v)}{\partial x}\\\dfrac{\partial\delta(\Delta v)}{\partial y}\end{Bmatrix}^{\mathrm{T}}\begin{bmatrix}{}_0^tS_{xx}&{}_0^tS_{xy}&0&0\\{}_0^tS_{xy}&{}_0^tS_{yy}&0&0\\0&0&{}_0^tS_{xx}&{}_0^tS_{xy}\\0&0&{}_0^tS_{xy}&{}_0^tS_{yy}\end{bmatrix}\begin{Bmatrix}\dfrac{\partial(\Delta u)}{\partial x}\\\dfrac{\partial(\Delta u)}{\partial y}\\\dfrac{\partial(\Delta v)}{\partial x}\\\dfrac{\partial(\Delta v)}{\partial y}\end{Bmatrix}\mathrm{d}^0V\\
&=\int_{{}^0V}\{\delta(\Delta\boldsymbol{u})\}^{\mathrm{T}}[\bar{\boldsymbol{B}}]^{\mathrm{T}}[{}_0^t\boldsymbol{S}][\bar{\boldsymbol{B}}]\{\Delta\boldsymbol{u}\}\,\mathrm{d}^0V\end{aligned}\tag{3-295}$$

其中：

$$[{}_0^t\boldsymbol{S}]=\begin{bmatrix}{}_0^tS_{xx}&{}_0^tS_{xy}&0&0\\{}_0^tS_{xy}&{}_0^tS_{yy}&0&0\\0&0&{}_0^tS_{xx}&{}_0^tS_{xy}\\0&0&{}_0^tS_{xy}&{}_0^tS_{yy}\end{bmatrix}\tag{3-296}$$

$$[\overline{\boldsymbol{B}}]=\begin{bmatrix}\frac{\partial}{\partial x} & 0 \\ 0 & \\ \frac{\partial}{\partial y} & \frac{\partial}{\partial x} \\ 0 & \\ 0 & \frac{\partial}{\partial y}\end{bmatrix}\begin{Bmatrix}\Delta u \\ \Delta v\end{Bmatrix} \tag{3-297}$$

假设单元节点位移为$\{\boldsymbol{q}\}=\{u_1 \quad v_1 \quad u_2 \quad v_2 \quad \cdots \quad u_n \quad v_n\}^{\mathrm{T}}$，单元节点位移增量为$\{\Delta\boldsymbol{q}\}=\{\Delta u_1 \quad \Delta v_1 \quad \Delta u_2 \quad \Delta v_2 \quad \cdots \quad \Delta u_n \quad \Delta v_n\}^{\mathrm{T}}$，故单元任意一点位移与节点位移的关系可通过插值函数$\phi_i(x, y)(i=1, 2, \cdots, n)$获得，即

$$\{\boldsymbol{u}\}=\begin{Bmatrix}u \\ v\end{Bmatrix}=\begin{Bmatrix}\sum_{i=1}^{n} u_i\phi_i(x, y) \\ \sum_{i=1}^{n} v_i\phi_i(x, y)\end{Bmatrix}=[\boldsymbol{\phi}]\{\boldsymbol{q}\} \tag{3-398}$$

则单元任意一点位移增量与节点位移增量的关系为

$$\{\Delta\boldsymbol{u}\}=\begin{Bmatrix}\Delta u \\ \Delta v\end{Bmatrix}=\begin{Bmatrix}\sum_{i=1}^{n} \Delta u_i\phi_i(x, y) \\ \sum_{i=1}^{n} \Delta v_i\phi_i(x, y)\end{Bmatrix}=[\boldsymbol{\phi}]\{\Delta\boldsymbol{q}\} \tag{3-299}$$

其中：

$$[\boldsymbol{\phi}]=\begin{bmatrix}\phi_1 & 0 & \phi_2 & 0 & \cdots & \phi_n & 0 \\ 0 & \phi_1 & 0 & \phi_2 & \cdots & 0 & \phi_n\end{bmatrix} \tag{3-300}$$

则将用节点位移增量表示的位移代入式(3-286)，有

$$\begin{aligned}
&\int_{^0V} {}_0\boldsymbol{D}_{ijkl}\,{}_0\boldsymbol{e}_{kl}\delta({}_0\boldsymbol{e}_{ij})\,\mathrm{d}^0V \\
&=\int_{^0V}\{\delta(\Delta\boldsymbol{u})\}^{\mathrm{T}}([\widetilde{\boldsymbol{B}}]+[\widetilde{\boldsymbol{B}}_u])^{\mathrm{T}}[{}_0\boldsymbol{D}]([\widetilde{\boldsymbol{B}}]+[\widetilde{\boldsymbol{B}}_u])\{\delta(\Delta\boldsymbol{u})\}\,\mathrm{d}^0V \\
&=\int_{^0V}\{\delta(\Delta\boldsymbol{q})\}^{\mathrm{T}}[\boldsymbol{\phi}]^{\mathrm{T}}([\widetilde{\boldsymbol{B}}]+[\widetilde{\boldsymbol{B}}_u])^{\mathrm{T}}[{}_0\boldsymbol{D}] \\
&\quad([\widetilde{\boldsymbol{B}}]+[\widetilde{\boldsymbol{B}}_u])[\boldsymbol{\phi}]\{\delta(\Delta\boldsymbol{q})\}\,\mathrm{d}^0V \\
&=\int_{^0V}\{\delta(\Delta\boldsymbol{q})\}^{\mathrm{T}}\{([\widetilde{\boldsymbol{B}}]+[\widetilde{\boldsymbol{B}}_u])[\boldsymbol{\phi}]\}^{\mathrm{T}}[{}_0\boldsymbol{D}] \\
&\quad\{([\widetilde{\boldsymbol{B}}]+[\widetilde{\boldsymbol{B}}_u])[\boldsymbol{\phi}]\}\{\delta(\Delta\boldsymbol{q})\}\,\mathrm{d}^0V \\
&=\int_{^0V}\{\delta(\Delta\boldsymbol{q})\}^{\mathrm{T}}[\boldsymbol{B}_{\mathrm{L}}]^{\mathrm{T}}[{}_0\boldsymbol{D}][\boldsymbol{B}_{\mathrm{L}}]\{\delta(\Delta\boldsymbol{q})\}\,\mathrm{d}^0V
\end{aligned} \tag{3-301}$$

同样，将用节点位移增量表示的位移代入式(3-290)，有

$$\int_{{}^0V} {}_0^t S_{ij}\delta({}_0\eta_{ij})\,\mathrm{d}^0V=\int_{{}^0V}\{\delta_0\boldsymbol{\eta}\}^{\mathrm{T}}\{{}_0^t\boldsymbol{S}\}\,\mathrm{d}^0V$$
$$=\int_{{}^0V}\{\delta(\Delta\boldsymbol{u})\}^{\mathrm{T}}[\bar{\bar{\boldsymbol{B}}}]^{\mathrm{T}}[{}_0^t\boldsymbol{S}][\bar{\bar{\boldsymbol{B}}}]\{\Delta\boldsymbol{u}\}\,\mathrm{d}^0V$$
$$=\int_{{}^0V}\{\delta(\Delta\boldsymbol{q})\}^{\mathrm{T}}[\boldsymbol{B}_{\mathrm{NL}}]^{\mathrm{T}}[{}_0^t\boldsymbol{S}][\boldsymbol{B}_{\mathrm{NL}}]\{\delta(\Delta\boldsymbol{q})\}\,\mathrm{d}^0V \quad (3-302)$$

其中：

$$[\boldsymbol{B}_{\mathrm{NL}}]=[\bar{\bar{\boldsymbol{B}}}][\boldsymbol{\phi}] \quad (3-303)$$

将用节点位移增量表示的位移代入式(3-258)右边第一项，有

$$\int_{{}^0V} {}_0^{t+\Delta t}f_i\delta(u_i)\,\mathrm{d}^0V+\int_{{}^0S} {}_0^{t+\Delta t}t_i\delta(u_i)\,\mathrm{d}^0S$$
$$=\int_{{}^0V}\{\delta(\Delta\boldsymbol{q})\}^{\mathrm{T}}[\boldsymbol{\varphi}]^{\mathrm{T}}\{{}_0^{t+\Delta t}\boldsymbol{f}\}\,\mathrm{d}^0V+\int_{{}^0S}\{\delta(\Delta\boldsymbol{q})\}^{\mathrm{T}}[\boldsymbol{\varphi}]^{\mathrm{T}}\{{}_0^{t+\Delta t}\boldsymbol{t}\}\,\mathrm{d}^0S$$
$$(3-304)$$

同样，将用节点位移增量表示的位移代入式(3-258)右边第二项，有

$$\int_{{}^0V} {}_0^t S_{ij}\delta({}_0e_{ij})\,\mathrm{d}^0V=\int_{{}^0V}\{\delta_0\boldsymbol{e}\}^{\mathrm{T}}\{{}_0^t\boldsymbol{S}\}\,\mathrm{d}^0V$$
$$=\int_{{}^0V}\{\delta(\Delta\boldsymbol{q})\}^{\mathrm{T}}[\boldsymbol{B}_{\mathrm{L}}]^{\mathrm{T}}\{{}_0^t\boldsymbol{S}\}\,\mathrm{d}^0V \quad (3-305)$$

其中：

$$[\boldsymbol{B}_{\mathrm{L}}]=([\widetilde{\boldsymbol{B}}]+[\widetilde{\boldsymbol{B}}_u])[\boldsymbol{\phi}] \quad (3-306)$$

所以利用全拉格朗日描述，得到平面几何非线性问题的有限元方程为

$$([\boldsymbol{K}_{\mathrm{L}}]+[\boldsymbol{K}_{\mathrm{NL}}])\{\Delta\boldsymbol{q}\}=\{{}_0^{t+\Delta t}\boldsymbol{F}\}-\{{}_0^t\boldsymbol{F}\} \quad (3-307)$$

其中：

$$[\boldsymbol{K}_{\mathrm{L}}]=\int_{{}^0V}[\boldsymbol{B}_{\mathrm{L}}]^{\mathrm{T}}[{}_0\boldsymbol{D}][\boldsymbol{B}_{\mathrm{L}}]\,\mathrm{d}^0V \quad (3-308)$$

$$[\boldsymbol{K}_{\mathrm{NL}}]=\int_{{}^0V}[\boldsymbol{B}_{\mathrm{NL}}]^{\mathrm{T}}[{}_0^t\boldsymbol{S}][\boldsymbol{B}_{\mathrm{NL}}]\,\mathrm{d}^0V \quad (3-309)$$

$$\{{}_0^t\boldsymbol{F}\}=\int_{{}^0V}[\boldsymbol{B}_{\mathrm{L}}]^{\mathrm{T}}\{{}_0^t\boldsymbol{S}\}\,\mathrm{d}^0V \quad (3-310)$$

$$\{{}_0^{t+\Delta t}\boldsymbol{F}\}=\int_{{}^0V}[\boldsymbol{\phi}]^{\mathrm{T}}\{{}_0^{t+\Delta t}f\}\,\mathrm{d}^0V+\int_{{}^0S}[\boldsymbol{\phi}]^{\mathrm{T}}\{{}_0^{t+\Delta t}\boldsymbol{t}\}\,\mathrm{d}^0S \quad (3-311)$$

体力和面力矢量可以表示为

$$\{{}_0^{t+\Delta t}\boldsymbol{f}\}=\begin{Bmatrix}{}_0^{t+\Delta t}f_x\\ {}_0^{t+\Delta t}f_y\end{Bmatrix} \quad (3-312a)$$

$$\{{}_0^{t+\Delta t}\boldsymbol{t}\}=\begin{Bmatrix}{}_0^{t+\Delta t}t_x\\ {}_0^{t+\Delta t}t_y\end{Bmatrix} \quad (3-312b)$$

不难发现，因为二阶基尔霍夫应力张量$[{}_0^t\boldsymbol{S}]$和本构增量$[{}_0\boldsymbol{D}]$是对称的，所以刚度矩阵$[\boldsymbol{K}]=[\boldsymbol{K}_{\mathrm{L}}]+[\boldsymbol{K}_{\mathrm{NL}}]$是对称的。我们知道，无论全拉格朗日描述还是修正拉格朗日描述都为增量形式，也就是采用的节点位移增量，所以这里刚度矩阵为切线刚度矩阵。实际上，直

接刚度矩阵隐含在矢量$\{{}_0^t\boldsymbol{F}\}$中。对于小变形线性分析，这里的节点增量$\{\Delta\boldsymbol{q}\}$就变为节点位移$\{\boldsymbol{q}\}$，$\{{}_0^t\boldsymbol{F}\}=0$，$[\boldsymbol{K}_{\mathrm{NL}}]=0$。

式(3－308)～式(3－310)中的应变矩阵可以用以下公式获得，即

$$[\boldsymbol{B}_{\mathrm{L}}]=[\boldsymbol{B}_{\mathrm{L}}^0]+[\boldsymbol{B}_{\mathrm{L}}^u]+[\boldsymbol{B}_{\mathrm{L}}^v] \tag{3-313}$$

$$[\boldsymbol{B}_{\mathrm{L}}^0]=\begin{bmatrix}\dfrac{\partial\phi_1}{\partial x} & 0 & \dfrac{\partial\phi_2}{\partial x} & 0 & \cdots & \dfrac{\partial\phi_n}{\partial x} & 0\\ 0 & \dfrac{\partial\phi_1}{\partial y} & 0 & \dfrac{\partial\phi_2}{\partial y} & \cdots & 0 & \dfrac{\partial\phi_n}{\partial y}\\ \dfrac{\partial\phi_1}{\partial y} & \dfrac{\partial\phi_1}{\partial x} & \dfrac{\partial\phi_2}{\partial y} & \dfrac{\partial\phi_2}{\partial x} & \cdots & \dfrac{\partial\phi_n}{\partial y} & \dfrac{\partial\phi_n}{\partial x}\end{bmatrix} \tag{3-314}$$

$$[\boldsymbol{B}_{\mathrm{L}}^u]=\begin{bmatrix}\dfrac{\partial u}{\partial x}\dfrac{\partial\phi_1}{\partial x} & 0 & \dfrac{\partial u}{\partial x}\dfrac{\partial\phi_2}{\partial x} & 0 & \cdots & \dfrac{\partial u}{\partial x}\dfrac{\partial\phi_n}{\partial x} & 0\\ \dfrac{\partial u}{\partial y}\dfrac{\partial\phi_1}{\partial y} & 0 & \dfrac{\partial u}{\partial y}\dfrac{\partial\phi_2}{\partial y} & 0 & \cdots & \dfrac{\partial u}{\partial y}\dfrac{\partial\phi_n}{\partial y} & 0\\ \dfrac{\partial u}{\partial x}\dfrac{\partial\phi_1}{\partial y}+\dfrac{\partial u}{\partial y}\dfrac{\partial\phi_1}{\partial x} & 0 & \dfrac{\partial u}{\partial x}\dfrac{\partial\phi_2}{\partial y}+\dfrac{\partial u}{\partial y}\dfrac{\partial\phi_2}{\partial x} & 0 & \cdots & \dfrac{\partial u}{\partial x}\dfrac{\partial\phi_n}{\partial y}+\dfrac{\partial u}{\partial y}\dfrac{\partial\phi_n}{\partial x} & 0\end{bmatrix} \tag{3-315}$$

$$[\boldsymbol{B}^{\mathrm{vL}}]=\begin{bmatrix}0 & \dfrac{\partial v}{\partial x}\dfrac{\partial\phi_1}{\partial x} & 0 & \dfrac{\partial v}{\partial x}\dfrac{\partial\phi_2}{\partial x} & \cdots & 0 & \dfrac{\partial v}{\partial x}\dfrac{\partial\phi_n}{\partial x}\\ 0 & \dfrac{\partial v}{\partial y}\dfrac{\partial\phi_1}{\partial y} & 0 & \dfrac{\partial v}{\partial y}\dfrac{\partial\phi_2}{\partial y} & \cdots & 0 & \dfrac{\partial v}{\partial y}\dfrac{\partial\phi_n}{\partial y}\\ 0 & \dfrac{\partial v}{\partial x}\dfrac{\partial\phi_1}{\partial y}+\dfrac{\partial v}{\partial y}\dfrac{\partial\phi_1}{\partial x} & 0 & \dfrac{\partial v}{\partial x}\dfrac{\partial\phi_2}{\partial y}+\dfrac{\partial v}{\partial y}\dfrac{\partial\phi_2}{\partial x} & \cdots & 0 & \dfrac{\partial v}{\partial x}\dfrac{\partial\phi_n}{\partial y}+\dfrac{\partial v}{\partial y}\dfrac{\partial\phi_n}{\partial x}\end{bmatrix} \tag{3-316}$$

$$[\boldsymbol{B}_{\mathrm{NL}}]=\begin{bmatrix}\dfrac{\partial\phi_1}{\partial x} & 0 & \dfrac{\partial\phi_2}{\partial x} & 0 & \cdots & \dfrac{\partial\phi_n}{\partial x}\\ \dfrac{\partial\phi_1}{\partial y} & 0 & \dfrac{\partial\phi_2}{\partial y} & 0 & \cdots & \dfrac{\partial\phi_n}{\partial y}\\ 0 & \dfrac{\partial\phi_1}{\partial x} & 0 & \dfrac{\partial\phi_2}{\partial x} & \cdots & 0\\ 0 & \dfrac{\partial\phi_1}{\partial y} & 0 & \dfrac{\partial\phi_2}{\partial y} & \cdots & 0\end{bmatrix} \tag{3-317}$$

在全拉格朗日描述下的平面几何非线性有限元刚度方程(3－307)可更具体地表示为

$$\begin{bmatrix}[\boldsymbol{K}^{xx\mathrm{L}}]+[\boldsymbol{K}^{xx\mathrm{N}}] & [\boldsymbol{K}^{xy\mathrm{L}}]\\ [\boldsymbol{K}^{yx\mathrm{L}}] & [\boldsymbol{K}^{yy\mathrm{L}}]+[\boldsymbol{K}^{yy\mathrm{L}}]\end{bmatrix}\begin{Bmatrix}\{\Delta\boldsymbol{q}^x\}\\ \{\Delta\boldsymbol{q}^y\}\end{Bmatrix}=\begin{Bmatrix}\{{}_0^{t+\Delta t}\boldsymbol{F}^x\}-\{{}_0^t\boldsymbol{F}^x\}\\ \{{}_0^{t+\Delta t}\boldsymbol{F}^y\}-\{{}_0^t\boldsymbol{F}^y\}\end{Bmatrix} \tag{3-318}$$

其中，$\{\Delta\boldsymbol{q}^x\}$是由本次计算载荷增量对应的各节点位移增量沿着$x$方向的分量构成的向量，$\{\Delta\boldsymbol{q}^y\}$是由本次计算载荷增量对应的各节点位移增量沿着$y$方向的分量构成的向量；同样，式(3－318)等号右边$\{{}_0^{t+\Delta t}\boldsymbol{F}^x\}-\{{}_0^t\boldsymbol{F}^x\}$和$\{{}_0^{t+\Delta t}\boldsymbol{F}^y\}-\{{}_0^t\boldsymbol{F}^y\}$分别是从构形$C_t$变形到构形$C_{t+\Delta t}$时，节点力沿$x$方向和$y$方向的分量构成的矢量。这样，切线刚度矩阵中的各元素可以按下式求得：

$$K_{ij}^{xxL}=h_e\int_{\Omega_e}\left\{{}_0D_{11}\left(1+\frac{\partial u}{\partial x}\right)^2\frac{\partial\phi_i}{\partial x}\frac{\partial\phi_j}{\partial x}+{}_0D_{22}\left(\frac{\partial u}{\partial y}\right)^2\frac{\partial\phi_i}{\partial y}\frac{\partial\phi_j}{\partial y}+\right.$$
$${}_0D_{12}\left(1+\frac{\partial u}{\partial x}\right)\frac{\partial u}{\partial y}\left(\frac{\partial\varphi_i}{\partial x}\frac{\partial\varphi_j}{\partial y}+\frac{\partial\varphi_i}{\partial y}\frac{\partial\varphi_j}{\partial x}\right)+{}_0D_{66}\left[\left(1+\frac{\partial u}{\partial x}\right)\frac{\partial\varphi_i}{\partial y}+\frac{\partial u}{\partial y}\frac{\partial\varphi_i}{\partial x}\right]$$
$$\left.\left[\left(1+\frac{\partial u}{\partial x}\right)\frac{\partial\varphi_j}{\partial y}+\frac{\partial u}{\partial y}\frac{\partial\varphi_j}{\partial x}\right]\right\}\mathrm{d}x\,\mathrm{d}y \tag{3-319a}$$

$$K_{ij}^{xyL}=K_{ij}^{yxL}=h_e\int_{\Omega_e}\left\{{}_0D_{11}\left(1+\frac{\partial u}{\partial x}\right)\frac{\partial v}{\partial x}\frac{\partial\varphi_i}{\partial x}\frac{\partial\varphi_j}{\partial x}+{}_0D_{22}\left(1+\frac{\partial v}{\partial y}\right)\left(\frac{\partial u}{\partial y}\right)\frac{\partial\varphi_i}{\partial y}\frac{\partial\varphi_j}{\partial y}+\right.$$
$${}_0D_{12}\left[\left(1+\frac{\partial u}{\partial x}\right)\left(1+\frac{\partial v}{\partial y}\right)\frac{\partial\varphi_i}{\partial x}\frac{\partial\varphi_j}{\partial y}+\frac{\partial u}{\partial y}\frac{\partial v}{\partial x}\frac{\partial\varphi_i}{\partial y}\frac{\partial\varphi_j}{\partial x}\right]+$$
$$\left.{}_0D_{66}\left[\left(1+\frac{\partial u}{\partial x}\right)\frac{\partial\varphi_i}{\partial y}+\frac{\partial u}{\partial y}\frac{\partial\varphi_i}{\partial x}\right]\left[\left(1+\frac{\partial v}{\partial y}\right)\frac{\partial\varphi_j}{\partial x}+\frac{\partial v}{\partial x}\frac{\partial\varphi_j}{\partial y}\right]\right\}\mathrm{d}x\,\mathrm{d}y \tag{3-319b}$$

$$K_{ij}^{yyL}=h_e\int_{\Omega_e}\left\{{}_0D_{11}\left(1+\frac{\partial v}{\partial x}\right)^2\frac{\partial\varphi_i}{\partial x}\frac{\partial\varphi_j}{\partial x}+{}_0D_{22}\left(\frac{\partial v}{\partial y}\right)^2\frac{\partial\varphi_i}{\partial y}\frac{\partial\varphi_j}{\partial y}+\right.$$
$${}_0D_{12}\left(1+\frac{\partial v}{\partial y}\right)\frac{\partial v}{\partial x}\left(\frac{\partial\varphi_i}{\partial x}\frac{\partial\varphi_j}{\partial y}+\frac{\partial\varphi_i}{\partial y}\frac{\partial\varphi_j}{\partial x}\right)+{}_0D_{66}\left[\left(1+\frac{\partial v}{\partial y}\right)\frac{\partial\varphi_i}{\partial x}+\frac{\partial v}{\partial x}\frac{\partial\varphi_i}{\partial y}\right]$$
$$\left.\left[\left(1+\frac{\partial v}{\partial y}\right)\frac{\partial\varphi_j}{\partial x}+\frac{\partial v}{\partial x}\frac{\partial\varphi_j}{\partial y}\right]\right\}\mathrm{d}x\,\mathrm{d}y \tag{3-319c}$$

$$K_{ij}^{xxN}=K_{ij}^{yyN}=h_e\int_{\Omega_e}\left\{{}_0^1S_{xx}\frac{\partial\varphi_i}{\partial x}\frac{\partial\varphi_j}{\partial x}+{}_0^1S_{yx}\left(\frac{\partial\varphi_i}{\partial x}\frac{\partial\varphi_j}{\partial y}+\frac{\partial\varphi_i}{\partial y}\frac{\partial\varphi_j}{\partial x}\right)+{}_0^1S_{yy}\frac{\partial\varphi_i}{\partial y}\frac{\partial\varphi_j}{\partial y}\right\}\mathrm{d}x\,\mathrm{d}y \tag{3-319d}$$

$$\{{}^{t+\Delta t}_{\ \ 0}F_i^x\}=h_e\int_{\Omega_e}{}^{t+\Delta t}_{\ \ 0}F_x\varphi_i\,\mathrm{d}x\,\mathrm{d}y+h\oint_{\Gamma_e}{}^{t+\Delta t}_{\ \ 0}t_x\varphi_i\,\mathrm{d}s \tag{3-319e}$$

$$\{{}^{t+\Delta t}_{\ \ 0}F_i^y\}=h_e\int_{\Omega_e}{}^{t+\Delta t}_{\ \ 0}F_y\varphi_i\,\mathrm{d}x\,\mathrm{d}y+h\oint_{\Gamma_e}{}^{t+\Delta t}_{\ \ 0}t_y\varphi_i\,\mathrm{d}s \tag{3-319f}$$

$${}_0^tF_i^x=h_e\int_{\Omega_e}\left\{\left(1+\frac{\partial u}{\partial x}\right)\frac{\partial\varphi_i}{\partial x}{}_0^1S_{xx}+\frac{\partial u}{\partial y}\frac{\partial\varphi_i}{\partial y}{}_0^1S_{yy}+\left[\left(1+\frac{\partial u}{\partial x}\right)\frac{\partial\varphi_i}{\partial y}+\frac{\partial u}{\partial y}\frac{\partial\varphi_i}{\partial x}\right]{}_0^1S_{yx}\right\}\mathrm{d}x\,\mathrm{d}y \tag{3-319g}$$

$${}_0^tF_i^y=h_e\int_{\Omega_e}\left\{\frac{\partial v}{\partial x}\frac{\partial\varphi_i}{\partial x}{}_0^1S_{xx}+\left(1+\frac{\partial v}{\partial y}\right)\frac{\partial\varphi_i}{\partial y}{}_0^1S_{yy}+\left[\left(1+\frac{\partial v}{\partial y}\right)\frac{\partial\varphi_i}{\partial x}+\frac{\partial v}{\partial x}\frac{\partial\varphi_i}{\partial y}\right]{}_0^1S_{yx}\right\}\mathrm{d}x\,\mathrm{d}y \tag{3-319h}$$

其中，h_e 为平面单元的厚度。

2）修正拉格朗日描述

与式(3－307)类似，基于修正拉格朗日描述的有限元模型可以写成为

$$([\boldsymbol{K}_{\mathrm{L}}]+[\boldsymbol{K}_{\mathrm{NL}}])\{\delta(\Delta\boldsymbol{q})\}=\{{}^{t+\Delta t}_{\ \ t}\boldsymbol{F}\}-\{{}_t^t\boldsymbol{F}\} \tag{3-320}$$

其中：

$$[\boldsymbol{K}_{\mathrm{L}}]=\int_{{}^1V}[\boldsymbol{B}_{\mathrm{L}}^0]^{\mathrm{T}}[{}_1\boldsymbol{D}][\boldsymbol{B}_{\mathrm{L}}^0]\,\mathrm{d}^1V \tag{3-321a}$$

$$[\boldsymbol{K}_{\mathrm{NL}}]=\int_{{}^1V}[\boldsymbol{B}_{\mathrm{NL}}]^{\mathrm{T}}[{}^t\boldsymbol{\sigma}][\boldsymbol{B}_{\mathrm{NL}}]\,\mathrm{d}^1V \tag{3-321b}$$

$$\{{}_t^t\boldsymbol{F}\}=\int_{{}^1V}[\boldsymbol{B}_{\mathrm{L}}^0]^{\mathrm{T}}\{{}^t\boldsymbol{\sigma}\}\,\mathrm{d}^1V \tag{3-321c}$$

$$\{{}_t^{t+\Delta t}\boldsymbol{F}\}=\int_{{}^tV}[\boldsymbol{\phi}]^{\mathrm{T}}\{{}_t^{t+\Delta t}\boldsymbol{f}\}\,\mathrm{d}^tV+\int_{{}^tS}[\boldsymbol{\phi}]^{\mathrm{T}}\{{}_t^{t+\Delta t}\boldsymbol{t}\}\,\mathrm{d}^tS \tag{3-321d}$$

$$\{{}_t^{t+\Delta t}\boldsymbol{f}\}=\begin{Bmatrix}{}_t^{t+\Delta t}f_x\\{}_t^{t+\Delta t}f_y\end{Bmatrix},\quad\{{}_t^{t+\Delta t}\boldsymbol{t}\}=\begin{Bmatrix}{}_t^{t+\Delta t}t_x\\{}_t^{t+\Delta t}t_y\end{Bmatrix} \tag{3-321e}$$

应变矩阵可以用以下公式获得

$$[\boldsymbol{B}_{\mathrm{L}}^0]=\begin{bmatrix}\frac{\partial\phi_1}{\partial x}&0&\frac{\partial\phi_2}{\partial x}&0&\cdots&\frac{\partial\phi_n}{\partial x}&0\\0&\frac{\partial\phi_1}{\partial y}&0&\frac{\partial\phi_2}{\partial y}&\cdots&0&\frac{\partial\phi_n}{\partial y}\\\frac{\partial\phi_1}{\partial y}&\frac{\partial\phi_1}{\partial x}&\frac{\partial\phi_2}{\partial y}&\frac{\partial\phi_2}{\partial x}&\cdots&\frac{\partial\phi_n}{\partial y}&\frac{\partial\phi_n}{\partial x}\end{bmatrix} \tag{3-322}$$

$$[\boldsymbol{B}_{\mathrm{NL}}]=\begin{bmatrix}\frac{\partial\phi_1}{\partial x}&0&\frac{\partial\phi_2}{\partial x}&0&\cdots&\frac{\partial\phi_n}{\partial x}&0\\\frac{\partial\phi_1}{\partial y}&0&\frac{\partial\phi_2}{\partial y}&0&\cdots&\frac{\partial\phi_n}{\partial y}&0\\0&\frac{\partial\phi_1}{\partial x}&0&\frac{\partial\phi_2}{\partial x}&\cdots&0&\frac{\partial\phi_n}{\partial x}\\0&\frac{\partial\phi_1}{\partial y}&0&\frac{\partial\phi_2}{\partial y}&\cdots&0&\frac{\partial\phi_n}{\partial y}\end{bmatrix} \tag{3-323}$$

$$[{}^t\boldsymbol{\sigma}]=\begin{bmatrix}{}^t\sigma_{xx}&{}^t\sigma_{xy}&0&0\\{}^t\sigma_{xy}&{}^t\sigma_{yy}&0&0\\0&0&{}_0^t\sigma_{xx}&{}_0^t\sigma_{xy}\\0&0&{}_0^t\sigma_{xy}&{}_0^t\sigma_{yy}\end{bmatrix} \tag{3-324}$$

在构形 C_t 下，柯西应力张量(可以理解成以构形 C_t 为参考构形的二阶基尔霍夫应力张量)和应变张量(以构形 C_t 为参考构形)的关系为

$$\{{}^t\boldsymbol{\sigma}\}=\begin{Bmatrix}{}^t\sigma_{xx}\\{}^t\sigma_{yy}\\{}^t\sigma_{xy}\end{Bmatrix}=\begin{bmatrix}{}_tC_{11}&{}_tC_{12}&0\\{}_tC_{12}&{}_tC_{22}&0\\0&0&{}_tC_{66}\end{bmatrix}\begin{Bmatrix}{}_t^t\varepsilon_{xx}\\{}_t^t\varepsilon_{yy}\\2{}_t^t\varepsilon_{xy}\end{Bmatrix} \tag{3-325}$$

而应变张量可由本次载荷增量开始时刻的位移(构形 C_t 下的位移)获得，即

$$\{{}_t^t\boldsymbol{\varepsilon}\}=\begin{Bmatrix}{}_t^t\varepsilon_{xx}\\{}_t^t\varepsilon_{yy}\\2{}_t^t\varepsilon_{xy}\end{Bmatrix}=\begin{Bmatrix}\frac{\partial u}{\partial x}-\frac{1}{2}\left[\left(\frac{\partial u}{\partial x}\right)^2+\left(\frac{\partial v}{\partial x}\right)^2\right]\\\frac{\partial v}{\partial y}-\frac{1}{2}\left[\left(\frac{\partial u}{\partial y}\right)^2+\left(\frac{\partial v}{\partial y}\right)^2\right]\\\frac{\partial u}{\partial y}+\frac{\partial v}{\partial x}-\left(\frac{\partial u}{\partial x}\frac{\partial u}{\partial y}+\frac{\partial v}{\partial x}\frac{\partial v}{\partial y}\right)\end{Bmatrix} \tag{3-326}$$

与式(3-318)类似，修正拉格朗日描述下的平面几何非线性有限元方程式(3-320)可更具体地表示为

$$\begin{bmatrix} [\boldsymbol{K}^{xx\mathrm{L}}]+[\boldsymbol{K}^{xx\mathrm{N}}] & [\boldsymbol{K}^{xy\mathrm{L}}] \\ [\boldsymbol{K}^{yx\mathrm{L}}] & [\boldsymbol{K}^{yy\mathrm{L}}]+[\boldsymbol{K}^{yy\mathrm{L}}] \end{bmatrix}\begin{Bmatrix} \{\Delta\boldsymbol{q}^{x}\} \\ \{\Delta\boldsymbol{q}^{y}\} \end{Bmatrix}=\begin{Bmatrix} \{{}^{t+\Delta t}_{t}\boldsymbol{F}^{x}\}-\{{}^{t}_{t}\boldsymbol{F}^{x}\} \\ \{{}^{t+\Delta t}_{t}\boldsymbol{F}^{y}\}-\{{}^{t}_{t}\boldsymbol{F}^{y}\} \end{Bmatrix} \tag{3-327}$$

其中：

$$K_{ij}^{xx\mathrm{L}}=h_{e}\int_{\Omega_{e}}\left({}_{t}D_{11}\frac{\partial\phi_{i}}{\partial x}\frac{\partial\phi_{j}}{\partial x}+{}_{t}D_{66}\frac{\partial\phi_{i}}{\partial y}\frac{\partial\phi_{j}}{\partial y}\right)\mathrm{d}x\,\mathrm{d}y \tag{3-328a}$$

$$K_{ij}^{xy\mathrm{L}}=K_{ij}^{yx\mathrm{L}}=h_{e}\int_{\Omega_{e}}\left({}_{t}D_{12}\frac{\partial\phi_{i}}{\partial x}\frac{\partial\phi_{j}}{\partial y}+{}_{t}D_{66}\frac{\partial\phi_{i}}{\partial y}\frac{\partial\phi_{j}}{\partial x}\right)\mathrm{d}x\,\mathrm{d}y \tag{3-328b}$$

$$K_{ij}^{yy\mathrm{L}}=h_{e}\int_{\Omega_{e}}\left({}_{t}D_{66}\frac{\partial\phi_{i}}{\partial x}\frac{\partial\phi_{j}}{\partial x}+{}_{t}D_{22}\frac{\partial\phi_{i}}{\partial y}\frac{\partial\phi_{j}}{\partial y}\right)\mathrm{d}x\,\mathrm{d}y \tag{3-328c}$$

$$K_{ij}^{xx\mathrm{N}}=K_{ij}^{yy\mathrm{N}}=h_{e}\int_{\Omega_{e}}\left\{{}^{t}\sigma_{xx}\frac{\partial\phi_{i}}{\partial x}\frac{\partial\phi_{j}}{\partial x}+{}^{t}\sigma_{yx}\left(\frac{\partial\phi_{i}}{\partial x}\frac{\partial\phi_{j}}{\partial y}+\frac{\partial\phi_{i}}{\partial y}\frac{\partial\phi_{j}}{\partial x}\right)+{}^{t}\sigma_{yy}\frac{\partial\phi_{i}}{\partial y}\frac{\partial\phi_{j}}{\partial y}\right\}\mathrm{d}x\,\mathrm{d}y \tag{3-328d}$$

$${}^{t+\Delta t}_{t}F_{i}^{x}=h_{e}\int_{\Omega_{e}}{}^{t+\Delta t}_{t}f_{x}\phi_{i}\,\mathrm{d}x\,\mathrm{d}y+h_{e}\oint_{\Gamma_{e}}{}^{t+\Delta t}_{t}t_{x}\phi_{i}\,\mathrm{d}s \tag{3-328e}$$

$${}^{t+\Delta t}_{t}F_{i}^{y}=h_{e}\int_{\Omega_{e}}{}^{t+\Delta t}_{t}f_{y}\phi_{i}\,\mathrm{d}x\,\mathrm{d}y+h_{e}\oint_{\Gamma_{e}}{}^{t+\Delta t}_{t}t_{y}\phi_{i}\,\mathrm{d}s \tag{3-328f}$$

$${}^{t}_{t}F_{i}^{x}=h_{e}\int_{\Omega_{e}}\left\{\frac{\partial\phi_{i}}{\partial x}{}^{t}_{t}\sigma_{xx}+\frac{\partial\phi_{i}}{\partial y}{}^{t}_{t}\sigma_{yy}\right\}\mathrm{d}x\,\mathrm{d}y \tag{3-328g}$$

$${}^{t}_{t}F_{i}^{y}=h_{e}\int_{\Omega_{e}}\left\{\frac{\partial\phi_{i}}{\partial x}{}^{1}_{0}\sigma_{xy}+\frac{\partial\phi_{i}}{\partial y}{}^{1}_{0}\sigma_{yy}\right\}\mathrm{d}x\,\mathrm{d}y \tag{3-328h}$$

8. 动力学分析

这里，我们采用全拉格朗日描述来建立物体在 $t+\Delta t$ 构形 C_2 中的动力学平衡。在进行结构动力学分析时，需要在式(3-258)上引入惯性力，即

$$\int_{{}^{t+\Delta t}V}({}^{t+\Delta t}\rho)({}^{t+\Delta t}\ddot{\boldsymbol{u}}_{i})\delta({}^{t+\Delta t}\boldsymbol{u}_{i})\,\mathrm{d}({}^{t+\Delta t}V)=\int_{{}^{0}V}({}^{0}\rho)({}^{0}\ddot{\boldsymbol{u}}_{i})\delta({}^{0}\boldsymbol{u}_{i})\,\mathrm{d}({}^{0}V) \tag{3-329}$$

因此质量矩阵可以用物体的初始构形来计算。利用 Hamilton 原理，可得到结构在 $t+\Delta t$ 时刻的动力学方程的变分形式为

$$\begin{aligned}&\int_{{}^{0}V}({}^{0}\rho)({}^{0}\ddot{\boldsymbol{u}}_{i})\delta({}^{0}\boldsymbol{u}_{i})\,\mathrm{d}({}^{0}V)+\int_{{}^{0}V}{}_{0}\boldsymbol{D}_{ijkl}\,{}_{0}\boldsymbol{\varepsilon}_{kl}\delta({}_{0}\varepsilon_{ij})\,\mathrm{d}^{0}V+\int_{{}^{0}V}{}^{t}_{0}\boldsymbol{S}_{ij}\delta({}_{0}\boldsymbol{\eta}_{ij})\,\mathrm{d}^{0}V\\&=\left\{\int_{{}^{0}V}{}^{t+\Delta t}_{0}\boldsymbol{f}_{i}\delta(\boldsymbol{u}_{i})\,\mathrm{d}^{0}V+\int_{{}^{0}S}{}^{t+\Delta t}_{0}t_{i}\delta(u_{i})\,\mathrm{d}^{0}\boldsymbol{S}\right\}-\int_{{}^{0}V}{}^{t}_{0}\boldsymbol{S}_{ij}\delta({}_{0}\boldsymbol{e}_{ij})\,\mathrm{d}^{0}V\end{aligned} \tag{3-330}$$

其中，$\delta({}^{t+\Delta t}\boldsymbol{u}_{i})=\delta\boldsymbol{u}_{i}$。

在式(3-330)的基础上可以建立结构的非线性位移有限元模型。要获得单元有限元方程，则首先需要为位移场和几何形状选择合适的插值函数。为了在所有构形中保持单边界的位移协调性，则要求坐标和位移都采用相同的插值函数(等参单元)。

$${}^{0}x_{i}=\sum_{k=1}^{n}\boldsymbol{\Psi}_{k}{}^{0}x_{i}^{k},\quad {}^{t}x_{i}=\sum_{k=1}^{n}\boldsymbol{\Psi}_{k}{}^{t}x_{i}^{k},\quad {}^{t+\Delta t}x_{i}=\sum_{k=1}^{n}\boldsymbol{\Psi}_{k}{}^{t+\Delta t}x_{i}^{k} \tag{3-331a}$$

$$^{0}u_{i}=\sum_{k=1}^{n}\Psi_{k}{}^{0}u_{i}^{k}, \ {}^{t}u_{i}=\sum_{k=1}^{n}\Psi_{k}{}^{t}u_{i}^{k}, \ {}^{t+\Delta t}u_{i}=\sum_{k=1}^{n}\Psi_{k}{}^{t+\Delta t}u_{i}^{k} \tag{3-331b}$$

其中，右上标 k 为第 k 个节点处的量，Ψ_k 为第 k 个节点对应的插值函数，n 为单元节点的个数。

将式(3-331b)代入式(3-330)中，得到结构动力学迭代方程，即

$$_{0}^{t}[\boldsymbol{M}]\{\ddot{\boldsymbol{\Delta}}^{e}\}+({}_{0}^{t}[\boldsymbol{K}_{\mathrm{L}}]+{}_{0}^{t}[\boldsymbol{K}_{\mathrm{NL}}])\{\boldsymbol{\Delta}^{e}\}={}^{t+\Delta t}\{\boldsymbol{R}\}-{}_{0}^{t}\{\boldsymbol{F}\} \tag{3-332}$$

其中，$\{\boldsymbol{\Delta}^{e}\}$ 为从 t 时刻到 $t+\Delta t$ 时刻的构形节点位移增量矢量，而矩阵 $_{0}^{t}[\boldsymbol{M}]$，$_{0}^{t}[\boldsymbol{K}_{\mathrm{L}}]$，$_{0}^{t}[\boldsymbol{K}_{\mathrm{NL}}]$，$_{0}^{t}\{\boldsymbol{F}\}$ 分别可以由以下积分获得，即

$$\begin{gathered}\int_{^0V}({}^{0}\rho)({}^{0}\ddot{\boldsymbol{u}}_{i})\delta({}^{0}\boldsymbol{u}_{i})\,\mathrm{d}({}^{0}V)\\ \int_{^0V}{}_{0}\boldsymbol{D}_{ijkl}\,{}_{0}\boldsymbol{\varepsilon}_{kl}\delta({}_{0}\boldsymbol{\varepsilon}_{ij})\,\mathrm{d}^{0}V\\ \int_{^0V}{}_{0}^{t}\boldsymbol{S}_{ij}\delta({}_{0}\boldsymbol{\eta}_{ij})\,\mathrm{d}^{0}V\\ \int_{^0V}{}_{0}^{t}\boldsymbol{S}_{ij}\delta({}_{0}\boldsymbol{e}_{ij})\,\mathrm{d}^{0}V\end{gathered} \tag{3-333}$$

这样，得到的矩阵有

$$_{0}^{t}[\boldsymbol{K}_{\mathrm{L}}]=\int_{^0V}{}_{0}^{t}[\boldsymbol{B}_{\mathrm{L}}]^{\mathrm{T}}{}_{0}[\boldsymbol{D}]{}_{0}^{t}[\boldsymbol{B}_{\mathrm{L}}]\,\mathrm{d}^{0}V \tag{3-334a}$$

$$_{0}^{t}[\boldsymbol{K}_{\mathrm{NL}}]=\int_{^0V}{}_{0}^{t}[\boldsymbol{B}_{\mathrm{NL}}]^{\mathrm{T}}{}_{0}^{t}[\boldsymbol{S}]{}_{0}^{t}[\boldsymbol{B}_{\mathrm{NL}}]\,\mathrm{d}^{0}V \tag{3-334b}$$

$$_{0}^{t}[\boldsymbol{M}]=\int_{^0V}{}^{0}\boldsymbol{\rho}_{0}^{t}[\boldsymbol{H}]^{\mathrm{T}t}[\boldsymbol{H}]\,\mathrm{d}^{0}V \tag{3-334c}$$

$$_{0}^{t}\{\boldsymbol{F}\}=\int_{^0V}{}_{0}^{t}[\boldsymbol{B}_{\mathrm{L}}]^{\mathrm{T}}{}_{0}^{t}\{\hat{\boldsymbol{S}}\}\,\mathrm{d}^{0}V \tag{3-334d}$$

其中，$_{0}^{t}[\boldsymbol{B}_{\mathrm{L}}]$，$_{0}^{t}[\boldsymbol{B}_{\mathrm{NL}}]$为位移-应变关系相关的应变矩阵的线性与非线性项，$_{0}[\boldsymbol{D}]$为材料的增量本构张量，$_{0}^{t}[\boldsymbol{S}]$为二阶基尔霍夫应力张量，$_{0}^{t}\{\hat{\boldsymbol{S}}\}$为二阶基尔霍夫应力张量分量构成的向量，$^{t}[\boldsymbol{H}]$为增量位移的插值函数构成的矩阵。这些矩阵对应的都是 t 时刻的构形。

因为式(3-332)为二阶微分方程，需要利用第 6 章介绍的数值算法进行计算，如 Newmark 方法。在 Newmark 数值积分中，位移和速度可以按以下关系近似表达，即

$$^{t+\Delta t}\{\boldsymbol{\Delta}\}=\Delta t^{t}\{\boldsymbol{\Delta}\}+{}^{t}\{\dot{\boldsymbol{\Delta}}\}+(\Delta t)^{2}\left[\left(\frac{1}{2}-\beta\right)({}^{t}\{\ddot{\boldsymbol{\Delta}}\})+\beta({}^{t+\Delta t}\{\ddot{\boldsymbol{\Delta}}\})\right] \tag{3-335a}$$

$$^{t+\Delta t}\{\dot{\boldsymbol{\Delta}}\}={}^{t}\{\dot{\boldsymbol{\Delta}}\}+(\Delta t)[(1-\alpha)({}^{t}\{\ddot{\boldsymbol{\Delta}}\})+\alpha({}^{t+\Delta t}\{\ddot{\boldsymbol{\Delta}}\})] \tag{3-335b}$$

其中，$\alpha=\dfrac{1}{2}$，$\beta=\dfrac{1}{4}$，Δt 为计算步长。

将式(3-335)代入式(3-332)中，有(近似 $_{0}^{t}[\boldsymbol{M}]\approx{}_{0}^{t+\Delta t}[\boldsymbol{M}]$)

$$_{0}^{t}[\hat{\boldsymbol{K}}]\{\boldsymbol{\Delta}\}={}^{t+\Delta t}\{\hat{\boldsymbol{R}}\} \tag{3-336}$$

其中，$\{\boldsymbol{\Delta}\}$为从 t 时刻到 $t+\Delta t$ 时刻的构形节点的位移增量，即

$$\{\boldsymbol{\Delta}\}={}^{t+\Delta t}\{\boldsymbol{\Delta}\}-{}^{t}\{\boldsymbol{\Delta}\} \tag{3-337}$$

$$ {}_0^t[\hat{\boldsymbol{K}}]=\frac{1}{\beta(\Delta t)^2}{}_0^t[\boldsymbol{M}]+{}_0^t[\boldsymbol{K}_{\mathrm{L}}]+{}_0^t[\boldsymbol{K}_{\mathrm{NL}}] \tag{3-338}$$

$$ {}^{t+\Delta t}\{\hat{\boldsymbol{R}}\}={}^{t+\Delta t}\{\boldsymbol{R}\}-{}_0^t\{\boldsymbol{F}\}+{}_0^t[\boldsymbol{M}]\left(\frac{1}{\beta(\Delta t)^2}{}^t\{\boldsymbol{\Delta}\}+\left(\frac{1}{\beta(\Delta t)^2}\Delta t\right){}^t\{\dot{\boldsymbol{\Delta}}\}+\left(\frac{1}{2\beta}-1\right){}^t\{\ddot{\boldsymbol{\Delta}}\}\right) \tag{3-339}$$

有了在 $t+\Delta t$ 时刻的$\{\boldsymbol{\Delta}\}$后，就可以求出加速度和速度，即

$$ {}^{t+\Delta t}\{\ddot{\boldsymbol{\Delta}}\}=\frac{1}{\beta(\Delta t)^2}\{\boldsymbol{\Delta}\}-\left(\frac{1}{\beta(\Delta t)^2}\Delta t\right){}^t\{\dot{\boldsymbol{\Delta}}\}-\left(\frac{1}{2\beta}-1\right){}^t\{\ddot{\boldsymbol{\Delta}}\} \tag{3-340}$$

$$ {}^{t+\Delta t}\{\dot{\boldsymbol{\Delta}}\}={}^t\{\dot{\boldsymbol{\Delta}}\}+\alpha\Delta t\,{}^{t+\Delta t}\{\ddot{\boldsymbol{\Delta}}\}+(1-\alpha)\Delta t\,{}^t\{\ddot{\boldsymbol{\Delta}}\} \tag{3-341}$$

3.4 总　　结

本章介绍了小变形几何非线性(大位移，小应变)以及有限变形几何非线性(大位移，有限应变)的分析方法。几何非线性问题的分析求解过程中需要修改基本方程，比如小变形几何非线性分析时需要在几何方程中引入非线性项，而有限变形几何非线性分析时方程的建立需要考虑变形带来的构形变化。

有限变形几何非线性分析一般采用全拉格朗日描述(T. L. 描述)或修正拉格朗日描述(U. L. 描述)。全拉格朗日描述是选取 $t=0$ 时刻未变形物体的构形 C_0 作为参考构形来进行分析的。修正拉格朗日描述是选取 t 时刻的物体构形 C_t 作为参考构形的。由于 C_t 会随计算而变化，因此其构形和坐标值也是会变化的。t 时刻的物体构形 C_t 为非线性增量求解时增量步的开始时刻。当然，当物体发生大变形时，一般都会伴随材料的非线性弹性或非弹性行为，有限变形问题有时还要考虑本构关系的变化，需要同时考虑材料和几何两种非线性行为、综合运用这两种非线性问题的分析方法。

第 4 章

接触非线性

4.1 概　述

接触非线性在许多工程问题中都有应用。通常，机械或结构系统都是由多个非永久性连在一起的部件组装而成的，这些部件在加载过程中通过接触、挤压甚至冲击会在彼此之间传递力，这时部件表面之间就会发生接触，但我们认为它们在空间上不会重叠，那么在这个过程中就会产生接触问题。工程中常见的接触问题有：齿轮的啮合、轴承和齿轮系统之间的接触、火车车轮与轨道的接触、车辆的碰撞、金属板冲击成型过程中薄板与模具之间的接触、各种密封设计等。

当两个分离物体的表面互相碰撞、互切时，我们就可以称它们处于接触状态。处于接触状态的表面具有以下三个主要特征：① 互相不穿透；② 能够传递法向压力和切向摩擦力；③ 通常不传递法向拉力。当两个物体接触时，两个物体处于黏合状态、黏合并滑动状态或分离状态，如图 4－1 所示。所以，我们在进行接触分析时需要搞清楚几个关键问题：① 两个或多个物体是否处在接触状态；② 如果是，如何确定接触的区域；③ 接触界面发生多大接触力或法向压力；④ 接触界面是否有相对滑动。

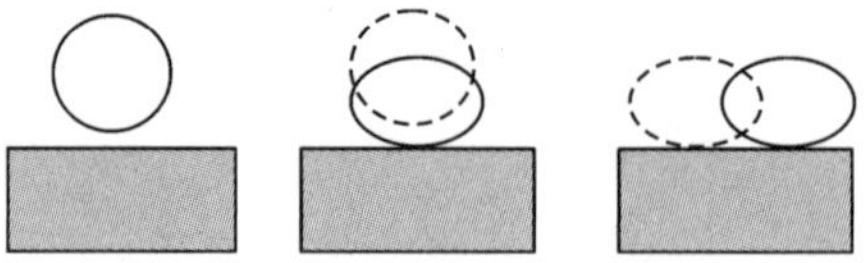

图 4－1 接触状态

接触问题通常被称为边界非线性或状态非线性，这与我们前两章所介绍的由非线性本构关系产生的材料非线性和由有限变形问题产生的几何非线性不同。接触属于强非线性问题，一方面，在多数接触问题中接触区域是未知的(接触面积未知，接触面的压力分布未知)，而且在加载过程中接触区域还会变化。例如，表面与表面会突然接触或突然不接触，这就会使接触表面的法向和切向刚度随着接触状态的改变有显著的变化。如图 4－2 所示，当两个物体分离时，接触力保持为零，而在物体接触后接触力在垂直方向增加，在这种情况下，就不能用一个函数关系表示了，因为接触力和位移之间没有一对一的关系。同样，在切向摩擦力作用下，两物体粘在一起，直到切向力达到某一阈值后，物体继续滑动，但切向力不再增加。这种在法向接触力和切向摩擦力中出现的突变使接触问题呈现高度非线性，而且通常会导致严重的收敛困难。另一方面，接触面本构规律非常复杂，要准确地建立接触面法向接触力与接触面变形、接触面法向接触力与切向摩擦力之间的关系是非常困难的；而且分析涉及摩擦的接触问题往往需要精确的加载历史过程。

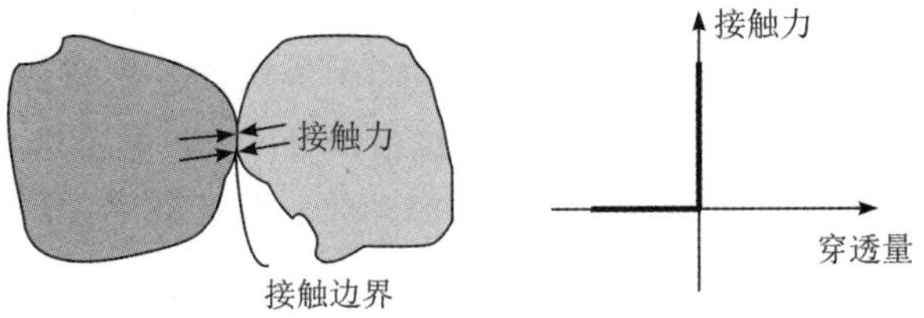

图 4-2　接触边界之间的穿透量与接触力之间的关系

分析接触问题的主要目的在于求解接触体在外载作用(位移(变形)、应力场以及接触状态)下的接触力。目前求解接触问题最有效的方法之一是有限元法。接触问题在有限元方法中常采用从-主概念，即一个接触体被视为主接触体，则另一个就被视为从接触体。另外，分析接触问题时，要考虑接触协调问题，因为接触体接触时不能相互穿透，所以在处理接触约束时常常认为从接触体的表面是不能穿透主接触体的表面的，这样在分析接触问题时就必须在这两个接触面之间建立一种关系，以防止它们在分析中相互穿过，这就是所谓的强制接触协调。当没有强制接触协调时，接触体之间就会发生穿透。通常有两种方法进行强制接触协调。第一种方法是罚函数法，这种方法是通过接触刚度来实现接触算法的，可以理解为用一个接触“弹簧”在两个面间建立关系(如图 4-3 所示)。弹簧刚度就是对应的惩罚参数，或者更通俗一点讲，就是接触刚度。当两个接触面分开时，弹簧不起作用；当两个接触面闭合、开始穿透时，弹簧发挥作用，限制接触体之间的相互穿透。弹簧的变形量 Δ(也就是允许的穿透量)满足平衡方程 $F=K\Delta$(k 为接触刚度或惩罚函数)。

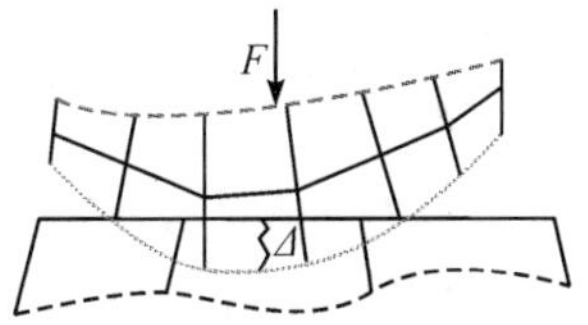

图 4-3　“虚拟”弹簧与允许的穿透量(法向)

不难看出，出于平衡的需要，数学上要求有限的穿透量 Δ 在交界面处产生接触力，即 Δ 必须大于零。然而实际的接触体相互不穿透，因此，在接触界面处的穿透量必须很小，而接触刚度或惩罚参数应足够大。不过，需要注意的是，接触刚度太大会引起收敛困难，因为如果接触刚度太大，则一个微小的穿透量将会产生一个过大的接触力，在下一次迭代中这个接触力可能会将接触面推开，导致收敛振荡。

除了在表面间传递法向接触力外，接触面间还会传递切向运动，所以接触面同样可以采用切向罚刚度来保证切向方向上的协调性。切向罚刚度与法向罚刚度以同样的方式对收敛性和计算精度产生影响(如图 4-4 所示)。

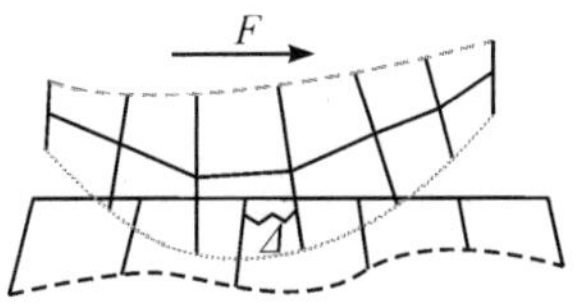

图 4-4　“虚拟”弹簧与允许的穿透量(切向)

强制接触协调或接触约束处理的另一种方法是拉格朗日(Lagrange)乘子法。这种方法是通过增加一个附加自由度(法向接触力)来满足不可穿透条件的，即通过采用法向自由度强迫零穿透。对于弹性系统而言，我们通常采用最小势能原理求位移解，即问题的正确解就是所有满足位移约束的可能位移中那个使系统势能最小化的位移。对于非弹性问题，我们可以采用位移变分方程或虚功原理来求解。同样，接触也可以理解为结构平衡的约束，将接触问题转化成一个约束优化问题。也就是说，正确的位移解使系统势能最小化或虚功原理成立的同时，还要满足接触约束，即保证一个接触体不能穿透另一个接触体。实际上，无论罚函数方法还是拉格朗日乘子法，其思路都是将有约束优化问题转化为无约束优化问题。因此，大多数接触算法都是基于这两种方法推导出来的。另外一种方法将罚函数法与拉格朗日乘子法结合起来，称为增广拉格朗日法，其采用罚函数方法的迭代运算，将接触压力引入计算中，所以比较容易得到良态矩阵，对接触刚度的敏感性较小，但需要更多的迭代。

4.2　接触问题的基本概念

为了介绍接触问题所涉及的一些基本概念，这里举一个均布载荷的悬臂梁与刚性平面的接触问题，如图 4－5 所示。假定分布载荷 $q=1.8$ kN/m，梁长 $l=1$ m，抗弯刚度 $EI=1.5\times10^5$ N·m^2，初始间隙 $\delta=1$ mm，不考虑梁的重力。我们假设悬臂梁的自由端与刚性平面的接触为一点接触，接触状态可为黏合、黏合＋滑动或者分离。

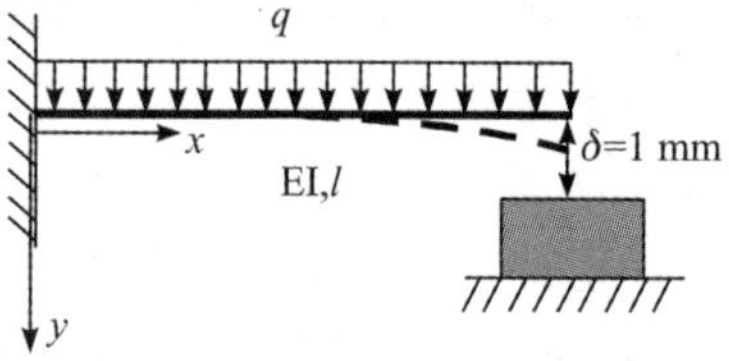

图 4－5　悬臂梁与刚性平面的接触问题

4.2.1　法向接触(不考虑摩擦)

首先我们考虑无摩擦情况下的法向接触，可分两种情形讨论：① 如果初始间隙 δ 大于梁在均布载荷作用下自由端的挠度 $y_q(l)$，那么两者无接触；② 如果自由端的挠度 $y_q(l)$ 大于间隙 δ，那么在给定的载荷下，两者接触。

首先我们看第一种情况。假设间隙足够大，在给定的负载下悬臂梁与刚性平面无接触。在这种情况下，刚性平面对梁的弯曲变形没有影响。根据梁的弯曲，在分布载荷作用下梁的挠曲线可表示为

$$y_q(x)=\frac{qx^2}{24EI}(x^2+6L^2-4Lx) \tag{4-1}$$

则自由端的挠度为

$$y_q(x=l)=\frac{qL^4}{8EI}=0.0015\ \text{m}>\delta \tag{4-2}$$

计算结果表明，梁自由端的挠度大于两者的间隙，因此，无接触的假设是错误的，梁的自由端与刚性平面处于接触(闭合)状态。为了简单起见，这里假定接触只发生在梁的自由端，即为一点接触。不难看出，刚性平面与梁的接触，可以通过施加一个接触力来等效，使梁不能穿透刚性平面。由于是小变形问题，在均布载荷和接触力共同作用下梁的挠度可以采用叠加法求得。梁在自由端受接触力作用的挠度曲线为

$$y_{F_c}(x)=\frac{-F_c x^2}{6EI}(3L-x) \tag{4-3}$$

则在接触力作用下梁自由端产生的挠度为

$$y_{F_c}(L)=-0.222\times10^{-5}F_c \tag{4-4}$$

这里，负号表示接触力的方向与所施加的均布载荷相反，根据接触时梁不能穿透刚性平面的条件可计算出接触力 F_c，即组合载荷的挠度必须与间隙相同，得

$$y_{tip}=y_q(L)+y_{F_c}(L)=\delta \tag{4-5}$$

由上述关系式(4-5)可以计算出接触力 $F_c=225$ N。将两种挠度曲线叠加，可以得到梁的挠曲线为

$$y(x)=y_q(x)+y_{F_c}(x) \tag{4-6}$$

不难看出，用试错方法来处理接触问题时，需要首先计算梁的挠度，以便确定接触状态。但如果发生多点接触，那就需要检查接触点的所有可能组合，这将会相当复杂。一般情况下，我们可以将接触力和梁与刚性平面之间的间隙作为未知量，通过添加额外约束来建立系统的接触求解方程。将未知接触力用 F_c 表示，令它们分别作用在梁和刚性平面上，大小相等，方向相反。在接触问题中，我们一般将两个接触体中的一个作为主接触体，另一个作为从接触体。很显然，梁是从接触体，而刚性平面是主接触体。由式(4-1)、式(4-3)和式(4-6)可知，梁的挠曲线可表示为

$$y(x)=\frac{qx^2}{24EI}(x^2+6L^2-4Lx)-\frac{F_c x^2}{6EI}(3L-x) \tag{4-7}$$

考虑到接触的不可穿透条件，即梁的自由端挠度不能超过初始间隙，我们可以定义一个间隙函数来表述接触约束，即

$$g(u)=y_{tip}-\delta\leqslant0 \tag{4-8}$$

接触的物理要求是不能有穿透，所以两个物体接触时之间会产生接触力以防止穿透的发生。这就意味着，当两物体不接触时，$g(u)<0$，$F_c=0$；当两物体接触时，$g(u)=0$，$F_c>0$。所以法向接触的约束条件可以统一表示为

$$g\leqslant0 \tag{4-9a}$$

$$F_c\geqslant0 \tag{4-9b}$$

$$F_c g=0 \tag{4-9c}$$

其中，式(4-9a)表示两物体接触不能违反穿透条件；式(4-9b)表示接触力非负；式(4-9c)为一致性条件。所以上述约束条件可用接触力与间隙之间的关系来表示，如图 4-6 所示。

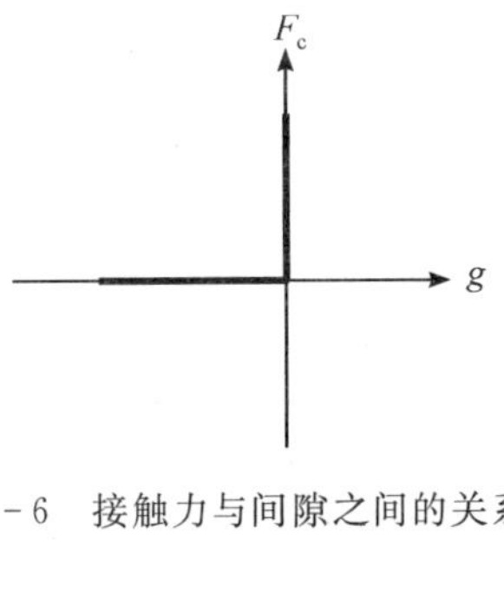

图 4-6　接触力与间隙之间的关系

实际上，上述要求与拉格朗日乘子中的要求完全相同。利用上述方程中的一致性条件，可以找到正确的接触状态和接触力。由于间隙也是接触力的函数，因此式(4-9c)可表示为

$$\begin{aligned}F_c g&=F_c(y_q(l)+y_{F_c}(l)-\delta)\\&=F_c(0.0015-0.222\times10^{-5}F_c-0.001)=0\end{aligned} \tag{4-10}$$

以上二次方程(4-10)有两个解：

$$F_c=0\text{N},\ F_c=225\ \text{N} \tag{4-11}$$

当接触力为第一个解时，间隙 $g=0.0005>0$，其违反不可穿透条件；当接触力 $F_c=225$ N 时，间隙 $g=0$，所以此为正解。

在式(4-10)中，附加的未知接触力作为拉格朗日乘子引入，并利用一致性条件来确定接触状态和接触力。

在惩罚法中，也可以在不引入额外未知量的情况下施加接触约束。在惩罚法中，允许少量的穿透，并且接触力的施加与穿透量成比例。根据式(4-8)的间隙函数的定义可知，间隙可以是正的，也可以是负的，故定义如下穿透函数：

$$\varphi_q=\frac{1}{2}(|g|+g) \tag{4-12}$$

当 $g\leqslant 0$ 时，$\varphi_q=0$，当 $g>0$ 时，$\varphi_q=g$。利用式(4-12)给出的穿透函数定义接触力为

$$F_c=K_q\varphi_q \tag{4-13}$$

其中，K_q 为惩罚参数，也称为接触刚度。在间隙闭合前，$g\leqslant 0$，接触力为零。接触力与穿透量成比例增加，这意味着这种方法允许少量的渗透且需要微小的穿透量，然后通过施加大的力来惩罚它。这样做的好处是建立了接触力与间隙之间的关系，但这种关系是非线性的。

由间隙的定义，利用式(4-13)，有

$$g=y_{tip}-\delta=0.0015-0.222\times10^{-5}K_q\cdot\frac{1}{2}(|g|+g)-0.001 \tag{4-14}$$

当 $g\leqslant 0$ 时，式(4-14)算出来的间隙结果($g=0.0005$)与假设自相矛盾，说明发生了穿透；当 $g>0$ 时，给定惩罚参数 K_q，可求解上述方程的间隙为

$$g=\frac{0.0005}{1+0.222\times10^{-5}K_q} \tag{4-15}$$

得到间隙之后，接触力可由式(4-13)求出。表 4-1 给出了不同惩罚参数值 K_q 下的穿透量 g 和接触力 F_c。可以看出，随着惩罚参数的增大，穿透量减小，接触力收敛于某个稳定值。

表 4-1　不同惩罚参数下的穿透量与接触力

惩罚参数 K_q	穿透量 g/m	接触力 F_c/N
2×10^{5}	3×10^{-4}	60.0
2×10^{6}	6.52×10^{-5}	130.4
2×10^{7}	7.40×10^{-6}	148.0
2×10^{8}	7.50×10^{-7}	150.0
2×10^{9}	7.51×10^{-8}	150.2
2×10^{10}	7.51×10^{-9}	150.2

为了进一步厘清概念，我们现在假设梁承受的分布载荷为 1 kN/m。首先我们用拉格朗日乘子法来确定是否发生接触。梁自由端的挠度为

$$y_{tip}(L)=0.000\ 833-0.222\times10^{-5}F_c \tag{4-16}$$

利用式(4-8)定义的间隙函数 $g=y_{tip}-\delta$ 可知，式(4-9c)可表示为

$$F_c g=F_c(-0.000\ 167-0.222\times10^{-5}F_c)=0 \tag{4-17}$$

求解获得两个解 $F_c=-75.2$ N 和 $F_c=0$。

因-75.2 N 这个解违反了拉格朗日乘子的不等式条件(式(4-9b))，所以为无效解。可见，接触力为负数，这意味着引入了负的拉格朗日乘子，所以负的拉格朗日乘子可看成是为了产生接触，减小间隔，需要在梁自由端所施加的力。将第二个解代入可发现，间隙函数 $g=-0.000\,167<0$，满足不等式条件，为有效解决方案。实际上，它意味着间隙没有闭合，接触没有发生。这时梁自由端的挠度 $y_{tip}(L)=0.833$ mm，显然比初始间隙小。

4.2.2　有摩擦情形

下面考虑摩擦，即切向滑动。悬臂梁受分布载荷和轴向载荷的作用，如图 4-7 所示。悬臂的自由端可能接触刚性块，同样假定接触只能发生在梁的尖端。载荷顺序为先施加横向分布载荷 q，后施加轴向载荷 p。梁在均布载荷作用下产生的挠度采用前面相同的数据。轴向参数为：轴向载荷 $P=200$ N，轴向刚度 $EA=1.3\times10^5$ N，摩擦系数 $\mu=0.45$。

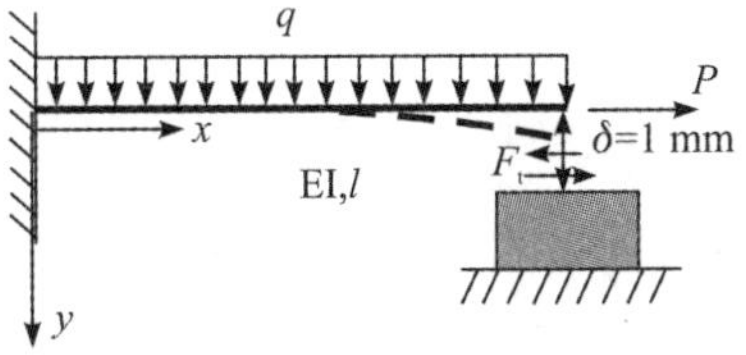

图 4-7　悬臂梁与刚性平面的切向摩擦

1. 不考虑摩擦

对于小变形的假设问题，可以先不考虑梁的横向弯曲与轴向拉伸之间的耦合。因此，梁的挠度可采用前面的计算结果，梁与刚性块的法向接触力为 225 N。轴向可认为是单项轴向拉伸，则可得到在无摩擦的情形下，在轴向载荷作用下，梁自由端的轴向位移为

$$u_{tip}=\frac{PL}{EA}=1.33\text{ mm} \tag{4-18}$$

考虑接触面之间的摩擦，则接触点之间可能产生滑移，也可能不产生滑移，这取决于界面条件，如摩擦系数、法向接触力和切向力。在库仑摩擦模型中，当接触力的切向分量大于摩擦阻力时，接触面将发生滑动。与法向接触情况类似，切向摩擦力 F_t 也在梁自由端和刚性平面之间以相等和相反的方向发生，如图 4-7 所示。不难发现，在黏着状态下，$F_t-\mu F_c<0$，且两个物体之间没有相对的切向位移，即 $u_{tip}=0$；而在滑移状态下，$F_t=\mu F_c$，此时两物体之间有相对切向位移，即 $u_{tip}>0$。所以摩擦接触约束的物理要求如下：

$$F_t-\mu F_c<0,\ u_{tip}=0 \tag{4-19a}$$

$$F_t-\mu F_c=0,\ u_{tip}>0 \tag{4-19b}$$

$$u_{tip}(F_t-\mu F_c)=0 \tag{4-19c}$$

其中，第一式为黏着条件，第二式为滑移条件，第三式为一致性条件。当发生黏着状态时，接触点不在切向方向上移动，切向力将根据与外加载荷的平衡来确定，其大小应小于 μF_c。当发生滑移时，切向力为 μF_c，接触点不断地作切向运动，直到系统达到新的平衡。上述摩擦约束与式(4-9)中的相似，因此，同样可以采用罚函数法或拉格朗日乘子法。唯一不同的是，现在只是将滑移轴向位移 u_{tip} 视为拉格朗日乘子，而将摩擦力 F_t 视为约束。采用试

错法，首先假设一个条件成立，求解后再看其他条件是否成立。如果满足所有要求，初始假设成立，所得解有效；否则，做其他可能假设，直到穷尽所有可能假设为止。例如，我们可以先假设黏着条件成立，则意味着不发生切向位移，即

$$u_{\text{tip}}=\frac{\text{PL}}{\text{EA}}-\frac{F_{\text{t}}L}{\text{EA}}=0 \tag{4-20}$$

可得，$F_{\text{t}}=200\ \text{N}$。

但是，这种切向摩擦力不符合约束条件 $F_{\text{t}}-\mu F_{\text{c}}<0$，故黏合假设是错误的。那么，假设滑移条件成立，由滑移条件式(4-19b)可计算摩擦力为

$$F_{\text{t}}=\mu F_{\text{c}}=101.25\ \text{N} \tag{4-21}$$

在该摩擦力作用下产生的位移如下：

$$u_{\text{tip}}=\frac{\text{PL}}{\text{EA}}-\frac{F_{\text{t}}L}{\text{EA}}=0.76\ \text{mm}>0 \tag{4-22}$$

满足要求。因此，滑移条件假设成立。注意，这个值比无摩擦情形下的位移值(1.33 mm)要小。

2. 采用约束方法

在拉格朗日乘子法中，利用式(4-19c)所示的一致性条件 $u_{\text{tip}}(F_{\text{t}}-\mu F_{\text{c}})=0$ 来施加约束条件。与法向接触的情况相比，拉格朗日乘子的选择在这种情况下并不明显。在自由端位移和摩擦力中，选择自由端位移作为拉格朗日乘子 u_{tip}，摩擦力项 $F_{\text{t}}-\mu F_{\text{c}}$ 作为约束。利用式(4-20)所示的自由端轴向位移公式，切向力可以用自由端轴向位移表示为

$$F_{\text{t}}=P-\frac{\text{EA}}{L}u_{\text{tip}} \tag{4-23}$$

这样，式(4-19c)可表示为

$$u_{\text{tip}}\left(P-\frac{\text{EA}}{L}u_{\text{tip}}-\mu F_{\text{c}}\right)=0 \tag{4-24}$$

有两个解：

$$u_{\text{tip}}=0,\ u_{\text{tip}}=\frac{L(P-\mu F_{\text{c}})}{\text{EA}} \tag{4-25}$$

第一个解对应黏着条件，这种情形下，$F_{\text{t}}=P$，但 $F_{\text{t}}-\mu F_{\text{c}}=98.25\ \text{N}>0$，黏着条件不成立；第二个解为 $u_{\text{tip}}=\dfrac{L(P-\mu F_{\text{c}})}{\text{EA}}=0.76\ \text{mm}$，对应于滑移条件，可得到 $F_{\text{t}}=\mu F_{\text{c}}$，满足滑移条件，因此，这是有效解。

3. 采用惩罚法

当摩擦力违反约束条件，即 $F_{\text{t}}-\mu F_{\text{c}}>0$ 时，对摩擦力施加惩罚约束。与法向接触情况式(4-12)类似，对摩擦力施加约束的罚函数为

$$\varphi_{\text{t}}=\frac{1}{2}(|F_{\text{t}}-\mu F_{\text{c}}|+F_{\text{t}}-\mu F_{\text{c}}) \tag{4-26}$$

当 $F_{\text{t}}-\mu F_{\text{c}}\leqslant 0$ 时，$\varphi_{\text{t}}=0$；而当约束条件不满足时，$\varphi_{\text{t}}>0$。惩罚方法中，滑动位移与摩擦力之间的关系可表示为

$$u_{\text{tip}}=K_{\text{t}}\varphi_{\text{t}} \tag{4-27}$$

其中，K_t 为切向滑移的惩罚因子。当 $F_t-\mu F_c\leqslant 0$ 时，式(4-27)对应黏着条件，$u_{tip}=0$；当 $F_t-\mu F_c>0$，即约束条件不成立时，上述方程对应滑移条件。这样，对滑移条件施加一个较大的惩罚因子值 K_t，可以保证小的穿透量。联合式(4-23)、式(4-26)、式(4-27)求解，可得梁自由端的轴向位移为

$$u_{tip}=\frac{K_t L(P-\mu F_c)}{L+K_t EA} \tag{4-28}$$

对于较大的惩罚因子值 K_t，可近似为

$$u_{tip}\approx\frac{L(P-\mu F_c)}{EA} \tag{4-29}$$

而由式(4-27)，可求得摩擦力为

$$F_t=P-\frac{EA}{L}u_{tip}\approx\mu F_c \tag{4-30}$$

不难看出，这近似与滑移条件(式(4-19b))是一致的。

不同情形下，当轴向力 $P=100$ N 时，我们可以计算出梁自由端的位移，并使用拉格朗日乘子法确定是否发生滑移。由一致性条件可知：

$$u_{tip}\left(P-\frac{EA}{L}u_{tip}-\mu F_c\right)=0 \tag{4-31}$$

得两个解：$u_{tip}=0$ 和 $u_{tip}=\dfrac{L(P-\mu F_c)}{EA}$。

第一个解 $u_{tip}=0$ 对应于黏合条件，得到 $F_t=P=100$ N。因为 $F_t-\mu F_c=-1.25\ \text{N}<0$，所以它满足黏合条件。因此，梁处于黏合状态。我们也可以看一下滑移条件，$u_{tip}=\dfrac{L(P-\mu F_c)}{EA}=-0.009\ \text{mm}<0$，由式(4-19b)可知，滑移条件不成立。

4.3　接触问题的变分法

很多接触问题有可能涉及有限变形，即在有限变形过程中两个或多个物体相互接近并在其边界部分产生接触问题。根据第 3 章，有限变形问题需要考虑到构形问题。由图 4-8，可以看出，在初始构形 C_0 中两个接触体上的两点 X_1 和 X_2 位于不同的位置，经过有限变形后，两个点在当前构形 C_1 中占据相同的位置，在当前构形中，$x_1(X_1)=x_2(X_2)$。因此，如果涉及有限变形，则接触条件必须在当前构形下描述。

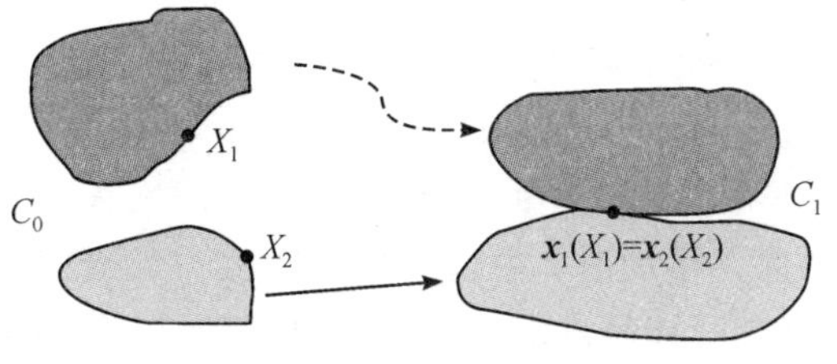

图 4-8　有限变形下的接触问题

4.3.1 接触约束条件

一般来说，要进行接触分析，就需要判断两个物体是否发生接触，并建立接触约束条件。为了方便起见，这里假设是小变形问题，不考虑构形变换。我们接触的两个物体都有适当的支撑，所以这里不涉及刚体运动。我们假设一个为刚体，作为主接触体，另一个为柔性体，作为从接触体，如图 4-9 所示。

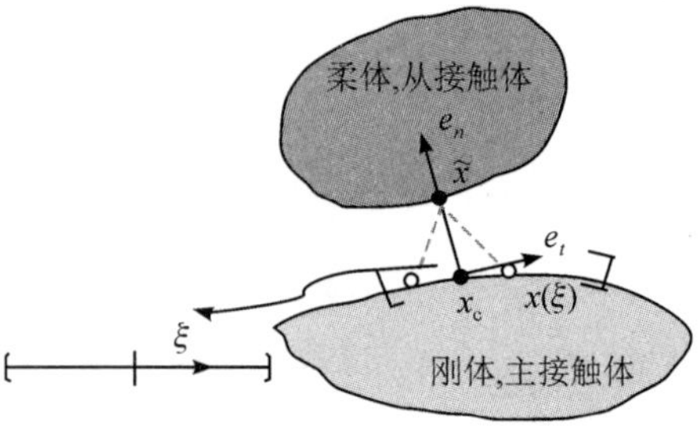

图 4-9　接触对与接触条件

接触条件可分为法向不可穿透条件和切向滑移。不可穿透条件保证从接触体不会穿透主体，而切向滑移代表了接触面上的摩擦行为。从接触体的部分边界可表示为接触边界 Γ_c，其实际接触区域是未知待求的，但我们可限定接触边界，以便所有可能的接触只能发生在此边界内。假设接触边界上的点 $\tilde{\boldsymbol{x}}$ 在接触时与主表面上的点 $\boldsymbol{x}_c$ 接触，下面我们讨论如何确定它与从接触点 $\tilde{\boldsymbol{x}}$ 构成接触对以及如何描述其接触约束条件。

刚体曲面的运动是固定的，可以用一个局部坐标 ξ 来表示其在刚体曲面上的位置，因此，未知的接触点 $\boldsymbol{x}_c$ 在主接触体边界上的坐标可以用局部坐标 ξ_c 来表示，即

$$\boldsymbol{x}_c=\boldsymbol{x}_c(\xi_c) \tag{4-32}$$

一般来说，接触分析就是找到接触点和接触点处的接触力，包括接触压力和摩擦力。有限元分析通过平衡方程求解未知变量，然而在接触分析中，接触点 x_c 和该点处的接触力都是未知的，这使得接触问题具有挑战性。通常采用试错方法可以从当前几何位置搜索到接触点，确定接触对，然后施加接触约束。

接触分析的第一步是寻找主接触体上的接触点 $\boldsymbol{x}_c(\xi_c)$，其对应从接触体上的一个点 $\tilde{\boldsymbol{x}}$，这样我们才可以确定两点是否处于接触状态。在数学上，可以利用正交投影来寻找，即找距离点 $\tilde{\boldsymbol{x}}$ 最近的点。如果接触点 $\boldsymbol{x}_c(\xi_c)$ 所在的主接触体边界为一条直线，那么很容易找到最近的点。一般来说，可以通过求解如下正交条件求解得到：

$$\phi(\xi_c)=(\boldsymbol{x}-\boldsymbol{x}_c(\xi_c))^{\mathrm{T}}\boldsymbol{e}_t(\xi_c)=0 \tag{4-33}$$

其中，切向单位向量 $\boldsymbol{e}_t=\boldsymbol{t}/\|\boldsymbol{t}\|$，$\boldsymbol{t}=\boldsymbol{x}_{c,\xi}=\dfrac{\partial x_c}{\partial \xi}$ 为接触点处的切向向量；$\boldsymbol{x}_c(\xi_c)$ 为距离接触边界 Γ_c 上一点 $\tilde{\boldsymbol{x}}$ 最近的主接触体边界上的一点，其必须满足以上正交条件。

一旦找到接触点 $\boldsymbol{x}_c(\xi_c)$，就需要通过测量两者之间的距离来确定是否发生了接触，同时利用它来施加不可穿透性条件。接触点的法向距离可以通过法向间隙函数来表示，即

$$g_n=(\boldsymbol{x}-\boldsymbol{x}_c(\xi_c))^{\mathrm{T}}\boldsymbol{e}_n(\xi_c)\geqslant 0,\ \boldsymbol{x}\in\Gamma_c \tag{4-34}$$

其中，$\boldsymbol{e}_n(\xi_c)$ 为主接触体边界在接触点处的单位外法向矢量。

当接触点沿主接触体边界移动时，主边界切向摩擦力就会阻止两个物体的切向运动，可以用切向滑移函数 g_t 来表征接触点沿刚性表面的相对切向运动，即

$$g_t=\|\boldsymbol{t}^0\|(\xi_c-\xi_c^0) \tag{4-35}$$

其中，切向向量 $\boldsymbol{t}^0$ 和自然坐标 ξ_c^0 是本计算时间或载荷步长的上一次收敛值。

以图 4-10 为例，一个主接触体边界为 $y=2x$。为了求与点 $\tilde{\boldsymbol{x}}=\{2\quad 1\}^{\mathrm{T}}$ 构成接触对的接触点 $\boldsymbol{x}_c$，可以将刚性边界上一点表示为 $\boldsymbol{x}_c=\{\xi\quad 2\xi\}^{\mathrm{T}}$，则单位切向矢量为

$$\boldsymbol{e}_t=\frac{\boldsymbol{x}_{c,\xi}}{\|\boldsymbol{x}_{c,\xi}\|}=\frac{1}{\sqrt{5}}\begin{Bmatrix}1\\2\end{Bmatrix} \tag{4-36}$$

定义接触点沿着 z 坐标方向的法向单位向量 $\boldsymbol{k}=\{0\quad 0\quad 1\}^{\mathrm{T}}$，则刚性边界的单位法向矢量为

$$\boldsymbol{e}_n=\boldsymbol{e}_t\times\boldsymbol{k}=\frac{1}{\sqrt{5}}\begin{Bmatrix}2\\-1\end{Bmatrix} \tag{4-37}$$

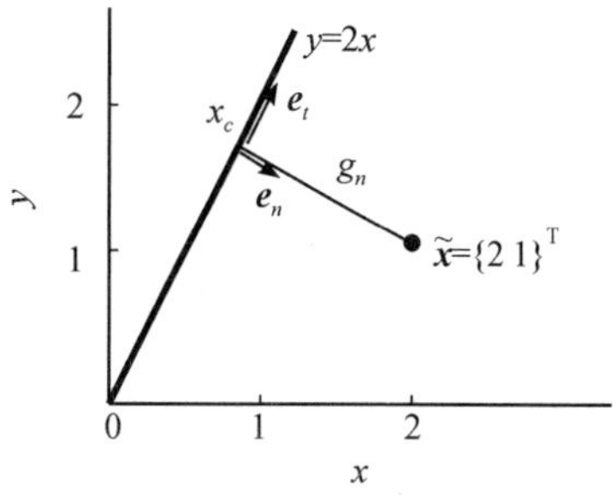

图 4-10 接触对的搜寻与间隙计算

在刚性边界上与点 $\tilde{\boldsymbol{x}}=\{2\quad 1\}^{\mathrm{T}}$ 构成接触对的接触点可通过求解以下方程获得：

$$\phi(\xi)=(\tilde{\boldsymbol{x}}-\boldsymbol{x}_c(\xi_c))^{\mathrm{T}}\boldsymbol{e}_t(\xi_c)=\frac{4-5\xi}{\sqrt{5}}=0 \tag{4-38}$$

求得 $\xi_c=0.8$，故刚性边界上的点 $\boldsymbol{x}_c=\{0.8\quad 1.6\}^{\mathrm{T}}$。继而，我们可以由间隙函数求得主接触点 $\boldsymbol{x}_c$ 与从接触点 $\tilde{\boldsymbol{x}}$ 之间的距离为

$$g_n=(\tilde{\boldsymbol{x}}-\boldsymbol{x}_c(\xi_c))^{\mathrm{T}}\boldsymbol{e}_n(\xi_c)=\frac{-\xi_c^2+6\xi_c-1}{\sqrt{5}}=1.34 \tag{4-39}$$

4.3.2 变分法

由于需要在变形区域上施加不等式约束，因此即使在线弹性情况下接触问题也是非线性的。接触问题的微分方程可表示为平衡方程形式，即

$$\boldsymbol{\sigma}_{ij,j}+\boldsymbol{f}_i^{\mathrm{B}}=0,\ \boldsymbol{x}\in\Omega \tag{4-40a}$$

$$\boldsymbol{u}_i(x)=0,\ \boldsymbol{x}\in\Gamma^g \tag{4-40b}$$

$$\boldsymbol{\sigma}_{ij}n_j=f_i^s,\ \boldsymbol{x}\in\Gamma^s \tag{4-40c}$$

其接触条件为

$$\boldsymbol{u}^{\mathrm{T}}\boldsymbol{e}_n+g_n\geqslant 0 \tag{4-41a}$$

$$\sigma_n\geqslant 0,\ \boldsymbol{x}\in\Gamma_c \tag{4-41b}$$

$$\sigma_n(\boldsymbol{u}^{\mathrm{T}}e_n+g_n)=0 \tag{4-41c}$$

因为仅考虑小变形线性问题，所以上面接触条件的第一个不等式可由式(4.34)中的不可穿透条件的增量形式得到。对于接触条件，可采用拉格朗日乘子法，或采用罚函数法来施加接触约束。

假设两个物体无接触，则系统总的能量为

$$\Pi(\tilde{\boldsymbol{u}})=0 \tag{4-42}$$

则正确解就为所有可能位移中使得系统总的能量最小的位移解，其变分形式为

$$\delta\Pi(\tilde{\boldsymbol{u}})=0 \tag{4-43}$$

如果两个物体处于接触状态，则会受到接触条件限制。假设 K 为位移约束和接触约束允许的所有可能位移解 $\hat{\boldsymbol{u}}$ 的集合，系统总的能量表示为 $\Pi(\hat{\boldsymbol{u}})$，根据最小势能原理，正确解

就是使总能量最小的那个解，即

$$\Pi(u)=\min\Pi(\hat{u}) \tag{4-44}$$

其变分形式为

$$\delta\Pi(u)=0 \tag{4-45}$$

式(4-44)为一个约束优化问题，如图4-11所示。假设不考虑接触时问题的解为 $\tilde{\boldsymbol{u}}$，而考虑接触时解为 $\boldsymbol{u}$，其构成的集合为凸集 K。如果解 $\tilde{\boldsymbol{u}}$ 属于凸集，则意味着满足接触条件，即为正解。但是，如果 $\tilde{\boldsymbol{u}}$ 在凸集之外，即 $\tilde{\boldsymbol{u}}$ 违反了接触条件，那么这时就必须通过施加接触约束(接触力)，将 $\tilde{\boldsymbol{u}}$ 正交投影到凸集边界上的 $\boldsymbol{u}$，使其属于凸集，这意味着将 $\tilde{\boldsymbol{u}}$ 投影到凸集上所需要的力即为满足接触约束所需要的力。

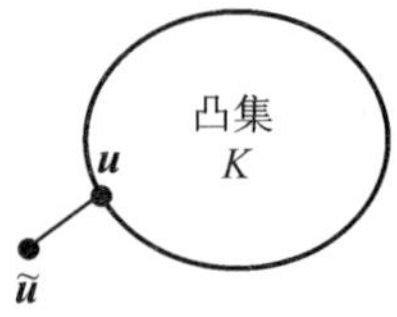

图4-11　接触问题的解

与求解约束优化问题不同，采用罚函数法或拉格朗日乘子法可以较容易地将约束优化问题转化为无约束优化问题。罚函数法通过对与违反约束量成正比的势能施加惩罚，使惩罚后势能的最小值近似满足接触约束；拉格朗日乘子法通过给势能附加了一个接触约束和拉格朗日乘子的乘积，这个乘积其实对应于施加接触约束的力，这样使增广势能的最小值既能满足接触约束，又能用来求出拉格朗日乘子或接触力。

在惩罚方法中，当不可穿透条件不满足时，使用惩罚函数对势能进行惩罚。也就是说，当发生穿透时，势能受到惩罚。同样，在黏着条件下，也可以对式(4-35)表示的切向运动进行惩罚。

首先，对不满足不可穿透条件的区域定义接触罚函数：

$$P=\frac{1}{2}\tilde{\omega}_n\int_{\Gamma_c}g_n^2\mathrm{d}\Gamma+\frac{1}{2}\tilde{\omega}_t\int_{\Gamma_c}g_t^2\mathrm{d}\Gamma \tag{4-46}$$

其中，$\tilde{\omega}_n$、$\tilde{\omega}_t$ 分别为法向接触与切向滑移的惩罚因子。式(4-46)定义的罚函数会使得解从不可行域逼近可行域，即外罚法，这意味着不满足不可穿透性条件，但穿透量会随着惩罚因子的增加而减少。通过在总势能中加入罚函数，约束最小化问题可转化为无约束最小化问题。

在总势能中加入罚函数，可将式(4-44)中的约束最小化问题 $\Pi(u)=\min\Pi(\hat{u})$ 转化为无约束最小化问题，因此

$$\Pi(u)=\min\Pi(\hat{u})\approx\min\Pi(\hat{u})+P(\hat{u}) \tag{4-47}$$

在变分方法中，接触变分形式(式(4-47)中约等号右边的第二项)为

$$\delta P(\hat{u})=\tilde{\omega}_n\int_{\Gamma_c}g_n\delta g_n\mathrm{d}\Gamma+\tilde{\omega}_t\int_{\Gamma_c}g_t\delta g_t\mathrm{d}\Gamma \tag{4-48}$$

其中，式(4-48)中等号右边的第一项与第二项分别为与法向接触和切向接触对应的变分形式，$\tilde{\omega}_n g_n$ 对应法向压缩接触力，$\tilde{\omega}_t g_t$ 对应切向力。后者随切向滑移 g_t 线性增加，直至法向力乘以摩擦系数。$\tilde{\omega}_t\int_{\Gamma_c}g_t\delta g_t\mathrm{d}\Gamma$ 这一变分项只有在接触界面有摩擦时才出现。

式(4-48)中的接触变分形式可以用位移变分来表示。采用罚函数法，我们来考查前面提到的悬臂梁与刚性平面的法向接触问题，计算悬臂梁在不同罚函数参数取值下的挠度曲线以及接触力。假设梁挠度曲线采用的试函数为

$$y(x)=a_2x^2+a_3x^3+a_4x^4 \tag{4-49}$$

其中有三个待定系数。悬臂梁在分布载荷作用下的势能为

$$\Pi = \frac{1}{2}\int_0^L \mathrm{EI}\left(\frac{\mathrm{d}^2 y}{\mathrm{d}x^2}\right)^2 \mathrm{d}x - \int_0^L q y(x)\mathrm{d}x \tag{4-50}$$

为了将惩罚约束应用到违反不可穿透约束的区域，首先需要通过最小化势能计算出梁的挠度曲线。如果违反了不可穿透性约束，则对违反的区域施加惩罚约束。这一过程使问题变为非线性问题，可以通过迭代过程来找到解。然而，为了简化表示，假设仅在尖端违反了不可穿透性约束，则接触边界就变成了梁尖端的一个点。为了定义罚函数，首先定义间隙函数的形式如下：

$$g_n = \delta - a_1 - a_2 - a_3 \tag{4-51}$$

罚函数的积分形式在自由端处定义为

$$P = \frac{1}{2}\tilde{\omega}_n g_n^2 \tag{4-52}$$

则增广势能为

$$\Pi + P = \frac{1}{2}\int_0^L \mathrm{EI}\left(\frac{\mathrm{d}^2 y}{\mathrm{d}x^2}\right)^2 \mathrm{d}x - \int_0^L q y(x)\mathrm{d}x + \frac{1}{2}\tilde{\omega}_n g_n^2 \tag{4-53}$$

注意，上面的惩罚势函数是一个未知系数 a_1，a_2，a_3 的函数。根据最小势能原理，对各个系数求极值，可得如下线性方程组：

$$\begin{bmatrix} 4\mathrm{EI}+\tilde{\omega}_n & 6\mathrm{EI}+\tilde{\omega}_n & 8\mathrm{EI}+\tilde{\omega}_n \\ 6\mathrm{EI}+\tilde{\omega}_n & 12\mathrm{EI}+\tilde{\omega}_n & 18\mathrm{EI}+\tilde{\omega}_n \\ 8\mathrm{EI}+\tilde{\omega}_n & 18\mathrm{EI}+\tilde{\omega}_n & \frac{144}{5}\mathrm{EI}+\tilde{\omega}_n \end{bmatrix} \begin{Bmatrix} a_1 \\ a_2 \\ a_3 \end{Bmatrix} = \begin{Bmatrix} \frac{1}{3}q+\tilde{\omega}_n\delta \\ \frac{1}{4}q+\tilde{\omega}_n\delta \\ \frac{1}{5}q+\tilde{\omega}_n\delta \end{Bmatrix} \tag{4-54}$$

对于给定的材料、几何和载荷参数，可以通过求解式(4-54)来计算 3 个未知系数。当惩罚参数为正时，系数矩阵是正定的。因此，方程组有唯一的解。表 4-2 给出了不同惩罚值下的惩罚系数、穿透量($a_1+a_2+a_3-\delta$)以及接触力($-\tilde{\omega}_n g_n$)。结果与表 4-1 相似，即随着惩罚参数的增加，自由端挠度收敛于某个值。

表 4-2　不同惩罚值下的挠曲线系数、穿透量以及接触力

惩罚参数	a_1	a_2	a_3	穿透量 g_n/m	接触力/N
3×10^5	2.31×10^{-3}	-1.60×10^{-3}	4.17×10^{-4}	1.25×10^{-4}	33.5
3×10^6	2.16×10^{-3}	-1.55×10^{-3}	4.17×10^{-4}	2.27×10^{-5}	68.18
3×10^7	2.13×10^{-3}	-1.54×10^{-3}	4.17×10^{-4}	2.48×10^{-6}	74.26
3×10^8	2.13×10^{-3}	-1.54×10^{-3}	4.17×10^{-4}	2.50×10^{-7}	74.92
3×10^9	2.13×10^{-3}	-1.54×10^{-3}	4.17×10^{-4}	2.50×10^{-8}	75.00
实际值	2.13×10^{-3}	-1.54×10^{-3}	4.17×10^{-4}	0	75.00

4.3.3　无摩擦情形

作为一种理想的情况，下面我们讨论当接触界面中没有摩擦时的接触公式。在计算上，弹性材料的无摩擦接触问题与路径无关。也就是说，平衡状态与负载历史无关，所有场变

量都是当前构形的函数。

首先，将法向接触变分形式表示为位移变分形式。取式(4－34)中法向间隙函数的变分，可以得到法向间隙函数的变分为

$$\delta g_n(\boldsymbol{u};\delta\boldsymbol{u})=\delta\boldsymbol{u}^{\mathrm{T}}\boldsymbol{e}_n \tag{4-55}$$

可见，法向间隙函数只能在刚性表面法线方向上变化。

法向接触变分形式(式(4－48)中约等号右边第一项)可表示为位移的变分，即

$$\delta P_n(\hat{\boldsymbol{u}})=\tilde{\omega}_n\int_{\Gamma_c} g_n\delta\boldsymbol{u}\boldsymbol{e}_n\mathrm{d}\Gamma \tag{4-56}$$

我们以如图4－12所示的弹性体与刚性平面的接触为例，弹性体为单位厚度，其上表面受均布载荷，下表面与刚体平面无摩擦接触。采用罚函数法，计算接触界面处的位移场、穿透量和接触力。设抗拉刚度EA＝10^5 N，分布载荷q＝1.0 kN/m，改变惩罚参数从10^5到10^8。假设平面应变为零泊松比。

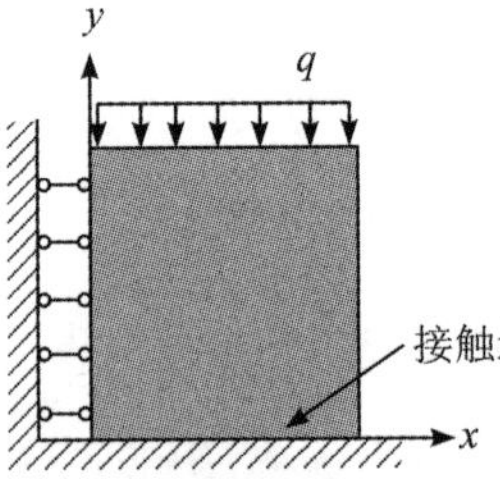

图4－12 弹性体与刚性平面的接触

首先将问题简化为二维问题，位移可以表示为$\boldsymbol{u}=\{u_x \quad u_y\}^{\mathrm{T}}$。因为接触面是平坦的，并且平行于$x$坐标轴，所以单位法向量是常量$\boldsymbol{e}_n=\{0 \quad 1\}^{\mathrm{T}}$。在该问题中，接触边界可通过$\xi=x$参数化，因此位于弹性体上的从接触点可表示为$x_c=\{\xi_c,\ u_y\}^{\mathrm{T}}$，而对应的主接触点为$x=\{\xi_c,\ 0\}^{\mathrm{T}}$。因此，间隙函数可定义为

$$g_n=(\boldsymbol{x}-\boldsymbol{x}_c)^{\mathrm{T}}\boldsymbol{e}_n=u_y \tag{4-57}$$

则式(4－56)可表示为

$$\delta P_n=\tilde{\omega}_n\int_0^1 u_y\delta u_y\big|_{y=0}\mathrm{d}x \tag{4-58}$$

由于载荷只作用于y方向上，因此可以得出$\varepsilon_{xx}=0$，$\varepsilon_{xy}=0$，其增广势能可表示为

$$\Pi+P=\frac{1}{2}\iint_A\boldsymbol{\varepsilon}^{\mathrm{T}}\boldsymbol{D}\varepsilon\mathrm{d}A-\int_0^1(-q)u_y\big|_{y=1}\mathrm{d}x+\frac{1}{2}\tilde{\omega}_n\int_0^1 u_y^2\big|_{y=0}\mathrm{d}x \tag{4-59}$$

这里位移分量u_y采用以下试函数：

$$u_y=a_0+a_1y \tag{4-60a}$$

$$\delta u_y=\delta a_0+\delta a_1y \tag{4-60b}$$

将式(4－60)代入式(4－59)中，求变分为

$$\delta(\Pi+P)=\iint_A Ea_1\delta a_1\mathrm{d}A-\int_0^1(-q)(\delta a_0+\delta a_1)\mathrm{d}x+\tilde{\omega}_n\int_0^1 a_0\delta a_0\mathrm{d}x=0 \tag{4-61}$$

若要式(4－61)成立，则必须δa_0、δa_1前面的系数分别为零，即可得两个系数$a_0=-\dfrac{q}{\tilde{\omega}_n}$，$a_1=-\dfrac{q}{\mathrm{EA}}$，因此位移$u_y$可表示为

$$u_y=-\frac{q}{\tilde{\omega}_n}-\frac{q}{\mathrm{EA}}y \quad (0\leqslant y\leqslant 1) \tag{4-62}$$

等号右边第一项为因惩罚法而产生的接触穿透量，第二项为因分布载荷而产生的位移。不难看出，随着惩罚参数的增加，穿透量会减少，而接触力保持不变，即$-\tilde{\omega}_ng_n=-\tilde{\omega}_nu_y\big|_{y=0}=q$，这意味着穿透量与惩罚系数的乘积保持不变，与分布力大小相等、方向

相反。

4.3.4　有摩擦情形

在以上的研究中，没有考虑接触面的摩擦力。不考虑摩擦力的接触过程是一种可逆的过程，即最终结果与加载历史无关。此时只需要进行一次加载，就能得到最终稳定的解。如果考虑接触面的摩擦力，则接触过程就是不可逆的，即与加载路径有关，其解取决于施加到结构上的载荷历史，且必须采用载荷增量方法进行接触分析。

由式(4-35)定义切向滑移函数，其变分为

$$\delta g_t = \| t^0 \| \delta\xi_c \tag{4-63}$$

对式(4-33)两边取变分，有

$$\begin{aligned}\delta[(\boldsymbol{x}-\boldsymbol{x}_c)^{\mathrm{T}}\boldsymbol{e}_t] &= (\delta\boldsymbol{u}-\boldsymbol{t}\delta\xi_c)^{\mathrm{T}}\boldsymbol{e}_t + (\boldsymbol{x}-\boldsymbol{x}_c)^{\mathrm{T}}\delta\boldsymbol{e}_t \\ &= \delta\boldsymbol{u}^{\mathrm{T}}\boldsymbol{e}_t - \|\boldsymbol{t}\|\delta\xi_c + (\boldsymbol{x}-\boldsymbol{x}_c)^{\mathrm{T}}\left(\frac{1}{\|t\|}\boldsymbol{e}_n^{\mathrm{T}}\boldsymbol{x}_{c,\xi\xi}\right)\delta\xi_c \\ &= 0\end{aligned} \tag{4-64}$$

可得局部坐标变分 $\delta\xi_c$ 与位移变分 δu 之间的关系，可将切向滑移的变分用位移变分表示为

$$\delta g_t = \frac{\|t\|}{\|t\|^2 - g_n e_n^{\mathrm{T}} x_{c,\xi\xi}}\delta\boldsymbol{u}^{\mathrm{T}}\boldsymbol{e}_t \tag{4-65}$$

当接触面为非曲面时，可简化为

$$\delta g_t = \frac{\delta\boldsymbol{u}^{\mathrm{T}} e_t}{\|t\|} \tag{4-66}$$

则切向接触变分可由位移变分表示为

$$\delta P_t(\hat{\boldsymbol{u}}) = \tilde{\omega}_t \int_{\Gamma_c} \frac{1}{\|t\|} g_t \delta\boldsymbol{u}^{\mathrm{T}}\boldsymbol{e}_t \,\mathrm{d}\Gamma \tag{4-67}$$

在库仑摩擦定律中，摩擦力的上限为法向压力乘以摩擦系数。然而，在小滑移(微位移)的情况下，摩擦力与切向滑移成正比，而惩罚参数 $\tilde{\omega}_t$ 是这种情况下的比例常数，如图 4-13 所示，所以黏合情形下满足以下关系：

$$\tilde{\omega}_t g_t \leqslant \|\mu\tilde{\omega}_n g_n\| \tag{4-68}$$

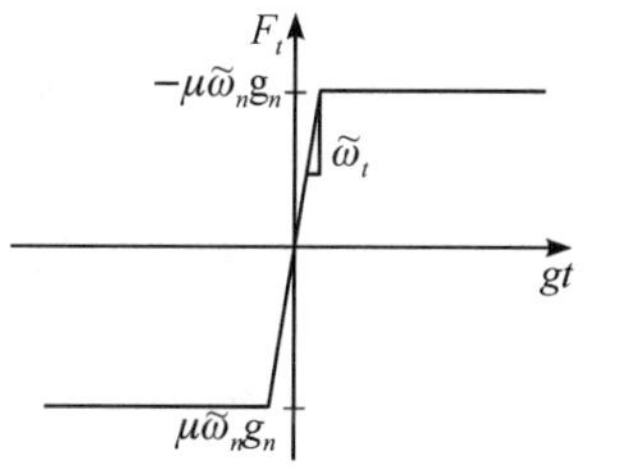

图 4-13　摩擦力与切向间隙的关系

这里以 4.2 节中给出的悬臂梁与刚性平面点接触问题为例，讨论悬臂梁在施加分布载荷 q 后，在尖端处承受额外的轴向载荷 $P=100$ N 时的摩擦滑移。利用惩罚势能的变化，确定黏着和滑移条件，计算尖端位移。这里，摩擦惩罚参数 $\tilde{\omega}_t=10^6$，轴向刚度为 $\mathrm{EA}=10^5$ N，摩擦系数 $\mu=0.5$。假设轴向位移的形式为

$$u(x) = a_0 + a_1 x \tag{4-69}$$

悬臂梁与刚性块接触时，接触力 $F_c=-\tilde{\omega}_n g_n=75$ N。根据小变形假设，不考虑悬臂梁的弯曲变形与轴向变形的耦合，因此，可以写出与轴向接触相关的增广势能为

$$\Pi_a = \int_0^L \mathrm{EA}\left(\frac{\partial u}{\partial x}\right)^2 \mathrm{d}x - Pu(L) + \frac{1}{2}\tilde{\omega}_t g_t^2 \big|_{x=L} \tag{4-70}$$

而其变分为

$$\delta \Pi_a = \int_0^L EA \frac{\partial u}{\partial x} \frac{\partial \delta u}{\partial x} \mathrm{d}x - P\delta u(L) + \tilde{\omega}_t g_t \delta g_t \big|_{x=L} = 0 \tag{4-71}$$

假设轴向位移必须满足边界条件 $u(0)=0$，因此 a_0 应为 0，即 $u(x)=a_1 x$。

为了简化计算，可以假设参数坐标 ξ 的原点在 $x=L$ 处，它与 x 坐标具有相同的长度。基于此，可推导出

$$\| \boldsymbol{x}_{c,\xi} \| = \| \boldsymbol{t} \| = \| \boldsymbol{t}^0 \| = 1 \quad (\xi_c^0 = 0) \tag{4-72}$$

由式(4-35)可知，切向滑移函数可变为

$$g_t = \xi_c = u(L) = a_1 \tag{4-73}$$

首先，假设黏着条件成立，即满足以下条件

$$\tilde{\omega}_t g_t \leqslant | \mu \tilde{\omega}_n g_n | \tag{4-74}$$

由式(4-71)有

$$\delta a_1 (\mathrm{EA} a_1 + \tilde{\omega}_t a_1 - P) = 0 \tag{4-75}$$

所以

$$a_1 = \frac{P}{\mathrm{EA} + \tilde{\omega}_t} \tag{4-76}$$

因此，轴向位移为

$$u(x) = \frac{Px}{\mathrm{EA} + \tilde{\omega}_t} = 9.09 \times 10^{-5} x \tag{4-77}$$

由自由端位移 u，有

$$\tilde{\omega}_t g_t = 90.9 > 37.5 = | \mu \tilde{\omega}_n g_n | \tag{4-78}$$

显然，式(4-78)违反了黏着条件式(4-69)，故梁与刚性平面的接触处于滑移状态，则由式(4-71)可知增广能量的变分方程为

$$\delta \Pi_a = \int_0^L \mathrm{EA} \frac{\partial u}{\partial x} \frac{\partial \delta u}{\partial x} \mathrm{d}x - P\delta u(L) - \mu \tilde{\omega}_n \operatorname{sgn}(g_t) g_n \delta g_t \big|_{x=L} = 0 \tag{4-79}$$

由法向接触可得 $-\mu\tilde{\omega}_n g_n = 37.5\mathrm{N}$，这样式(4-79)变为

$$\delta a_1 (\mathrm{EA} a_1 + 37.5 - P) = 0 \tag{4-80}$$

可得，$a_1 = 62.5 \times 10^{-5}$，则自由端位移为 $u_{\mathrm{tip}} = 0.625\ \mathrm{mm}$。

4.4　接触问题的有限元分析

进行接触问题的有限元分析时，需要在离散有限元域的边界上计算式(4-43)中的接触变分形式。如果用二维有限元离散结构域，则接触问题定义在二维有限元的边界元上，即沿边界曲线。在三维情况下，接触问题定义在边界曲面上。在本节中，讨论二维的接触条件。为了简单起见，首先讨论柔体和刚体之间的接触，然后讨论两个柔体之间的接触。

4.4.1　柔体和刚体之间的接触

将接触物体处理为柔体与刚体，会使接触问题简化。这里假定刚体要么是固定的，要么是运动已知的。在这种情况下，选择柔体作为从接触体，刚体作为主接触体，使柔体无法

穿透刚体。事实上，定义主边界就足够了，而不需要整个主体。设 Γ_c 为从接触体穿透主接触体的边界部分，如图4-14所示，这时这个边界由一组穿透主边界的从节点表示，为了简化起见，这里只考虑一个从节点。虽然在有限元中有不少定义接触约束的方法，但在本节中，假定接触约束是用一个包括从节点和主线段的接触对来定义的。此外，这里假设主线段是由两个节点定义的直主线段，因此，一个接触对可以用一个从节点和两个主节点来定义，即

$$\boldsymbol{X}=\{x_s \quad x_1 \quad x_2\}^{\mathrm{T}} \tag{4-81}$$

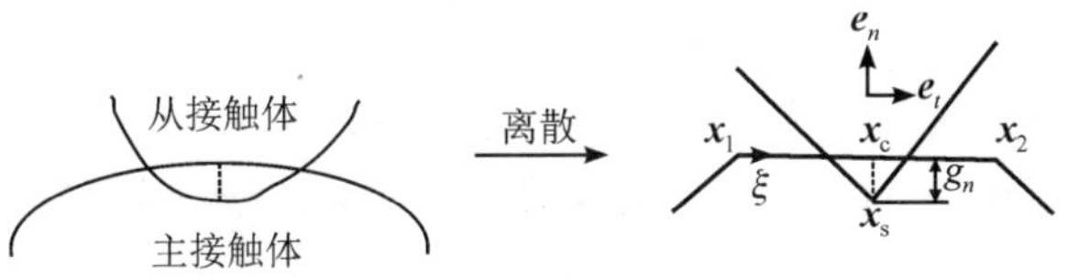

图4-14　接触条件的离散

不难发现，一个从节点可以与不同的主线段相接触，即不同的主线段有可能与该从节点进行接触。两个主节点可以按从主线段节点 x_1 到节点 x_2 的方向排列。主边界上的自然坐标 ξ 定义为：在 x_1 处为零，在 x_2 处为1。

对于给定的接触对 X，目标是：① 判断接触对是接触还是分离；② 计算接触对接触时的接触力和穿透量。第一个目标叫作“接触搜索”，在大规模模型中，从节点有可能与不同的主节点进行接触，因此，寻找实际接触对往往会消耗大量的计算时间。第二个目标就是在识别出这些实际接触对后，计算这些接触对的接触力及穿透量。

1. 法向接触

对于给定的接触对，单位法向向量和切向向量可定义为

$$\boldsymbol{t}=\boldsymbol{x}_2-\boldsymbol{x}_1,\ \boldsymbol{e}_t=\frac{\boldsymbol{t}}{\|\boldsymbol{t}\|},\ \boldsymbol{e}_n=\boldsymbol{e}_3\times\boldsymbol{e}_t \tag{4-82}$$

由于主线段是直线且固定的，因此上述向量也是固定的。由于主线段是线性的，接触的一致性条件可以显式表述，故间隙可以表示为

$$g_n=(\boldsymbol{x}_s-\boldsymbol{x}_1)^{\mathrm{T}}\boldsymbol{e}_n \tag{4-83}$$

这里，如果 $g_n>0$，则表示该段不存在触点，无须进一步计算；如果 $g_n\leqslant 0$，则需要进行另一项检查，即接触点的自然坐标必须在 $0<\xi_c<1$ 内，以便接触发生在这个主线段内。接触点的自然坐标可以用下式计算：

$$\xi_c=\frac{1}{\|\boldsymbol{t}\|}(\boldsymbol{x}_s-\boldsymbol{x}_1)^{\mathrm{T}}\boldsymbol{e}_t \tag{4-84}$$

如果 $\xi_c<0$ 或 $\xi_c>1$，则该段不存在接触，不需要进一步计算；如果 $0<\xi_c<1$，则接触发生在主线段中，需要计算接触力，该接触力作用于法向量的方向，与穿透量成正比，可表示为

$$\boldsymbol{F}_n^{c}=-\tilde{\omega}_n g_n\boldsymbol{e}_n \tag{4-85}$$

因为主线段假设为线性的，故接触刚度为

$$\boldsymbol{K}_n^{c}=\tilde{\omega}_n\boldsymbol{e}_n\boldsymbol{e}_n^{\mathrm{T}} \tag{4-86}$$

利用从-主对，将沿 Γ_c 的边界积分离散近似为违反接触约束的从节点的总和，即图

4－14 中主接触体的接触边界用分段线性段表示，从接触体上为从节点。由于 Γ_c 是事先不知道的，因此必须首先进行接触点的搜索，以找到违反规则的节点。设 N_c 为穿透主体的从节点的数量，则离散后的接触变分形式(式(4－56))变为

$$\begin{aligned}\delta P_n &= \sum_{I=1}^{N_c}[\delta \boldsymbol{u}^{\mathrm{T}}(\tilde{\omega}_n g_n \boldsymbol{e}_n)]_I \\ &= \sum_{I=1}^{N_c}[\delta \boldsymbol{u}^{\mathrm{T}}(-\boldsymbol{F}_n^{c})]_I \\ &= \delta \boldsymbol{u}_g^{\mathrm{T}}(-\boldsymbol{F}_n^{c})\end{aligned} \tag{4-87}$$

其中，$\boldsymbol{u}_g$，$\boldsymbol{F}_n^c$ 是全局坐标中的位移与接触力，通过将每个从节点上的接触力添加到相应的全局自由度中来构建。由于其为增广能量变分的一项，位于变分方程等式的左侧，因此在利用增量迭代算法(比如 Newton-Raphson)迭代时，其将作为残余力移动到等式的右侧。在式(4－87)中，接触力前面包括一个负号，其相当于接触变分形式中的接触力添加到牛顿-拉夫逊(Newton-Raphson)迭代算法右侧的全局残余力上。

式(4－87)的增量形式为

$$\begin{aligned}\delta P_n(\boldsymbol{u},\Delta\boldsymbol{u},\delta\boldsymbol{u}) &= \sum_{I=1}^{N_c}[\delta \boldsymbol{u}^{\mathrm{T}}(\tilde{\omega}_n \boldsymbol{e}_n \boldsymbol{e}_n{}^{\mathrm{T}}\Delta\boldsymbol{u})]_I \\ &= \sum_{I=1}^{N_c}[\delta \boldsymbol{u}^{\mathrm{T}}(\boldsymbol{K}_n^{c}\boldsymbol{\Delta} u)]_I \\ &= \delta \boldsymbol{u}_g^{\mathrm{T}}(\boldsymbol{K}_n^{c}\Delta\boldsymbol{u}_g)\end{aligned} \tag{4-88}$$

其中，K_n^c 为全局坐标下的接触刚度，可以通过各个从接触点对应的接触刚度阵组集到对应的全局坐标下的各个自由度上。

这里以一个单位方形弹性体与刚性地板的接触为例进行介绍。弹性体在顶面上承受均匀分布的载荷 $q=1.5$ kN/m，底面受刚性地板的接触约束。如图 4－15 所示，分别将弹性体离散为一个单元以及四个单元进行有限元建模，并考察接触力和接触节点上的间隙。假定材料各向同性，接触界面无摩擦，惩罚参数取 $\tilde{\omega}_n=0.9\times10^5$。

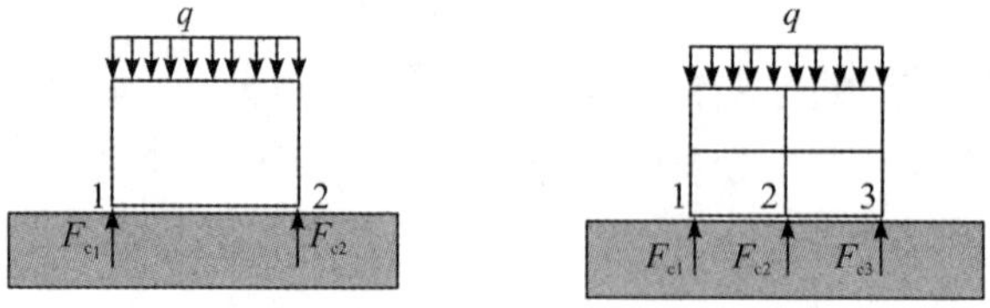

图 4－15　接触问题的有限元

在弹性体以一个单元建模时，由于受到均布载荷，单元内应力均匀分布，因此底部两个节点的接触力应为 $F_1^c=F_2^c=750$ N。由于接触力是由间隙乘以惩罚参数产生的，因此两个节点的间隙应为 $g_{n_1}=g_{n_2}=750/\tilde{\omega}_n=0.008\ 33$。

在以四个单元建模时，两个底部单元与刚性底板接触。由于每个单元内应力均匀分布，因此三个节点处的接触力为 $F_1^c=F_3^c=375$ N 和 $F_2^c=750$ N。采用惩罚法，通过惩罚参数与接触力计算各节点处的间隙 $g_{n_1}=g_{n_3}=0.004\ 167$，$g_{n_2}=0.008\ 33$。随着接触边界离散时使用更多的单元来逼近，间隙将变得更小。

2. 切向滑移

与法向接触不同，摩擦下的切向滑移既需要来自当前的信息，也需要参考构形的信息。参考构形可以是初始状态，也可以是前一个计算时间增量，但对于大变形问题，前一个时间增量可以更精确。对于直线主边界，切向滑移定义为

$$g_t = l^0(\xi_c - \xi_c^0) \tag{4-89}$$

其中，右上标“0”表示在前一次计算的值，$\xi_c \in [0, 1]$是主边界上的接触点对应的自然坐标，l^0 是主线段的长度。主线段为刚体，其长度不变，但为了兼容两个柔体接触的情况，故使用上述定义。

在惩罚法中，如果切向滑移不为零，则产生切向摩擦力，与切向惩罚参数 $\tilde{\omega}_t$ 成正比，即

$$\boldsymbol{F}_t^c = -\tilde{\omega}_t g_t \boldsymbol{e}_t \tag{4-90}$$

如果切向力消失，则切向滑移消失，因此上述线性关系被称为黏着条件。在黏着条件下，摩擦力可以理解为对切向变形的恢复力，所以黏着状态可以理解为滑移发生前的弹性变形。

但在库仑摩擦模型中，切向力不能无限增大。切向力的大小受摩擦系数乘以法向接触力的限制，如式(4-68)所示，一旦滑移大于极限，则切向力受到限制。

当$|\tilde{\omega}_t g_t| \geqslant |\mu\tilde{\omega}_n g_n|$时，有

$$\boldsymbol{F}_t^c = \mu\tilde{\omega}_n \operatorname{sgn}(g_t) g_n \boldsymbol{e}_t \tag{4-91}$$

其中，μ 为摩擦系数。当切向力较小时，仅能观察到微小的相对运动；当摩擦力与相对变形成正比时，可使用黏着条件。在临界力作用下发生宏观滑动运动时，采用滑移条件，此时用式(4-91)计算切向摩擦力。

在黏着状态下，上述摩擦力的切线刚度为

$$\boldsymbol{K}_t^c = \tilde{\omega}_t \boldsymbol{e}_t \boldsymbol{e}_t^{\mathrm{T}} \tag{4-92}$$

而滑移条件下的切线刚度则变为

$$\boldsymbol{K}_t^c = \mu\tilde{\omega}_n \operatorname{sgn}(g_t) \boldsymbol{e}_t \boldsymbol{e}_n^{\mathrm{T}} \tag{4-93}$$

注意，切线刚度矩阵在滑移条件下是不对称的。

4.4.2 柔体之间的接触

当从体和主体都是柔体时，由于接触力作用于两个接触体，因此有限元离散变得更加复杂。在这种情况下，从节点是从接触体有限元的边界节点，而主节点是主接触体有限元的边界节点。在自接触情况下，从体边界有限元与主体边界有限元相同，接触力可直接在从节点处计算获得。一般情形下，对于主边界，接触力作用在线段的 ξ_c 位置，因此接触力分布到两个主节点，与接触点的距离成正比。例如，当接触力 F_n^c 发生在 ξ_c 时，该力通过$\begin{bmatrix} F_{n_1}^c & F_{n_2}^c \end{bmatrix} = \begin{bmatrix} -(1-\xi_c)F_n^c & -\xi_c F_n^c \end{bmatrix}$分配给两个主节点，这里在接触力中添加负号是因为接触力的方向在主边界是相反的，因此在接触对 $\tilde{\boldsymbol{x}} = [x_s \ \ x_1 \ \ x_2]^{\mathrm{T}}$ 中，接触力写成 $\widetilde{F_n^c} = [F_n^c \ \ -(1-\xi_c)F_n^c \ \ -\xi_c F_n^c]^{\mathrm{T}}$；如果将接触力视为系统内力，则接触对中的接触力之和将为零。

4.5 接触分析步骤和建模问题

在实际应用中，接触问题作为高度非线性问题，其求解相对比较困难，很容易出现求解不收敛或计算误差比较大的情况，因此需要很好地理解接触中的关键问题。接触分析一般需要按三个步骤进行：① 定义接触对和接触类型；② 寻找接触点；③ 计算接触力和切线刚度。

4.5.1 接触对和类型的定义

由于用户不知道接触边界的位置，因此有必要定义已经接触或有可能接触的接触对，这对于大变形问题尤为重要，因为结构边界在分析过程中会发生明显的形状变化，许多商业程序能自动生成所有接触对。除接触对外，还需要定义接触界面的性质，包括绑定接触、粗糙接触、粘接触、滑移接触。

在绑定接触中，从接触点黏结到主接触单元，在界面中没有相对运动。没有必要寻找接触对，因为所有的接触对都已经处于接触状态，这相当于刚性连接中的接触单元或多点约束，其唯一的区别是，界面上的力被分解为法向分量和切向分量。由于界面是弹性体的一部分，因此界面仍然处于微弹性变形状态。

粗糙接触类似于绑定接触，只是接触界面可能在初始时处于不接触或接触点可以分离的状态。但一旦接触，它的行为类似于绑定接触，因此它的行为类似于接触界面粗糙的情况，在界面中没有相对运动，与法向接触力的大小无关。

黏接触可以看成接触界面可以闭合或分离的粗糙接触。黏接触与粗糙接触的区别在于界面可以有类似于弹性变形的相对运动。当切向力作用在接触界面上时，粗糙接触表现为刚性连接，而黏接触在界面上表现为微小的弹性变形，用户需要指定切向刚度。注意：切向刚度矩阵是对称的。

滑移接触是最一般的接触形式，接触点可以闭合或分离，接触界面存在库仑摩擦模型所控制的相对运动。在实际应用中，许多接触算法都是先应用黏着条件，再应用滑移条件。与粘接触不同，滑移接触的切线刚度是非对称的。

4.5.2 接触搜索

接触搜索的最简单方法是先确定指定从节点要接触的主接触单元，但这种方法是针对变形很小且接触界面不存在相对运动的情况，而且从节点和主节点通常位于同一位置，并可视为仅通过压缩弹簧连接(这实际上是点对点接触)。这种类型的接触配对的适用情况非常有限，即用户创建的从单元和主单元在接触界面上重合，而且接触面必须足够简单，以便提前知道确切的接触区域。

然而，在一般情况下，我们并不知道处于接触状态的接触对，实际上我们只能指定可能的接触对。在进行接触分析时，程序需要搜索所有的接触对，以确定实际接触的接触对(即不可穿透条件的违反对)。因为接触对包括所有可能的对，所以接触对的数量非常大。例如，若 1000 个从节点可以连接 1000 个主节点，那么理论上就需要检查 100 万个接触对。

考虑到接触搜索在非线性分析的一次迭代中是必需的，故程序将重复此搜索多次，以完成非线性迭代分析，因此进行有效的搜索触点对非常重要。有时需要存储给定从节点当前接触的主单元信息，以便在接下来的迭代中只对前一个主单元的相邻主接触单元执行接触搜索，这样可以提高搜索效率。

一般来说，接触搜索分为点对面和面对面搜索。前者搜索从节点是否穿透了主曲面，通常在主曲面为刚性时使用；后者寻找从曲面与主曲面之间的不可穿透性条件。当两个柔体处于大滑移下，以至于主从接触体的区分不清楚时，需要面对面接触搜索。面对面搜索虽然更准确地表示了不可穿透条件，但由于是双向接触，故计算时间较长。

4.5.3　穿透容差

由于搜索所有可能的接触对是非常昂贵的，因此商业程序经常搜索接触的最小距离(即穿透容差)，其默认值一般是接触单元长度的 1%。它也可以用于检测即将接触的物体以及排除在两边的物体。如果两个接触面在穿透容差内，就认为它们处于接触状态，计算接触力。在粗糙接触和一般接触的情况下，如果两个表面在穿透容差内，则被认为是一对接触对。例如，图 4－16 中两个独立的物体将会接触。穿透容差有两种设置方式：δ_1 表示分离，δ_2 表示穿透。在图 4－16 中的(2)和(3)情况下，初始分离或穿透在穿透容差内，建立接触对，通过产生适当的接触力进行收敛分析；在(3)情况下，由于穿透量比较大，因此为了减少穿透量，可以进一步将载荷增量进行等分。

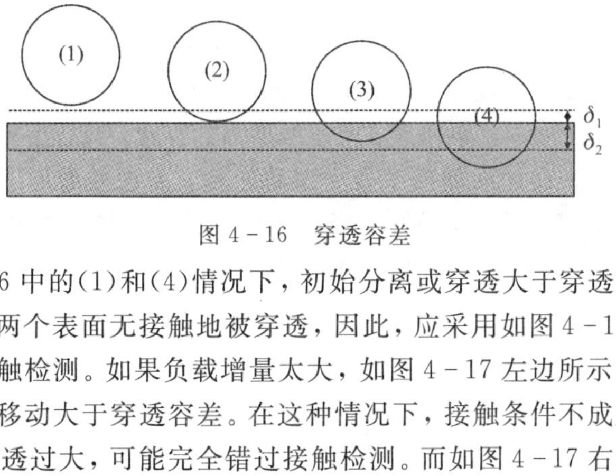

图 4－16　穿透容差

然而，在图 4－16 中的(1)和(4)情况下，初始分离或穿透大于穿透容差，搜索算法无法检测到接触，将导致两个表面无接触地被穿透，因此，应采用如图 4－17 所示的适当负载增量，以便进行初始接触检测。如果负载增量太大，如图 4－17 左边所示，则接触搜索算法无法检测到接触，因为移动大于穿透容差。在这种情况下，接触条件不成立，结果是在下一个负载增量中发生的穿透过大，可能完全错过接触检测。而如图 4－17 右边所示，接触面在穿透容差范围内，即使发生较大的穿透，也会产生接触对。

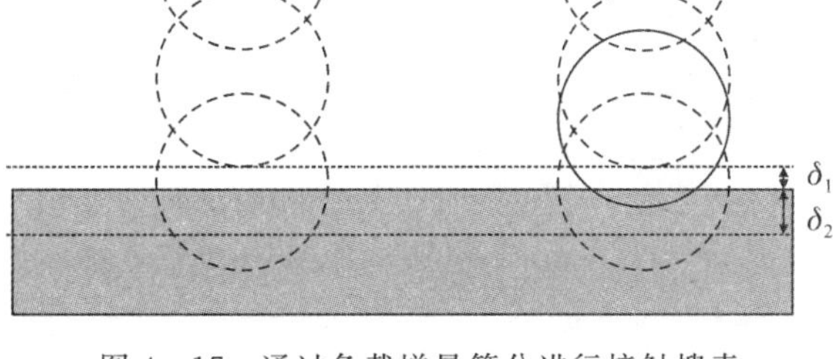

图 4－17　通过负载增量等分进行接触搜索

4.5.4 接触刚度与接触力

当接触对实际接触(或违反不可穿透条件)时，可采用罚函数法或拉格朗日乘子法来满足接触约束。惩罚方法简单直观，它允许少量违反约束。也就是说，不可穿透性条件会稍有违背。穿透量可以通过惩罚因子控制。较大的惩罚参数只允许较小的违反量，但过大的惩罚参数会使刚度矩阵出现病态，进而导致数值不稳定。在实践中，惩罚参数是根据材料刚度、单元大小和单元垂直于接触界面的高度来选择的，因此引入了接触刚度的概念。

接触刚度是影响接触分析收敛性和精度的最重要参数。所有的接触问题都需要定义接触刚度。两个接触表面之间的穿透量大小取决于接触刚度，较大的接触刚度值会降低穿透量，但过大的接触刚度可能会引起总刚度的病态，从而导致收敛问题。因此，这需要经验根据允许穿透量来确定适当的接触刚度，选择足够大的接触刚度以保证接触穿透量小到可以接受，但同时又应该让接触刚度足够小不至于引起总刚度的病态以保证解的收敛性。

通常许多程序都是根据接触的弹性模量来提出接触刚度的，如果两个接触体具有不同的材料刚度，则按较软的材料计算，并允许用户通过乘以一个默认值为 1 的比例因子来更改它。用户可以从一个较小的初始比例因子开始，逐渐增加，直到可以达到合理的穿透量。在设置接触刚度时需要考虑接触刚度的敏感性，必要时需要进行接触刚度的灵敏度分析。接触刚度可由小到大慢慢调整，直到接触力或等效应力趋于稳定。在实际操作时，开始可以取一个较低的值，因为一个较低的接触刚度导致的穿透问题比过高的接触刚度引起的收敛性问题要容易解决。

如果接触刚度是针对法向接触力的，那么切向刚度则是针对接触界面上的摩擦力的。切向刚度与法向刚度类似，对收敛性和计算精度会产生影响。由于摩擦力是通过法向接触力产生的，所以它取决于法向接触刚度。由于摩擦力的存在，其行为更加复杂。在惩罚公式中，弹性黏着条件适用于在切向载荷下发生滑移之前，在这种情形下如果切向载荷取消，那么物体就会恢复到原来的状态，该黏着条件由切向刚度控制。如果切向刚度过大，则接触界面出现滑移而不黏着，那么就需要使用滑移条件。

当两个物体接触时，界面中的接触力可以被认为是内部力或外部力，这取决于系统如何定义。如果分别构造每个物体的分离体图，那么接触力就是施加在边界上的外力。从这个角度看，接触问题称为边界非线性问题，因为边界和力都是未知的。然而，如果以两个接触体作为分离体进行分析，那么接触力可以被视为内力，当整个系统处于平衡状态时，所有的内力必然消失，因此从节点上的接触力必须与主单元上的接触力相等且方向相反。图 4－18 表示两个相互接触的物体处于平衡状态，其满足下列关系：

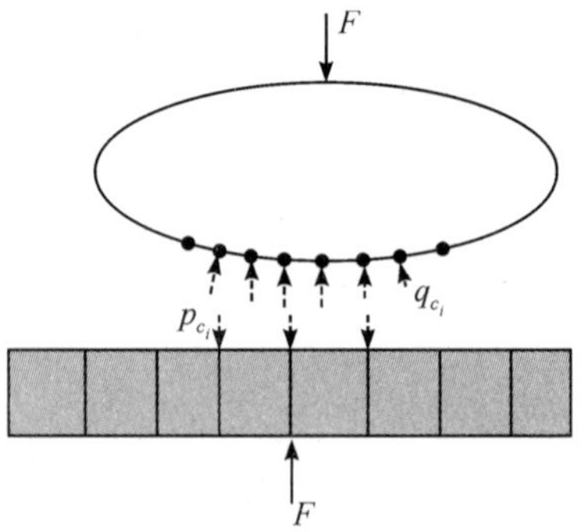

图 4－18 接触状态下接触力与外载之间的平衡

$$F = \sum_{i=1}^{N_p} p_{c_i} = \sum_{i=1}^{N_q} q_{c_i} \tag{4-94}$$

值得注意的是，在式(4－94)中，由于离散化，p_{c_i} 和 q_{c_i} 是不同的。接触力的分布可以不同，但合力应该是相同的。

4.5.5　接触建模问题

在进行接触建模时，如下问题对解的收敛以及分析结果的准确性起着至关重要的作用。

1. 主-从接触体的定义

接触对由主面与从面构成，当两个物体接触时，通常需要用主-从接触体的概念将两个接触体区分开来。虽然没有理论依据介绍如何区分两个接触体，但这种区分通常是为了数值上的方便，一个物体叫作从接触体，则另一个物体就叫作主接触体。施加接触约束条件时，假设从体的节点不能穿透到主面内，但是主面上的节点可以穿透到从面，这意味着假设主体可以穿透到从体，这在物理上是不可能的，但在计算时认为是可能的。这在单元为细网格时差异不大。但在单元为粗网格时差异很大。当选取具有精细网格单元的弯曲边界作为主体(如图 4－19(a)所示)时，具有粗糙网格单元的直边界即使没有从节点穿透到主体，也表现出相当大的穿透量，因此需要慎重选择从体和主体，以减小数值误差。一般情况下，为了尽量减少穿透，可选择平坦刚硬的形体作为主体，而选择凹软的形体作为从体(如图 4－19(b)所示)。此外，如果两个接触面的刚度相似，建议单元网格较细的物体为从，粗网的物体为主；而在柔刚体接触的情况下，选择刚体或由刚性单元构成的面为主面，柔体上的面为从面。

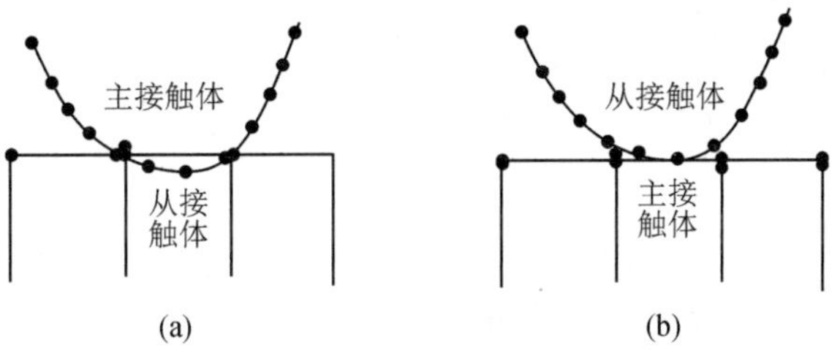

图 4－19　主-从接触体的定义

无论如何选择从节点和主节点，主节点都有可能穿透到从节点中。为了防止任何一个主体的穿透，需要通过改变它们的角色来进行主-从接触体的再次定义，一些面对面接触算法就是利用这种技术来防止来自任何一个接触体的穿透的。

2. 柔性接触和柔性-刚性接触的选择

客观上，所有的物体都是柔性的，但在建模时为便于分析问题，可以将其简化为柔性-刚体接触，也就是说，如果一个接触表面与其他表面相比，刚度显然要大得多，就可以将其假设为完全刚性的，比如大多数金属成形问题就可简化为刚柔接触。所以当两个物体的刚度显著不同时，如橡胶和金属之间的接触，金属的行为可以近似为刚体，因为与橡胶相比，金属的变形可以忽略不计。

但当两个物体具有相似的刚度并且产生同样数量级大小的变形时，则需要采用柔性-柔性接触。例如，金属对金属的接触(如轴毂的花键连接)就建模为柔性-柔性接触。

3．接触力对网格离散的敏感性

从连续介质的角度来看，假设接触边界是平滑变化的，可对边界进行高阶微分，以求得接触力和切线刚度。然而，在有限元数值求解中，接触边界近似为分段连续曲线(或直线)，在单元边界上仅保证 C^0 连续，因此接触边界的斜率是不连续的；然而考虑到接触力作用于接触边界的法线方向，接触力对边界离散非常敏感，并且强烈依赖于这个斜率，因此如果实际接触点位于两个单元边界附近且斜率变化较大，则可能会存在迭代收敛困难的问题。

与网格离散有关的另一个关键问题是接触应力的分布。如图 4－20 所示，如果从接触体的顶部施加均匀的压力，那么自然会认为底面上的接触压力也是均匀的；然而考虑到网格离散化对接触力的影响，接触应力分布对网格离散是敏感的，不同接触位置的接触应力分布是不同的。因此进行接触分析时需要考虑接触力对网格的敏感性。

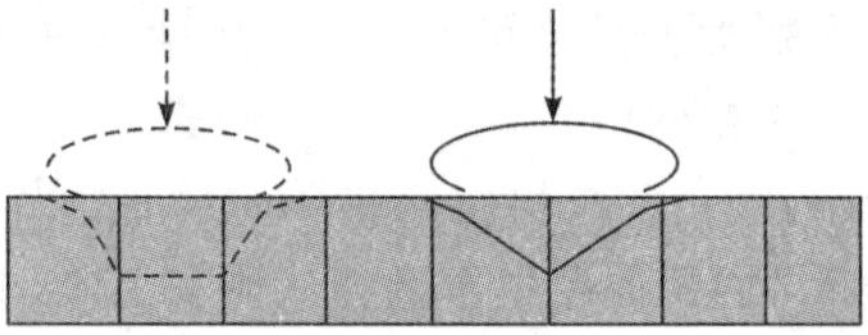

图 4－20　网格对接触力的影响

4．刚体运动

不同于位移边界条件，当接触体在通过接触连接在一起的时候，微小间隙的存在使得接触对之间存在初始穿透，这可能会导致不易觉察的刚体运动，进而引起矩阵奇异和解收敛问题。如图 4－21 所示，初始存在微小间隙，假设从体稍微穿透主体右侧，且它与主体左侧有轻微的差距。由于接触力的产生与穿透量成正比，因此向左的接触力将施加在从体的右侧，将使从体向左移动，而且由于之前的向左运动，从体会穿透主体左侧。然后，接触力会从主体右侧施加，这将导致从体受到向右的接触力。在这种情况下，从体可以在左右之间振荡。

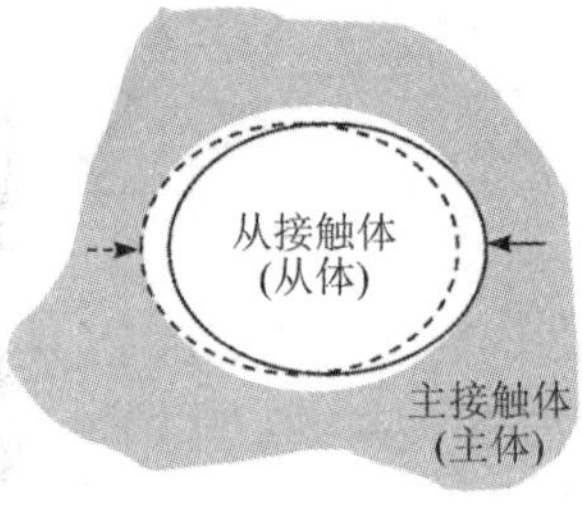

图 4－21　刚体运动

事实上，如果没有接触，从体就不能很好地约束。在实际物理中，即使中间的从体是稳定的，在数值分析中，最好也要对非接触的柔性物体进行约束，使刚体运动得以消除。当一个物体有刚体运动时，初始间隙会导致奇异矩阵。当存在初始穿透时也是如此。为了消除刚体运动，可以添加约束。当然，这对分析结果是有一点影响的，但可以避免造成收敛性问题。

5．收敛问题

接触分析中常见的问题是解的收敛问题。收敛性不足是非线性分析中最常见的难点，而且可能是由不同的原因造成的，要找到具体的原因并不容易。例如，最常见的非线性求解方法——牛顿-拉夫森(Newton-Raphson)法，其收敛性依赖于初始估计量，因此该方法可以从接近解的初始估计量开始，从而提高收敛性。在增量载荷法中，解是荷载增量的函数。小载荷增量表示上一个增量得到的解接近于当前负载增量得到的解，因此在不能收敛的情况下，采用较小的负荷增量是最常见的补救措施。许多商业程序具有自动控制负载增量的能力，当给定的负荷增量不收敛时，将当前负荷增量减少一半或四分之一，并重新尝试收敛迭代。将这个二分过程重复进行，直到能够达到收敛为止。

如果在最小载荷增量的情形下，迭代法仍然不能收敛，则需要考虑原因可能来自不光滑的接触边界。牛顿-拉夫森(Newton-Raphson)方法的基本假设是非线性函数对于输入参数是光滑的，在接触分析的背景下，这可以理解为接触力在整个变形过程中平稳变化。但由于离散化的原因，在有限元分析中这个假设往往难以满足，故这不仅会影响接触分析的精度，也会导致收敛性问题。如图 4－22 所示，接触边界为曲线，在边界上单元一阶导是不连续的，这种不连续不仅使得有些接触点脱离接触状态，有些接触点处于过度穿透状态，也会使接触力在两个单元之间发生振荡并不连续地改变接触力的方向。为了减少这种情况，需要使用更多的单元来表示曲线边界或使用更高阶的接触单元，以使得两个接触边界变得更加一致，并得到相对光滑的接触应力分布。

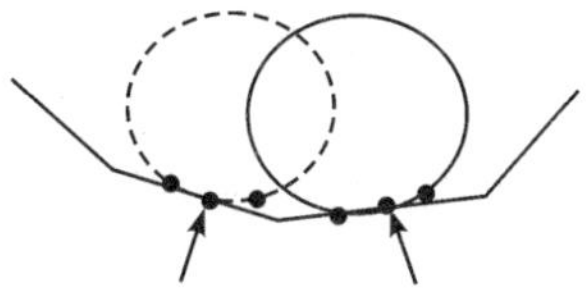

图 4－22　不光滑接触界面造成接触力的不连续

4.6 总　　结

本章简要介绍了接触非线性的理论与分析方法。两个接触物体可以或处于黏合状态，或处于粘合并滑动状态，或处于分离状态。我们在进行接触分析时需要先搞清楚物体是否处在接触状态，确定接触的区域，并明确接触界面能够传递多大的法向压力和切向摩擦力。接触分析要考虑接触协调问题，因为接触体接触时不能相互穿透，所以在处理接触约束时往往认为从接触体的表面不能穿透主接触体的表面，这样在接触分析时就必须在这两个接触面之间建立一种关系，以防止它们在分析中相互穿过，这就是所谓的强制接触协调。通常有两种方法进行强制接触协调或接触约束处理：第一种方法是罚函数法，这种方法通过接触刚度来实现接触算法；另一种方法是拉格朗日(Lagrange)乘子法，这种方法通过增加一个附加自由度(法向接触力)来满足不可穿透条件，即采用法向自由度强迫零穿透。无论罚函数法还是拉格朗日乘子法，其思路都是将有约束优化问题转化为无约束优化问题，因此大多数接触算法都是基于这两种方法推导出来的。也可将这两种方法结合起来，称之为增广拉格朗日(Lagrange)法，其采用罚函数的迭代运算，将接触力引进计算，所以比较容易得到良态矩阵，对接触刚度的敏感性较小，但需要更多次的迭代。

第 5 章

非线性静力学问题的数值解法

前几章讨论了材料非线性、几何非线性和接触非线性的基本理论、分析方法及有限元建模。对前两类非线性问题，结构所建立的有限元方程无论是全量非线性的还是增量非线性的，其刚度矩阵或载荷都有可能不再为常数矩阵或向量，而是依赖节点位移的函数，需要通过数值求解来获得，所以非线性静力学经过理论分析建模后，最后均会涉及非线性代数方程组的求解。需要注意的是，在非线性分析中很难找到一种通用的适合各种类型非线性及各种非线性程度的求解方法，各种方法均有各自的适用范围和局限性，选择不当可能引起收敛困难甚至发散，所以，正确选择求解方法对结构非线性问题至关重要。从常见的数值求解方法来看，可分为迭代法、增量法以及混合法。

5.1 迭 代 法

用迭代法求解静力学非线性问题时，主要是针对全量形式的非线性有限元方程进行求解，如基于全量理论所建立的材料弹塑性有限元静力学方程。我们知道，有限元方法是把所有待求量都转化为单元节点位移后再进行求解的，所以非线性方程的求解可以理解为在对结构一次性施加全部载荷后，再通过迭代过程逐步调整节点位移及相关力学量，最后近似获得结构在此载荷作用下的节点位移。对于非线性静力学问题，为了简化叙述，可以不考虑单元组集和坐标变化(将结构看成是由一个单元组成的)，则结构静力学非线性方程可表示为

$$[\boldsymbol{K}(\boldsymbol{d})]\{\boldsymbol{d}\}=\{\boldsymbol{F}\},\ [\boldsymbol{K}(\boldsymbol{d})]=\int[\boldsymbol{B}]^{\mathrm{T}}[\boldsymbol{D}^{\mathrm{ep}}][\boldsymbol{B}]\,\mathrm{d}\Omega \tag{5-1}$$

其中，$\{\boldsymbol{d}\}$为单元节点位移，式(5-1)可写为

$$\{\boldsymbol{\Phi}(\boldsymbol{d})\}=\{\boldsymbol{P}(\boldsymbol{d})\}-\{\boldsymbol{F}\}=\boldsymbol{0},\ \{\boldsymbol{P}(\boldsymbol{d})\}=[\boldsymbol{K}(\boldsymbol{d})]\{\boldsymbol{d}\} \tag{5-2}$$

其中，$\{\boldsymbol{\Phi}(\boldsymbol{d})\}$称为结构非平衡力，$\{\boldsymbol{P}(\boldsymbol{d})\}$为结构恢复力。

5.1.1 直接迭代法

直接迭代法是求解静力学非线性方程式(5-2)最简单的方法。先给出一个初始近似解$\{\boldsymbol{d}^0\}$(比如，以对应线性问题的解作为初始值)，计算出第一次迭代所需要的刚度阵$[\boldsymbol{K}^1]=[\boldsymbol{K}(\boldsymbol{d}^0)]$，将其代入式(5-2)中，可得到

$$\{\boldsymbol{d}^1\}=[\boldsymbol{K}^1]^{-1}\{\boldsymbol{F}\}=[\boldsymbol{K}(\boldsymbol{d}^0)]^{-1}\{\boldsymbol{F}\} \tag{5-3}$$

以此类推，那么从第 k 次近似解求第 $k+1$ 次近似解的公式为

$$\{\boldsymbol{d}^{k+1}\}=[\boldsymbol{K}\{\boldsymbol{d}^k\}]^{-1}\{\boldsymbol{F}\} \tag{5-4}$$

重复以上过程，直至前后两次计算结果充分接近且在规定的误差范围之内并满足收敛准则时，终止迭代。

由于结构分析中涉及的力学量均为向量，所以需要用其范数来设定收敛准则。对于结构非线性问题，常采用 2 范数(或欧几里得范数)来度量迭代前后结果的变化。当然，当某个节点的力学量对结构响应起决定性作用时，也可以考虑采用无穷范数。这里我们采用 2 范数，如，对节点位移，可表示为

$$\|\boldsymbol{d}\|=\sqrt{\boldsymbol{d}_i\boldsymbol{d}_i}\ \|\boldsymbol{d}\|=\frac{1}{n}\sqrt{\boldsymbol{d}_i\boldsymbol{d}_i} \tag{5-5}$$

设定收敛准则时，可以以控制位移、非平衡力，或迭代过程中内能变化幅度(也就是非平衡力 $\{\boldsymbol{\Phi}(\boldsymbol{d}^k)\}$ 在位移增量 $\{\boldsymbol{d}^{k+1}-\boldsymbol{d}^k\}$ 上所做的功)为目标，将其表示为

$$\|\boldsymbol{d}^{k+1}-\boldsymbol{d}^k\|\leqslant\alpha_d\|\boldsymbol{d}^k\|$$
$$\|\boldsymbol{\Phi}(\boldsymbol{d}^k)\|\leqslant\alpha_F\|\boldsymbol{F}\|$$
$$\{\boldsymbol{d}^{k+1}-\boldsymbol{d}^k\}^{\mathrm{T}}\{\boldsymbol{\Phi}(\boldsymbol{d}^k)\}\leqslant\alpha_E\{\boldsymbol{d}^1-\boldsymbol{d}^0\}^{\mathrm{T}}\{\boldsymbol{\Phi}(\boldsymbol{d}^1)\} \tag{5-6}$$

其中，α_d、α_F 和 α_E 为设定的收敛参数。

不难看出，在直接迭代法中，每个迭代步骤均采用的是割线刚度矩阵，如退化为单自由问题，其迭代过程如图 5-1 所示。这种方法在处理多自由度问题时，由于未知量通过刚度阵耦合，可能会导致迭代过程不收敛。

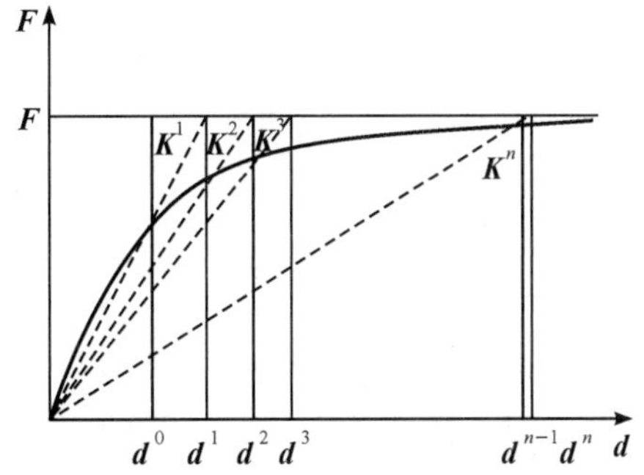

图 5-1　直接迭代法

5.1.2　牛顿-拉夫逊法

根据式(5-2)可知，结构非平衡力可表示为

$$\{\boldsymbol{\Phi}(\boldsymbol{d})\}=\{\boldsymbol{P}(\boldsymbol{d})\}-\{\boldsymbol{F}\}$$
$$\{\boldsymbol{P}(\boldsymbol{d})\}=[\boldsymbol{K}(\boldsymbol{d})]\{\boldsymbol{d}\} \tag{5-7}$$

假设第 k 次迭代近似解为 $\{\boldsymbol{d}^k\}$，$\{\boldsymbol{\Phi}(\boldsymbol{d}^k)\}\neq 0$，于是在此基础上进行修正，并寻求更好的近似解，可记为 $\{\boldsymbol{d}^{k+1}\}$，则

$$\{\boldsymbol{d}^{k+1}\}=\{\boldsymbol{d}^k\}+\{\Delta\boldsymbol{d}^k\} \tag{5-8}$$

将 $\{\boldsymbol{\Phi}(\boldsymbol{d})\}$ 在 $\{\boldsymbol{d}^k\}$ 处进行泰勒级数展开，去掉高阶项，得

$$\{\boldsymbol{\Phi}(\boldsymbol{d})\}=\{\boldsymbol{\Phi}(\boldsymbol{d}^k)\}+\left[\frac{\partial\{\boldsymbol{\Phi}(\boldsymbol{d})\}}{\partial\{\boldsymbol{d}\}}\right]_{\{\boldsymbol{d}\}=\{\boldsymbol{d}^k\}}(\{\boldsymbol{d}\}-\{\boldsymbol{d}^k\}) \tag{5-9}$$

记

$$[\boldsymbol{K}_{\mathrm{T}}^k]=\left[\frac{\partial\{\boldsymbol{\Phi}(\boldsymbol{d})\}}{\partial\{\boldsymbol{d}\}}\right]_{\{\boldsymbol{d}\}=\{\boldsymbol{d}^k\}} \tag{5-10}$$

可以看出这里使用的是切线刚度阵。当不考虑外载荷随位移的变化而改变时，式(5-10)可表示为

$$[\boldsymbol{K}_{\mathrm{T}}^k]=\left[\frac{\partial\{\boldsymbol{P}(\boldsymbol{d})\}}{\partial\{\boldsymbol{d}\}}\right]_{\{\boldsymbol{d}\}=\{\boldsymbol{d}^k\}} \tag{5-11}$$

假设$\{\boldsymbol{d}^{k+1}\}$为真实解，则结构非平衡力为零，即$\{\boldsymbol{\Phi}(\boldsymbol{d}^{k+1})\}=0$，结合式(5-8)和式(5-9)，可得

$$\{\boldsymbol{\Phi}(\boldsymbol{d}^{k+1})\}=\{\boldsymbol{\Phi}(\boldsymbol{d}^k)\}+[\boldsymbol{K}_{\mathrm{T}}^k]\{\Delta\boldsymbol{d}^k\}=0 \tag{5-12}$$

则位移修正量为

$$\begin{aligned}\{\boldsymbol{d}^{k+1}\}&=\{\boldsymbol{d}^k\}+\{\Delta\boldsymbol{d}^k\}\\ \{\Delta\boldsymbol{d}^k\}&=-[\boldsymbol{K}_{\mathrm{T}}^k]^{-1}\{\boldsymbol{\Phi}(\boldsymbol{d}^k)\}\\ &=[\boldsymbol{K}_{\mathrm{T}}^k]^{-1}(\{\boldsymbol{F}\}-\{\boldsymbol{P}(\boldsymbol{d}^k)\})\end{aligned} \tag{5-13}$$

则式(5-13)就是常用的牛顿-拉夫逊(Newton-Raphson)迭代法(见图5-2)。其迭代过程如下：① 令结构的初始节点位移为$\{\boldsymbol{d}^0\}$，则由式(5-7)可计算恢复力$\{\boldsymbol{P}(\boldsymbol{d}^0)\}$，由式(5-11)可计算初始切线刚度矩阵$[\boldsymbol{K}_{\mathrm{T}}^0]$；② 施加全部荷载，由式(5-7)和式(5-13)计算出第一次迭代结束时的位移增量$\{\Delta\boldsymbol{d}^1\}$及位移$\{\boldsymbol{d}^1\}$；③ 按式(5-7)和式(5-11)计算出对应于此位移下的结构切线刚度矩阵$[\boldsymbol{K}_{\mathrm{T}}^1]$和恢复力$\{\boldsymbol{P}(\boldsymbol{d}^1)\}$；④ 由式(5-7)和式(5-13)计算出第二次迭代结束时的位移增量$\{\Delta\boldsymbol{d}^2\}$及位移$\{\boldsymbol{d}^2\}$；⑤ 使用收敛准则式(5-6)，判断迭代是否终止，若否，则重复上述过程。

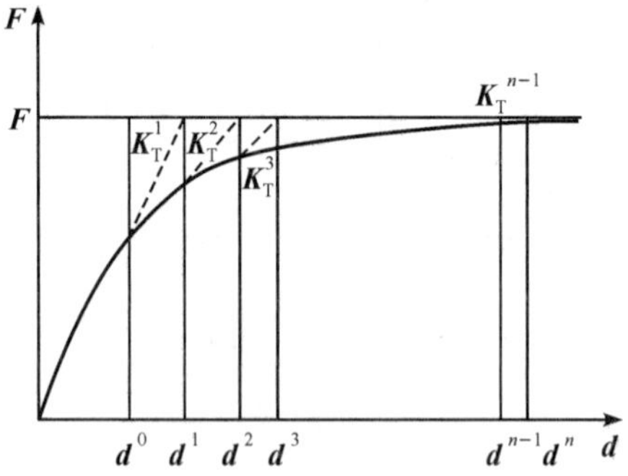

图5-2 牛顿-拉夫逊迭代法

相比于直接迭代法，牛顿-拉夫逊迭代法收敛比较快，但要求在每一次迭代后都要对刚度矩阵进行修正，并需要对矩阵求逆方程，这不仅会占据较大的内存，使效率低下，而且对某些非线性问题，如理想塑性和应变软化问题，会导致其切线刚度矩阵$[\boldsymbol{K}_{\mathrm{T}}]$出现奇异或病态现象而无法求逆，故在必要时将通过引入一个阻尼因子ζ^k来使$[\boldsymbol{K}_{\mathrm{T}}]+\zeta^k[\boldsymbol{I}]$避免奇异或病态。

5.1.3　修正牛顿-拉夫逊迭代法

无论直接迭代法还是牛顿-拉夫逊迭代法，均需要在迭代过程中对结构刚度矩阵进行修正，这就需要更好的计算机存储能力和运行速度。而修正牛顿-拉夫逊迭代法(见图 5-3)则是用初始切线刚度矩阵$[\boldsymbol{K}_T^0]$代替式(5-13)中的切线刚度矩阵，并在以后的迭代过程中保持不变，所以修正牛顿-拉夫逊迭代法的迭代公式为

$$\begin{aligned}\{\Delta \boldsymbol{d}^k\} &= -[\boldsymbol{K}_T^0]^{-1}\{\boldsymbol{\Phi}(\boldsymbol{d}^k)\} \\ &= [\boldsymbol{K}_T^0]^{-1}(\{\boldsymbol{F}\}-\{\boldsymbol{P}(\boldsymbol{d}^k)\})\end{aligned} \tag{5-14}$$

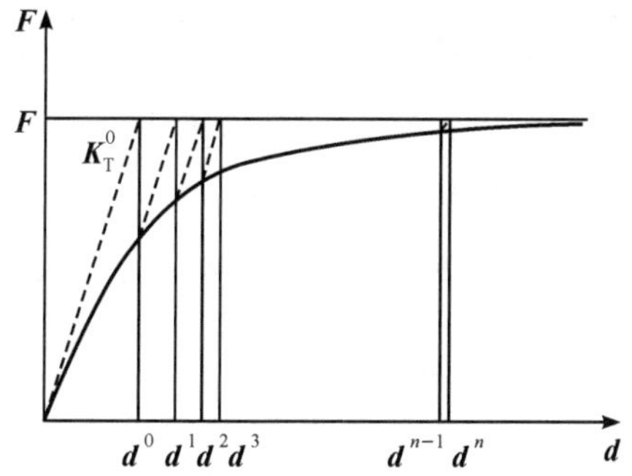

图 5-3　修正牛顿-拉夫逊迭代法

显然，修正牛顿-拉夫逊迭代法中每一步迭代的计算量较少，但收敛速度会下降，为了提高迭代速度，可以通过引入一个修正因子 ρ^k 来提高收敛速度，即$\{\boldsymbol{d}^{k+1}\}=\{\boldsymbol{d}^k\}+\rho^k\{\Delta \boldsymbol{d}^k\}$。修正牛顿-拉夫逊迭代法因为使用的是常刚度矩阵，其适用性不好，所以可能会造成求解过程不收敛。

5.1.4　拟牛顿法

拟牛顿法(见图 5-4)也称为矩阵修正迭代法。该方法结合了切线刚度迭代法收敛速度快但计算量大和常刚度迭代计算效率高但收敛慢的特点，在每一次迭代过程中既不重新计算切线刚度矩阵，又不采用初始常刚度矩阵，而是每次迭代时用一个割线刚度矩阵$[\boldsymbol{G}^k(\boldsymbol{d}^k)]$代替切线刚度矩阵$[\boldsymbol{K}_T^k(\boldsymbol{d}^k)]$来进行修正，即

$$\{\boldsymbol{\Phi}(\boldsymbol{d}^{k+1})\}=\{\boldsymbol{\Phi}(\boldsymbol{d}^k)\}+\left[\frac{\partial\{\boldsymbol{\Phi}(\boldsymbol{d})\}}{\partial\{\boldsymbol{d}\}}\right]_{\{\boldsymbol{d}\}=\{\boldsymbol{d}^k\}}(\{\boldsymbol{d}^{k+1}\}-\{\boldsymbol{d}^k\}) \tag{5-15}$$

用一个割线刚度矩阵$[\boldsymbol{G}^k(\boldsymbol{d}^k)]$代替切线刚度矩阵$[\boldsymbol{K}_T^k(\boldsymbol{d}^k)]$，则

$$[\boldsymbol{G}^k(\boldsymbol{d}^k)]\{\Delta \boldsymbol{d}^k\}=\{\boldsymbol{\Phi}(\boldsymbol{d}^{k+1})\}-\{\boldsymbol{\Phi}(\boldsymbol{d}^k)\}=\{\Delta \boldsymbol{r}(\boldsymbol{d}^k)\} \tag{5-16}$$

如果退化为单自由度问题，那么$[\boldsymbol{G}^k(\boldsymbol{d}^k)]$就退化为对应图 5-4 中由 $\Delta \boldsymbol{d}^k$ 和 $\Delta \boldsymbol{r}(\boldsymbol{d}^k)$决定的割线斜率。

定义$[\boldsymbol{G}^k(\boldsymbol{d}^k)]$的逆为

$$[\boldsymbol{H}^k(\boldsymbol{d}^k)]=[\boldsymbol{G}^k(\boldsymbol{d}^k)]^{-1} \tag{5-17}$$

$$[\boldsymbol{H}^k(\boldsymbol{d}^k)]\{\Delta \boldsymbol{r}(\boldsymbol{d}^k)\}=\{\Delta \boldsymbol{d}^k\} \tag{5-18}$$

故$[\boldsymbol{H}^k(\boldsymbol{d}^k)]$可以近似替代切线刚度矩阵$[\boldsymbol{K}_T^k(\boldsymbol{d}^k)]$的逆。通常有很多方法可以用来确

定$[\boldsymbol{H}^k(\boldsymbol{d}^k)]$，其中 BFGS 方法收敛性好，被广泛应用于结构非线性问题的求解。BFGS 是由 Broyden、Fletcher、Goldfarb 和 Shanno 四个人提出，故简称 BFGS 法。

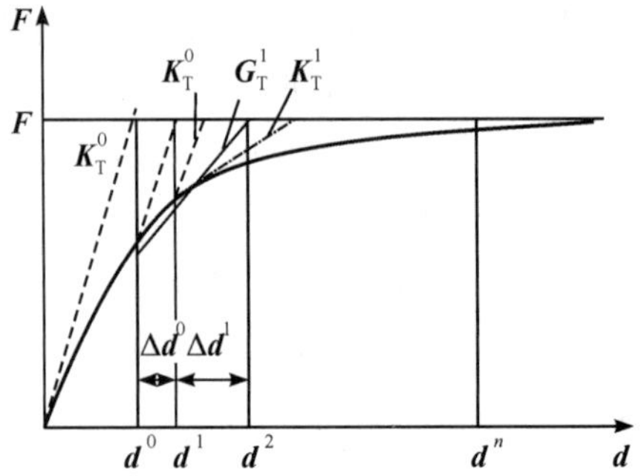

图 5-4　拟牛顿法

$[\boldsymbol{H}^k(\boldsymbol{d}^k)]$可通过以下迭代公式求得，即

$$\begin{cases}[\boldsymbol{H}^k(\boldsymbol{d}^k)]=([\boldsymbol{I}]+\{\boldsymbol{a}_i\}\{\boldsymbol{b}_i\}^{\mathrm{T}})[\boldsymbol{H}^{k-1}(\boldsymbol{d}^{k-1})]([\boldsymbol{I}]+\{\boldsymbol{b}_i\}^{\mathrm{T}}\{\boldsymbol{a}_i\})\\ \{\boldsymbol{a}_i\}=\dfrac{1}{\{\Delta\boldsymbol{r}(\boldsymbol{d}^k)\}^{\mathrm{T}}\{\Delta\boldsymbol{d}^k\}}\{\Delta\boldsymbol{r}(\boldsymbol{d}^k)\}\\ \{\boldsymbol{b}_i\}=\{\Delta\boldsymbol{r}(\boldsymbol{d}^k)\}-\left[\dfrac{\{\Delta\boldsymbol{d}^k\}^{\mathrm{T}}\{\Delta\boldsymbol{r}(\boldsymbol{d}^k)\}}{\{\Delta\boldsymbol{d}^k\}^{\mathrm{T}}[\boldsymbol{G}^{k-1}(\boldsymbol{d}^{k-1})]\{\Delta\boldsymbol{r}(\boldsymbol{d}^k)\}}\right]^{\frac{1}{2}}\{\boldsymbol{\Phi}(\boldsymbol{d}^{k-1})\}\end{cases} \tag{5-19}$$

可以看出，上述迭代公式(5-19)显示了迭代过程中矩阵的对称性是一直保留着的。又因$[\boldsymbol{G}^{k-1}(\boldsymbol{d}^{k-1})]\{\Delta\boldsymbol{r}(\boldsymbol{d}^{k-1})\}=-\{\boldsymbol{\Phi}(\boldsymbol{d}^{k-1})\}$，所以这个乘积是已知的，故采用 BFGS 法时不需要每次迭代计算切线刚度矩阵的逆了，从而提高了计算效率。

5.2 增量法

增量法是将作用于结构的载荷分成许多小的载荷部分(增量)，如图 5-5 所示。在每一次分析时只施加一个载荷增量，在求解出对应该荷载增量水平下的结构响应(有限元方法中为节点位移)后再施加下一级荷载增量，直至达到规定的载荷水平。荷载增量可以为等增量，也可以根据具体情况为变增量，即先取较大的增量水平，随着非线性程度越来越明显再逐渐减小增量水平。这样，在某个载荷增量内，假定刚度矩阵取为上一级荷载水平下的结构刚度矩阵(已按上一级分析结束时的变形状态对单元刚度和整体刚度矩阵进行了修正)，

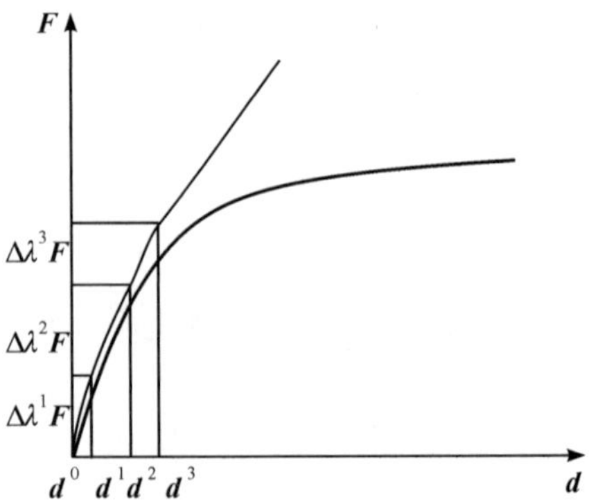

图 5-5　载荷增量法

刚度矩阵不随节点位移变化，其为常矩阵，这意味着在这一个过程中求解的是对应增量荷载水平下的线性方程组；当然，对不同级别的荷载增量，刚度矩阵是变化的，最后对每级增量求出位移增量并对它累加，就可得到总位移。实际上可以将这一过程理解为以一系列的线性问题代替了非线性问题，即分段线性化。

增量法作为一种能有效跟踪结构变形过程同时也能体现加载路径影响的求解方法，其适用范围广泛，被经常用于材料非线性与几何非线性求解中。但这种方法会出现误差累计的问题，即随着载荷水平的增大，误差会越来越大，容易发生较大的漂移而使解变得不可接受。此外，在分析过程中它需要不断存储新的刚度矩阵而使得计算效率低。

5.2.1　欧拉法

假设结构的总载荷为$\{\boldsymbol{F}\}$，引入载荷因子λ，令$\{\widetilde{\boldsymbol{F}}\}=\lambda\{\boldsymbol{F}\}$，则结构非线性静力学平衡方程可写为

$$\{\boldsymbol{\Phi}(\boldsymbol{d},\lambda)\}=\{\boldsymbol{P}(\boldsymbol{d})\}-\{\widetilde{\boldsymbol{F}}\}=[\boldsymbol{K}(\boldsymbol{d})]\{\boldsymbol{d}\}-\lambda\{\boldsymbol{F}\}=0 \tag{5-20}$$

方程式(5-20)的解会随载荷因子的变化而变化，即$\{\boldsymbol{d}\}=\{\boldsymbol{d}(\lambda)\}$。假设载荷因子为$\lambda$时，节点位移为$\{\boldsymbol{d}\}$，而载荷因子为$\lambda+\Delta\lambda$时，节点位移为$\{\boldsymbol{d}\}+\{\Delta\boldsymbol{d}\}$，则满足

$$\{\boldsymbol{\Phi}(\boldsymbol{d},\lambda)\}=0,\ \{\boldsymbol{\Phi}(\boldsymbol{d}+\Delta\boldsymbol{d},\lambda+\Delta\lambda)\}=0 \tag{5-21}$$

将$\{\boldsymbol{\Phi}(\boldsymbol{d}+\Delta\boldsymbol{d},\lambda+\Delta\lambda)\}$在$(\{\boldsymbol{d}\},\lambda)$附近进行泰勒级数展开，略去高阶项后，得

$$\{\boldsymbol{\Phi}(\boldsymbol{d}+\Delta\boldsymbol{d},\lambda+\Delta\lambda)\}=\{\boldsymbol{\Phi}(\boldsymbol{d},\lambda)\}+\frac{\partial\{\boldsymbol{\Phi}\}}{\partial\{\boldsymbol{d}\}}\Delta\boldsymbol{d}+\frac{\partial\{\boldsymbol{\Phi}\}}{\partial\lambda}\Delta\lambda$$

记

$$[\boldsymbol{K}_{\mathrm{T}}(\boldsymbol{d},\lambda)]=\frac{\partial\{\boldsymbol{\Phi}\}}{\partial\{\boldsymbol{d}\}}\quad\frac{\partial\{\boldsymbol{\Phi}\}}{\partial\lambda}=\{\boldsymbol{F}\} \tag{5-22}$$

所以得到

$$\{\Delta\boldsymbol{d}\}=-[\boldsymbol{K}_{\mathrm{T}}(\boldsymbol{d})]^{-1}\{\boldsymbol{F}\}\Delta\lambda \tag{5-23}$$

设各级载荷因子满足$0=\lambda_0<\lambda_1<\cdots<\lambda_m<\cdots<\lambda_N=1$，则假设将载荷分成$N$个增量

$$\Delta\lambda_n=\lambda_{n+1}-\lambda_n,\ \sum_{n=1}^{N}\Delta\lambda_n=1 \tag{5-24}$$

此时，第n级载荷增量为

$$\{\Delta\boldsymbol{F}_n\}=\{\boldsymbol{F}_{n+1}\}-\{\boldsymbol{F}_n\}=\Delta\lambda_n\{\boldsymbol{F}\} \tag{5-25}$$

故第$k+1$个载荷增量下节点位移的迭代公式为

$$\begin{cases}\{\boldsymbol{d}_{k+1}\}=\{\boldsymbol{d}_k\}+\{\Delta\boldsymbol{d}_k\}\\ \{\Delta\boldsymbol{d}_k\}=-[\boldsymbol{K}_{\mathrm{T}}(\boldsymbol{d}_k,\lambda_k)]\{\boldsymbol{F}\}\Delta\lambda_k\end{cases} \tag{5-26}$$

不难看出，欧拉法在每一级载荷增量$\Delta\lambda_k\{\boldsymbol{F}\}$分析中，刚度矩阵取上一级增量步分析结束时的切线刚度矩阵$[\boldsymbol{K}_{\mathrm{T}}(\boldsymbol{d}_k,\lambda_k)]$。从图5-5可以看出，每一载荷增量步的计算都会引起偏差，使折线偏离曲线，导致解产生漂移。随着求解步数的增加，由于偏差的累积使最后的解偏离精确解较远，从而降低了计算精度，必须进行改进。

5.2.2 修正欧拉法

欧拉法在每一级载荷增量分析中，刚度矩阵取上一级增量步分析结束时的切线刚度矩阵，所以也称始点刚度增量法。我们可以在此基础进行改进。

1. 平均刚度法

平均刚度法的思路如下：

(1) 按式(5－26)计算出当前增量载荷步下的节点位移增量$\{\Delta \boldsymbol{d}^k\}$；

(2) 按式(5－22)计算出当前增量载荷步下的结构刚度矩阵$[\boldsymbol{K}_{\mathrm{T}}(\boldsymbol{d}^{k+1}, \lambda^{k+1})]$；

(3) 计算结构的平均刚度$[\overline{\boldsymbol{K}}_{\mathrm{T}}]=\dfrac{1}{2}([\boldsymbol{K}_{\mathrm{T}}(\boldsymbol{d}^{k+1}, \lambda^{k+1})]+[\boldsymbol{K}_{\mathrm{T}}(\boldsymbol{d}^k, \lambda^k)])$；

(4) 按平均刚度重新计算当前增量载荷下的节点位移增量，其迭代关系为

$$\begin{cases}\{\boldsymbol{d}^{k+1}\}=\{\boldsymbol{d}^k\}+\{\Delta \boldsymbol{d}^k\} \\ \{\Delta \boldsymbol{d}^k\}=-[\overline{\boldsymbol{K}}_{\mathrm{T}}]\{\boldsymbol{F}\}\Delta\lambda^{k+1}\end{cases} \tag{5-27}$$

2. 中点刚度法

中点刚度法的思路如下：

(1) 将由欧拉法第$k+1$级载荷增量求得的$\{\boldsymbol{d}^{k+1}\}$作为中间结果，记为$\{\boldsymbol{d}^{k+1}\}'$；

(2) 将$\{\boldsymbol{d}^{k+1}\}'$与前一级结果$\{\boldsymbol{d}^k\}$求平均，得到中点节点位移增量$\{\boldsymbol{d}^{k+\frac{1}{2}}\}=\dfrac{1}{2}(\{\boldsymbol{d}^{k+1}\}'+\{\boldsymbol{d}^k\})$；

(3) 按式(5－22)计算出对应中点的结构切线刚度矩阵$\left[\boldsymbol{K}_{\mathrm{T}}\left(\boldsymbol{d}^{k+\frac{1}{2}}, \lambda^{k+\frac{1}{2}}\right)\right]$；

(4) 按(3)中的结构切线刚度矩阵计算出当前增量载荷步下的结构节点位移增量，其迭代关系为

$$\begin{cases}\{\boldsymbol{d}^{k+1}\}=\{\boldsymbol{d}^k\}+\{\Delta \boldsymbol{d}^k\} \\ \{\Delta \boldsymbol{d}^k\}=-\left[\boldsymbol{K}_{\mathrm{T}}\left(\boldsymbol{d}^{k+\frac{1}{2}}, \lambda^{k+\frac{1}{2}}\right)\right]\{\boldsymbol{F}\}\Delta\lambda^{k+1}\end{cases} \tag{5-28}$$

5.3 混合法

前面我们介绍了用迭代法和增量法求解静力学非线性问题。迭代法由于在求解过程采用的是施加全量载荷水平，所以仅适合分析全量载荷或与加载路径无关的结构响应。其计算工作量比较小、收敛快，但迭代法不能用于求解结构性能与加载路径相关的材料，这是因为所得到的位移、应变和应力等仅针对总荷载而言，所以不能描述加载过程中的性能。而增量法采用的是增量加载，它的分析过程就是沿着结构的受荷路径进行非线性逼近分析，具有普遍适用性，除了应变软化效应明显的结构之外，它能够适用于所有的非线性问题。只要控制好载荷的增量水平，都可以达到收敛的目的。但在增量分析中，容易出现误差

累计达到不可接受的程度，即发生漂移，分析结果不可信；为了避免和减小这种误差，往往采用更小的载荷增量，大大增大了计算量。所以结构非线性求解中常常将两者结合起来使用。

混合法就是求解过程中混合使用增量法和迭代法。在混合法中，首先将载荷划分成较大的若干载荷增量，在每一个载荷增量求解步骤中，结合使用迭代法，当迭代过程满足规定的误差要求后，再进入下一个载荷增量求解步骤中，这样就可以使误差控制在很小的范围之内。

在第 $n+1$ 个载荷增量时，位移增量的迭代公式为

$$\begin{cases}\{\boldsymbol{d}_{n+1}^{k+1}\}=\{\boldsymbol{d}_{n+1}^{k}\}+\{\delta\boldsymbol{d}_{n+1}^{k}\}\\ \{\delta\boldsymbol{d}_{n+1}^{k}\}=-[\boldsymbol{K}(\boldsymbol{d}_{n}^{k})]^{-1}\boldsymbol{\Phi}(\boldsymbol{d}_{n+1}^{k})\end{cases}\tag{5-29}$$

其中，$\{\delta\boldsymbol{d}_{n+}^{k}\}$为本次载荷增量内第 $k+1$ 次迭代结束时相应于第 k 次迭代结束时的位移增量；$\boldsymbol{\Phi}(\boldsymbol{d}_{n+1}^{k})$为本次载荷增量内第 k 迭代结束时结构的非平衡力；$[\boldsymbol{K}(\boldsymbol{d}_{n}^{k})]$可以为随迭代次数 k 变化的结构切线刚度矩阵，也可以在第 $n+1$ 荷载增量步所有的迭代步中采用初始点(n 点)处的结构切线刚度矩阵(又称常刚度矩阵法)，如图 5－6 所示。

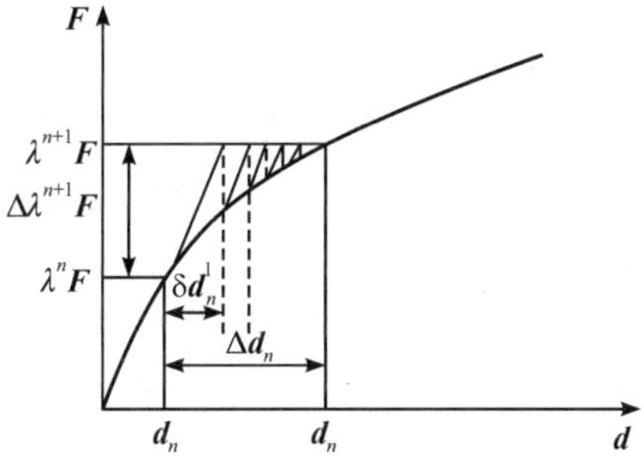

图 5－6　混合法(等刚度法)

5.4 控制位移法

前面简述的迭代法、增量法以及混合法主要适用于结构刚度矩阵为正定阵的情形。但当材料应力水平超过其极限承载能力之后进入材料软化区域时，在极限应力附近(即从正刚度进入负刚度区域)，就算载荷增量水平控制得再小，迭代法也很难收敛。针对结构的这种临界行为，可以通过位移控制来避免在极值点附近出现刚度阵奇异或病态。

控制位移法在分析过程中不是控制载荷增量，而是控制位移增量，由控制的位移增量求载荷增量水平，这样可以求解结构负刚度阶段的响应曲线。

对于比例加载情况，当前载荷水平可用一个标量(即载荷因子 λ)来描述：

$$\{\widetilde{\boldsymbol{F}}_{n}^{k}\}=\lambda_{n}^{k}\{\boldsymbol{F}\}\tag{5-30}$$

式中，$\{\boldsymbol{F}\}$为规定的总载荷；λ_{n}^{k} 为第 n 载荷增量步下第 k 次迭代结束时的载荷因子。

由前述内容可知，结构迭代求解方程的一般形式(如图 5－7 所示)为

$$[\boldsymbol{K}(\boldsymbol{d}_{n}^{k})]\{\boldsymbol{d}_{n}^{k+1}\}=\lambda_{n}^{k+1}\{\boldsymbol{F}\}\tag{5-31}$$

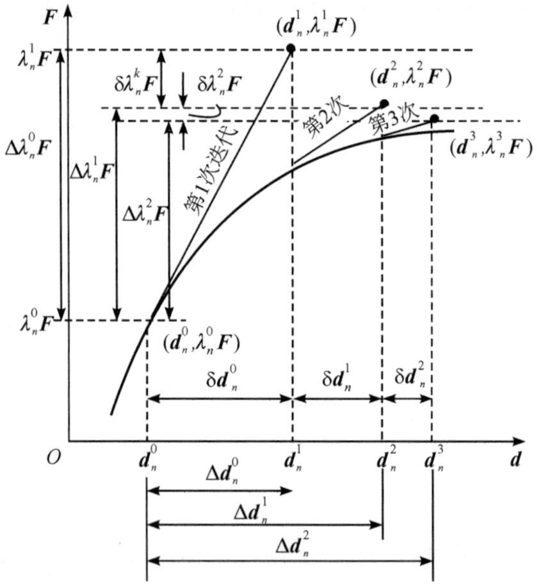

图 5-7　第 n 个载荷增量内的迭代过程

利用第 n 个载荷增量第 k 次迭代到第 $k+1$ 次迭代的位移增量 $\delta \boldsymbol{d}_n^k$ 满足：

$$\{\boldsymbol{d}_n^{k+1}\}=\{\boldsymbol{d}_n^k\}+\{\delta \boldsymbol{d}_n^k\} \tag{5-32}$$

将式(5-32)代入式(5-31)，可得到

$$[\boldsymbol{K}(\boldsymbol{d}_n^k)]\{\delta \boldsymbol{d}_n^k\}=\lambda_n^{k+1}\{\boldsymbol{F}\}-\{\boldsymbol{P}(\boldsymbol{d}_n^k)\}, \quad \{\boldsymbol{P}(\boldsymbol{d}_n^k)\}=[\boldsymbol{K}(\boldsymbol{d}_n^k)]\{\boldsymbol{d}_n^k\} \tag{5-33}$$

利用第 n 个载荷增量第 k 次迭代到第 $k+1$ 次的载荷因子 $\delta\lambda_n^k$ 有

$$\lambda_n^{k+1}\{\boldsymbol{F}\}=\lambda_n^k\{\boldsymbol{F}\}+\delta\lambda_n^k\{\boldsymbol{F}\} \tag{5-34}$$

将式(5-34)代入式(5-33)，可得到

$$[\boldsymbol{K}(\boldsymbol{d}_n^k)]\{\delta \boldsymbol{d}_n^k\}=\delta\lambda_n^k\{\boldsymbol{F}\}-\boldsymbol{\Phi}(\boldsymbol{d}_n^k, \lambda_n^k) \tag{5-35}$$

其中，$\{\delta \boldsymbol{d}_n^k\}$为第 $k+1$ 次迭代结束时相应于第 k 次迭代结束时的位移增量；$\delta\lambda_n^k$ 为第 $k+1$ 次迭代结束时相应于第 k 次迭代结束时的载荷因子增量；$\{\boldsymbol{P}(\boldsymbol{d}_n^k)\}$和 $\boldsymbol{\Phi}(\boldsymbol{d}_n^k, \lambda_n^k)$分别为第 k 次迭代结束时结构的恢复力和非平衡力；$[\boldsymbol{K}(\boldsymbol{d}_n^k)]$可以为随迭代次数 k 变化的结构切线刚度矩阵，也可以在第 n 载荷增量步所有的迭代步中采用初始点($n-1$ 点)处的结构切线刚度矩阵(又称常刚度迭代技术)。

如采用前述迭代法，式(5-34)中的载荷因子在整个第 n 荷载增量步分析中保持不变，即 $\lambda_n^k=\lambda_n^{k+1}$ 则 $\delta\lambda_n^k=0$；但对于位移控制法，由于在分析过程中，载荷水平在变化，所以通常情况下，$\lambda_n^{k+1}\neq\lambda_n^k$，故 $\delta\lambda_n^k\neq 0$。

多数情况下，我们可以根据需要控制的位移向量来对结构静力学方程重新进行排序，即重新对结构刚度矩阵、载荷向量以及非平衡力向量进行分块。我们将对峰值反应敏感的位移分量选为人为控制的位移分量，令结构位移增量$\{\delta \boldsymbol{d}_n^k\}$的分量$\{\delta \boldsymbol{d}_n^k\}_2$为所需控制的位移分量，这样就将$\{\delta \boldsymbol{d}_n^k\}$分成两块，迭代公式(5-35)也因此可改写为

$$\begin{bmatrix}[\boldsymbol{K}_{11}(\boldsymbol{d}_n^k)] & [\boldsymbol{K}_{12}(\boldsymbol{d}_n^k)] \\ [\boldsymbol{K}_{21}(\boldsymbol{d}_n^k)] & [\boldsymbol{K}_{22}(\boldsymbol{d}_n^k)]\end{bmatrix}\begin{Bmatrix}\{\delta \boldsymbol{d}_{1n}^{\ k}\} \\ \{\delta \boldsymbol{d}_{2n}^{\ k}\}\end{Bmatrix}=\delta\lambda_n^k\begin{Bmatrix}\{\boldsymbol{F}_1\} \\ \{\boldsymbol{F}_2\}\end{Bmatrix}-\begin{Bmatrix}\{\boldsymbol{\Phi}_1(\boldsymbol{d}_n^k, \lambda_n^k)\} \\ \{\boldsymbol{\Phi}_2(\boldsymbol{d}_n^k, \lambda_n^k)\}\end{Bmatrix} \tag{5-36}$$

令 $\{\delta \boldsymbol{d}_n^k\}_2$ 为给定的数值，即 $\{\delta \boldsymbol{d}_n^k\}_2=\{\delta \widehat{\boldsymbol{d}}\}$（此为当前 $k+1$ 迭代时控制位移的增量数值，一般情况下，迭代结束时的控制位移为以前各次迭代结束时的控制位移增量数值之和）。对式(5-36)进行变量交换，可得到

$$\begin{bmatrix} [\boldsymbol{K}_{11}(\boldsymbol{d}_n^k)] - \{\boldsymbol{F}_1\} \\ [\boldsymbol{K}_{21}(\boldsymbol{d}_n^k)] - \{\boldsymbol{F}_2\} \end{bmatrix} \begin{Bmatrix} \{\delta \boldsymbol{d}_{1n}^{\,k}\} \\ \delta\lambda_n^k \end{Bmatrix} = -\begin{Bmatrix} [\boldsymbol{K}_{12}(\boldsymbol{d}_n^k)] \\ [\boldsymbol{K}_{22}(\boldsymbol{d}_n^k)] \end{Bmatrix} \{\delta \widehat{\boldsymbol{d}}\} - \begin{Bmatrix} \{\boldsymbol{\Phi}_1(\boldsymbol{d}_n^k, \lambda_n^k)\} \\ \{\boldsymbol{\Phi}_2(\boldsymbol{d}_n^k, \lambda_n^k)\} \end{Bmatrix} \tag{5-37}$$

从式(5-37)可以看出，交换变量破坏了结构刚度矩阵的对称性和带宽特性，这给直接求解带来了很大的麻烦，但是可以用下面的方法来解决这个。首先将式(5-37)中的第一项展开，得

$$[\boldsymbol{K}_{11}(\boldsymbol{d}_n^k)]\{\delta \boldsymbol{d}_{1n}^{\,k}\}=\{\boldsymbol{F}_1\}\delta\lambda_n^k-[\boldsymbol{K}_{12}(\boldsymbol{d}_n^k)]\{\delta \widehat{\boldsymbol{d}}\}-\{\boldsymbol{\Phi}_1(\boldsymbol{d}_n^k, \lambda_n^k)\} \tag{5-38}$$

在一个迭代步中，上述方程是线性的，可以假定在载荷增量 $\{\boldsymbol{F}_1\}\delta\lambda_n^k$ 水平下的位移增量 $\{\delta \mathbf{d}_n^k\}_1$ 为两项的线性组合，即

$$\{\delta \boldsymbol{d}_n^k\}_1=\delta\lambda_n^k\{\delta \boldsymbol{d}_n^k\}_1^a+\{\delta \boldsymbol{d}_n^k\}_1^b \tag{5-39}$$

式中，$\{\delta\, \boldsymbol{d}_{1n}^{ak}\}$ 和 $\{\delta\, \boldsymbol{d}_{1n}^{bk}\}$ 分别对应下面两个方程的解，即

$$\begin{cases} [\boldsymbol{K}_{11}(\boldsymbol{d}_n^k)]\{\delta \boldsymbol{d}_{1n}^{\,k}\}=\{\boldsymbol{F}_1\} \\ [\boldsymbol{K}_{11}(\boldsymbol{d}_n^k)]\{\delta \boldsymbol{d}_{1n}^{\,k}\}=-[\boldsymbol{K}_{12}(\boldsymbol{d}_n^k)]\{\delta \widehat{\boldsymbol{d}}\}-\{\boldsymbol{\Phi}_1(\boldsymbol{d}_n^k, \lambda_n^k)\} \end{cases} \tag{5-40}$$

将式(5-39)求解出来的 $\{\delta \mathbf{d}_n^k\}_1$ 代入式(5-37)中的第二项，得

$$[\boldsymbol{K}_{21}(\boldsymbol{d}_n^k)](\delta\lambda_n^k\{\delta \boldsymbol{d}_n^k\}_1^a+\{\delta \boldsymbol{d}_n^k\}_1^b)-\{\boldsymbol{F}_2\}\delta\lambda_n^k=-[\boldsymbol{K}_{22}(\boldsymbol{d}_n^k)]\{\delta \hat{\boldsymbol{d}}\}-\{\boldsymbol{\Phi}_2(\boldsymbol{d}_n^k, \lambda_n^k)\} \tag{5-41}$$

找到合适的载荷因子增量 $\delta\lambda_n^k$ 使其满足方程。至此，只要分块矩阵 $[\boldsymbol{K}_{11}(\boldsymbol{d}_n^k)]$ 不发生奇异，就能在不求解非对称方程式(5-36)的情况下找到合适载荷因子增量 $\delta\lambda_n^k$ 的数值，从而达到了控制位移的目的。

上述分析使用的切线刚度迭代法，在每一次迭代求解中，都要存储新的结构切线刚度矩阵，并对其进行分块，这导致计算量大且在接近极值时计算误差大。为此，有人提出了基于初始刚度迭代（即在第 n 次荷载增量步中采用常刚度迭代技术）的控制位移法。控制位移法最为显著的特点就是在约束（或已知）某个位移分量的基础上进行力的迭代，并寻找满足约束位移分量的结构载荷水平。从广义来说，它属于数学反问题中的一种。控制位移法的关键之处在于如何正确选择敏感度高的位移分量作为控制位移，这要求分析人员事先就对结构的非线性程度和决定因素有较为深入的了解，否则，这种方法难度较大；一旦正确选择了控制位移后，该方法就能够较好地跨越极值点而顺利地进入负刚度阶段，且相对稳定有效。从理论上来说，这种方法可以作为一种全过程分析方法，但在使用时往往只应用于极值点邻近区域，对于多自由度或多构件的结构分析起来较为困难，这是因为在一般情况下大家关注的是一定外力作用下的结构变形及性能，而不是通过已知位移来研究结构的性能。

5.5 增量弧长法

增量弧长法是目前结构非线性分析中数值计算最稳定、计算效率最高且最可靠的迭代

控制方法之一，它能有效地分析结构非线性前后屈曲及屈曲路径。

通过前述内容我们可以得出这样一个结论：无论增量法还是迭代法，包括增量迭代法都是求解在规定载荷水平下结构的变形响应，即在求解过程中控制载荷的水平。与此相反，在控制位移法中则在规定的控制位移增量下反求结构的载荷增量水平。

上述这些方法都是只控制求解过程中的单个目标因素，在求解结构在极值点附近以及负刚度阶段的性能时，则或多或少存在着欠缺，而增量弧长法属于双重目标控方法，即在求解过程中能同时控制载荷因子和位移增量的步长，这在原理方面较上述方面更为合理。增量弧长法是将载荷水平看成一个变量，通过同时约束载荷水平和位移向量来达到对非线性问题求解的一种方法，它属于一种广义的控制位移法。

增量弧长法及其控制方程的原理最早是由 Riks 和 Wempner 提出来的，后经许多人的改进，目前其得到广泛的应用。其基本的控制方程(或称约束方程)为

$$\{\Delta \boldsymbol{d}\}^{\mathrm{T}}\{\Delta \boldsymbol{d}\}+\Delta\lambda^{2}\psi^{2}\{\boldsymbol{F}\}^{\mathrm{T}}\{\boldsymbol{F}\}=\Delta l^{2} \tag{5-42}$$

式中，l 为固定的半径(弧长)，如图 5-8 所示；$\Delta\lambda$ 为载荷因子增量数值；ψ 为载荷比例系数(初始值可由用户输入，在分析中可以让程序根据结构刚度的变化来自动调整数值大小)，用于控制弧长中载荷因子增量所占的比重。

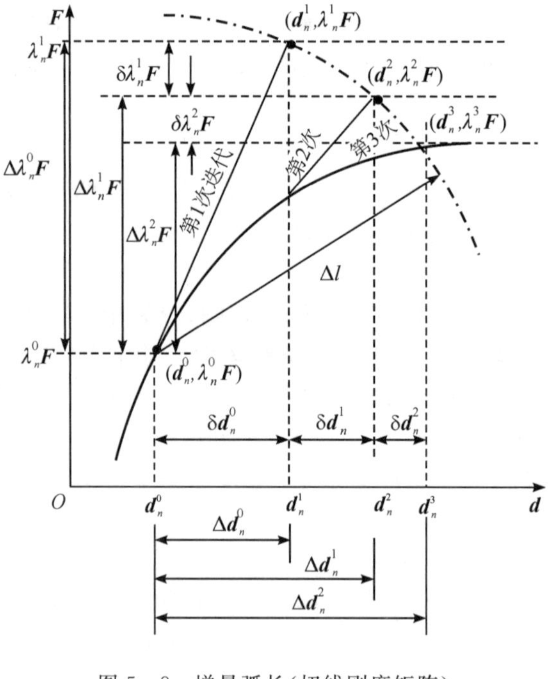

图 5-8　增量弧长(切线刚度矩阵)

在求解过程中，载荷因子增量在迭代中是变化的，而非线性静力平衡的迭代求解公式为

$$[\boldsymbol{K}(\boldsymbol{d}_n^k)]\{\delta \boldsymbol{d}_n^k\}=\lambda_n^{k+1}\{\boldsymbol{F}\}-\{\boldsymbol{P}(\boldsymbol{d}_n^k)\}，\{\boldsymbol{P}(\boldsymbol{d}_n^k)\}=[\boldsymbol{K}(\boldsymbol{d}_n^k)]\{\boldsymbol{d}_n^k\} \tag{5-43}$$

式(5-43)中存在 n 个待求的位移增量，这样在增量弧长法中一共存在 $n+1$ 个待求量，通过约束方程式(5-42)和静力学平衡方程式(5-43)可求解。

在式(5-42)中，如果 $\psi\neq0$，此类弧长法成为球面弧长法；如果 $\psi=0$，此类弧长法就简化为柱面弧长法，这两种构成了弧长法的主要基本体系。我们先以图 5-8 所示的弧长法结

合切线迭代技术来说明球面弧长法的求解策略。在第 n 步荷载增量第 $k+1i$ 次迭代分析中，结构的位移增量$\{\delta \boldsymbol{d}_n^k\}$可由下式来计算：

$$
\begin{aligned}
\{\delta \boldsymbol{d}_n^k\} &= [\boldsymbol{K}(\boldsymbol{d}_n^k)]^{-1}(\lambda_n^{k+1}\{\boldsymbol{F}\} - \{\boldsymbol{P}(\boldsymbol{d}_n^k)\}) \\
&= [\boldsymbol{K}(\boldsymbol{d}_n^k)]^{-1}(\lambda_n^k\{\boldsymbol{F}\} + \delta\lambda_n^k\{\boldsymbol{F}\} - \{\boldsymbol{P}(\boldsymbol{d}_n^k)\}) \\
&= [\boldsymbol{K}(\boldsymbol{d}_n^k)]^{-1}(\delta\lambda_n^k\{\boldsymbol{F}\} - \{\boldsymbol{\Phi}(\boldsymbol{d}_n^k, \lambda_n^k)\}) \\
&= \delta\lambda_n^k[\boldsymbol{K}(\boldsymbol{d}_n^k)]^{-1}\{\boldsymbol{F}\} - [\boldsymbol{K}(\boldsymbol{d}_n^k)]^{-1}\boldsymbol{\Phi}(\boldsymbol{d}_n^k, \lambda_n^k)
\end{aligned}
\tag{5-44}
$$

由于刚度矩阵不对称以及带宽被改变，在通常情况下，若直接联立求解式(5-42)和式(5-43)中的第 $n+1$ 个变量将变得相当困难，故可以参照控制位移法中的做法，将式(5-44)中的$\{\delta \boldsymbol{d}_n^k\}$ 分解为如下两个部分，即

$$
\{\delta \boldsymbol{d}_n^k\} = \delta\lambda_n^k\{\delta \boldsymbol{d}_n^k\}^F + \{\delta \boldsymbol{d}_n^k\}^\Phi \tag{5-45}
$$

以及

$$
\begin{cases}
\{\delta \boldsymbol{d}_n^k\}^F = [\boldsymbol{K}(\boldsymbol{d}_n^k)]^{-1}\{\boldsymbol{F}\} \\
\{\delta \boldsymbol{d}_n^k\} = [\boldsymbol{K}(\boldsymbol{d}_n^k)]^{-1}\boldsymbol{\Phi}(\boldsymbol{d}_n^k, \lambda_n^k)
\end{cases}
\tag{5-46}
$$

则式(5-45)说明$\{\delta \boldsymbol{d}_n^k\}$的第 2 项$\{\delta \boldsymbol{d}_n^k\}^\Phi$ 为采用载荷控制的标准切线刚度迭代求解的结果；式(5-46)说明$\{\delta \boldsymbol{d}_n^k\}$的第 1 项$\{\delta \boldsymbol{d}_n^k\}^F$为参考载荷$\{\boldsymbol{F}\}$下按当前结构刚度$[\boldsymbol{K}(\boldsymbol{d}_n^k)]^{-1}$计算出来的位移增量。如果采用初始刚度迭代技术，如图 5-9 所示，$\{\delta \boldsymbol{d}_n^k\}^F$在整个第 n 步载荷增量分析中将保持定值(也可采用割线刚度迭代技术)。

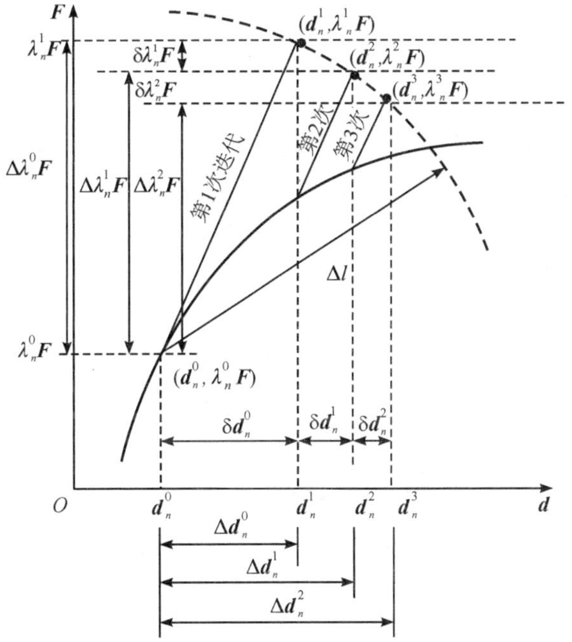

图 5-9　增量弧长(常刚度矩阵)

至此，仍然有一个未知数没有确定下来，那就是载荷因子增量 $\delta\lambda_n^k$。现在只有借助控制方程式($\{\Delta \boldsymbol{d}\}^{\mathrm{T}}\{\Delta \boldsymbol{d}\} + \Delta\lambda^2\psi^2\{\boldsymbol{F}\}^{\mathrm{T}}\{\boldsymbol{F}\} = \Delta l^2$ 来求解。第 k 次迭代结束后相应于迭代初始点的位移增量$\{\Delta \boldsymbol{d}_n^k\}$为

$$
\{\Delta \boldsymbol{d}_n^k\} = \{\Delta \boldsymbol{d}_n^k\} + \{\delta \boldsymbol{d}_n^k\} \tag{5-47}
$$

将式(5-47)代入控制方程式$\{\Delta\boldsymbol{d}\}^{\mathrm{T}}\{\Delta\boldsymbol{d}\}+\Delta\lambda^{2}\psi^{2}\{\boldsymbol{F}\}^{\mathrm{T}}\{\boldsymbol{F}\}=\Delta l^{2}$，并考虑迭代前后弧长保持不变。于是得

$$\{\Delta\boldsymbol{d}_{n}^{k}\}^{\mathrm{T}}\{\Delta\boldsymbol{d}_{n}^{k}\}+\Delta\lambda_{n}^{k\,2}\psi^{2}\{\boldsymbol{F}\}^{\mathrm{T}}\{\boldsymbol{F}\}=\{\Delta\boldsymbol{d}_{n}^{k+1}\}^{\mathrm{T}}\{\Delta\boldsymbol{d}_{n}^{k+1}\}+\Delta\lambda_{n}^{k+1\,2}\psi^{2}\{\boldsymbol{F}\}^{\mathrm{T}}\{\boldsymbol{F}\}=\Delta l^{2} \tag{5-48}$$

式中，$\Delta\lambda_{n}^{k}$和$\Delta\lambda_{n}^{k+1}$分别为第$k+1$次迭代前后荷载因子相对于迭代初始点的增量值，两者之间存在关系

$$\Delta\lambda_{n}^{k+1}=\Delta\lambda_{n}^{k}+\delta\lambda_{n}^{k} \tag{5-49}$$

将式(5-49)代入式(5-48)，展开得到关于$\delta\lambda_{n}^{k}$的一元二次方程式，即

$$A(\delta\lambda_{n}^{k})^{2}+B\delta\lambda_{n}^{k}+C=0 \tag{5-50a}$$

$$A=(\{\delta\boldsymbol{d}_{n}^{k}\}^{F})^{\mathrm{T}}\{\delta\boldsymbol{d}_{n}^{k}\}^{F}+\psi^{2}\{\boldsymbol{F}\}^{\mathrm{T}}\{\boldsymbol{F}\} \tag{5-50b}$$

$$B=2(\{\delta\boldsymbol{d}_{n}^{k}\}^{F})^{\mathrm{T}}(\{\Delta\boldsymbol{d}_{n}^{k}\}+\{\delta\boldsymbol{d}_{n}^{k}\}^{\Phi})+2\Delta\lambda_{n}^{k}\psi^{2}\{\boldsymbol{F}\}^{\mathrm{T}}\{\boldsymbol{F}\} \tag{5-50c}$$

$$C=(\{\Delta\boldsymbol{d}_{n}^{k}\}+\{\delta\boldsymbol{d}_{n}^{k}\}^{\Phi})^{\mathrm{T}}(\{\Delta\boldsymbol{d}_{n}^{k}\}+\{\delta\boldsymbol{d}_{n}^{k}\}^{\Phi})+(\Delta\lambda_{n}^{k})^{2}\psi^{2}\{\boldsymbol{F}\}^{\mathrm{T}}\{\boldsymbol{F}\}-\Delta l^{2} \tag{5-50d}$$

由此可通过求解上述一元二次方程式得到载荷因子的增量$\delta\lambda_{n}^{k}$，从而可进一步确定当前的载荷水平和位移向量

$$\lambda_{n}^{k+1}=\lambda_{n}^{0}+\Delta\lambda_{n}^{k+1}=\lambda_{n}^{k}+\delta\lambda_{n}^{k} \tag{5-51}$$

$$\boldsymbol{d}_{n}^{k+1}=\{\boldsymbol{d}_{n}^{0}\}+\{\Delta\boldsymbol{d}_{n}^{k}\}=\{\boldsymbol{d}_{n}^{k}\}+\{\delta\boldsymbol{d}_{n}^{k}\} \tag{5-52}$$

若载荷增量$\delta\lambda_{n}^{k}=0$，则迭代路径为一条平行于x轴的直线，即退化为牛顿-拉夫逊迭代。

ψ作为载荷比例系数，它在一定程度上反映了其在弧长法迭代过程中的参与程度。它的初始一般由用户输入，其后可由程序根据结构的非线性程度的变化来作自动调整。上述的求解过程较为麻烦，有人研究得出这样的结论，即载荷比例系数ψ对于最终分析结果的影响是很有限的，尤其是在结构非线性程度较高时，影响很小，所以建议在实用分析中可以不考虑载荷项的参与，令$\psi=0$，以减少程序中的未知数和提高求解效率。这样的话从原先所谓的“球面弧长法”(与载荷和位移有关)就会简化为“柱面弧长法”(弧长仅与位移有关)，结构的控制方程式(5-42)则变为

$$\{\Delta\boldsymbol{d}\}^{\mathrm{T}}\{\Delta\boldsymbol{d}\}=\Delta l^{2} \tag{5-53}$$

关于$\delta\lambda_{n}^{k}$的一元二次方程式(5-50)中的系数也相应地简化为

$$A(\delta\lambda_{n}^{k})^{2}+B\delta\lambda_{n}^{k}+C=0 \tag{5-54a}$$

$$A=(\{\delta\boldsymbol{d}_{n}^{k}\}^{F})^{\mathrm{T}}\{\delta\boldsymbol{d}_{n}^{k}\}^{F} \tag{5-54b}$$

$$B=2(\{\delta\boldsymbol{d}_{n}^{k}\}^{F})^{\mathrm{T}}(\{\Delta\boldsymbol{d}_{n}^{k}\}+\{\delta\boldsymbol{d}_{n}^{k}\}^{\Phi}) \tag{5-54c}$$

$$C=(\{\Delta\boldsymbol{d}_{n}^{k}\}+\{\delta\boldsymbol{d}_{n}^{k}\}^{\Phi})^{\mathrm{T}}(\{\Delta\boldsymbol{d}_{n}^{k}\}+\{\delta\boldsymbol{d}_{n}^{k}\}^{\Phi})-\Delta l^{2} \tag{5-54d}$$

由式(5-54)可解出两个根，即$(\delta\lambda_{n}^{k})^{1}$和$(\delta\lambda_{n}^{k})^{2}$，从而得到两个位移增量(相对于迭代初始点)为

$$(\{\Delta\boldsymbol{d}_{n}^{k+1}\})^{1}=\{\Delta\boldsymbol{d}_{n}^{k}\}+(\delta\lambda_{n}^{k})^{1}\{\delta\boldsymbol{d}_{n}^{k}\}^{F}+\{\delta\boldsymbol{d}_{n}^{k}\}^{\Phi} \tag{5-55a}$$

$$(\Delta\boldsymbol{d}_{n}^{k+1})^{2}=\{\Delta\boldsymbol{d}_{n}^{k}\}+(\delta\lambda_{n}^{k})^{2}\{\delta\boldsymbol{d}_{n}^{k}\}^{F}+\{\delta\boldsymbol{d}_{n}^{k}\}^{\Phi} \tag{5-55b}$$

为了保证迭代的方向尽量一致，可以根据结束前后位移增量$\{\Delta\boldsymbol{d}_{n}^{k}\}$和$\{\Delta\boldsymbol{d}_{n}^{k+1}\}$(相对于迭代初始点)的夹角最小来判别哪一个根更为合理。两个向量之间的夹角可以按下式确定：

$$\cos\beta=\frac{\{\Delta \boldsymbol{d}_n^{k+1}\}^{\mathrm{T}}\{\Delta \boldsymbol{d}_n^k\}}{\Delta l^2} \tag{5-56}$$

通过前面的相关描述可知，要想得到载荷因子的增量 $\delta\lambda_n^k$，则必须要解一元二次方程，而且在柱面弧长法中还需要进行筛选工作，此计算量相当大。为此，有人提出了一种简化控制方程，即用垂直于迭代向量的平面代替圆弧，把弧长不变(图 5-9 中的圆弧半径为定值)的条件改为向量 $\boldsymbol{r}_n^k$ 与向量 $\Delta\boldsymbol{a}_n^k$ 相垂直(见图 5-10)，即满足下列控制方程：

$$\boldsymbol{r}_n^k\cdot\Delta\boldsymbol{a}_n^k=0 \tag{5-57}$$

其中，向量$\boldsymbol{r}_n^k$ 与向量 $\Delta\boldsymbol{a}_n^k$ 分别表示为

$$\boldsymbol{r}_n^k=(\{\boldsymbol{d}_n^k\}-\{\boldsymbol{d}_n^0\},\ \lambda_n^k\{\boldsymbol{F}\}-\lambda_n^0\{\boldsymbol{F}\})=(\{\Delta\boldsymbol{d}_n^k\},\ \Delta\lambda_n^k\{\boldsymbol{F}\}) \tag{5-58}$$

$$\Delta\boldsymbol{a}_n^k=(\{\boldsymbol{d}_n^{k+1}\}-\{\boldsymbol{d}_n^k\},\ \lambda_n^{k+1}\{\boldsymbol{F}\}-\lambda_n^k\{\boldsymbol{F}\})=(\{\delta\boldsymbol{d}_n^k\},\ \delta\lambda_n^k\{\boldsymbol{F}\}) \tag{5-59}$$

将式 (5-58)和式(5-59)代入式(5-57)，得到

$$\{\Delta\boldsymbol{d}_n^k\}^{\mathrm{T}}\{\delta\boldsymbol{d}_n^k\}+\delta\lambda_n^k\Delta\lambda_n^k\{\boldsymbol{F}\}^{\mathrm{T}}\{\boldsymbol{F}\}=0 \tag{5-60}$$

可以将式(5-60)中的$\{\delta\boldsymbol{d}_n^k\}$分解为如下两个部分，即

$$\{\delta\boldsymbol{d}_n^k\}=\delta\lambda_n^k\{\delta\boldsymbol{d}_n^k\}^F+\{\delta\boldsymbol{d}_n^k\}^\Phi \tag{5-61}$$

其中，由式(5-46)可知

$$\{\delta\boldsymbol{d}_n^k\}^F=[\boldsymbol{K}(\boldsymbol{d}_n^k)]^{-1}\{\boldsymbol{F}\} \tag{5-62a}$$

$$\{\delta\boldsymbol{d}_n^k\}^\Phi=[\boldsymbol{K}(\boldsymbol{d}_n^k)]^{-1}\boldsymbol{\Phi}(\boldsymbol{d}_n^k,\ \lambda_n^k) \tag{5-62b}$$

代入式(5-60)，得

$$\delta\lambda_n^k=\frac{(\{\Delta\boldsymbol{d}_n^k\})^{\mathrm{T}}\{\delta\boldsymbol{d}_n^k\}^\Phi}{(\{\delta\boldsymbol{d}_n^k\})^{\mathrm{T}}\{\delta\boldsymbol{d}_n^k\}^F+\Delta\lambda_n^k\{\boldsymbol{F}\}^{\mathrm{T}}\{\boldsymbol{F}\}} \tag{5-63}$$

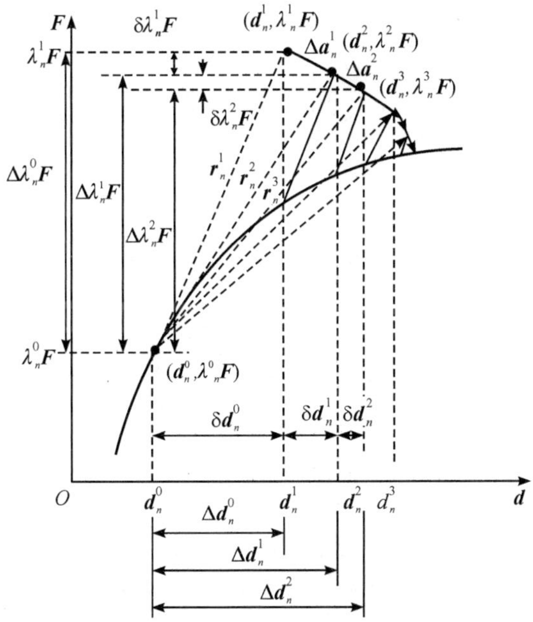

图 5-10　增量弧长的简化(常刚度矩阵)

在增量弧长法中，载荷增量预测因子 $\Delta\lambda_n^0$ 的大小和增量长度(弧长)Δl 的长短决定了在当前载荷增量步分析中的迭代速度和迭代次数，其也影响着迭代的收敛结果。所以，这

两个参数的确定是弧长法中的关键部分，它们之间也是相互关联的。根据迭代，可表示为第 n 步载荷增量第 1 次迭代的位移增量，再结合式(5-62)，有

$$\{\Delta \boldsymbol{d}_n^1\}=[\boldsymbol{K}(\boldsymbol{d}_n^0)]^{-1}\Delta\lambda_n^0\{\boldsymbol{F}\}=\Delta\lambda_n^0([\boldsymbol{K}(\boldsymbol{d}_n^0)]^{-1}\{\boldsymbol{F}\})=\Delta\lambda_n^0\{\delta \boldsymbol{d}_n^0\}^F \tag{5-64}$$

式中，$[\boldsymbol{K}(\boldsymbol{d}_n^0)]$为增量分析起始点处的结构切线刚度矩阵，将其代入式(5-54)有

$$\Delta\lambda_n^0=\mathrm{sgn}(|\boldsymbol{K}(\boldsymbol{d}_n^0)|)\frac{\Delta l_0}{\sqrt{(\{\delta \boldsymbol{d}_n^0\})^{\mathrm{T}}\{\delta \boldsymbol{d}_n^0\}}} \tag{5-65}$$

其中，sgn() 为数学中的符号函数，用来表示随着结构切线刚度矩阵正定特性的改变，其载荷增量也相应地发生变化。当结构刚度正定时，它是处于正向加载阶段，载荷增量预测因子 $\Delta\lambda_n^0$ 也为正；反之亦然。刚度矩阵的正负定特性可由对刚度矩阵$[\boldsymbol{K}(\boldsymbol{d}_n^0)]$进行三角分解(即$[\boldsymbol{K}(\boldsymbol{d}_n^0)]=[\boldsymbol{L}][\boldsymbol{D}][\boldsymbol{L}]^{\mathrm{T}}$ 分解)来判断，即检查$[\boldsymbol{D}]$矩阵有无负元素，如无，则刚度矩阵正定，否则为负定矩阵。

不难看出，Δl 的选择对迭代过程影响很大。在结构分析中，弧长通常根据结构的受力性能变化而变化的，当结构非线性程度较高时，可适当降低增量弧长，以保证收敛性；当结构线性程度较高时，可适当增大增量弧长，以加速求解过程。这些可以通过程序来自动实现，所以弧长法又称为自动步长法之一。增量弧长 Δl 的确定包括两个方面的内容，即确定初始增量弧长和增量弧长自动调整规则。初始增量弧长 Δl_0 可以通过以下几种途径来获得：

(1) 施加一个规定的初始载荷水平(可设置为对应结构线弹性极限左右的载荷水平)来确定。

(2) 参照早期分析中应用其他分析方法的结果。在早期分析中可以考虑采用其他的分析方法，如迭代法、增量法或控制位移法，然后在临界点附近转换为弧长法，弧长法的初始增量弧长 $\Delta\lambda_n^0$ 可以参考此前的数值。

(3) 由式(5-64)和式(5-65)计算。在给定载荷因子增量后，可由式 (5-64)计算出$\{\Delta \boldsymbol{d}_n^1\}$，再由式(5-65)计算出 Δl_0。

弧长法适用性很强，收敛性和鲁棒性明显好于其他处理负刚度问题的方法，它既可以用于加工软化结构，也可以适用于加工硬化结构，在非线性程度较高的体系应优先考虑采用该方法；但是该方法的计算量相当大，对一般的非线性问题，可以考虑其他简单有效的计算方法。其求解步骤如下：

(1) 对于第 1 个载荷增量步($n=1$)第 1 次迭代($k=1$)分析时，选定参考载荷 $\lambda_1^1\{\boldsymbol{F}\}$(即确定了 λ_1^1，如果无预加应力或初应力，则 $\lambda_1^1=\Delta\lambda_1^0$)，确定初始弧长增量 Δl_0。

(2) 输入期望迭代次数 $k=m$ 或采用其他方法终止迭代；如果采用球面弧长法，输入载荷比例系数 ψ。

(3) 存储结构初始切线刚度。

(4) 在第 n 次载荷增量步分析中，迭代流程如下：

① 求解出$\{\Delta \boldsymbol{d}_n^1\}$；记录迭代次数 $k=1$；修正切线刚度矩阵并三角化，检查对角元，如正定则加载，负定则加负载荷；如矩阵对应行列式为零，则达到极限载荷。

② 更新结构第 k 次迭代的位移向量$\{\boldsymbol{d}_n^k\}$，计算结构的恢复力向量$\{\boldsymbol{P}(\boldsymbol{d}_n^k)\}$和非平衡力向量 $\boldsymbol{\Phi}(\boldsymbol{d}_n^k)$；如果采用切线刚度迭代技术，则要根据当前结构的变形向量$\{\boldsymbol{d}_n^k\}$ 更新结构切线刚度矩阵；如果采用初始刚度迭代技术，则只需在每一次增量分析中的初始迭代中根

据上一次增量结束时的结构位移向量来更新结构刚度即可，在增量步中不再更新结构刚度矩阵。

③ 计算 $\{\delta \boldsymbol{d}_n^k\}^F$ 和 $\{\delta \boldsymbol{d}_n^k\}^\Phi$，对于采用初始刚度迭代技术时，$\{\delta \boldsymbol{d}_n^k\}^F$ 在整个增量步迭代中为一恒定值，不必重复计算。

④ 利用控制方程式(5－50a)、式(5－54a)或式(5－64)来求解载荷因子增量 $\delta\lambda_n^k$. 按式(5－45)和式(5－61)计算出 $\{\delta \boldsymbol{d}_n^k\}$，由式(5－51)和式(5－52)更新当前的载荷水平 λ_n^{k+1} 和位移向量 $\{\boldsymbol{d}_n^{k+1}\}$，并进行收敛性判别。

⑤ 如满足收敛准则，则中止当前增量步下的迭代进程，记录迭代次数，进入步骤⑥；如不满足收敛准则，则需要继续迭代，记录迭代次数，令 $k=k+1$，重复步骤②～⑤。

⑥ 判别当前载荷水平是否达到期望值或超过一定的增量步数。如是，则分析彻底结束，输出结果数据；如不是，则令 $n=n+1$，更新结构切线刚度矩阵，计算当前增量步中的弧长增量 Δl_0 并返回步骤①。

第 6 章

非线性动力学问题的数值解法

前几章主要介绍了涉及材料非线性、几何非线性以及接触非线性静力学问题的理论、分析及数值解法。在静力学问题中只考虑位移，不涉及速度和加速度，也就是作用在结构上的载荷是缓慢变化的，在结构平衡方程中只涉及外加载荷和恢复力，不涉及阻尼力和惯性力。在实际工程中，外加载荷通常为动载荷，在结构建模分析过程中需要考虑与速度、加速度有关的力，这就是结构的动力学问题。动力学问题比静力学问题复杂得多，它随时间变化而变形，并会影响材料本构关系。为了简化问题，在应变率比较低的情形下在动力分析中可以仍然采用静力本构关系。从数学求解的角度来看，结构的动力响应求解问题就转化为带初值条件和边值条件下的非线性二阶微分方程组的求解问题。

对于某一具体结构，利用有限元方法建立其动力学模型，在静力学方程的基础上，由于在平衡方程中出现了惯性力和阻尼力，从而引入了质量阵和阻尼阵。考虑非线性效应时，主要考虑的是非线性对刚度阵的影响，刚度阵表现为随位移变化的矩阵，即其非线性问题的动力有限元控制方程如下所示：

$$[\boldsymbol{M}]\{\ddot{\boldsymbol{d}}(t)\}+[\boldsymbol{C}]\{\dot{\boldsymbol{d}}(t)\}+[\boldsymbol{K}]\{\boldsymbol{d}(t)\}=\{\boldsymbol{F}(t)\} \tag{6-1}$$

式中，$[\boldsymbol{M}]$、$[\boldsymbol{C}]$、$[\boldsymbol{K}]$分别为结构的质量、阻尼和刚度矩阵；$\{\boldsymbol{F}[t]\}$为载荷列矢量；$\{\ddot{\boldsymbol{d}}(t)\}$、$\{\dot{\boldsymbol{d}}\}(t)$和$\{\boldsymbol{d}(t)\}$分别是加速度、速度和位移列矢量；$t$ 为时间。

对式(6－1)求解，可以采用分段线性化的方法，在各时间间隔内可以近似认为结构是线性的。

从结构动力学响应分析的角度来看，常用方法可以分为两大类：

(1) 直接积分方法，它对控制方程直接用数值积分的方法，即在时域上一步一步地对方程进行积分。其不要求在求解时间区间内任意时刻 t 都满足式(6－1)，而是在相隔 Δt 上的一些离散时刻$[t_0, t_1, \cdots, t_i, \cdots, t_n]$满足式(6－1)，即求解响应$\{\boldsymbol{d}(t)\}$在各离散时刻的近似值$\boldsymbol{d}(t_i)$ $(i=0, 1, 2, \cdots, n)$。

(2) 模态叠加方法，这种方法将非线性问题分段线性化后，在各计算步长内，利用结构线性实模态理论，从物理空间转换到模态空间，将问题通过模态解耦，也可以理解成将物理空间的耦合方程组转换到模态空间变成解耦的方程组，将多自由度系统解耦成多个单自由度系统，使求解过程简化。

方法(2)的物理意义比较清楚。

6.1 直接积分法

直接积分方法在时间域 $0\leqslant t\leqslant T$ 内进行离散时不要求任何时刻都满足动力学方程，而仅要求在时间离散点上满足动力学方程。已知初始时刻 $t=0$ 的位移和速度，逐步计算 Δt，$2\Delta t$，$3\Delta t$，…时刻的位移、速度和加速度，直到获得 $t=T$ 的结果，从而得到结构动力响应的全过程。在时间间隔 Δt 内位移、速度和加速度的变化规律是假设的，采用不同的假设能得到不同的直接积分方法。直接积分方法很多，收敛性、稳定性以及计算精度各不相同。

直接积分法可分为显式时间积分法和隐式积分法。显式时间积分法是在第 k 步计算中满足 t_k 时刻动力学方程的计算方法，在进行结构响应的计算过程中，为了提高计算精度，计算步长需要选得比较小，否则，误差在计算过程中不断累积，将导致结果发散，如中心差分法；而隐式积分法是在第 k 步计算中满足 t_{k+1} 时刻动力学方程的计算方法，由于其包含未知的结构响应，所以需要通过反复迭代的方法计算 t_{k+1} 时刻的响应。常用的隐式积分法包括纽马克(Newmark)法和威尔逊(Wilson)法，它们是结构动力学响应分析中最常用的方法。

6.1.1 中心差分法

中心差分法是指结构动力学中用有限差分代替位移对时间的求导，对位移一阶求导得到速度，对位移二阶求导得加速度。

首先，在第 k 个载荷增量($t_k\leqslant t\leqslant t_{k+1}$)内，采用前个载荷增量完成下的切线刚度矩阵 $[\boldsymbol{K}_{\mathrm{T}}]$，非线性动力学方程式(6－1)可写成

$$[\boldsymbol{M}]\{\ddot{\boldsymbol{d}}(t)\}+[\boldsymbol{C}]\{\dot{\boldsymbol{d}}(t)\}+[\boldsymbol{K}_{\mathrm{T}}]\{\boldsymbol{d}(t)\}=\{\boldsymbol{F}(t)\} \tag{6-2}$$

将 t_k 时刻的速度$\{\dot{\boldsymbol{d}}(t_k)\}$和加速度$\{\ddot{\boldsymbol{d}}(t_k)\}$用差分表示为

$$\{\dot{\boldsymbol{d}}(t_k)\}=\frac{1}{2\Delta t}[\{\boldsymbol{d}(t_{k+})\}-\{\boldsymbol{d}(t_{k-1})\}] \tag{6-3}$$

$$\{\ddot{\boldsymbol{d}}(t_k)\}=\frac{1}{\Delta t^2}[\{\boldsymbol{d}(t_{k+1})\}-2\{\boldsymbol{d}(t_k)\}+\{\boldsymbol{d}(t_{k-1})\}] \tag{6-4}$$

其中，下标 k 表示 t_k 时刻，Δt 为计算步长。

在 t_k 时刻动力学平衡方程满足，由方程式(6－2)，有

$$[\boldsymbol{M}]\{\ddot{\boldsymbol{d}}_k\}+[\boldsymbol{C}]\{\dot{\boldsymbol{d}}_k\}+[\boldsymbol{K}_{\mathrm{T}}]\{\boldsymbol{d}_k\}=\{\boldsymbol{F}_k\} \tag{6-5}$$

将式(6－3)和式(6－4)代入到式(6－5)中，可得如下迭代关系，即

$$\left(\frac{1}{\Delta t^2}[\boldsymbol{M}]+\frac{1}{2\Delta t}[\boldsymbol{C}]\right)\{\boldsymbol{d}_{k+1}\}=\{\boldsymbol{F}_k\}-\left([\boldsymbol{K}_{\mathrm{T}}]-\frac{2}{\Delta t^2}[\boldsymbol{M}]\right)\{\boldsymbol{d}_k\}-\left(\frac{1}{\Delta t^2}[\boldsymbol{M}]-\frac{1}{2\Delta t}[\boldsymbol{C}]\right)\{\boldsymbol{d}_{k-1}\} \tag{6-6}$$

可见，在已知 t_0 和 t_1 时刻的位移中，可通过迭代公式(6－6)求得各个时刻的位移、速度和加速度量。

作为显式时间积分法，中心差分法中 t_{k+1} 时刻的位移$\{\boldsymbol{d}_{k+1}\}$是利用在 t_k 时刻的结构平衡条件式(6－5)计算获得的；使用式(6－6)计算$\{\boldsymbol{d}_{k+1}\}$时，需要 t_{k-1} 和 t_k 时刻的位移值

$\{\boldsymbol{d}_{k-1}\}$和$\{\boldsymbol{d}_k\}$，所以需要初始条件$\{\boldsymbol{d}_{-1}\}$和$\{\boldsymbol{d}_0\}$。已知初始条件$\{\boldsymbol{d}_0\}$和$\{\dot{\boldsymbol{d}}_0\}$，可由式(6－5)求得$\{\ddot{\boldsymbol{d}}_0\}$，由式(6－3)和式(6－4)可求得$\{\boldsymbol{d}_{-1}\}$如下：

$$\{\boldsymbol{d}_{-1}\}=\{\boldsymbol{d}_0\}-\Delta t\{\dot{\boldsymbol{d}}_0\}+\frac{\Delta t^2}{2}\{\ddot{\boldsymbol{d}}_0\} \tag{6-7}$$

为了保证收敛，中心差分法所要求的步长Δt不能超过其临界步长Δt_c，对于一个n自由度系统，其第n阶固有频率为ω_n，则临界步长可按下式设定：

$$\Delta t_c \leqslant \frac{2}{\omega_n} \tag{6-8}$$

中心差分法是一种条件稳定的非线性动力学分析方法，有其局限性；若使用的时间步长Δt小于临界时间步长Δt_c的差分格式，则称为条件稳定。若使用一个大于Δt_{cr}的时间步长，则积分将是不稳定的，此时误差会累积增大。所以这一缺点导致了它在使用上具有很大的局限性。对于高维结构而言，其高阶频率比较高(趋于无穷大)，临界步长会很小(趋于零)，这样将导致计算效率的降低，甚至不可能完成。针对此种情况，需要对系统进行降阶，这也就产生了高阶频率成分的信息丢失。

6.1.2 线性加速度方法

线性加速度方法是一种加速度方法，它是根据时间增量内假定的加速度按线性变化来计算结构动力响应的方法。

假设在t_k和t_{k+1}时刻之间加速度变化规律为

$$\{\ddot{\boldsymbol{d}}(t)\}=\{\ddot{\boldsymbol{d}}(t_k)\}+\frac{\{\ddot{\boldsymbol{d}}(t_{k+1})\}-\{\ddot{\boldsymbol{d}}(t_k)\}}{\Delta t}(t-t_k),\ t_k\leqslant t\leqslant t_{k+1} \tag{6-9}$$

对式(6－9)积分可获得速度$\{\dot{\boldsymbol{d}}(t)\}$和位移$\{\boldsymbol{d}(t)\}$为

$$\begin{aligned}\{\dot{\boldsymbol{d}}(t)\}&=\{\dot{\boldsymbol{d}}(t_k)\}+\int_{t_k}^{t}\{\ddot{\boldsymbol{d}}(t)\}\mathrm{d}t\\&=\{\dot{\boldsymbol{d}}(t_k)\}+\{\ddot{\boldsymbol{d}}(t_k)\}(t-t_k)+\frac{1}{2}\frac{\{\ddot{\boldsymbol{d}}(t_{k+1})\}-\{\ddot{\boldsymbol{d}}(t_k)\}}{\Delta t}(t-t_k)^2\end{aligned} \tag{6-10}$$

$$\begin{aligned}\{\boldsymbol{d}(t)\}&=\{\boldsymbol{d}(t_k)\}+\int_{t_k}^{t}\{\dot{\boldsymbol{d}}(t)\}\mathrm{d}t\\&=\{\boldsymbol{d}(t_k)\}+\{\dot{\boldsymbol{d}}(t_k)\}(t-t_k)+\frac{1}{2}\{\ddot{\boldsymbol{d}}(t_k)\}(t-t_k)^2+\\&\quad\frac{1}{6}\frac{\{\ddot{\boldsymbol{d}}(t_{k+1})\}-\{\ddot{\boldsymbol{d}}(t_k)\}}{\Delta t}(t-t_k)^3\end{aligned} \tag{6-11}$$

从式(6－10)和式(6－11)中可求得，t_{k+1}时刻的速度和加速度用t_k时刻的信息(位移、速度和加速度)以及t_{k+1}时刻的位移可表示为

$$\{\ddot{\boldsymbol{d}}(t_{k+1})\}=\frac{6}{\Delta t^2}(\{\boldsymbol{d}(t_{k+1})\}-\{\boldsymbol{d}(t_k)\})-\frac{6}{\Delta t}\{\dot{\boldsymbol{d}}(t_k)\}-2\{\ddot{\boldsymbol{d}}(t_k)\} \tag{6-12}$$

$$\{\dot{\boldsymbol{d}}(t_{k+1})\}=\frac{3}{\Delta t}(\{\boldsymbol{d}(t_{k+1})\}-\{\boldsymbol{d}(t_k)\})-2\{\dot{\boldsymbol{d}}(t_k)\}-\frac{\Delta t}{2}\{\ddot{\boldsymbol{d}}(t_k)\} \tag{6-13}$$

在 t_{k+1} 时刻满足结构动力学方程为

$$[\boldsymbol{M}]\{\ddot{\boldsymbol{d}}(t_{k+1})\}+[\boldsymbol{C}]\{\dot{\boldsymbol{d}}(t_{k+1})\}+[\boldsymbol{K}]\{\boldsymbol{d}(t_{k+1})\}=\{\boldsymbol{F}(t_{k+1})\} \tag{6-14}$$

$$[\overline{\boldsymbol{K}}_{t_{k+1}}]\{\boldsymbol{d}(t_{k+1})\}=\{\overline{\boldsymbol{F}}_{t_{k+1}}\} \tag{6-15}$$

可得到 t_{k+1} 时刻的加速度为

$$[\overline{\boldsymbol{K}}_{t_{k+1}}]=[\boldsymbol{K}]+\frac{6}{(\Delta t)^2}[\boldsymbol{M}]+\frac{3}{\Delta t}[\boldsymbol{C}] \tag{6-16}$$

$$\begin{aligned}\{\overline{\boldsymbol{F}}_{t_{k+1}}\}=&\{\boldsymbol{F}(t_{k+1})\}+[\boldsymbol{M}]\left(\frac{6}{\Delta t^2}\{\boldsymbol{d}(t_k)\}+\frac{6}{\Delta t}\{\dot{\boldsymbol{d}}(t_k)\}+2\{\ddot{\boldsymbol{d}}(t_k)\}\right)+\\&[\boldsymbol{C}]\left(\frac{3}{\Delta t}\{\boldsymbol{d}(t_k)\}+2\{\dot{\boldsymbol{d}}(t_k)\}+\frac{\Delta t}{2}\{\ddot{\boldsymbol{d}}(t_k)\}\right)\end{aligned} \tag{6-17}$$

这样，由已知的 t 时刻状态向量和 $t+\Delta t$ 时刻的载荷，可求得 $t+\Delta t$ 时刻的状态向量，重复上述过程，即可求得动力响应全过程。

6.1.3　平均加速度方法

假设在 t_k 和 t_{k+1} 时刻之间加速度为平均值，即

$$\{\ddot{\boldsymbol{d}}(t)\}=\frac{1}{2}(\{\ddot{\boldsymbol{d}}(t_k)\}+\{\ddot{\boldsymbol{d}}(t_{k+1})\}) \tag{6-18}$$

对式(6-18)积分可获得速度和位移为

$$\{\dot{\boldsymbol{d}}(t)\}=\{\dot{\boldsymbol{d}}(t_k)\}+\frac{1}{2}(\{\ddot{\boldsymbol{d}}(t_k)\}+\{\ddot{\boldsymbol{d}}(t_{k+1})\})(t-t_k) \tag{6-19}$$

$$\{\boldsymbol{d}(t)\}=\{\boldsymbol{d}(t_k)\}+\{\dot{\boldsymbol{d}}(t_k)\}(t-t_k)+\frac{1}{4}(\{\ddot{\boldsymbol{d}}(t_k)\}+\{\ddot{\boldsymbol{d}}(t_{k+1})\})(t-t_k)^2 \tag{6-20}$$

从式(6-19)和式(6-20)中可求得，t_{k+1} 时刻的速度和加速度用 t_k 时刻的信息(位移、速度和加速度)以及 t_{k+1} 时刻的位移表示为

$$\{\ddot{\boldsymbol{d}}(t_{k+1})\}=\frac{4}{\Delta t^2}(\{\boldsymbol{d}(t_{k+1})\}-\{\boldsymbol{d}(t_k)\})-\frac{4}{\Delta t}\{\dot{\boldsymbol{d}}(t_k)\}-\{\ddot{\boldsymbol{d}}(t_k)\} \tag{6-21a}$$

$$\{\dot{\boldsymbol{d}}(t_{k+1})\}=\frac{2}{\Delta t}(\{\boldsymbol{d}(t_{k+1})\}-\{\boldsymbol{d}(t_k)\})-\{\dot{\boldsymbol{d}}(t_k)\}-\frac{\Delta t}{2}\{\ddot{\boldsymbol{d}}(t_k)\} \tag{6-21b}$$

在 t_{k+1} 时刻满足结构动力学方程为

$$[\boldsymbol{M}]\{\ddot{\boldsymbol{d}}(t_{k+1})\}+[\boldsymbol{C}]\{\dot{\boldsymbol{d}}(t_{k+1})\}+[\boldsymbol{K}]\{\boldsymbol{d}(t_{k+1})\}=\{\boldsymbol{F}(t_{k+1})\} \tag{6-22}$$

可得到计算 t_{k+1} 时刻位移的表达式为

$$[\overline{\boldsymbol{K}}_{t_{k+1}}]\{\boldsymbol{d}(t_{k+1})\}=\{\overline{\boldsymbol{F}}_{t_{k+1}}\} \tag{6-23}$$

可得到 t_{k+1} 时刻的加速度为

$$[\overline{\boldsymbol{K}}_{t_{k+1}}]=[\boldsymbol{K}]+\frac{4}{(\Delta t)^2}[\boldsymbol{M}]+\frac{2}{\Delta t}[\boldsymbol{C}] \tag{6-24}$$

$$\begin{aligned}\{\overline{\boldsymbol{F}}_{t_{k+1}}\}=&\{\boldsymbol{F}(t_{k+1})\}+[\boldsymbol{M}]\left(\frac{4}{\Delta t^2}\{\boldsymbol{d}(t_k)\}+\frac{4}{\Delta t}\{\dot{\boldsymbol{d}}(t_k)\}+\{\ddot{\boldsymbol{d}}(t_k)\}\right)+\\&[\boldsymbol{C}]\left(\frac{2}{\Delta t}\{\boldsymbol{d}(t_k)\}+\{\dot{\boldsymbol{d}}(t_k)\}+\frac{\Delta t}{2}\{\ddot{\boldsymbol{d}}(t_k)\}\right)\end{aligned} \tag{6-25}$$

6.1.4 威尔逊法

威尔逊(Wilson)法是线性加速度法的一种拓展，假定在某一时间间隔 Δt 以外，加速度仍可线性外推，即在时间间隔 $\theta\Delta t(\theta\geqslant 1)$ 内加速度按线性从$\{\ddot{\boldsymbol{d}}(t)\}$变化为$\{\ddot{\boldsymbol{d}}(t+\theta\Delta t)\}$，所以在间隔内任意时刻 τ 的加速度为

$$\{\ddot{\boldsymbol{d}}(t+\tau)\}=\{\ddot{\boldsymbol{d}}(t)+\frac{(\{\ddot{\boldsymbol{d}}(t+\theta\Delta t)\}-\{\ddot{\boldsymbol{d}}(t)\})}{\theta\Delta t}\tau \tag{6-26}$$

式中，θ 为参数，可根据积分的稳定性和精度进行选取，一般要求大于 1。当 $\theta=1$，退化为线性加速度法。

对式(6-26)积分可得到速度与位移为

$$\{\dot{\boldsymbol{d}}(t+\tau)\}=\{\dot{\boldsymbol{d}}(t)\}+\{\ddot{\boldsymbol{d}}(t)\}\tau+\frac{(\{\ddot{\boldsymbol{d}}(t+\theta\Delta t)\}-\{\ddot{\boldsymbol{d}}(t)\})}{2\theta\Delta t}\tau^2 \tag{6-27}$$

$$\{\boldsymbol{d}(t+\tau)\}=\{\boldsymbol{d}(t)\}+\{\dot{\boldsymbol{d}}(t)\}\tau+\frac{1}{2}\{\ddot{\boldsymbol{d}}(t)\}\tau^2+\frac{(\{\ddot{\boldsymbol{d}}(t+\theta\Delta t)\}-\{\ddot{\boldsymbol{d}}(t)\})}{6\theta\Delta t}\tau^3 \tag{6-28}$$

令 $\tau=\theta\Delta t$，则可得在$(t+\theta\Delta t)$时刻的速度和位移为

$$\{\dot{\boldsymbol{d}}(t+\theta\Delta t)\}=\{\dot{\boldsymbol{d}}(t)\}+\frac{\theta\Delta t}{2}(\{\ddot{\boldsymbol{d}}(t+\theta\Delta t)\}+\{\ddot{\boldsymbol{d}}(t)\}) \tag{6-29}$$

$$\{\boldsymbol{d}(t+\theta\Delta t)\}=\{\boldsymbol{d}(t)\}+\{\dot{\boldsymbol{d}}(t)\}\theta\Delta t+\frac{\theta^2\Delta t^2}{6}(\{\ddot{\boldsymbol{d}}(t+\theta\Delta t)\}+2\{\ddot{\boldsymbol{d}}(t)\}) \tag{6-30}$$

将 $t+\theta\Delta t$ 的加速度$\{\ddot{\boldsymbol{d}}(t+\theta\Delta t)\}$和速度$\{\dot{\boldsymbol{d}}(t+\theta\Delta t)\}$用 $t+\theta\Delta t$ 的位移以及 t 时刻的状态量来表示为

$$\{\ddot{\boldsymbol{d}}(t+\theta\Delta t)\}=\frac{6}{\theta^2\Delta t^2}(\{\boldsymbol{d}(t+\theta\Delta t)\}-\{\boldsymbol{d}(t)\})-\frac{6}{\theta\Delta t}\{\dot{\boldsymbol{d}}(t)\}-2\{\ddot{\boldsymbol{d}}(t)\} \tag{6-31}$$

$$\{\dot{\boldsymbol{d}}(t+\theta\Delta t)\}\}=\frac{3}{\theta\Delta t}(\{\boldsymbol{d}(t+\theta\Delta t)\}-\{\boldsymbol{d}(t)\})-2\{\dot{\boldsymbol{d}}(t)\}-\frac{\theta\Delta t}{2}\{\ddot{\boldsymbol{d}}(t)\} \tag{6-32}$$

将式(6-31)和式(6-32)代入在 $t+\theta\Delta t$ 时刻系统满足的动力平衡方程，即

$$[\boldsymbol{M}]\{\ddot{\boldsymbol{d}}(t+\theta\Delta t)\}+[\boldsymbol{C}]\{\dot{\boldsymbol{d}}(+\theta\Delta t)\}+[\boldsymbol{K}]\{\boldsymbol{d}(t+\theta\Delta t)\}=\{\bar{\boldsymbol{F}}(t+\theta\Delta t)\} \tag{6-33}$$

其中，考虑到 $\theta\Delta t$ 内加速度线性变化，故可认为载荷在 $\theta\Delta t$ 内也线性变化，则有

$$\{\bar{\boldsymbol{F}}(t+\theta\Delta t)=\{\boldsymbol{F}(t)\}+\theta(\{\boldsymbol{F}(t+\Delta t)\}-\{\boldsymbol{F}(t)\})$$

整理可得

$$\left([\boldsymbol{K}]+\frac{6}{(\theta\Delta t)^2}[\boldsymbol{M}]+\frac{3}{\theta\Delta t}[\boldsymbol{C}]\right)\{\boldsymbol{d}(t+\theta\Delta t)\}=\{\boldsymbol{F}(t)\}+$$

$$\theta(\{\boldsymbol{F}(t+\Delta t)\}-\{\boldsymbol{F}(t)\})+[\boldsymbol{M}]\left(\frac{6}{(\theta\Delta t)^2}\{\boldsymbol{d}(t)\}+\frac{6}{(\theta\Delta t)}\{\dot{\boldsymbol{d}}(t)\}+\{\ddot{\boldsymbol{d}}(t)\}\right)+$$
$$[\boldsymbol{C}]\left(\frac{3}{(\theta\Delta t)^2}\{\boldsymbol{d}(t)\}+2\{\dot{\boldsymbol{d}}(t)\}+\frac{\theta\Delta t}{2}\{\ddot{\boldsymbol{d}}(t)\}\right) \tag{6-34}$$

即可以求得$\{\boldsymbol{d}(t+\theta\Delta t)\}$。

将$\{\boldsymbol{d}(t+\theta\Delta t)\}$分别代入式(6－27)和式(6－28)中，并令$\tau=\Delta t$，可得

$$\{\ddot{\boldsymbol{d}}(t+\Delta t)\}=\frac{6}{(\theta\Delta t)^2}(\{\boldsymbol{d}(t+\Delta t)\}-\{\boldsymbol{d}(t)\})-$$
$$\frac{6}{(\theta\Delta t)^2}\{\dot{\boldsymbol{d}}(t)\}+\left(1-\frac{3}{\theta}\right)\{\ddot{\boldsymbol{d}}(t)\} \tag{6-35a}$$

$$\{\dot{\boldsymbol{d}}(t+\Delta t)\}=\{\dot{\boldsymbol{d}}(t)\}+\frac{\Delta t}{2}(\{\ddot{\boldsymbol{d}}(t+\Delta t)\}+\{\ddot{\boldsymbol{d}}(t)\}) \tag{6-35b}$$

$$\{\boldsymbol{d}(t+\Delta t)\}=\{\boldsymbol{d}(t)\}+\Delta t\{\dot{\boldsymbol{d}}(t)\}+\frac{\Delta t^2}{6}(\{\ddot{\boldsymbol{d}}(t+\Delta t)\}+2\{\ddot{\boldsymbol{d}}(t)\}) \tag{6-35c}$$

威尔逊法不需要特别的初始过程，因为在时刻$t+\Delta t$的位移、速度和加速度只是利用在时刻t相同的量来表示。可以证明，当$\theta\geqslant1.37$时，该法为无条件稳定的差分格式。一般情况下，取$\theta=1.4$。目前在许多大型通用程序中，其缺省值都为1.4。由于不必为选取Δt的大小而担心，所以该法在使用上是比较方便的，即使有时Δt可能选取的值较大，但是结果仍是稳定的，影响的只是精度。由于其是隐式差分格式，所以每一步都必须对方程求解，因而计算效率相对于中心差分法要低一些。

若在增量情况下，则增量方程为

$$[\boldsymbol{M}]\{\Delta\ddot{\boldsymbol{d}}\}+[\boldsymbol{C}]\{\Delta\dot{\boldsymbol{d}}\}+[\boldsymbol{K}]\{\Delta\boldsymbol{d}\}=\{\Delta\boldsymbol{F}\} \tag{6-36}$$

故增量位移可通过下式计算：

$$\left([\boldsymbol{K}]+\frac{6}{\tau^2}[\boldsymbol{M}]+\frac{3}{\tau}[\boldsymbol{C}]\right)\{\Delta\boldsymbol{d}\}$$
$$=\{\Delta\boldsymbol{F}(t+\tau)\}+[\boldsymbol{M}]\left(\frac{6}{\tau}\{\dot{\boldsymbol{d}}(t)\}+3\{\ddot{\boldsymbol{d}}(t)\}\right)+[\boldsymbol{C}]\left(3\{\dot{\boldsymbol{d}}(t)\}+\frac{\tau}{2}\{\ddot{\boldsymbol{d}}(t)\}\right)$$
$$\{\Delta\boldsymbol{d}\}=\{\boldsymbol{d}(t+\tau)\}-\{\boldsymbol{d}(t)\} \tag{6-37}$$

根据式(6－35)的第一式，有

$$\{\Delta\ddot{\boldsymbol{d}}\}=\frac{6}{\tau^2}\{\Delta\boldsymbol{d}\}-\frac{6}{\tau}\{\dot{\boldsymbol{d}}(t)\}-3\{\ddot{\boldsymbol{d}}(t)\}$$
$$\{\Delta\ddot{\boldsymbol{d}}\}=\{\ddot{\boldsymbol{d}}(t+\tau)\}-\{\ddot{\boldsymbol{d}}(t)\} \tag{6-38}$$

再按式(6－39)转变成$(t+\Delta t)$的响应，即

$$\{\ddot{\boldsymbol{d}}(t+\Delta t)\}=\{\ddot{\boldsymbol{d}}(t)\}+\frac{\{\Delta\ddot{\boldsymbol{d}}\}}{\theta} \tag{6-39a}$$

$$\{\dot{\boldsymbol{d}}(t+\Delta t)\}=\{\dot{\boldsymbol{d}}(t)\}+\Delta t\{\ddot{\boldsymbol{d}}(t)\}+\Delta t\,\frac{\{\Delta\ddot{\boldsymbol{d}}\}}{2\theta} \tag{6-39b}$$

$$\{\boldsymbol{d}(t+\Delta t)\}=\{\boldsymbol{d}(t)\}+\Delta t\{\dot{\boldsymbol{d}}(t)\}+\frac{\Delta t^2\{\ddot{\boldsymbol{d}}(t)\}}{2}+\Delta t^2\,\frac{\{\Delta\ddot{\boldsymbol{d}}\}}{6\theta} \tag{6-39c}$$

6.1.5　纽马克法

纽马克(Newmark)法也是线性加速度法的一种发展。由前面我们知道线性加速度方法的假设形式为

$$\{\dot{\boldsymbol{d}}(t_{k+1})\}=\{\dot{\boldsymbol{d}}(t_k)\}+\frac{1}{2}[\{\ddot{\boldsymbol{d}}(t_{k+1})\}+\{\ddot{\boldsymbol{d}}(t_k)\}]\Delta t \tag{6-40a}$$

$$\{\boldsymbol{d}(t_{k+1})\}=\{\boldsymbol{d}(t_k)\}+\{\dot{\boldsymbol{d}}(t_k)\}\Delta t+\frac{1}{2}\{\ddot{\boldsymbol{d}}(t_k)\}\Delta t^2+\frac{1}{6}(\{\ddot{\boldsymbol{d}}(t_{k+1})\}-\{\ddot{\boldsymbol{d}}(t_k)\})\Delta t^2 \tag{6-40b}$$

而平均加速度方法的假设形式为

$$\{\dot{\boldsymbol{d}}(t_{k+1})\}=\{\dot{\boldsymbol{d}}(t_k)\}+\frac{1}{2}[\{\ddot{\boldsymbol{d}}(t_{k+1})\}+\{\ddot{\boldsymbol{d}}(t_k)\}]\Delta t \tag{6-41a}$$

$$\{\boldsymbol{d}(t_{k+1})\}=\{\boldsymbol{d}(t_k)\}+\{\dot{\boldsymbol{d}}(t_k)\}\Delta t+\frac{1}{4}(\{\ddot{\boldsymbol{d}}(t_{k+1})\}+\{\ddot{\boldsymbol{d}}(t_k)\})\Delta t^2 \tag{6-41b}$$

纽马克法采用如下的假设统一形式，即

$$\{\dot{\boldsymbol{d}}(t_{k+1})\}=\{\dot{\boldsymbol{d}}(t_k)\}+[(1-\gamma)\{\ddot{\boldsymbol{d}}(t_k)\}+\gamma\{\ddot{\boldsymbol{d}}(t_{k+1})\}]\Delta t \tag{6-42a}$$

$$\{\boldsymbol{d}(t_{k+1})\}=\{\boldsymbol{d}(t_k)\}+\{\dot{\boldsymbol{d}}(t_k)\}\Delta t+\left(\frac{1}{2}-\beta\right)\{\ddot{\boldsymbol{d}}(t_k)\}\Delta t^2+\beta\{\ddot{\boldsymbol{d}}(t_{k+1})\}\Delta t^2 \tag{6-42b}$$

其中，γ 和 β 是按积分精度和稳定性要求而确定的两个参数。当 $\gamma=1/2$、$\beta=1/6$ 时，为线性加速度法；当 $\gamma=1/2$、$\beta=1/4$ 时，为平均加速度法。

由式(6-42b)可以得到 $t+\Delta t$ 的加速度，用该时刻的位移及 t 时刻的状态量表示为

$$\{\ddot{\boldsymbol{d}}(t_{k+1})\}=\frac{1}{\beta\Delta t^2}(\{\boldsymbol{d}(t_{k+1})\}-\{\boldsymbol{d}(t_k)\})-\frac{1}{\beta\Delta t}\{\dot{\boldsymbol{d}}(t_k)\}-\left(\frac{1}{2\beta}-1\right)\{\ddot{\boldsymbol{d}}(t_k)\} \tag{6-43}$$

代入式(6-42a)可以得到 $t+\Delta t$ 的速度，用该时刻的位移及 t 时刻的状态量表示为

$$\{\dot{\boldsymbol{d}}(t_{k+1})\}=\frac{\gamma}{\beta\Delta t^2}(\{\boldsymbol{d}(t_{k+1})\}-\{\boldsymbol{d}(t_k)\})-\left(1-\frac{\gamma}{\beta}\right)\{\dot{\boldsymbol{d}}(t_k)\}-\left(1-\frac{\gamma}{2\beta}\right)\{\ddot{\boldsymbol{d}}(t_k)\}\Delta t \tag{6-44}$$

我们考虑时刻$(t+\Delta t)$的平衡方程为

$$[\boldsymbol{M}]\{\ddot{\boldsymbol{d}}(t+\Delta t)\}+[\boldsymbol{C}]\{\dot{\boldsymbol{d}}(t+\Delta t)\}+[\boldsymbol{K}]\{\boldsymbol{d}(t+\Delta t)\}=\{\boldsymbol{F}(t+\Delta t)\} \tag{6-45}$$

可得到

$$\begin{aligned}&\left([\boldsymbol{K}]+\frac{1}{\beta\Delta t^2}[\boldsymbol{M}]+\frac{\gamma}{\beta\Delta t}[\boldsymbol{C}]\right)\{\boldsymbol{d}(t+\Delta t)\}\\&=\{\boldsymbol{F}_{t+\Delta t}\}+[\boldsymbol{M}]\left(\frac{1}{\beta\Delta t^2}\{\boldsymbol{d}(t_k)\}+\frac{1}{\beta\Delta t}\{\dot{\boldsymbol{d}}(t_k)\}+\left(\frac{1}{2\beta}-1\right)\{\ddot{\boldsymbol{d}}(t_k)\}\right)+\\&\quad[\boldsymbol{C}]\left(\frac{\gamma}{\beta\Delta t}\{\boldsymbol{d}(t_k)\}+\left(\frac{\gamma}{\beta}-1\right)\{\boldsymbol{d}(t_k)\}+\frac{\Delta t}{2}\left(\frac{\gamma}{\beta}-2\right)\{\boldsymbol{d}(t_k)\}\right)\end{aligned} \tag{6-46}$$

进一步求得加速度和速度为

$$\{\ddot{\boldsymbol{d}}(t+\Delta t)\}=\frac{1}{\beta\Delta t^{2}}(\{\boldsymbol{d}(t+\Delta t)\}-\{\boldsymbol{d}(t)\})-\frac{1}{\beta\Delta t}\{\dot{\boldsymbol{d}}(t)\}-\left(\frac{1}{2\beta}-1\right)\{\ddot{\boldsymbol{d}}(t)\}\tag{6-47}$$

$$\{\dot{\boldsymbol{d}}(t+\Delta t)\}=\{\dot{\boldsymbol{d}}(t)\}+(1-\gamma)\Delta t\{\ddot{\boldsymbol{d}}(t)\}+\gamma\Delta t\{\ddot{\boldsymbol{d}}(t+\Delta t)\}\tag{6-48}$$

纽马克法是一个隐式积分法，不需要特别的初始过程，因为在时刻($t+\Delta t$)的位移、速度和加速度只是利用在 t 时刻的量来表示的。可以证明，纽马克法当 $\chi\geqslant 0.5$ 和 $\beta\geqslant 0.25(\gamma+0.5)^2$ 时，积分格式是无条件稳定的。一般取 $\gamma=0.5$ 和 $\beta=0.25$ 即可。但对于动力接触问题，α、β 一般分别取 0.5。纽马克法是无条件稳定的，所以避免了 Δt 选取上的麻烦。

对于增量形式，有

$$[\boldsymbol{M}]\{\Delta\ddot{\boldsymbol{d}}(t)\}+[\boldsymbol{C}]\{\Delta\dot{\boldsymbol{d}}(t)\}+[\boldsymbol{K}]\{\Delta\boldsymbol{d}(t)=\{\Delta\boldsymbol{F}(t)\}\tag{6-49}$$

由式(6-42a)和式(6-42b)得到

$$\{\Delta\dot{\boldsymbol{d}}\}=\{\dot{\boldsymbol{d}}(t_k)\}\Delta t+\gamma[\{\Delta\ddot{\boldsymbol{d}}\}]\Delta t\tag{6-50}$$

$$\{\Delta\boldsymbol{d}\}=\{\dot{\boldsymbol{d}}(t_k)\}\Delta t+\frac{1}{2}\{\ddot{\boldsymbol{d}}(t_k)\}\Delta t^2+\beta\{\Delta\ddot{\boldsymbol{d}}\}\Delta t^2\tag{6-51}$$

其中：

$$\{\Delta\boldsymbol{d}\}=\{\boldsymbol{d}(t_{k+1})\}-\{\boldsymbol{d}(t_k)\}\tag{6-52a}$$

$$\{\Delta\dot{\boldsymbol{d}}\}=\{\dot{\boldsymbol{d}}(t_{k+1})\}-\{\dot{\boldsymbol{d}}(t_k)\}\tag{6-52b}$$

$$\{\Delta\ddot{\boldsymbol{d}}\}=\{\ddot{\boldsymbol{d}}(t_{k+1})\}-\{\ddot{\boldsymbol{d}}(t_k)\}\tag{6-52c}$$

由式(6-51)，可以得到加速度增量

$$\{\Delta\ddot{\boldsymbol{d}}\}=\frac{1}{\beta\Delta t^{2}}\{\Delta\boldsymbol{d}\}-\frac{1}{\beta\Delta t}\{\dot{\boldsymbol{d}}(t_k)\}-\frac{1}{2\beta}\{\ddot{\boldsymbol{d}}(t_k)\}\tag{6-53}$$

代入式(6-51)得到速度增量为

$$\{\Delta\dot{\boldsymbol{d}}\}=\frac{\gamma}{\beta\Delta t}\{\Delta\boldsymbol{d}\}-\left(1-\frac{\gamma}{\beta}\right)\{\ddot{\boldsymbol{d}}(t_k)\}-\frac{\gamma}{4\beta}\{\ddot{\boldsymbol{d}}(t_k)\}\Delta t\tag{6-54}$$

代入动力学增量形式的方程式(6-49)可得位移增量为

$$[\bar{\boldsymbol{K}}]\{\Delta\boldsymbol{d}(t)=\{\Delta\bar{\boldsymbol{F}}(t)\}\tag{6-55}$$

其中：

$$[\bar{\boldsymbol{K}}]=[\boldsymbol{K}]+\frac{\gamma}{\beta\Delta t}[\boldsymbol{C}]+\frac{1}{\beta\Delta t^{2}}[\boldsymbol{M}]\tag{6-56a}$$

$$\begin{aligned}\{\Delta\bar{\boldsymbol{F}}(t)\}=&\{\Delta\boldsymbol{F}(t)\}+[\boldsymbol{M}]\left(\frac{1}{\beta\Delta t}\{\dot{\boldsymbol{d}}(t_k)\}+\frac{1}{2\beta}\{\ddot{\boldsymbol{d}}(t_k)\}\right)+\\&[\boldsymbol{C}]\left(\left(1-\frac{\gamma}{\beta}\right)\{\ddot{\boldsymbol{d}}(t_k)\}+\frac{\gamma}{4\beta}\{\ddot{\boldsymbol{d}}(t_k)\}\Delta t\right)\end{aligned}\tag{6-56b}$$

式(6-55)与静力非线性方程一致，如果需要更高精度，可在对应时间计算步长内采用第 5 章介绍的各种数值求解方法。

从对直接积分法的稳定性、精度和效率等方面的讨论可以看出，隐式积分法在进行每一步的积分时，都必须按照时间增量来求解动力平衡方程，也就是说每一时间步长都要像求解静力问题那样对方程左端系数矩阵进行三角分解，这对于大型矩阵或带宽的矩阵来说，计算量是相当大的。即使对于显式积分法的中心差分法来说，由于为了保证计算的稳定性，必须选择得很小，所以一步步的计算量加起来的总计算量也很可观，而且还存在由于积累误差而造成的精度不高的问题。

6.2 模态叠加法

对于线性结构动力学问题，可以利用物理空间与模态空间之间的坐标变换，将在物理空间的多自由度系统问题，通过模态解耦，变成模态空间下的多个单自由度系统问题，在获得对单自由度系统的响应求解后，通过振型叠加，就可以获得物理空间的系统动力响应了。这种方法物理意义比较清楚，是分析求解线性结构动力响应常用的方法。

对于非线性情况，通过分段线性化，可以利用对应线性系统的实模态理论进行近似求解。不过在每个载荷增量或计算步长模态会随时间而变化，这种随时间变化的模态称为瞬时模态。可以用小变形条件下的模态作为初始模态，将时间离散化，逐次构建模态相近的新模态。

6.2.1 模态频率与振型

某个计算步长(时间段)内，假设对应的 n 自由度无阻尼自由动力学方程可表示为

$$[\boldsymbol{M}]\{\ddot{\boldsymbol{d}}\}+[\boldsymbol{K}]\{\boldsymbol{d}\}=0 \tag{6-57}$$

为了系统模态参数，假设各个自由度作某一阶模态振动，即以第 r 阶模态频率 ω_r 为振动频率作同频同相的简谐振动，即

$$\{\boldsymbol{d}\}=\{\boldsymbol{u}\}_r\sin(\omega_r t+\phi_r) \tag{6-58}$$

其中，$\{u\}_r$ 即为对应 ω_r 的第 r 阶模态振型，n 阶向量，t 是时间变量。

将式(6-58)代入式(6-57)中，我们得到关于模态频率及其对应振型的方程组为

$$([\boldsymbol{K}]-\omega_r^2[\boldsymbol{M}])\{\boldsymbol{u}\}_r=0,\ r=1,\ 2,\ \cdots,\ n \tag{6-59}$$

求解式(6-59)可得到 n 个模态频率与振型，即$((\omega_1^2\{\boldsymbol{u}\}_1),\ \cdots,\ (\omega_n,\ \{\boldsymbol{u}\}_n))$。

对于高维系统模态参数的求解，可以采用矩阵特征值和特征向量的求解方法来实现。常用的方法有瑞利-利兹(Rayleigh-Ritz)法、矩阵迭代法、子空间迭代法等，其中子空间迭代法将瑞利-利兹法和矩阵迭代法相结合，是目前大型结构中低阶模态参数最有效的方法之一。

6.2.2 子空间迭代法

子空间迭代法是将矩阵迭代法和瑞利-利兹法相结合的一种方法，它一方面利用矩阵迭代法使假设振型逼近真实振型，另一方面以矩阵迭代法求得的振型作瑞利-利兹法所要的假设振型，利用瑞利-利兹法来缩减自由度，将问题简化为在退化了的子空间里的特征值和相应的特征向量求解问题。

首先给出一组假设的近似振型$\{\boldsymbol{\mu}\}_r(r=1,\ 2,\ \cdots,\ n)$，利用矩阵迭代法使假设振型向真实振型逼近。

对 n 自由度系统，第 r 阶模态频率与振型满足方程：

$$[\boldsymbol{K}]\{\boldsymbol{\mu}\}_r=\omega_r^2[\boldsymbol{M}]\{\boldsymbol{\mu}\}_r \tag{6-60}$$

可改写为

$$[\boldsymbol{D}]\{\boldsymbol{\mu}\}_r=\frac{1}{\omega_r^2}\{\boldsymbol{\mu}\}_r \tag{6-61}$$

其中，$[\boldsymbol{D}]=[\boldsymbol{K}]^{-1}[\boldsymbol{M}]$为动力矩阵，$\{\boldsymbol{\mu}\}_r$ 为归一化后的振型。

给定某阶振型(第一阶振型$\{\boldsymbol{\mu}\}_r$)的近似假设振型$\{\boldsymbol{\mu}\}_r^{(0)}$，将其代入式(6－61)中，得

$$\{\boldsymbol{\mu}\}_r^{(1)}=[\boldsymbol{D}]\{\boldsymbol{\mu}\}_r^{(0)}=\frac{1}{(\omega_r^{(1)})^2}\{\boldsymbol{\mu}\}_r^{(1)} \tag{6-62}$$

将式(6－62)的计算结果归一化为

$$\{\boldsymbol{\mu}\}_r^{(1)}\rightarrow\frac{1}{(\omega_r^{(1)})^2}\{\boldsymbol{\mu}\}_r^{(1)} \tag{6-63}$$

当$\{\boldsymbol{\mu}\}_r^{(1)}\neq\{\boldsymbol{\mu}\}_r^{(0)}$ 时，重复上述过程有

$$\{\boldsymbol{\mu}\}_r^{(2)}=[\boldsymbol{D}]\{\boldsymbol{\mu}\}_r^{(1)}\rightarrow\frac{1}{(\omega_r^{(2)})^2}\{\boldsymbol{\mu}\}_r^{(2)} \tag{6-64}$$

故其迭代算法为

$$\{\boldsymbol{\mu}\}_r^{(1)}=[\boldsymbol{D}]\{\boldsymbol{\mu}\}_r^{(k-1)}\rightarrow\frac{1}{(\omega_r^{(k)})^2}\{\boldsymbol{\mu}\}_r^{(k)} \tag{6-65}$$

直到$\{\boldsymbol{\mu}\}_r^{(k)}\approx\{\boldsymbol{\mu}\}_r^{(k-1)}$ 时，迭代停止，可获得第 r 阶模态振型和频率。

接下来使用瑞利-利兹法获得系统的一组振型和固有频率。若计算后不满足精度要求，则返回迭代运算。

设已经获得 s 个线性独立的假设振型$\{\boldsymbol{\mu}\}_1$，$\{\boldsymbol{\mu}\}_2$，…，$\{\boldsymbol{\mu}\}_s$，组成一个 $n\times s$ 的振型矩阵为

$$[\boldsymbol{\mu}]=[\{\boldsymbol{\mu}\}_1,\ \{\boldsymbol{\mu}\}_2,\ \cdots,\ \{\boldsymbol{\mu}\}_s] \tag{6-66}$$

假设系统的某一阶振型为$\{\phi\}$，那么它可以认为是假设振型的线性组合，即

$$\{\phi\}=a_1\{\boldsymbol{\mu}\}_1+a_2\{\boldsymbol{\mu}\}_2+\cdots+a_s\{\boldsymbol{\mu}\}_s=[\boldsymbol{\varphi}]\{\boldsymbol{a}\} \tag{6-67}$$

利用瑞利-利兹法，得到频率表达式为

$$\omega^2=\frac{\{\boldsymbol{\varphi}\}^{\mathrm{T}}[\boldsymbol{K}]\{\boldsymbol{\varphi}\}}{\{\boldsymbol{\varphi}\}^{\mathrm{T}}[\boldsymbol{M}]\{\boldsymbol{\varphi}\}}=\frac{\{\boldsymbol{a}\}^{\mathrm{T}}[\boldsymbol{\mu}][\boldsymbol{K}][\boldsymbol{\mu}]\{\boldsymbol{a}\}}{\{\boldsymbol{a}\}^{\mathrm{T}}[\boldsymbol{\mu}]\boldsymbol{M}[\boldsymbol{\mu}]\{\boldsymbol{a}\}}=\frac{\widetilde{k}(a)}{\widetilde{m}(a)} \tag{6-68}$$

利用瑞利-利兹法求出的频率值偏大，因为假设振型偏离真实振型时，相当于在系统上增加了某种约束，从而增大了系统的刚度，所以得到的是结构固有频率的上限，所以其最佳逼近是使频率最小。故取极值，分别对 $a_i(i=1,\ 2,\ \cdots,\ s)$求导，可得到 s 个方程，即

$$\frac{\partial\omega^2}{\partial a_i}=\frac{\widetilde{m}\dfrac{\partial\widetilde{k}}{\partial a_i}-\widetilde{k}\dfrac{\partial\widetilde{m}}{\partial a_i}}{\widetilde{m}^2}=0 \tag{6-69}$$

因为从式(6－68)知 $\widetilde{k}=\omega^2\widetilde{m}$，所以有

$$\frac{\partial\widetilde{k}}{\partial a_i}-\omega^2\frac{\partial\widetilde{m}}{\partial a_i}=0 \tag{6-70}$$

其中：

$$\frac{\partial \tilde{k}}{\partial a_i}=2\left(\frac{\partial(\{\boldsymbol{a}\}^{\mathrm{T}}[\boldsymbol{\mu}]^{\mathrm{T}})}{\partial a_i}\right)[\boldsymbol{K}][\boldsymbol{\mu}]\{\boldsymbol{a}\}$$

$$=2\left(\frac{\partial\left(\sum_{i=1}^{S}\{\boldsymbol{\mu}\}_i a_i\right)^{\mathrm{T}}}{\partial a_i}\right)[\boldsymbol{K}][\boldsymbol{\mu}]\{\boldsymbol{a}\}$$

$$=2\left(\frac{\partial\left(\sum_{i=1}^{S}\{\boldsymbol{\mu}\}_i^{\mathrm{T}} a_i\right)}{\partial a_i}\right)[\boldsymbol{K}][\boldsymbol{\mu}]\{\boldsymbol{a}\}$$

$$=2\{\boldsymbol{\mu}\}_i^{\mathrm{T}}[\boldsymbol{K}][\boldsymbol{\mu}]\{\boldsymbol{a}\} \tag{6-71a}$$

而

$$\frac{\partial \widetilde{m}}{\partial a_i}=2\{\boldsymbol{\mu}\}_i^{\mathrm{T}}[\boldsymbol{M}][\boldsymbol{\mu}]\{\boldsymbol{a}\} \tag{6-71b}$$

可得到 s 个方程为

$$\{\boldsymbol{\mu}\}_i^{\mathrm{T}}[\boldsymbol{K}][\boldsymbol{\mu}]\{\boldsymbol{a}\}-\omega^2\{\boldsymbol{\mu}\}_i^{\mathrm{T}}[\boldsymbol{M}][\boldsymbol{\mu}]\{\boldsymbol{a}\}=0 \quad (i=1,2,\cdots,s) \tag{6-72}$$

可改写为矩阵形式，即

$$([\boldsymbol{K}^*]-\omega^2[\boldsymbol{M}^*])\{a\}=0 \tag{6-73}$$

其中，$[\boldsymbol{K}^*][\boldsymbol{M}^*]$为 $s\times s$ 阶矩阵，有

$$[\boldsymbol{K}^*]=[\boldsymbol{\mu}]^{\mathrm{T}}[\boldsymbol{K}][\boldsymbol{\mu}] \tag{6-74a}$$

$$[\boldsymbol{M}^*]=[\boldsymbol{\mu}]^{\mathrm{T}}[\boldsymbol{M}][\boldsymbol{\mu}] \tag{6-74b}$$

可见，瑞利-利兹法可以缩减自由度，具体实现步骤如下：

(1) 由式(6-66)在迭代法中获得 s 个假设振型$\{\boldsymbol{\mu}\}_1$，$\{\boldsymbol{\mu}\}_2$，…，$\{\boldsymbol{\mu}\}_s$；

(2) 根据式(6-74)作矩阵变换，得到缩减后的刚度阵$[\boldsymbol{K}^*]$和质量阵$[\boldsymbol{M}^*]$；

(3) 求解特征值问题$([\boldsymbol{K}^*]-\omega^2[\boldsymbol{M}^*])\{a\}=0$，得到 s 个特征值 ω_1^2，ω_2^2，…，ω_s^2 和对应的特征向量$\{\boldsymbol{a}\}_i$ $(i=1, 2, \cdots, s)$；

(4) 求系统的固有频率 ω_1，ω_2，…，ω_s，以及与之对应的固有振型为$\{\boldsymbol{\varphi}\}_r=\sum_{i=1}^{s}\{\boldsymbol{\mu}\}_i a_{ri}$ $(r=1, 2, \cdots, s)$，其中 a_{ri} 为上一步获得向量$\{\boldsymbol{a}\}_r$ 的第 i 个元素。

6.2.3 振型叠加方法

若获得结构的各阶固有频率 $0\leqslant\omega_1^2\leqslant\omega_2^2\leqslant\cdots\leqslant\omega_s^2$，及正则振型$\{\boldsymbol{\varphi}\}_r$ $(r=1, 2, \cdots, s)$，则模态振型矩阵$[\boldsymbol{\mu}]=[\{\boldsymbol{\mu}\}_1, \{\boldsymbol{\mu}\}_2, \cdots, \{\boldsymbol{\mu}\}_s]$。利用振型的正交性，可以将物理空间的多自由动力学问题转化为模态空间的多个单自由度问题。物理空间系统的描述为

$$[\boldsymbol{M}]\{\ddot{\boldsymbol{d}}(t)\}+[\boldsymbol{C}]\{\dot{\boldsymbol{d}}(t)\}+[\boldsymbol{K}]\{\boldsymbol{d}(t)=\{\boldsymbol{F}(t)\} \tag{6-75}$$

利用正则振型进行坐标变换，即

$$\{\boldsymbol{d}(t)\}_{n\times1}=[\boldsymbol{\mu}]\{\boldsymbol{\eta}(t)\}_{s\times1} \tag{6-76}$$

左乘$[\boldsymbol{\mu}]^{\mathrm{T}}$，利用比例阻尼，则得

$$[\boldsymbol{\mu}]^{\mathrm{T}}[\boldsymbol{M}][\boldsymbol{\mu}]=[\boldsymbol{I}],\ [\boldsymbol{\mu}]^{\mathrm{T}}[\boldsymbol{K}][\boldsymbol{\mu}]=[\mathrm{diag}(\omega_1^2, \omega_2^2, \cdots, \omega_s^2)] \tag{6-77}$$

进而可得到模态空间下系统的描述为

$$\ddot{\eta}_r(t)+2\xi_r\omega_r\dot{\eta}_r(t)+\omega_r^2\eta_r(t)=N_r(t)\quad(r=1, 2, \cdots, s) \tag{6-78}$$

其中，ξ_r 第 r 阶模态阻尼比，$N_r(t)$为$\{\boldsymbol{N}(t)\}=[\boldsymbol{\mu}]^{\mathrm{T}}\{\boldsymbol{F}(t)\}$的第 r 个元素。

式(6-78)的求解方法有两种：一种是用直接积分法；另一种是用杜哈梅(Duhamel)积分法。用杜哈梅积分法获得的为

$$\eta_r(t)=\eta_r(0)\cos\omega_{nr}t+\frac{\dot{\eta}_r(0)}{\omega_{nr}}\sin\omega_{nr}t+\int_0^t N_r(\tau)\frac{1}{\omega_{nr}}\sin\omega_{nr}(t-\tau)\,\mathrm{d}t\ (r=1, 2, \cdots, s) \tag{6-79}$$

其中，$\{\boldsymbol{\eta}(0)\}=[\boldsymbol{\mu}]^{\mathrm{T}}[\boldsymbol{M}]\{\boldsymbol{d}(0)\}$，$\{\dot{\boldsymbol{\eta}}(0)\}=[\boldsymbol{\mu}]^{\mathrm{T}}[\boldsymbol{M}]\{\dot{\boldsymbol{d}}(0)\}$，这里$\{\boldsymbol{d}(0)\}$、$\{\dot{\boldsymbol{d}}(0)\}$为系统在物理空间的初始条件。

获得式(6-79)中系统在各阶模态的响应，将各阶模态的响应叠加起来就得到有限元各节点位移(物理空间的响应)，即

$$\{\boldsymbol{d}(t)\}=\sum_{i=1}^{s}\{\boldsymbol{\mu}\}_r\eta_r(t) \tag{6-80}$$

参考文献

[1] 曾攀. 有限元分析及应用[M]. 北京：清华大学出版社，2004.

[2] 郭乙木，陶伟明，庄茁. 线性与非线性有限元及其应用[M]. 北京：机械工业出版社，2004.

[3] REDDY J N. An Introduction to Nonlinear Finite Element Analysis [M]. Cornwall: Oxford, 2005.

[4] 朱菊芬，汪海，徐胜利. 非线性有限元及其在飞机结构设计中的应用[M]. 上海：上海交通大学出版社，2011.

[5] KIM N H. Introduction to Nonlinear Finite Element Analysis [M]. New York: Springer, 2015.

[6] 张汝清，詹先义. 非线性有限元分析[M]. 重庆：重庆大学出版社，1990.

[7] 宋天霞，等. 非线性结构有限元计算[M]. 武汉：华中理工大学出版社，1996.

[8] WRIGGERS P. Nonlinear finite element methods [M]. Berlin: Springer, 2008.

[9] 秦荣. 工程结构非线性[M]. 北京：科学出版社，2006.

[10] LEE E H, STOUGHTON T B. YOON J W, A new strategy to describe nonlinear elastic and asymmetric plastic behaviors with one yield surface[J]. International Journal of Plasticity, 2017, 98: 217 - 238.

[11] ZAFARMAND H, KADKHODAYAN M. Nonlinear material and geometric analysis of thick functionally graded plates with nonlinear strain hardening using nonlinear finite element method[J]. Aerospace Science and Technology, 2019, 92: 930 - 944.

[12] XU Y L, CHEN J J. Fuzzy control for geometrically nonlinear vibration of piezoelectric flexible plates [J]. Structural Engineering and Mechanics, 2012, 43(2): 163 - 177.

[13] TSUSHIMA N, ARIZONO H, TAMAYAMA M. Geometrically nonlinear flutter analysis with corotational shell finite element analysis and unsteady vortex-lattice method[J]. Journal of Sound and Vibration, 2022, 520: 116621.

[14] ATTIA S, MOHARE M, MARTENS M, et al. Shell finite element formulation for geometrically nonlinear analysis of curved thin-walled pipes[J]. Thin-Walled Structures, 2022, 173: 108971.

[15] WRIGGERS P. Computational Contact Mechanics[M]. Berlin: Springer, 2002.

[16] BARBER J R. Contact Mechanics [M]. New York: Springer, 2018.

[17] SAUNDERS B E, VASCONCELLOS R, KUETHER R J, et al. Characterization and interaction of geometric and contact/impact nonlinearities in dynamical systems [J]. Mechanical Systems and Signal Processing, 2022, 167: 108481.

[18] LONE A S, KANTH S A, JAMEEL A, et al. A state of art review on the

modeling of Contact type Nonlinearities by Extended Finite Element method[J]. Materials Today: Proceedings, 2019, 18: 3462-3471.

[19] AGRAWAL M, NANDY A, JOG C S. A hybrid finite element formulation for large-deformation contact mechanics[J]. Computer Methods in Applied Mechanics and Engineering, 2019, 356: 407-434.

[20] 何君毅，林祥都. 工程结构非线性问题的数值解法[M]. 北京：国防工业出版社，1994.